本书获西南石油大学研究生教材建设项目资助

石油和化工行业"十四五"规划教材

四川省"十二五"普通高等教育本科规划教材

荣获中国石油和化学工业优秀教材奖二等奖

电气控制与可编程序控制器

第四版

张安安　罗　敏　张培志　沈　霞　主编

化学工业出版社

·北京·

内 容 简 介

全书共分两篇。第1篇为电气控制技术，共5章，分别是常用低压电器，基本电气控制线路，电动机的调速控制，典型生产机械设备电气控制线路，电气控制线路的设计。第2篇为可编程序控制器（PLC），共9章，分别是可编程序控制器的工作原理及组成，三菱FX系列可编程序控制器，FX系列PLC步进顺控指令及其应用，FX系列PLC应用指令及其应用，FX系列PLC模拟量模块及其应用，FX系列PLC的通信，PLC控制系统设计，西门子S7-1200系列PLC基础、和利时LK220系列PLC基础及应用。

本书可作为高等院校电气工程及其自动化、机械工程和自动化等相关专业的教材，控制工程、电气工程等专业硕士研究生参考教材，也可作为相关工程技术人员的参考资料。

图书在版编目（CIP）数据

电气控制与可编程序控制器 / 张安安等主编.
4版. -- 北京：化学工业出版社，2025. 1. --（石油和
化工行业"十四五"规划教材）（四川省"十二五"普通
高等教育本科规划教材）. -- ISBN 978-7-122-47308-0

Ⅰ. TM921.5；TP332.3

中国国家版本馆CIP数据核字第20254H6U45号

责任编辑：郝英华　唐旭华　　　　　　　装帧设计：张　辉
责任校对：李　爽

出版发行：化学工业出版社（北京市东城区青年湖南街13号　邮政编码100011）
印　　装：河北鑫兆源印刷有限公司
787mm×1092mm　1/16　印张20½　字数540千字　2025年1月北京第4版第1次印刷

购书咨询：010-64518888　　　　　　　　售后服务：010-64518899
网　　址：http://www.cip.com.cn

凡购买本书，如有缺损质量问题，本社销售中心负责调换。

定　　价：69.00元
版权所有　违者必究

《电气控制与可编程序控制器》
第四版

编写人员

主　　编：张安安　罗　敏　张培志　沈　霞

参　　编：杨　青　贵振方　夏文鹤　方　玮
　　　　　石明江　秦连升　王冰川　张庭瑜
　　　　　冷川江　崔竹欣　罗小华

主　　审：胡　泽

前　言

本书是根据高等院校电气工程及其自动化、机械工程和自动化等专业的"电气控制及可编程序控制器"课程的教学大纲，并充分考虑到 PLC 的实际应用和发展情况而编写的。本书特别适合机械类、电气类和自动化类专业开设的"电气控制及可编程序控制器""电气控制与 PLC""可编程序控制器""机床电气控制""电力拖动与控制""机械电气与控制"等课程使用，也可作为控制工程、电气工程、机械工程等硕士研究生专业参考教材使用。

本书编写的指导思想是理论结合实际，突出学生工程应用能力的训练和培养，便于组织教学和实践。内容安排上每篇之间既相互联系，又相互独立，以利于分别开设"电气控制技术"及"可编程序控制器"两门课程的院校选用。本书在教学使用过程中，可根据专业、课时的多少进行删减。

全书共分两篇。第 1 篇为电气控制技术，共 5 章，分别是常用低压电器，基本电气控制线路，电动机的调速控制，典型生产机械设备电气控制线路，电气控制线路的设计。第 2 篇为可编程序控制器（PLC），共 9 章，分别是可编程序控制器的工作原理及组成，三菱 FX 系列可编程序控制器，FX 系列 PLC 步进顺控指令及其应用，FX 系列 PLC 应用指令及其应用，FX 系列 PLC 模拟量模块及其应用，FX 系列 PLC 的通信，PLC 控制系统设计，西门子 S7-1200 系列 PLC 基础、和利时 LK220 系列 PLC 基础及应用。

为全面贯彻党的二十大精神，结合产业发展及培养一流人才的需求和推动国产化替代的国家政策，本书在再版过程中，根据需要对以下内容进行了适当修订。

（1）增加第 14 章"和利时 LK220 系列 PLC 基础及应用"，让学生掌握国产化 PLC 产品和了解国产化 PLC 产品的最新技术发展。

（2）考虑到随着时代的发展和技术的进步，软 PLC 的市场份额和产品需求日益增长，在第 6 章中增加"软 PLC"内容介绍，让学生了解和接触到最新的 PLC 技术发展情况。

（3）由于仿真软件日新月异，发展替换速度过快，删减了部分仿真软件内容介绍。建议这部分内容根据仿真软件产品的最新发展情况，由授课教师进行选讲。

（4）根据授课教师和学生们的积极反馈，对部分小的绘图错误和图形编辑错误进行了修正。感谢所有选用、阅读教材的读者们的反馈意见。

为方便教学，本书配套的电子教案可免费提供给采用本书作为教材的相关教师使用。如有需要，请登录 www.cipedu.com.cn 注册后下载使用。

本书由张安安、罗敏、张培志、沈霞、杨青、贵振方、夏文鹤、方玮、石明江、秦连升、王冰川、张庭瑜、冷川江、崔竹欣、罗小华老师负责修订，胡泽教授担任主审。在此，对前三版参加编写和修订的老师所付出的辛勤劳动深表敬意。

由于编者的水平有限，书中疏漏之处在所难免，恳请读者批评指正。

编者
2024 年 12 月

目 录

第 1 篇 电气控制技术

第2篇 可编程序控制器（PLC）

第1篇

电气控制技术

随着科学技术的发展，特别是电力电子技术、自控技术和计算机技术的日益成熟，新的控制方法层出不穷，可编程序控制器（PLC）应用技术和计算机控制技术在工业现场获得广泛应用。掌握好传统电气控制技术，是学习和掌握 PLC 应用技术、计算机控制技术所必需的基础。

本篇主要是以电动机或其他执行电器为控制对象，介绍传统电气控制（又称为继电接触器控制）的基本原理、线路及设计方法，从应用角度出发，培养对电气控制系统分析和设计的基本能力。

1 常用低压电器

电器是所有电工器械的简称。即凡是根据外界特定的信号和要求自动或手动接通与断开电路，断续或连续地改变电路参数，实现对电路或非电对象的切换、控制、保护、检测和调节的电工器械称为电器。电气控制线路通常是由电气元件组成的。

电器对电能的生产、输送、分配与应用起着控制、调节、检测和保护的作用。在电力输配电系统和电力拖动自动控制系统中应用极为广泛。

常用电器种类繁多，用途广泛，为了系统地掌握，需要加以分类。分类方法很多，通常有如下几种分类。

(1) 按工作电压等级分

① 高压电器　用于频率 50Hz、交流电压 1200V 以上和直流电压 1500V 及以上电路中的电器，例如高压断路器、高压隔离开关、高压熔断器等。

② 低压电器　用于频率 50Hz、交流电压 1200V 以下和直流电压 1500V 以下的电路内起通断、保护、控制或调节作用的电器，例如接触器、继电器等。

(2) 按动作原理分

① 手动电器　人手操作发出动作指令的电器，例如刀开关、按钮等。

② 自动电器　产生电磁吸力而自动完成动作指令的电器，例如接触器、继电器、电磁阀等。

(3) 按用途分

① 控制类电器　用于各种控制电路和控制系统的电器，例如接触器、继电器、电动机启动器等。

② 保护类电器　用于保护电路及用电设备的电器，例如熔断器、热继电器等。

③ 配电电器　用于电能的输送和分配的电器，例如高压断路器等。

④ 主令电器　用于自动控制系统中发送动作指令的电器，例如按钮、转换开关等。

本章主要介绍电气控制系统中常用的各种低压电器的结构、工作原理、规格型号、技术参数、图形符号、文字符号和应用特点，不涉及元件的设计，而着重于应用。

1.1　接触器

1.1.1　接触器的结构和工作原理

（1）结构

接触器是一种能频繁地接通和断开远距离用电设备主回路及其他大容量用电回路的自动控制电器。它分为直流和交流两类。它的控制对象主要是电动机、电炉、电灯、电焊机、电容器组等。接触器主要由电磁机构、触头系统、灭弧装置三部分组成。

① 电磁机构　电磁机构包括电磁线圈和铁芯，铁芯由静铁芯和动铁芯（即衔铁）共同组成，铁芯的活动部分与受控电路的触头系统相连。工作时在线圈中通以励磁电压信号。铁芯中就会产生磁场，从而吸引衔铁，当衔铁受力移动时，带动触头系统断开或接通受控电路。断电时励磁电流消失，电磁场也消失，衔铁被弹簧的反作用力释放。

② 触头系统　触头又称为触点，是接触器的执行元件，用来接通或断开被控制电路。触头的结构形式很多，按其所控制的电路可分为主触头和辅助触头。主触头用于接通或断开主电路，允许通过较大的电流；辅助触头用于接通或断开控制电路，只能通过较小的电流。

触头按其原始状态可分为常开触头（动合触头）和常闭触头（动断触头）。原始状态时（即线圈未通电）断开，线圈通电后闭合的触头叫常开触头；原始状态时闭合，线圈通电后断开的触头叫常闭触头。线圈断电后所有触头复位，即回复到原始状态。

③ 灭弧装置　触头在分断电流瞬间，在触头间的气隙中会产生电弧，电弧的高温能将触头烧损，并可能造成其他事故，因此，应采用适当措施迅速熄灭电弧。常采用灭弧罩、灭弧栅和磁吹灭弧装置。

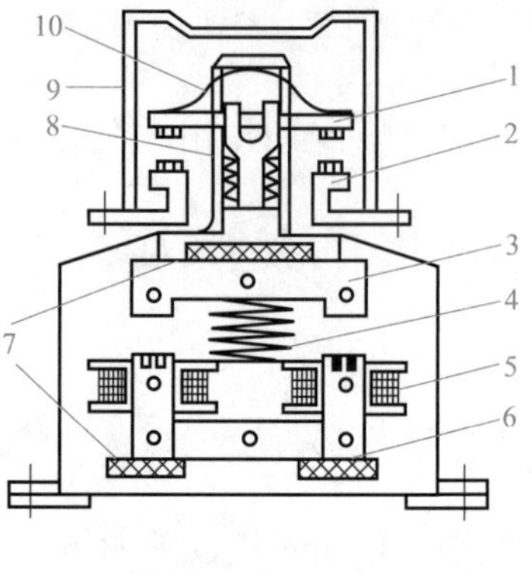

（2）工作原理

交流接触器与直流接触器原理相似。如图 1-1 所示，当电磁线圈通电后，受电磁场的作用，使常闭触头断开，常开触头闭合，两者是联动的。当线圈断电时，电磁力消失，衔铁在释放弹簧的作用下释放，使触头复原，即常开触头断开，常闭触头闭合。

需要注意的是，当电磁线圈通电后，其常闭触头断开，常开触头闭合是需要一定的动作时间的，而且一定要经历常闭触头先断开，常开触头才能闭合，即先断后合这一过程。当电磁线圈通电后又断电，闭合触头先断开恢复为常开，断开触头才能闭合恢复为常闭，也要经历先断后合这一过程。在电气控制中，动作时间要求不是很严格，因此，在允许的误差范围内，可以认为常闭触头断开，常开触头闭合，两者是联动的。具体动作时间可查相关技术手册。

接触器的图形符号、文字符号如图 1-2 所示。

图 1-1　交流接触器结构示意图

1—动触头；2—静触头；3—衔铁；
4—缓冲弹簧；5—电磁线圈；
6—铁芯；7—垫毡；
8—触头弹簧；
9—灭弧罩；
10—触头压
力簧片

1.1.2　交、直流接触器的特点

接触器按其主触头所控制主电路电流的种类，可分为交流接触器和直流接触器。

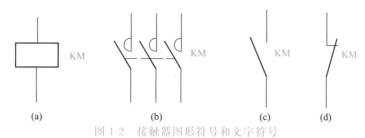

图 1-2 接触器图形符号和文字符号

（a）线圈；（b）主触头；（c）常开（动合）辅助触头；（d）常闭（动断）辅助触头

（1）交流接触器

交流接触器线圈通以交流电，主触头接通或分断交流主电路。

当交变磁通穿过铁芯时，将产生涡流和磁滞损耗，使铁芯发热。为减少铁损，铁芯用硅钢片冲压而成。为便于散热，线圈做成短而粗的圆筒状绕在骨架上。为防止交变磁通使衔铁产生强烈振动和噪声，交流接触器铁芯端面上都安装一个铜制的短路环。交流接触器的灭弧装置通常采用灭弧罩或灭弧栅。

（2）直流接触器

直流接触器线圈通以直流电，主触头接通或分断直流主电路。

直流接触器铁芯中不产生涡流和磁滞损耗，所以不发热。铁芯可用整块钢制成。为散热良好，通常将线圈绕制成长而薄的圆筒状。250A 以上的直流接触器采用串联双绕组线圈。直流接触器灭弧较难，一般采用灭弧能力较强的磁吹灭弧装置。

1.1.3 接触器的型号及主要技术参数

目前，国内常用的交流接触器有 CJ10、CJ12、CJ20、CJ24、CJX1、CJX2 等系列，其中 CJ20 和 CJ24 系列接触器是 20 世纪 80 年代开发的新产品，分别替代了 CJ10 和 CJ12 系列。CJ20 系列接触器主要用于控制三相笼型异步电动机的启动、停止等，CJ24 系列接触器主要用于冶金、矿山及起重设备中控制绕线式电动机的启动、停止和切换转子电阻。直流接触器有 CZ0 系列、CZ18 系列等。引进生产的交流接触器有：德国西门子公司的 3TB 和 3TF 系列、法国 TE 公司的 LC1 和 LC2 系列、德国 BBC 公司的 B 系列等。

（1）型号含义

① 交流接触器

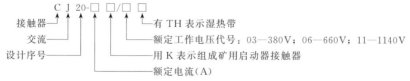

② 直流接触器

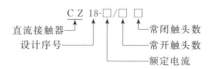

（2）主要技术参数

见表 1-1 和表 1-2。

（3）选择接触器时应主要考虑的因素

① 控制交流负载一般应选用交流接触器，控制直流负载一般应选用直流接触器。有时，为了减少电源种类，在直流电动机或直流负载的容量比较小时，也可以选用交流接触器进行

表 1-1 CJ20 系列交流接触器主要技术数据

型　号	额定电压/V	额定电流/A	可控制电动机最大功率/kW	$1.1U_N$ 及 $\cos\varphi=(0.35\pm0.05)$ 时的接通能力/A	$1.1U_N$, $f\pm10\%$ 和 $\gamma\pm0.05$ 时的分断能力/A	操作频率/(次/h) AC-3	操作频率/(次/h) AC-4
CJ20-40	380	40	22	40×12	40×10	1200	300
CJ20-40	660	25	22	25×12	25×10	600	120
CJ20-63	380	63	30	63×12	63×10	1200	300
CJ20-63	660	40	35	40×12	40×10	600	120
CJ20-160	380	160	85	160×12	160×10	1200	300
CJ20-160	660	100	85	100×12	100×10	600	120
CJ20-160/11	1140	80	85	80×12	80×10	300	60

型　号	电寿命/万次 AC-3	电寿命/万次 AC-4	机械寿命/万次	吸引线圈 额定电压/V	吸引线圈 吸合电压	吸引线圈 释放电压	吸引线圈 启动功率/(V·A/W)	吸引线圈 吸持功率/(V·A/W)
CJ20-40	100	4	1000	36、127 220、380	$(0.85\sim1.1)U_N$	$0.75U_N$	175/82.3	19/5.7
CJ20-40								
CJ20-63	200(120)	8	1000(600)		$(0.8\sim1.1)U_N$	$0.7U_N$	480/153	57/16.5
CJ20-63								
CJ20-160		1.5					855/325	85.5/34
CJ20-160								
CJ20-160/11								

表 1-2 CZ18 系列直流接触器主要技术数据

额定工作电压/V	440				
额定工作电流/A	40 (20、10、5)[①]	80	160	315	630
主触头通断能力	$1.1U_N$, $4I_N$, $T=15$ms				
额定操作频率/(次/h)	1200	600			
电气寿命(DC-2)/万次	50			30	
机械寿命/万次	500			300	
辅助触头 组合情况	二常闭二常开				
辅助触头 额定发热电流/A	6	10			
辅助触头 电气寿命/万次	50			30	
吸合电压	$(85\%\sim110\%)U_N$				
释放电压	$(10\%\sim75\%)U_N$				

① 5A、10A、20A 为吹弧线圈的额定工作电流。

控制，但触头的额定电流应选大些。

② 接触器的使用类别应与负载性质相一致。

③ 主触头的额定工作电压应略大于或等于负载电路的电压。

④ 主触头的额定工作电流应略大于或等于负载电路的电流。还要注意的是接触器主触头的额定工作电流是在规定条件下（额定工作电压、使用类别、操作频率等）能够正常工作的电流值，当实际使用条件不同时，这个电流值也将随之改变。

⑤ 吸引线圈的额定电压应与控制回路电压相一致，接触器在电压达到线圈额定电压85%及以上时应能可靠地吸合。

⑥ 主触头和辅助触头的数量应能满足控制系统的需要。

1.2　继电器

继电器是一种根据电气量（电压、电流等）或非电气量（温度、压力、转速、时间等）的变化接通或断开控制电路的电气元件，被广泛用于电动机或线路的保护以及生产过程自动化的控制中。

常用的继电器有电压继电器、电流继电器、时间继电器、速度继电器、压力继电器、热与温度继电器等。本节以电磁式继电器为主介绍几种常用的继电器。

1.2.1　电磁式继电器

常用的电压、电流继电器和中间继电器属于电磁式继电器。其结构、工作原理与接触器相似，由电磁系统，触头系统和释放弹簧等组成。由于继电器用于控制电路，流过触头的电流小，故不需要灭弧装置。

继电器具有输入电路（又称感应元件）和输出电路（又称执行元件）两部分，当感应元件中的输入量（如电流、电压、温度、压力等）变化到某一定值时继电器动作，执行元件便接通和断开控制回路。

继电器的主要特性是输入（x）-输出（y）特性，又称为继电器的迟滞特性，如图 1-3 所示。

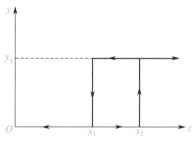

(1) 中间继电器

中间继电器具有触头对数多、触头容量较大的特点，其作用是将一个输入信号变成多个输出信号或将信号放大（即增大触头容量），起到信号中转的作用。

中间继电器体积小，动作灵敏度高，并在 10A 以下电路中可代替接触器起控制作用。

图 1-3　继电器特性曲线

① 常用型号及含义　常用中间继电器有：JZ7、JZ8、JZ4、JZ15 等系列。引进产品有：德国西门子公司的 3TH 系列和 BBC 公司的 K 系列等。现以 JZ15 为例，说明中间继电器型号含义如下。

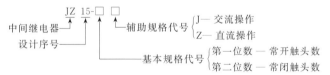

② 主要技术参数　如表 1-3 所示。

表 1-3　JZ15 系列中间继电器型号规格技术数据

型　号	触头额定电压 U_N/V		约定发热电流 I/A	触头组合形式		触头额定控制容量		额定操作频率 /(次/h)	吸引线圈额定电压 U_N/V		线圈吸持功率		动作时间 /s
	交流	直流		常开	常闭	交流 S_N/V·A	直流 P/W		交流	直流	交流 S/V·A	直流 P/W	
JZ15-62	127、220、380	48、110、220	10	6	2	1000	90	1200	127、220、380	48、110、220	12	11	≤0.05
JZ15-26				2	6								
JZ15-44				4	4								

③ 中间继电器的图形、文字符号　如图 1-4 所示。

(a) 线圈　　　　　　(b) 常开触头　　　　　(c) 常闭触头

图 1-4　中间继电器图形、文字符号

（2）电流继电器

线圈被做成阻抗小、导线粗、匝数少的电流线圈，串接在被测电路中，根据输入（线圈）电流大小而动作的继电器称为电流继电器。按用途还可分为过电流继电器和欠电流继电器。

过电流继电器的任务是当电路发生短路及过流时立即将电路切断，因此通过过电流继电器线圈的电流小于整定电流时，继电器不动作；只有超过整定电流时，继电器才动作。过电流继电器的动作电流整定范围交流为 $110\%I_N \sim 350\%I_N$，直流为 $70\%I_N \sim 300\%I_N$。

欠电流继电器的任务是当电路电流过低时立即将电路切断，因此当欠电流继电器线圈通过的电流大于或等于整定电流时，继电器吸合；只有当电流低于整定电流时，继电器才释放。欠电流继电器动作电流整定范围，吸合电流为 $30\%I_N \sim 50\%I_N$，释放电流为 $10\%I_N \sim 20\%I_N$。欠电流继电器一般是自动复位的。

① 常用型号及含义　目前，国内常用的过电流继电器有 JL15、JL18 等系列，其中 JL18 系列是 20 世纪 80 年代开发的换代产品，JL18 系列通用继电器可作欠电流继电器使用。JL18 系列电流继电器型号含义如下。

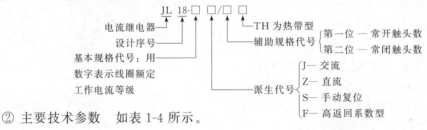

② 主要技术参数　如表 1-4 所示。

表 1-4　JL18 系列过电流继电器型号规格技术数据

额定工作电压 U_N/V	AC：380，DC：220
线圈额定工作电流 I_N/A	1.0、1.6、2.5、4.0、6.3、10、16、25、40、63、100、160、250、400、630
触头主要额定参数	额定工作电压 AC：380V；DC：220V 额定发热电流 10A 额定工作电流 AC：2.6A；DC：0.27A 额定控制容量 AC：1000V·A；DC：60W
调整范围	交流：吸合动作电流值为（110%～350%）I_N 直流：吸合动作电流值为（70%～300%）I_N
动作与整定误差	≤±10%
返回系数	高返回系数型＞0.65，普通类型不作规定
操作频率/（次/h）	1200
复位方式	自动及手动
触头对数	一对常开触头，一对常闭触头

③ 电流继电器的图形、文字符号　如图 1-5 所示。

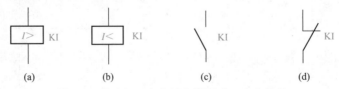

(a)　　　　　　(b)　　　　　　(c)　　　　　　(d)

图 1-5　过（欠）电流继电器图形、文字符号

(a) 过电流继电器线圈；(b) 欠电流继电器线圈；(c) 常开触头；(d) 常闭触头

(3) 电压继电器

电压继电器具有线圈匝数多、导线细、阻抗大的特点，工作时并入电路中，用于反映电路中电压的变化。电压继电器是根据输入电压大小而动作的继电器。

与电流继电器类似，电压继电器也分为欠电压继电器、过电压继电器和零电压继电器。过电压继电器动作电压范围为 $105\%U_N \sim 120\%U_N$；欠电压继电器吸合电压动作范围为 $20\%U_N \sim 50\%U_N$；零电压继电器释放电压调整范围为 $7\%U_N \sim 20\%U_N$。常用它们来构成过电压、欠电压、零电压保护电路。

中间继电器实质上也是一种电压继电器，所以有时也用中间继电器的图形符号和文字符号来代替电压继电器的图形符号和文字符号。

电压继电器的图形符号和文字符号如图 1-6 所示。

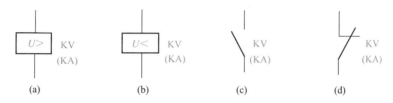

图 1-6　过（欠）电压继电器图形、文字符号
(a) 过电压继电器线圈；(b) 欠电压继电器线圈；(c) 常开触头；(d) 常闭触头

1.2.2　时间继电器

时间继电器是一种利用电磁原理和机械动作原理实现触头延时接通或延时断开的自动控制电器。时间继电器是一种定时元件，在电路中用来实现延时控制，即时间继电器接收到输入信号以后，需经一段时间延时后才能输出信号来控制电路。时间继电器的应用范围很广，特别是在电力拖动系统和各种自动控制系统中，要求各项操作之间有必要的时间间隔或按一定的时间顺序接通或断开的机组。在生产中经常需要按一定的时间间隔来对生产机械进行控制，例如电动机的降压启动需要一定的时间，之后，才能加上额定电压；在一条自动化生产线上的多台电动机，常需要分批启动，在第一批电动机启动后，需经过一定时间，才能启动第二批等。这类自动控制称为时间控制。

时间继电器按其延时原理可分为电磁式、空气阻尼式、同步电动机式和电子式时间继电器。按延时方式可分为通电延时型和断电延时型两种时间继电器。

电磁式时间继电器是利用电磁阻尼原理而产生延时的。其特点是延时时间短（最长不超过 5s），延时精度差，稳定性不高，而且只能是直流供电、断电延时；但其结构简单，价格低廉，寿命长，继电器本身适应能力较强，输出容量往往较大，在一些要求不太高，工作条件又较恶劣的场合（如起重机控制系统），常采用这种时间继电器。常用的直流电磁式时间继电器有 JT3 和 JT18 系列。

同步电动机式时间继电器是利用微型同步电动机拖动减速齿轮来获得延时的。其特点是延时范围宽，可从几秒到几十小时，延时过程能通过指针直观地表示出来，延时误差仅受电源频率影响；但其机械结构复杂、体积较大、寿命短、价格较贵，仅适宜于自动或半自动化生产过程中的程序控制。目前，国内常用的同步电动机式时间继电器有：JS10、JS11 系列以及引进德国西门子公司生产的 TPR 系列等。

电子式时间继电器具有体积小、机械结构简单、延时长、调节范围宽、精度高、使用寿命长等特点，随着电子技术的飞速发展，应用日益广泛。电子式时间继电器按延时原理分有阻容充电延时型和数字电路型；按输出形式分有触头型和无触头型。但有延时易受温度与电源波动的影响，抗干扰能力差，维护不便，价格较高的缺点。国内常用的有 JS20 系列电子式时间继电器等。

空气阻尼式时间继电器是利用空气阻尼作用而实现延时目的的，它是应用较广泛的一种时间继电器。空气阻尼式时间继电器的工作原理如图 1-7 所示，有通电延时型和断电延时型两种。现以通电延时型为例介绍时间继电器的工作原理。

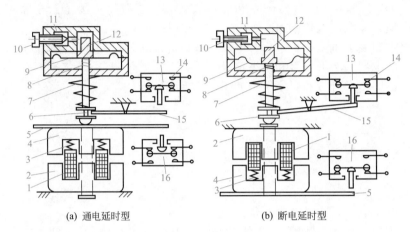

(a) 通电延时型　　　　　　　(b) 断电延时型

图 1-7　空气阻尼式时间继电器结构原理图

1—电磁铁线圈；2—静铁芯；3，7，8—弹簧；4—衔铁；5—推板；6—顶杆；9—橡皮膜；
10—螺钉；11—进气孔；12—活塞；13，16—微动开关；14—延时触头；15—杠杆

如图 1-7(a) 所示，当电磁铁线圈 1 通电后，衔铁 4 克服弹簧阻力与静铁芯 2 吸合，于是顶杆 6 与衔铁 4 之间有一段间隙。在弹簧 7 的作用下，顶杆就向下移动，顶杆与活塞 12 相连，活塞下面固定橡皮膜 9。活塞向下移动时，橡皮膜上面形成空气稀薄的空间，与橡皮膜下面的空气形成压力差，对活塞的移动产生阻尼作用，使活塞移动速度减慢。在活塞顶部有一小的进气孔（图中未画出），逐渐向橡皮膜上面的空间进气，平衡上下两空间压力差。当活塞下降到一定位置时，杠杆 15 使触头 14 动作（常闭触头断开，常开触头合上）。延时时间即为自电磁铁线圈通电时刻起到触头动作时为止的这段时间，通过调节螺钉 10 调节进气量的多少来调节延时时间的长短。当线圈 1 断电时，电磁吸力消失，衔铁 4 在弹簧 3 作用下释放，并通过顶杆 6 将活塞 12 推向上端，这时橡皮膜上方气室内的空气通过橡皮膜 9、弹簧 8 和活塞 12 的肩部所形成的单向阀，迅速地从橡皮膜下方的气室缝隙中排掉，因此杠杆 15 与微动开关 13 能迅速复位。

在线圈 1 通电和断电时，微动开关 16 在推板 5 的作用下都能瞬时动作，即为时间继电器的瞬动触头。

图 1-7(b) 是断电延时型时间继电器的结构原理图，其延时原理与通电延时型时间继电器相同，请读者自行分析。

国内常用的有 JS7-A、JS7-B、JS16 和 JS23 系列空气阻尼式时间继电器等。其中 JS23 是我国生产的新产品系列。JS23 系列时间继电器的型号含义如下。

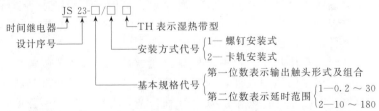

时间继电器的图形、文字符号如图 1-8 所示。

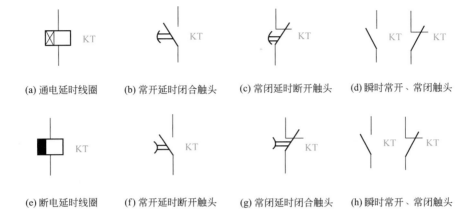

(a) 通电延时线圈 (b) 常开延时闭合触头 (c) 常闭延时断开触头 (d) 瞬时常开、常闭触头

(e) 断电延时线圈 (f) 常开延时断开触头 (g) 常闭延时闭合触头 (h) 瞬时常开、常闭触头

图 1-8　时间继电器图形、文字符号

JS23 系列空气阻尼式时间继电器的主要技术参数如表 1-5 所示。

表 1-5　JS23 系列空气阻尼式时间继电器型号规格技术数据

额定工作电压 U_N		交流,380V;直流,220V					
额定工作电流 I_N		交流 380V 时,0.79A;直流 220V 时:瞬时 0.27A					
触头对数及组合	型　号	延时动作触头数量				瞬动触头数量	
		通电延时		断电延时			
		常开	常闭	常开	常闭	常开	常闭
	JS23-1□/□	1	1	—	—	4	0
	JS23-2□/□	1	1	—	—	3	1
	JS23-3□/□	1	1	—	—	2	2
	JS23-4□/□	—	—	1	1	4	0
	JS23-5□/□	—	—	1	1	3	1
	JS23-6□/□	—	—	1	1	2	2
延时范围/s		0.2~0.3,10~180					
线圈额定电压 U_N/V		交流 110、220、380					
电寿命		瞬动触头:100 万次(次、直流) 延时触头:交流 100 万次,直流 50 万次					
操作频率/次·h^{-1}		1200					
安装方式		卡轨安装、螺钉安装式					

通电延时时间继电器的工作过程分析如下。

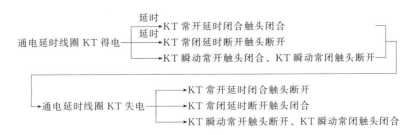

断电延时时间继电器的工作过程分析如下。

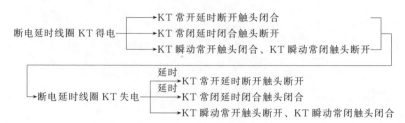

1.2.3 热继电器

热继电器是利用电流的热效应原理来工作的保护电器，它在电路中主要用作电动机的过载保护。电动机在实际运行中，如果长期超载、频繁启动、欠电压或断相运行等，都可能使电动机的电流超过其额定值，如果超过的值并不大，熔断器在这种情况下不会熔断，这样将引起电动机过热，损坏绕组的绝缘，缩短电动机的使用寿命，严重时甚至烧坏电动机。因此，必须对电动机采取有效的过载保护措施。热继电器就是专门用来对连续运行的电动机实现过载及断相保护，以防电动机因过热而烧毁的一种保护电器。

（1）热继电器结构及工作原理

热继电器主要由热元件、双金属片和触头三部分组成。双金属片是热继电器的温度检测元件，它将两种不同线膨胀系数的金属片用机械碾压成一体。线膨胀系数大的称主动层，多采用铁、镍、铬合金、铜合金、高锰合金等材料（$\alpha_1 = 13 \times 10^{-6} \sim 20 \times 10^{-6}/℃$）；线膨胀系数小的称从动层，多采用铁镍类合金（如殷钢）材料（$\alpha_2 = 1 \times 10^{-6} \sim 2 \times 10^{-6}/℃$）。当双金属片受热后由于两层金属的线膨胀系数不同，且两金属片又紧密贴合在一起，因此使得双金属片向从动层一侧弯曲。

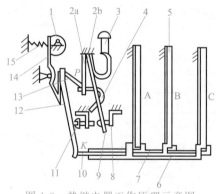

图 1-9 热继电器工作原理示意图
1—凸轮；2a，2b—簧片；3—手动复位按钮；
4—弓簧；5—主双金属片；6—外导板；
7—内导板；8—静触头；9—动触头；
10—杠杆；11—调节螺钉；
12—补偿双金属片；
13—推杆；14—连杆；
15—压簧

图 1-9 是热继电器工作原理示意图。热元件串接在电动机定子绕组中，电动机绕组电流即为流过热元件的电流。一对动断辅助触头串接在电动机控制电路中，当电动机正常运行时，热元件中流过的电流小，产生的热量虽能使双金属片弯曲，但不足以使触头动作；当电动机过载时，热元件中流过的电流增大，产生的热量增加，使双金属片产生的弯曲位移增大，经过一定时间后，双金属片推动导板使常闭触头断开，切断电动机控制电路，最终切断电动机电源，使电动机得到保护。此时，由于发热元件断电，温度降低，待双金属片恢复原来形状，按下复位按钮使常闭触头重新闭合。当故障排除后可重新启动电动机。由于发热惯性的原因，热继电器不能用作短路保护。因为发生短路故障时，要求电路立即断开，而热继电器不能立即动作。正是这个热惯性，在电动机启动或短时过载时，热继电器不会动作，从而保证电动机的正常工作。热继电器的图形符号如图 1-10 所示，文字符号为 FR。

（2）热继电器型号

目前，国内常用热继电器有 JR0、JR15、JR16、JR20 等系列，其中 JR20 热继电器为 20 世纪 80 年代更新换代产品，引进产品的有德国 BBC 公司的 T 系列、德国西门子公司的

3UA5 和 3UA6 系列、法国 TE 公司的 LR1-D 系列等。

(a) 热元件　　　　(b) 常开触头　　　　(c) 常闭触头

图 1-10　热继电器图形、文字符号

常用的 JR20 系列热继电器的型号含义如下。

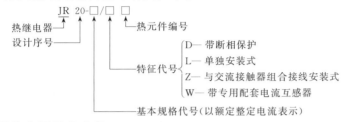

(3) 热继电器的主要性能参数

① 热继电器额定电流　热继电器的额定电流是指可装入的热元件的最大额定电流值。一种额定电流的热继电器可装入几种不同整定电流的热元件。为了便于用户选择,某些型号中的不同整定电流的热元件是用不同编号表示的。

② 热元件额定电流　热元件整定电流调节范围的最大值。

③ 热继电器整定电流　热继电器的整定电流是指热元件能够长期通过而不致引起热继电器动作的电流值。手动调节整定电流的范围,称为刻度电流调节范围,可用来使热继电器更好地实现过载保护。

通常热继电器的整定电流与电动机的额定电流相当,一般取 0.95～1.05 倍额定电流。对于工作环境恶劣、启动频繁的电动机,一般取 1.15～1.5 倍额定电流。

热继电器的其他主要技术参数有:额定电压、相数、热元件编号等。

热继电器的主要技术参数见表 1-6。

表 1-6　常用热继电器的技术参数

| 型号 | 额定电压/V | 额定电流/A | 相数 | 热 元 件 | | | 断相保护 | 温度补偿 | 触头数量 |
				最小规格/A	最大规格/A	挡数			
JR16	380	20	3	0.25～0.35	14～22	12	有	有	1 常开 1 常闭
		60		14～22	40～63	6			
		150		40～63	100～160	4			
JR20	660	6.3	3	0.1～0.15	5～7.4	14	无	有	1 常开 1 常闭
		16		3.5～5.3	14～18	6	有		
		32		8～12	28～36	6			
		63		16～24	55～71	6			
		160		33～47	144～176	9			
		250		83～125	167～250	4			
		400		130～195	267～400	4			
		630		200～300	420～630	4			

型号	额定电压/V	额定电流/A	相数	热元件			断相保护	温度补偿	触头数量
				最小规格/A	最大规格/A	挡数			
JRS1	380	12	3	0.11~0.15	9.0~12.5	13	有	有	1常开1常闭
		25		9.0~12.5	18~25	3			
T	660	16	3	0.11~0.16	12~17.6	22	有	有	1常开1常闭
		25		0.17~0.25	26~32	21			
		45		0.28~0.40	30~45	21			1常开或1常闭
		85		6~10	60~100	8			
		105		27~42	80~115	6			
		170		90~130	140~220	3			1常开1常闭
		250		100~160	250~400	3			
		370		100~160	310~500	4			

1.2.4 速度继电器

速度继电器是用来反映转速和转向变化的继电器。速度继电器常与接触器配合实现对电动机的反接制动控制，亦称反接制动继电器。速度继电器主要由转子、定子和触头三部分组成。转子是一个圆柱形永久磁铁，定子是一个笼型空心圆环，由硅钢片叠成并装有笼型绕组。

图 1-11 是速度继电器的结构原理图。速度继电器转子的轴与被控电动机的轴相连，而

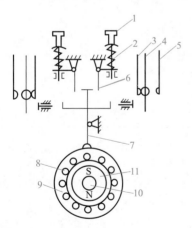

图 1-11 速度继电器结构原理图
1—螺钉；2—反力弹簧；3—动断触头；4—动触头；5—动合触头；6—返回杠杆；7—杠杆；8—定子导体；9—定子；10—转轴；11—转子

定子空套在转子上。当电动机转动时，速度继电器的转子随之转动，这样，永久磁铁的静磁场就成了旋转磁场，定子内的短路导体因切割磁场而产生感应电势并形成电流，带电导体在旋转磁场作用下产生电磁转矩，于是定子向转子的旋转方向转动，但由于有返回杠杆挡位，故定子只能随转子转动一定角度，定子的转动经杠杆作用使相应的触头动作，并在杠杆推动触头动作的同时压缩反力弹簧，其反作用力也阻止定子转动。当被控电动机转速下降时，速度继电器转子速度也随之下降，于是定子的电磁转矩减小，当电磁转矩小于反作用弹簧的反作用力矩时，定子返回原来位置，对应触头恢复到原来状态。同理，当电动机向相反方向转动时，定子作反方向转动，使速度继电器的反向触头动作。速度继电器在电路中实际应用时，靠其正转和反转切换触头的动作来反映电动机转向和转速的变化。

调节螺钉的位置，可以调节反力弹簧的反作用力大小，从而调节触头动作时所需转子的转速。一般速度继电器的动作转速不低于 120r/min，复位转速约在 100r/min 以下。

速度继电器的图形符号如图 1-12 所示，文字符号为 KS。

目前，国内常用速度继电器有永磁型 JY1 和 JFZ0 系列。JY1、JFZ0 系列速度继电器的主要技术参数可查阅相关手册。

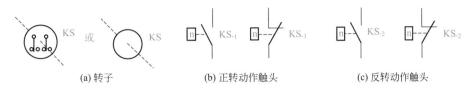

(a) 转子　　　　　　　　　(b) 正转动作触头　　　　　　(c) 反转动作触头

图 1-12　速度继电器图形、文字符号

1.2.5　固态继电器

随着微电子和功率电子技术的发展，现代自动化控制设备中新型的以弱电控制强电的电子器件应用越来越广泛。固态继电器就是一种新型无触头继电器，它能够实现强、弱电的良好隔离，其输出信号又能够直接驱动强电电路的执行元件，与有触头的继电器相比具有开关频率高、使用寿命长、工作可靠等突出特点。

固态继电器是四端器件，有两个输入端、两个输出端，中间采用光电器件，以实现输入与输出之间的电气隔离。

固态继电器有多种产品，按负载电源类型分类可分为直流型固态继电器和交流型固态继电器。直流型以功率晶体管作为开关元件；交流型以晶闸管作为开关元件。按输入和输出之间的隔离形式分类，可分为光耦合隔离型和磁隔离型。以控制触发的信号的不同分类，可分为过零型和非过零型、有源触发型和无源触发型等。

图 1-13 为光耦合式交流固态继电器的原理图和图形、文字符号。

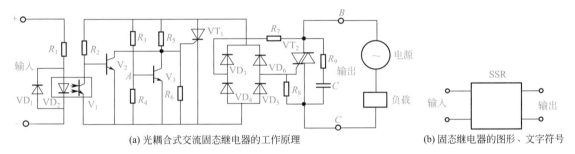

(a) 光耦合式交流固态继电器的工作原理　　　　　　(b) 固态继电器的图形、文字符号

图 1-13　光耦合式交流固态继电器的原理图和图形、文字符号

光耦合式交流固态继电器的工作原理：当无信号输入时，发光二极管 VD_2 不发光，光敏三极管 V_1 截止，三极管 V_2 导通，VT_1 控制门极被箝在低电位而关断，双向晶闸管 VT_2 无触发脉冲，固态继电器两个输出端处于断开状态。

只要在该电路的输入端输入很小的信号电压，就可以使发光二极管 VD_2 发光，光敏三极管 V_1 导通，三极管 V_2 截止。VT_1 控制门极为高电位，VT_1 导通，双向晶闸管 VT_2 可以经 R_8、R_9、VD_3、VD_4、VD_5、VD_6、VT_1 对称电路获得正负两个半周的触发信号，保持两个输出端处于接通状态。

常用的产品有 DJ 型系列固态继电器，它是利用脉冲控制技术研制的新型固态继电器，采用无源触发方式。

使用固体继电器时应注意以下几点。

① 固态继电器的选择应根据负载类型（阻性、感性）来确定，并要采用有效的过电压吸收保护。

② 输出端要采用 RC 浪涌吸收回路或加非线性压敏电阻吸收瞬变电压。

③ 过流保护采用专门保护半导体器件的熔断器或用动作时间小于 10ms 的自动开关。

④ 安装时采用散热器，要求接触良好，且对地绝缘。

⑤ 应避免负载侧两端短路。

继电器的种类很多，除前面介绍的几种常见继电器外，还有干簧继电器、自动控制用小型继电器、相序继电器、温度继电器、压力继电器、综合继电器等，因篇幅有限，在此不做一一介绍。

1.3 熔断器

熔断器是一种最简单有效的保护电器，广泛应用于低压配电系统和各种控制系统中，主要用作短路保护，同时也是单台电气设备的重要保护元件之一。熔断器与开关电器组合可构成各种熔断器组合电器，使开关电器附加短路保护功能。

(1) 熔断器结构及工作原理

熔断器主要由熔体或熔丝（俗称保险丝）和安装熔体的熔管两部分组成。熔体是熔断器的核心，通常是采用低熔点的铅、锡、锌、铜、银及其合金等材料制成丝状，或根据保护特性的需要设计成灭弧栅状和具有变截面片状结构。熔管一般采用高强度陶瓷、绝缘钢板或玻璃纤维等制成，在熔体熔断时兼有灭弧作用。

熔断器的熔体与被保护的电路串联，当电路正常工作时，熔体允许通过一定大小的电流而不熔断；当电路发生短路或严重过载时，熔体上流过很大的故障电流，经过一定时间，当电流产生的热量达到熔体的熔点时，熔体被熔断，切断电路，从而达到保护目的。

电流流过熔体时产生的热能，与电流的平方和电流通过的时间成正比，因此，电流越大，则熔体熔断的时间越短。这一熔体熔断电流值与熔断时间的关系称为熔断器的保护特性，也称安秒特性。可用图 1-14 曲线表示。熔体熔断电流值与熔断时间的数值关系见表 1-7。

熔断器的图形、文字符号如图 1-15 所示。

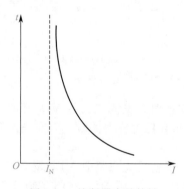

图 1-14　熔断器安秒特性　　　　　　　　　　图 1-15　熔断器图形、文字符号

表 1-7　熔断器安秒特性数值关系

熔断电流	$(1.25\sim1.30)I_N$	$1.6I_N$	$2I_N$	$2.5I_N$	$3I_N$	$4I_N$	$8I_N$
熔断时间	∞	1h	40s	8s	4.5s	2.5s	1s

(2) 常用熔断器

熔断器的种类很多，按其结构型式主要有以下几种，如图 1-16 所示。

① 插入式熔断器　常用插入式熔断器有 RC1A 系列，主要用于低压分支电路及中、小

容量的控制系统的短路保护，亦可用于民用照明电路的短路保护。

RC1A 系列熔断器是一种常见的结构简单的熔断器，俗称"瓷插保险"。它由瓷盖、底座、触头、熔丝等组成。此种熔断器具有价格低廉、熔体更换方便等优点，但它分断能力低，熔化特性不稳定，比较重要的工作场合不能使用，有易爆气体、尘埃的工作场合应禁止使用。

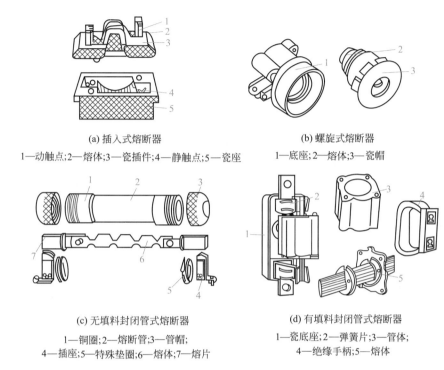

(a) 插入式熔断器

1—动触点;2—熔体;3—瓷插件;4—静触点;5—瓷座

(b) 螺旋式熔断器

1—底座;2—熔体;3—瓷帽

(c) 无填料封闭管式熔断器

1—铜圈;2—熔断管;3—管帽;
4—插座;5—特殊垫圈;6—熔体;7—熔片

(d) 有填料封闭管式熔断器

1—瓷底座;2—弹簧片;3—管体;
4—绝缘手柄;5—熔体

图 1-16 几种常用熔断器的结构简图

② 螺旋式熔断器 常用螺旋式熔断器有 RL1、RL2、RL6、RL7 等系列，其中 RL6、RL7 系列熔断器为 20 世纪 80 年代更新产品，可分别取代 RL1、RL2 系列，常用于配电线路及机床控制线路中作为短路保护电器。螺旋式快速熔断器有 RLS2 等系列，常用作半导体元器件的保护。

螺旋式熔断器由瓷底座、熔管、瓷套等组成。瓷管内装有熔体并装满石英砂，将熔管置入底座内，旋紧瓷帽电路就可接通。瓷帽顶部有玻璃圆孔，其内部有熔断指示器，当熔体熔断时指示器跳出。螺旋式熔断器具有较高的分断能力，限流特性好，有明显的熔断指示，可不用工具就能安全更换熔体，在机床中被广泛采用。

③ 无填料封闭管式熔断器 常用无填料封闭管式熔断器有 RM1、RM10 等系列，主要用作低压配电线路的过载和短路保护。

无填料封闭管式熔断器分断能力较低，限流特性较差，适用于线路容量不大的电网中。其最大优点是熔体可很方便地拆换。

④ 有填料封闭管式熔断器 常用有填料封闭管式熔断器有 RT0、RT12、RT14、RT15 等系列，引进产品有德国 AEG 公司的 NT 系列等。有填料封闭管式熔断器主要作为工业电气装置、配电设备的过载和短路保护，亦可配套使用于熔断器组合电器中。有填料快速熔断器 RS0、RS3 等系列，用作硅整流元件和晶闸管元件及其所组成的成套装置的过载和短路保护。

有填料封闭管式熔断器具有较高的分断能力、保护特性稳定、使用安全等优点，可用于各种电路和电气设备的过载和短路保护。

（3）熔断器的型号含义

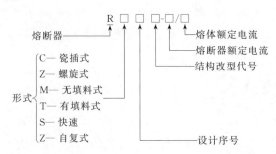

（4）熔断器的主要性能参数

① 额定电压　熔断器的额定电压取决于线路的额定电压。

② 额定电流　熔断器在规定的条件下可以连续使用的电流。熔断器的额定电流根据被保护的电路（支路）及设备的额定负载电流选择。

③ 分断能力　熔断器在额定电压下能分断的最大短路电流值。它取决于熔断器的灭弧能力，与熔体额定电流无关。

④ 限流特性　熔断器的最大分断短路电流值比预期短路电流小得多，熔断器具有良好的限流特性，限流特性由产品样本提供。

部分熔断器的主要技术数据见表1-8和表1-9。

表1-8　RC1A系列熔断器主要技术数据

型　号	熔断器额定电流/A	额定电压/V	熔体额定电流/A	额定分断电流/kA
RC1A-5	5	380	1、2、3、5	300($\cos\varphi=0.4$)
RC1A-10	10	380	2、4、6、8、10	500($\cos\varphi=0.4$)
RC1A-15	15	380	6、10、12、15	500($\cos\varphi=0.4$)
RC1A-30	30	380	15、20、25、30	1500($\cos\varphi=0.4$)
RC1A-60	60	380	30、40、50、60	3000($\cos\varphi=0.4$)
RC1A-100	100	380	60、80、100	3000($\cos\varphi=0.4$)
RC1A-200	200	380	100、120、150、200	3000($\cos\varphi=0.4$)
RL1-15	15	380	2、4、5、10、15	25($\cos\varphi=0.35$)
RL1-60	60	380	20、25、30、35、40、50、60	25($\cos\varphi=0.35$)
RL1-100	100	380	60、80、100	50($\cos\varphi=0.25$)
RL1-200	200	380	100、125、150、200	50($\cos\varphi=0.25$)

表1-9　RT15系列熔断器主要技术数据

额定电压/V		415			
熔断器代号		B_1	B_2	B_3	B_4
额定电流/A	熔断器	100	200	315	400
	熔体	40,50,63,80,100	125,160,200	250,315	350,400
极限分断能力/kA		80($\cos\varphi=0.1\sim0.2$)			

（5）熔断器的选用原则

① 选择熔断器的类型主要根据使用场合。例如，作电网配电用时，应选择一般工业用

熔断器；作硅元件保护用时，应选择保护半导体器件熔断器；供家庭使用时，宜选用螺旋式或半封闭插入式熔断器。

② 熔断器的额定电压必须等于或高于熔断器安装处的电路额定电压。

③ 电路保护用熔断器熔体的额定电流基本上可按电路的额定负载电流来选择，但其极限分断能力必须大于电路中可能出现的最大故障电流。

④ 在电动机回路中作短路保护时，应考虑电动机的启动条件，按电动机的启动时间长短选择熔体的额定电流。

● 对启动时间不长的场合　可按下式决定熔体的额定电流 I_{fu}。

$$I_{fu}=I_{st}/(2.5\sim3)=I_N(1.5\sim2.5)$$

式中　I_{st}——电动机的启动电流；

I_N——电动机的额定电流。

● 对启动时间长或较频繁启动的场合　按下式决定熔体的额定电流 I_{fu}。

$$I_{fu}=I_{st}/(1.6\sim2)$$

● 对于多台并联电动机的电路　考虑到电动机一般不同时启动，故熔体的电流可按下式计算

$$I_{fu}=I_{st\cdot max}/(2.5\sim3)+\sum I_N$$

或　　　　　　　　　$$I_{fu}=I_N(1.5\sim2.5)+\sum I_N$$

式中　$I_{st\cdot max}$——最大的一台电动机的启动电流；

$\sum I_N$——其余电动机额定电流之和。

⑤ 为了防止越级熔断、扩大停电事故范围，各级熔断器间应有良好的协调配合，使下一级熔断器比上一级的先熔断，从而满足选择性保护要求。选择时，上下级熔断器应根据其保护特性曲线上的数据及实际误差来选择。一般老产品的选择比为 2：1，新型熔断器的选择比为 1.6：1。

⑥ 保护半导体器件时熔断器的选择。在变流装置中作短路保护时，应考虑到熔断器熔体的额定电流是用有效值表示，而半导体器件的额定电流是用通态平均电流 $I_{T(av)}$ 表示的，应将 $I_{T(av)}$ 乘以 1.57 换算成有效值。因此，熔体的额定电流可按下式计算

$$I_{fu}=1.57I_{T(av)}$$

1.4　低压断路器

低压断路器过去称为自动开关，为了和 IEC（国际电气技术委员会）标准一致，故改用此名。低压断路器可用来分配电能，不频繁地启动异步电动机，对电源线路及电动机等实行保护，当它们发生严重的过载、短路或欠电压等故障时能自动切断电路，其功能相当于熔断器式断路器与过流、欠压、热继电器等的组合，而且在分断故障电流后一般不需要更换零部件，因而获得了广泛的应用。

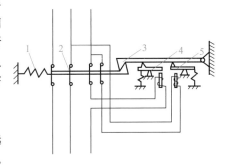

图 1-17　低压断路器工作原理
1—释放弹簧；2—主触头；3—钩子；
4—过流脱扣器；5—失压脱扣器

（1）低压断路器结构和工作原理

低压断路器主要由触头和灭弧装置、各种可供选择的脱扣器与操作机构、自由脱扣机构三部分组成。各种脱扣器包括过流、欠压（失压）脱扣器和热脱扣器等。工作原理如图 1-17 所示。图中选用了过流和失压两种脱扣器。开关的主触头靠操作机构手动或电动

合闸，在正常工作状态下能接通和分断工作电流。当电路发生短路或过流故障时，过流脱扣器4的衔铁被吸合，使自由脱扣机构的钩子脱开，自动开关触头分离，及时有效地切除高达数十倍额定电流的故障电流。若电网电压过低或为零时，失压脱扣器5的衔铁被释放，自由脱扣机构动作，使断路器触头分离，从而在过流与零压、欠压时保证了电路及电路中设备的安全。

（2）常用型号及含义

断路器的种类繁多，按用途和结构特点可分为框架式断路器、塑料外壳式断路器、直流快速断路器和限流式断路器等。

① 框架式断路器（万能式断路器）　具有绝缘衬底的框架结构底座将所有的构件组装在一起，用于配电电网的保护。主要型号有DW10和DW15系列。

② 塑料外壳式断路器　具有用模压绝缘材料制成的封闭型外壳将所有构件组装在一起。用作配电电网的保护和电动机、照明电路及电热器等的控制开关。主要型号有DZ5、DZ10、DZ20等系列。

③ 直流快速断路器　具有快速电磁铁和强有力的灭弧装置，最快动作时间可在0.02s以内，用于半导体整流元件和整流装置的保护。主要系列有DS系列。

④ 限流式断路器　利用短路电流所产生的电动力使触头约在8～10ms内迅速断开，限制了电路中可能出现的最大短路电流。适用于要求分断能力较高的场合（可分断高达70kA短路电流的电路）。主要型号有DWX15、DZX10系列等。

⑤ 漏电保护断路器　在电路或设备出现对地漏电或人身触电时，迅速自动断开电路，从而有效地保证人身和线路安全。漏电保护断路器是一种安全保护电器，在电路中作为触电和漏电保护之用。漏电保护断路器有单相式和三相式两种，单相式主要产品有DZ18L-20型；三相式有DZ15L、DZ47L、DS250M等。漏电保护断路器的额定漏电动作电流为30～100mA，漏电脱扣动作时间小于0.1s。

此外，我国引进的国外产品有德国的ME系列，西门子公司的3VE1系列，日本的AE、AH、TG系列，法国的C45、S060系列，美国的H系列等。国产型号DW15、DZ15、DZX10、DS12、DZ15L等。现以DZ20为例说明其型号含义如下。

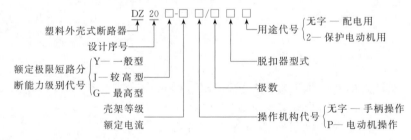

（3）低压断路器的主要技术参数

低压断路器的主要技术参数有：额定电压、额定电流、极数、脱扣器类型、整定电流范围、分断能力、动作时间等。具体内容参见表1-10、表1-11和表1-12所示。

表1-10　DW15系列断路器的技术数据

| 型　号 | 额定电压/V | 额定电流/A | 额定短路接通分断能力 | | | | | 外形尺寸（宽×高×深）/mm×mm×mm |
			电压/V	接通最大值/kA	分断有效值/kA	cosφ	短延时最大延时/s	
DW15-200	380	200	380	40	20		—	242×420×341（正面） 386×420×316（侧面）
DW15-400	380	400	380	52.5	26		—	242×420×341 386×420×316

续表

型　号	额定电压/V	额定电流/A	额定短路接通分断能力					外形尺寸（宽×高×深）/mm×mm×mm
			电压/V	接通最大值/kA	分断有效值/kA	cosφ	短延时最大延时/s	
DW15-630	380	630	380	63	30	—		242×420×341 386×420×316
DW15-1000	380	1000	380	84	40	0.2	—	441×531×508
DW15-1600	380	1600	380	84	40	0.2	—	441×531×508
DW15-2500	380	2500	380	132	60	0.2	0.4	687×571×631 897×571×631
DW15-4000	380	4000	380	196	80	0.2	0.4	687×571×631 897×571×631

表 1-11　DZ20 系列塑料外壳式断路器技术数据

型　号	额定工作电压/V	壳架等级额定电流/A	断路器额定电流 I_N/A	脱扣器型式或长延时脱扣器电流整定范围	瞬时脱扣器电流整定值/A	备　注
DZ20Y-100 DZ20J-100 DZ20G-100	～380 －220	100	16,20,32,40,50,63,80,100	电磁脱扣器 复式脱扣器 分励脱扣器额定控制电源电压 ～220V ～380V －110V －220V 欠电压脱扣器额定工作电压～220V、～380V 电动机操作机构额定控制电源电压～220V、～380V、－220V	配电用 $10I_N$ 保护电动机用 $12I_N$	
DZ20Y-200 DZ20J-200 DZ20G-200		200	100,125,160,180,200,225		配电用 $5I_N$、$10I_N$ 保护电动机用 $8I_N$、$12I_N$	
DZ20Y-400 DZ20J-400 DZ20G-400		400	200,250,315,350,400		配电用 $5I_N$、$10I_N$ 电动机用 $12I_N$	
DZ20Y-630 DZ20J-630		630	500,630		配电用 $5I_N$、$10I_N$	
DZ20Y-1250		1250	630,700,800,1000,1250		配电用 $4I_N$、$7I_N$	

表 1-12　DZ15 系列塑料外壳式断路器技术数据

型　号	壳架额定电流/A	额定电压/V	极　数	脱扣器额定电流/A	额定短路通断能力/kA	电气、机械寿命/次
DZ15-40/1901	40	220	1	6、10、16、20、25、32、40	3（cosφ＝0.9）	15000
DZ15-40/2901		380	2			
DZ15-40/3901 3902			3			
DZ15-40/4901			4			
DZ15-63/1901	63	220	1	10、16、20、25、32、40、50、63	5（cosφ＝0.7）	10000
DZ15-63/2901		380	2			
DZ15-63/3901 3902			3			
DZ15-63/4901			4			

（4）低压断路器的图形符号及文字符号

低压断路器的图形符号及文字符号如图 1-18 所示。

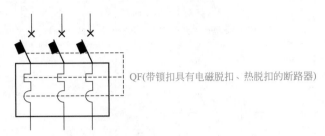

QF(带锁扣具有电磁脱扣、热脱扣的断路器)

图 1-18　低压断路器图形符号、文字符号

（5）低压断路器的选择原则

低压断路器的选择应从以下几方面考虑。

① 断路器的类型应根据使用场合和保护要求来选择。如一般应选用塑壳式；短路电流很大时选用限流型；额定电流比较大或有选择性保护要求时选框架式；控制和保护含半导体器件的直流电路选直流快速断路器等。

② 断路器额定电压、额定电流应大于或等于线路、设备的正常工作电压、工作电流。

③ 断路器极限通断能力应大于或等于电路最大短路电流。

④ 欠电压脱扣器额定电压应等于线路额定电压。

⑤ 过电流脱扣器的额定电流应大于或等于线路的最大负载电流。

1.5　低压隔离器

低压隔离器也称刀开关。低压隔离器是低压电器中结构比较简单、应用十分广泛的一类手动操作电器，品种主要有低压刀开关、熔断器式刀开关和组合开关三种。

隔离器主要是在电源切除后，将线路与电源明显地隔开，以保障检修人员的安全。熔断器式刀开关由刀开关和熔断器组合而成，故兼有两者的功能，即电源隔离和电路保护功能，可分断一定的负载电流。

（1）刀开关

刀开关广泛应用于配电设备作隔离电源用，有时也用于直接启动小容量的笼型异步电动机。

① 开启式负荷开关　开启式负荷开关俗称胶盖瓷底刀开关，由于它结构简单、价格便宜，使用维修方便，故得到广泛应用。主要用作电气照明电路、电加热电路、小容量电动机电路的不频繁控制开关，也可用作分支电路的配电开关。胶底瓷盖刀开关由操作手柄、熔丝、触刀、触头座和底座组成，如图 1-19 所示。此种刀开关装有熔丝，可起短路保护作用。

刀开关在安装时，手柄要向上，不得倒装或平装，避免由于重力自动下落，引起误动合闸。接线时，应将电源线接在上端，负载线接在下端，这样拉闸后刀开关的刀片与电源隔离，既便于更换熔丝，又可防止发生意外事故。

② 封闭式负荷开关　封闭式负荷开关又称铁壳开关。一般用于电力排灌、电热器、电气照明线路的配电设备中，用来不频繁地接通与分断电路，也可以直接用于异步电动机的非频繁全压启动控制。

铁壳开关主要由钢板外壳、触刀、操作机构、熔丝等组成，如图 1-20 所示。铁壳开关的操作结构有两个特点：一是采用储能合闸方式，即利用一根弹簧以执行合闸和分闸之功能，使开关的闭合和分断时的速度与操作速度无关，它既有助于改善开关的动作性能和灭弧性能，又能防止触头停滞在中间位置；二是设有联锁装置，以保证开关合闸后便不能打开箱盖，而在箱盖打开后便不能再合开关。

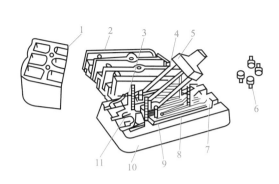

图 1-19　胶壳开关结构图

1—上胶盖；2—下胶盖；3—插座；4—触刀；5—瓷柄；
6—胶盖紧固螺母；7—出线座；8—熔丝；
9—触刀座；10—瓷底板；11—进线座

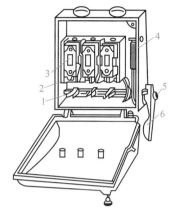

图 1-20　铁壳开关结构图

1—触刀；2—夹座；3—熔断器；4—速断弹簧；
5—转轴；6—手柄

③ 常用型号及含义　刀开关常用型号有：HD14、HD17、HS13 系列，其中 HD17 系列为新型换代产品。HK2、HD13BX 系列为开启式负荷开关，其中 HD13BX 为较先进开启式负荷开关，操作方式为旋转型。HH4、HH10、HH11 系列为封闭式负荷开关。HR3、HR5 系列为熔断器式刀开关，其中 HR5 刀开关中的熔断器采用 NT 型低压高分断型，并且结构紧凑，分断能力高达 100kA。现以 HK2 和 HH10 为例说明其含义如下。

④ 刀开关的主要技术参数　主要技术参数有额定电压、额定电流、通断能力、动稳定电流、热稳定电流等。部分主要指标详见表 1-13 和表 1-14。

表 1-13　HK2 系列负荷开关技术数据

额定电压 /V	额定电流 /A	极　数	熔断体极限分断能力 /A	控制电动机功率 /kW	机械寿命 /次	电气寿命 /次
250	10	2	500	1.1	10000	2000
	15		500	1.5		
	30		1000	3.0		
380	15	3	500	2.2	10000	2000
	30		1000	4.0		
	60		1000	5.5		

动稳定电流是当电路发生短路故障时，刀开关并不因短路电流产生的电动力作用而发生变形、损坏或触刀自动弹出之类的现象。这一短路电流峰值即为刀开关的动稳定电流，可高达额定电流的数十倍。

热稳定电流是指发生短路故障时，刀开关在一定时间（通常为 1s）内通过某一短路电流，并不会因温度急剧升高而发生熔焊现象，这一最大短路电流称为刀开关的热稳定电流。刀开关的热稳定电流亦可高达额定电流的数十倍。

表 1-14　HH10、HH11 系列负荷开关技术数据

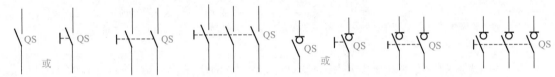

型　号	额定电流/A	接通与分断能力			熔断器极限分断电流/A				
		(1.1×380)V 电流/A	cosφ	次数	瓷插式	cosφ	管式	cosφ	次数
HH10	10 20 30 60 100	40 80 120 240 250	0.4	10	500 1500 2000 4000 4000	0.8	50000	0.35	3
HH11	100 200 300 400	300 600 900 1200	0.8	3			50000	0.25	3

⑤ 刀开关和负荷开关的图形和文字符号　如图 1-21 所示。

(a) 单极刀开关　(b) 双极刀开关　(c) 三极刀开关　(d) 单极负荷开关　(e) 双极负荷开关　(f) 三极负荷开关

图 1-21　刀开关和负荷开关图形、文字符号

⑥ 刀开关的选择原则
- 根据使用场合，选择刀开关的类型、极数及操作方式。
- 刀开关额定电压应大于或等于线路电压。
- 刀开关额定电流应大于或等于线路的额定电流。对于电动机负载，开启式刀开关额定电流可取为电动机额定电流的 3 倍；封闭式刀开关额定电流可取为电动机额定电流的 1.5 倍。

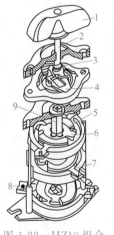

图 1-22　HZ10 组合开关结构示意图

1—手柄；2—转轴；3—弹簧；
4—凸轮；5—绝缘垫板；
6—动触头；7—静触头；
8—接线柱；
9—绝缘方轴

(2) 转换开关

转换开关又名组合开关，是一种多触头、多位置式、可控制多个回路的电器。一般用于电气设备中非频繁地通断电路、换接电源和负载，测量三相电压以及控制小容量感应电动机。

① 转换开关的工作原理　转换开关由动触头（动触片）、静触头（静触片）、转轴、手柄、定位机构及外壳等部分组成。其动、静触头分别叠装于数层绝缘壳内，如图 1-22 所示为 HZ10 组合开关结构示意图。当转动手柄时，每层的动触头随方形转轴一起转动，从而实现对电路的通、断控制。

② 转换开关常用型号及含义　转换开关常用型号有 HZ5、HZ10、HZ15 等系列，HZ5 系列与万能转换开关相类似，其结构与一般转换开关有所不同；HZ10 为全国统一设计产品；HZ15 为新型的全国统一设计的更新换代产品。以 HZ10 为例说明其型号的含义如下。

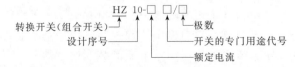

HZ 10-□ □/□

转换开关(组合开关)——
设计序号——
额定电流——
开关的专门用途代号——
极数——

③ 转换开关的主要技术参数　转换开关的主要技术参数有额定电压、额定电流、极数等。表 1-15 为 HZ10 系列组合开关的部分技术数据。

表 1-15　HZ10 系列组合开关技术数据

型　号	额定电压 /V	额定电流 /A	极 数	极限操作电流[①] /A		可控制电动机最大容量和额定电流[①]		额定电压及额定电流下的通断次数			
				接通	分断	容量 /kW	额定电流 /A	AC cosφ		直流时间常数/s	
								≥0.8	≥0.3	≤0.0025	≤0.01
HZ10-10	DC:220 AC:380	6	单极	94	62	3	7	20000	10000	20000	10000
		10									
HZ10-25		25	2、3	155	108	5.5	12				
HZ10-60		60									
HZ10-100		100						10000	5000	10000	5000

① 均指三极组合开关。

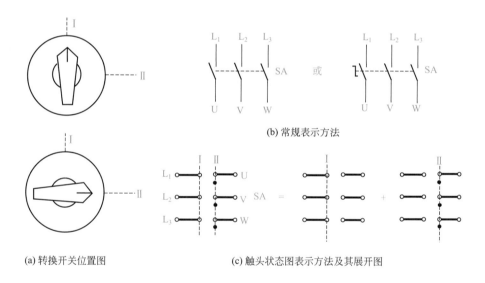

(a) 转换开关位置图

(b) 常规表示方法

(c) 触头状态图表示方法及其展开图

图 1-23　转换开关图形、文字符号

④ 转换开关的图形和文字符号　转换开关的图形和文字符号在电路中的表示方法有三种。一种是与手动刀开关图形符号相似，文字符号不同的常规表示法如图 1-23(b)。另一种是触头状态图表示法，如图 1-23(c) 所示。使用状态图表示时，虚线表示操作挡位，有几个挡位就画几根虚线；实线与成对的端子表示触头，使用多少对触头就可以画多少对。在虚实线交叉的下方只要标黑点就表示实线触头在虚线对应的挡位是接通的，不标黑点就意味着该触头在该挡位被分断。第三种是结合触头通断表判断触头通断，如图 1-24 所示。后面两种表示法在多位置多触头时极为方便。

⑤ 转换开关的选择原则

● 用转换开关控制小容量（如 7kW 以下）电动机的启动与停止，则转换开关额定电流应为电动机额定电流的 3 倍。

● 用转换开关接通电源，转换开关额定电流可稍大于电动机的额定电流。

SA 通断表

触头	开关位置	
	Ⅰ	Ⅱ
L_1-U	−	+
L_2-V	−	+
L_3-W	−	+

+表示触头通
−表示触头断

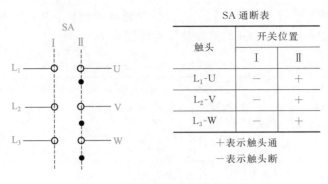

图 1-24　触头状态图及通断表

1.6　主令电器

主令电器用于发布操作命令以接通和分断控制电路。常见类型有控制按钮、位置开关、万能转换开关和主令控制器等。

1.6.1　按钮

按钮是一种用人力（一般为手指或手掌）操作，并具有储能复位的开关电器。它主要用于电气控制电路中，用于发布命令及电气联锁。按钮的一般结构如图 1-25 所示。主要由按钮帽、复位弹簧、桥式动触头、常开静触头、常闭静触头和装配基座（图中未画出）等组成。操作时，将按钮帽往下按，桥式动触头就向下运动，先与常闭静触头分断，再与常开静触头接通。一旦操作人员的手指离开按钮帽，在复位弹簧的作用下，动触头向上运动，恢复初始位置。在复位过程中，先是常开触头分断，然后是常闭触头闭合。图 1-26 是按钮的图形、文字符号。

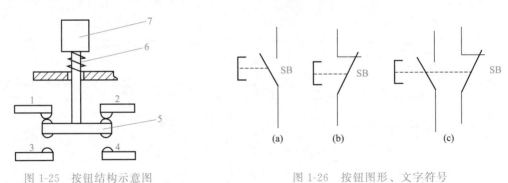

图 1-25　按钮结构示意图

1～4—静触头；5—桥式触头；
6—复位弹簧；7—按钮帽

图 1-26　按钮图形、文字符号

（a）常开触头；（b）常闭触头；（c）复式触头

按用途和结构的不同，按钮分为启动按钮、停止按钮和复合按钮等。

按使用场合、作用不同，通常将按钮帽做成红、绿、黑、黄、蓝、白、灰等颜色。国标 GB/T 5226.1—2019 对按钮颜色作如下规定。

①“停止”按钮优先选用黑色，也可选用灰色、白色或红色。靠近紧急操作器件建议不使用红色。“急停”按钮应使用红色。

②“启动”按钮优先选用白色，可选用灰色、黑色或绿色，不允许使用红色。

③“启动”与“停止”交替动作的按钮规定为白色、灰色或黑色，不允许使用红色、黄色或绿色。

④"点动"按钮规定为白色、灰色或黑色，不允许使用红色、黄色或绿色。

⑤"复位"按钮规定为蓝色、白色、灰色或黑色，如果还用作停止/断开按钮，最好使用白色、灰色或黑色，优先选用黑色，但不允许使用绿色。

按钮常见型号有LA18、LA19、LA20、LA25和LAY3系列。其中LA25系列为通用型按钮的更新换代产品，采用组合式结构，可根据需要任意组合其触头数目，最多可组成6个单元。LAY系列是德国西门子公司技术标准生产的产品，规格品种齐全，其结构形式有揿钮式、紧急式、钥匙式和旋转式等，有的带有指示灯。现以LA25系列为例说明其型号含义。

K—开启式；S—防水式；J—紧急式（有红色大蘑菇头突出在外）；X—旋钮式；H—保护式；F—防腐式；Y—钥匙式；D—带灯式。

其技术数据如表1-16所示。

表1-16　LA25系列按钮技术数据

型　号	触头组合	按钮颜色	型　号	触头组合	按钮颜色
LA25-10	一常开	白绿黄蓝橙黑红	LA25-33	三常开三常闭	白绿黄蓝橙黑红
LA25-01	一常闭		LA25-40	四常开	
LA25-11	一常开一常闭		LA25-04	四常闭	
LA25-20	二常开		LA25-41	四常开一常闭	
LA25-02	二常闭		LA25-14	一常开四常闭	
LA25-21	二常开一常闭		LA25-42	四常开二常闭	
LA25-12	一常开二常闭		LA25-24	二常开四常闭	
LA25-22	二常开二常闭		LA25-50	五常开	
LA25-30	三常开		LA25-05	五常闭	
LA25-03	三常闭		LA25-51	五常开一常闭	
LA25-31	三常开一常闭		LA25-15	一常开五常闭	
LA25-13	一常开三常闭		LA25-60	六常开	
LA25-32	三常开二常闭		LA25-06	六常闭	
LA25-23	二常开三常闭				

按钮的选择原则如下。

① 根据使用场合，选择控制按钮的种类，如开启式、防水式、防腐式等。

② 根据用途，选用合适的型式，如钥匙式、紧急式、带灯式等。

③ 按控制回路的需要，确定不同的按钮数，如单钮、双钮、三钮、多钮等。

④ 按工作状态指示和工作情况的要求，选择按钮指示灯的颜色。

1.6.2　位置开关

位置开关主要用于将机械位移转变为电信号，从而控制生产机械的动作。位置开关包括：行程开关、微动开关、限位开关等。

(1) 行程开关

行程开关是一种按工作机械的行程，发出操作命令的位置开关。主要用于机床、自动生

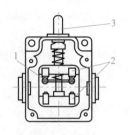

(a) 直动式行程开关

1—动触头；2—静触头；3—推杆

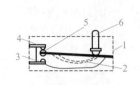

(b) 微动式行程开关

1—壳体；2—弓簧片；3—常开触头；
4—常闭触头；5—动触头；
6—推杆

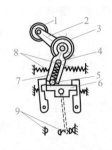

(c) 滚轮旋转式行程开关

1—滚轮；2—上转臂；3—弓形弹簧；
4—推杆；5—小滚轮；6—擒纵件；
7,8 —弹簧；9—动、静触头

图 1-27　行程开关结构示意图

产线和其他生产机械的限位及流程控制。其结构与工作原理如下。

① 直动式行程开关　图 1-27(a) 为直动式行程开关结构图。其动作原理与控制按钮类似，只是它用运动部件上的撞块来碰撞行程开关的顶杆。直动式行程开关虽然结构简单，但是触头的分合速度取决于撞块移动的速度。若撞块移动速度太慢，则触头就不能瞬时切断电路，使电弧在触头上停留时间过长，易烧蚀触头。因此，这种开关不宜用在撞块移动速度小于 0.4m/min 的场合。

② 微动开关　图 1-27(b) 为微动式行程开关结构图。微动开关是行程非常小的瞬时动作开关，其特点是操作力小和操作行程短，适用于机械、纺织、轻工、电子仪器等各种机械设备和家用电器中的限位和联锁保护等。微动开关也可看做尺寸甚小而又非常灵敏的行程开关。

微动开关随着生产发展的需要，向体积小和操作行程小方面发展，控制电流却有增大的趋势；在结构上有向全封闭型发展的趋势，以避免空气中尘埃进入触头之间，影响触头的可靠导电。

③ 滚轮旋转式行程开关　为克服直动行程开关的缺点，可采用能瞬时动作的滚轮旋转式结构，内部结构如图 1-27(c) 所示。当滚轮 1 受到向左的外力作用时，上转臂 2 向左下方转动，推杆 4 向右转动，并压缩右边弹簧 8，同时下面的小滚轮 5 也很快沿着擒纵件 6 向右转动，小滚轮滚动又压缩弹簧 7，当小滚轮 5 走过擒纵件 6 的中点时，弓形弹簧 3 和弹簧 7 都使擒纵件 6 迅速转动，因而使动触头迅速地与右边的静触头分开，并与左边的静触头闭合。这样就减少了电弧对触头的损坏，并保证了动作的可靠性。这类行程开关适用于低速运动的机械。

行程开关的工作原理和按钮相同，区别在于它不靠手的按压，而是利用生产机械运动部件的挡铁碰压而使触头动作。

常用的行程开关有 LX19、LXW5、LXK3、LX32、LX33 等系列。新型 3SE3 系列行程开关额定工作电压为 500V，额定电流为 10A，其机械、电气寿命比常见行程开关更长。

目前使用的微动开关有 LXW2-11 型、LXW5-11 系列、JW 系列、LX31 系列等。

现以 LX32 系列为例说明其型号含义如下。

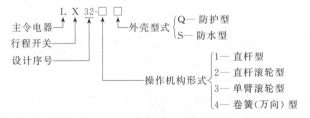

表 1-17 列出了 LX32 系列行程开关主要技术参数。

表 1-17　LX32 系列行程开关主要技术数据

额定工作电压/V		额定发热电流 /A	额定工作电流/A		额定操作频率 /(次/h)
直　流	交　流		直　流	交　流	
220、110、24	380、220	6	0.046(220V 时)	0.79(380V 时)	1200

行程开关的图形、文字符号如图 1-28 所示。

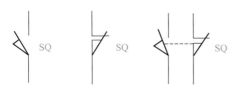

图 1-28　行程开关图形、文字符号　　　　图 1-29　接近开关图形、文字符号

实际应用时，行程开关的选择主要从以下几方面考虑。
- 根据应用场合及控制对象选择。
- 根据安装环境选择防护型式，如开启式或保护式。
- 根据控制回路的电压和电流选择行程开关系列。
- 根据机械与行程开关的传力与位移关系选择合适的头部型式。

（2）接近开关

接近开关即无触头行程开关，内部为电子电路，按工作原理分为高频振荡型、电容型和永磁型三种。使用时对外连接 3 根线，其中红、绿两根线外接直流电源（通常为 24V），另一根黄线为输出线。接近开关供电后，输出线与绿线之间为高电平输出。当有金属物靠近该开关的检测头时，输出线与绿线之间变成低电平。可利用该信号驱动一个继电器或直接将该信号输入 PLC 等控制回路。

接近开关具有工作稳定可靠，寿命长，重复定位精度高等特点。其主要技术参数有工作电压、输出电流、动作距离、重复精度和工作响应频率等。主要系列型号有 LJ2、LJ6、LXJ6、LXJ18、3SG 和 LXT3 等。

接近开关的图形、文字符号如图 1-29 所示。

接近开关的正确选用主要从以下几方面考虑。

① 因价格高，仅用于工作频率高，可靠性及精度要求均较高的场合。

② 按应答距离要求选择型号、规格。

③ 按输出要求的触头型式（有触头、无触头）及触头数量，选择合适的输出型式。

1.6.3　万能转换开关

万能转换开关主要用于电气控制电路的转换、配电设备的远距离控制、电气测量仪表的转换和微电机的控制，也可用于小功率笼型异步电动机的启动、换向和变速。由于它能控制多个回路，适应复杂线路的要求，故有"万能"转换开关之称。

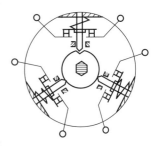

图 1-30　万能转换开关 单层结构示意图

图 1-30 为 LW6 系列万能转换开关其中一层的结构示意图，LW6 系列万能转换开关由操作机构、面板、手柄及触头座等主要部件组成，操作位置有 2～12 个，触头底座有 1～10

层，每层底座均可装三对触头，每层凸轮均可做成不同形状，当手柄转动到不同位置时，通过凸轮的作用，可使各对触头按所需要的规律接通和分断。这种开关可以组成数百种线路方案，以适应各种复杂要求。

现以 LW6 系列为例，说明其型号含义如下。

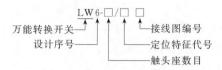

常用的万能转换开关有 LW2、LW5、LW6、LW8 系列，其中 LW2 系列用于高压断路器操作回路的控制，LW5、LW6 系列多用于电力拖动系统中对线路或电动机实行控制，LW6 系列还可装成双列型式，列与列之间用齿轮啮合，并由同一手柄操作，此种开关最多可装 60 对触头。

表征万能转换开关特性的有额定电压、额定电流、手柄型式、触头座数、触头对数、触头座排列型式、定位特征代号、手柄定位角度等。表 1-18 是 LW6 系列的部分主要技术指标。

表 1-18　LW6 系列万能转换开关型号和触头排列特征表

型　号	触头座数	触头座排列型式	触头对数	型　号	触头座数	触头座排列型式	触头对数
LW6-1	1	单列式	3	LW6-8	8	单列式	24
LW6-2	2		6	LW6-10	10		30
LW6-3	3		9	LW6-12	12		36
LW6-4	4		12	LW6-16	16	双列式	48
LW6-5	5		15	LW6-20	20		60
LW6-6	6		18				

与组合开关类似，表达万能转换开关中的触头在各挡位的通断状态，有两种方法。一种是列出表格，用通断表表示；另一种就是状态图表示。图 1-31 为对应的图形、文字符号。

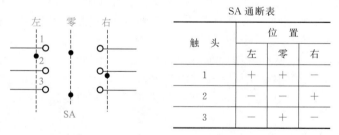

图 1-31　万能转换开关图形、文字符号

万能转换开关的选择主要按下列要求进行。
① 按额定电压和工作电流选用合适的万能转换开关系列。
② 按操作需要选定手柄型式和定位特征。
③ 按控制要求参照转换开关样本确定触头数量和接线图编号。
④ 选择面板型式及标志。

1.6.4　凸轮控制器和主令控制器

凸轮控制器和主令控制器也属于主令电器，它们在起重机的控制中应用广泛。

(1) 凸轮控制器

凸轮控制器是一种大型手动控制电器，用来直接操作与控制电动机的正反转、调速、启动与停止等。凸轮控制器大量应用于中、小型起重机的平移机构和小型起重机的提升机构中。使用凸轮控制器的电动机控制线路具有电路简单，维修方便的特点。

凸轮控制器主要由触头、转轴、凸轮、杠杆、手柄、灭弧罩及定位机构组成，如图 1-32 所示。转动手柄时，转轴带动凸轮一起转动，转到某一位置时，凸轮顶动滚子，克服弹簧压力，使动触头顺时针方向转动，脱离静触头而分断。在转轴上叠装不同形状的凸轮，可以使若干个触头组按规定的顺序接通或分断。将这些触头接到电动机电路中，便可实现控制电动机的目的。

凸轮控制器的图形、文字符号如图 1-33 所示。

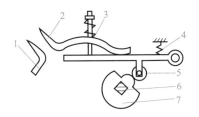

图 1-32　凸轮控制器结构示意图

1—静触头；2—动触头；3—触头弹簧；4—复位
弹簧；5—滚子；6—绝缘方轴；7—凸轮

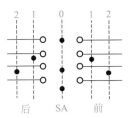

图 1-33　凸轮控制器
图形、文字符号

目前我国生产凸轮控制器主要有 KT10、KT14 系列，其型号含义如下。

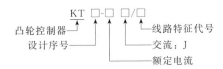

凸轮控制器技术数据如表 1-19 所示。

表 1-19　凸轮控制器主要技术指标

型　号	额定电流 I/A	工作位置数		触头数	在 JC%＝25%时控制电动机功率 P/kW		使　用　场　合
		向前（上升）	向后（下降）		制造厂样本数值	设计手册推荐数值	
KT10-25J/1	25	5	5	12	11	7.5	控制一台绕线型电动机
KT10-25J/2	25	5	5	13		2×7.5	同时控制两台绕线型电动机,定子回路由接触器控制
KT10-25J/3	25	1	1	9	5	3.5	控制一台笼型电动机
KT10-25J/5	25	5	5	17	2×5	2×3.5	同时控制两台绕线型电动机
KT10-25J/7	25	1	1	7	5	3.5	控制一台转子串频敏变阻器的绕线型电动机

（2）主令控制器

当电动机容量较大、工作繁重、操作频繁、调速性能要求较高时，通常采用主令控制器来控制。用主令控制器的触头来控制接触器，再由接触器来控制电动机，从而使操作更为方便。

主令控制器是用以频繁切换复杂的多回路控制电路的主令电器。主要用作起重机、轧钢机及其他生产机械磁力控制盘的主令控制。

主令控制器结构与工作原理与凸轮控制器相似，只是触头的额定电流较小。

表 1-20 为主令控制器的主要技术指标。

表 1-20　LK14 型主令控制器主要技术指标

型　　号	额定电压 U/V	额定电流 I/A	控制电路数	外形尺寸/mm×mm×mm
LK14-12/90 LK14-12/96 LK14-12/97	380	15	12	227×220×300

目前生产和使用的主令控制器主要有 LK14、LK15、LK16 型，其主要技术指标为额定电压交流 50Hz、380V 以下或直流 220V 以下，额定操作频率 1200 次/h。

主令控制器主要根据所需操作位置数、控制电路数、触头闭合顺序以及长期允许电流大小来选择。在起重机控制中，往往根据磁力控制盘型号来选择主令控制器，因为主令控制器是与磁力控制盘相配合实现控制的。

1.7　其他低压电器

(1) 启动器

启动器主要用于三相交流异步电动机的启动、停止或正反转的控制。启动器分为直接启动器和降压启动器两大类。直接启动器是在全压下直接启动电动机，适用于较小功率的电动机。降压启动器是用各种方法降低电动机启动时的电压，以减小启动电流，它适用于较大功率的电动机。

① 磁力启动器　磁力启动器是一种直接启动器，由交流接触器和热继电器组成，分为可逆型与不可逆型两种。可逆磁力启动器具有两个接线方式不同的接触器，以分别实现电动机的正、反转控制。而不可逆磁力启动器只有一个接触器，只能控制电动机单方向旋转。

磁力启动器不具有短路保护功能，因此使用时主电路中要加装熔断器或自动开关。

② 自耦降压启动器　自耦降压启动器又名补偿器。它利用自耦变压器来降低电动机的启动电压，以达到限制启动电流的目的。

补偿器中 QJ3、QJ5 型为手动启动补偿器，QJ3 型补偿器采用 Y 接法，各相绕组有原边电压的 65%和 80%两组电压抽头，可根据电动机启动时负载的大小选择适当的启动电压，出厂时接在 65%的抽头上。

③ Y/△启动器　对于三角形接法的电动机，在启动时，把其绕组接成星形，正常运行时换接成三角形，此降压启动方法称为 Y/△启动法，完成这一任务的设备称为 Y/△启动器。

常用 Y/△启动器有 QX2、QX3、QX4A 和 QX10 等系列。QX12 系列为手动，其余系列均为自动。QX3 系列由三个接触器、一个热继电器和一个时间继电器组成，利用时间继电器的延时作用完成 Y/△的自动换接。QX3 系列有 QX3-13、QX3-30、QX3-55、QX3-125等型号，QX3 后面的数字表示额定电压为 380V 时，启动器可控制的电动机最大功率，单位为千瓦。

(2) 牵引电磁铁

牵引电磁铁是应用广泛的一种自动化元件，在自动化设备中，用以开关阀门或牵引其他机械装置。

电磁铁的基本组成部分是线圈、导磁体和有关机械部件。当线圈通电时，依靠电磁系统中产生的电磁吸力使衔铁做机械运动，在运动过程中克服机械负载的阻力。

常用的牵引电磁铁有 MQ3 系列和 MQZ1 系列，其中 MQZ1 系列为小型直流牵引电磁铁。而为电磁阀配套的阀用电磁铁，也属于牵引电磁铁，主要有 MFZ1-YC 系列和 MFB1-YC 系列，其中 MFZ1-YC 系列用于电压为 24V 或 110V 直流电源；MFB1-YC 系列用于频率为 50～60Hz、电压 220V（或 380V）的交流电源中。

（3）频敏变阻器

频敏变阻器是能随电流的频率而自动改变阻值的变阻器，其阻值对频率很敏感。

从 20 世纪 60 年代开始，我国就应用和推广自己独创的频敏变阻器。它是绕线转子感应电动机较为理想的启动装置，常用于 2.2～3300kW 的 380V 低压绕线转子感应电动机的启动控制。

频敏变阻器的结构类似于没有副绕组的三相变压器，主要由铁芯和绕组两部分组成。铁芯用普通钢板或方钢制成 E 形和条状（作铁轭）后叠装而成。在 E 形铁芯和铁轭之间留有气隙，供调整阻值用。绕组有几个抽头，一般接成 Y 形。图 1-34 所示为 BP1 系列频敏变阻器的外形和结构图。

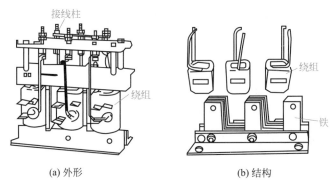

接线柱
绕组
绕组
铁

(a) 外形　　　　　　(b) 结构

图 1-34　BP1 系列频敏变阻器结构示意图

频敏变阻器的三相绕组通入交流电时，铁芯中产生交变磁通，引起铁芯损耗。因铁芯为整块钢板制成，故会产生很大涡流，使铁损很大。频率越高、涡流越大，铁损也越大，可等效地看做电阻越大。因此，频率变化时，铁损变化，相当于电阻的值在变化，故频敏变阻器相当一个铁损很大的电抗器。

把频敏变阻器接入绕线式异步电动机的转子回路后，刚启动时，转子回路电流频率最大，故频敏变阻器阻值最大，这限制了电动机启动电流；随着转子转速升高，转子电流频率逐渐下降，频敏变阻器的等效阻值也逐渐减小。电动机启动完毕后，将频敏变阻器从转子回路中切除。

频敏变阻器结构简单，价格低廉，使用维护方便，应用广泛。但它的功率因数较低，启动转矩较小，故不宜用于重载启动。

常用频敏变阻器有 BP1、BP2、BP3、BP4 和 BP6 等系列，其中 BP1、BP2、BP3 系列用于轻载启动，而 BP4、BP6 系列用于重载启动。

习题及思考题

1-1　画出接触器的图形符号，并标出其文字符号。

1-2　简述接触器的主要特点，并说明交流接触器和直流接触器如何区分。

1-3　交流电磁线圈误接入直流电源、直流电磁线圈误接入交流电源，将发生什么问题？为什么？

1-4　电弧是如何产生的？有哪些危害？直流电弧与交流电弧各有什么特点？低压电器中常

用的灭弧方式有哪些？

1-5　接触器是怎样选择的？主要考虑哪些因素？

1-6　画出下列电气元件的图形符号，并标出其文字符号。

①中间继电器；②通电延时时间继电器；③断电延时时间继电器；④热继电器；⑤速度继电器；⑥固态继电器。

1-7　简述中间继电器的主要特点。中间继电器与接触器有何异同？

1-8　简述空气阻尼式时间继电器的主要特点。

1-9　在电动机的控制电路中，热继电器与熔断器各起什么作用？两者能否互相替换？为什么？

1-10　简述速度继电器的主要特点。

1-11　为什么要对固态继电器进行瞬间过压保护？采用何种元件来实现该保护？

1-12　画出低压断路器的图形符号，并标出其文字符号。低压断路器具有哪些脱扣装置？试分别说明其功能。

1-13　画出刀开关的图形符号，并标出其文字符号。在使用和安装 HK 系列刀开关时，应注意些什么？铁壳开关的结构特点是什么？试比较胶底瓷盖刀开关与铁壳开关的差异及各自用途。

1-14　组合开关常用的图形符号有几种？分别画出并标出其文字符号。

1-15　什么是主令电器，常用的主令电器有哪些？

1-16　按钮与行程开关有何异同点？

1-17　分别画出按钮、行程开关、万能转换开关和凸轮控制器的图形符号，并标出其文字符号。

1-18　常用的启动器有哪几种？各用在什么场合？牵引电磁铁由哪几部分组成？应用于什么场合？频敏变阻器主要用于什么场合？有什么特点？

2 基本电气控制线路

使用各种有触头电气元件,如接触器、继电器、按钮等组成的控制线路,称为继电接触器控制线路。根据生产机械和工艺条件的具体要求,其控制线路能够实现电力拖动系统的启动、制动、调速、保护和生产过程的自动化。

随着电力拖动自动控制要求的不断提高,现代电力拖动系统中大量应用了许多新的电力电子器件,这些电力电子器件与继电接触器控制相配合,可以大大提高电力拖动的控制质量。但由于继电接触器控制系统具有结构简单,安装维修方便,通断能力强、投资省等优点,因此,继电接触器控制仍是目前广泛应用的基本控制方式。

任何复杂的控制线路,都是由一些比较简单的基本环节,按照生产机械的工艺要求组合而成的。本章将介绍继电接触器控制的一些基本环节,为分析复杂的控制线路及控制线路的设计打下基础。

2.1 电气控制线路的绘图原则及标准

电气控制系统中各电气元件连接形成的图形,称为电气控制系统图,亦称电气线路图。电气控制系统图包括电气原理图、电气布置图、电气安装接线图。

2.1.1 电气线路图中的图形符号及文字符号

电气控制系统是由电动机和各种控制电器组成。为了准确表达设计意图,分析系统工作原理,也便于电气元件的安装和调试,必须采用电气工程界的语言——国家统一颁布的图形符号和文字符号来表达。用不同的图形符号表示不同的电气元件,用不同的文字符号表示各元件的用途、功能和类别。

电气制图(也称电气文件编制)和电气图形符号系列标准第一版于 1985 年发布,其发布和实施使我国在电气制图和电气图形符号领域的工程语言及规则得到统一,并使我国与国际上通用的语言和规则协调一致,促进了国内各专业之间的技术交流,加快了我国对外经济技术交流的步伐。20 世纪 90 年代以来,我国又跟踪 IEC 修订了相应的国家标准。

本教材所用电气图形符号符合 GB/T 4728《电气简图用图形符号》的规定。表 2-1 列出了电气图中常用电气元件的图形符号和文字符号新旧对照表以供参考。

在运用国标图形符号和文字符号绘制电气线路图时,应当注意以下几条。

① 图形的尺寸大小无需统一规定,但在同一份图纸中,相同图形尺寸应保持一致,各图形符号间的尺寸比例应合适并保持不变。

② 在不改变图形符号的含义和不致引起误解的前提下,根据需要可改变图形的方位,但文字和指示方向不得倒置。

③ 必须按 GB 4728 所示的方法绘制图形符号之引线,例如电阻器和继电器线圈符号的引线位置就不能随意改变。

④ 图形符号中,各电气元件处于常态,即未通电和可动部分未受激励的状态或位置。

⑤ 文字符号分为基本文字符号(单字母或双字母)和辅助文字符号。文字符号的字母用大写正体拉丁字母。文字符号适用于技术文件的编制,也可表示在电气设备和元器件上或其近旁,以表明它们的名称和功能特征。

表 2-1　常用电气元件的图形符号、文字符号新旧对照表

名　称	新　国　标		旧　国　标	
	图形符号	文字符号	图形符号	文字符号
直流		DC		ZL
交流		AC		JL
导线的连接	或			
导线的多线连接	或		或	
导线的不连接				
接地一般符号		E 或 PE		
直流发电机	G	GD	G 或 F	GD 或 ZF
直流电动机	M	MD	M 或 D	MD 或 ZD
三相笼型异步电动机	M 3~	M		D
三相绕线型异步电动机	M 3~	M		D
他励直流电动机	M	MD		ZD
单相变压器		T 或 TC		B 或 ZB
三相自耦变压器		T		ZOB
单极开关	或		或	K
三极开关				DK
刀开关		QS		
组合开关				HK
手动三极开关一般符号				K

名　称		新　国　标		旧　国　标	
		图形符号	文字符号	图形符号	文字符号
低压断路器			QF		ZK
熔断器			FU		RD
限位开关（行程开关）	常开触头（动合触头）		SQ		XWK
	常闭触头（动断触头）				
	复合式触头		SQ		XWK
按钮开关	带动合触头的按钮		SB		QA
	带动断触头的按钮		SB		TA
	复合按钮		SB		AN
接触器	线圈符号		KM		C
	常开主触头				
	常闭主触头				
	辅助触头				

名　称	新　国　标		旧　国　标	
	图形符号	文字符号	图形符号	文字符号
继电器 中间继电器线圈		KA		ZJ
继电器 欠电压继电器线圈	$U<$	KA	$U<$	QYJ
继电器 过电流继电器线圈	$I>$	KI	$I>$	GLJ
继电器 欠电流继电器线圈	$I<$	KI	$I<$	QLJ
继电器 常开触头		相应继电器线圈符号		相应继电器线圈符号
继电器 常闭触头		相应继电器线圈符号		相应继电器线圈符号
热继电器 热元件		FR		RJ
热继电器 常闭触头		FR		RJ
速度继电器 转子		KS		SDJ
速度继电器 常开触头	n	KS	n	SDJ
速度继电器 常闭触头	n	KS	n	SDJ
时间继电器 一般线圈		KT		KT 或 SJ
时间继电器 通电延时线圈		KT		KT 或 SJ
时间继电器 断电延时线圈		KT		KT 或 SJ
时间继电器 延时闭合常开触头			或	KT 或 SJ

续表

名　称		新　国　标		旧　国　标	
		图形符号	文字符号	图形符号	文字符号
时间继电器	延时断开常闭触头		KT	或	KT 或 SJ
	延时断开常开触头			或	
	延时闭合常闭触头			或	
	电磁铁		YA		DCT
	电磁吸盘		YH		DX
	接插器件		X		CZ
	照明灯		EL		ZD
	信号灯		HL		XD
	电抗器	或	L		DK

限定符号及操作方法符号		组合符号	
图形符号	说明	图形符号	说明
	接触器功能		接触器主触头
	限位开关,行程开关功能		限位开关触头
×	断路器功能		断路器
	旋转操作		旋转开关
	推动操作		按钮开关
	一般情况下手动操作		手动刀开关
	热执行操作		热继电器常闭触头

续表

限定符号及操作方法符号		组合符号	
图形符号	说明	图形符号	说明
◇---	接近效应操作		接近开关
(= =)	延时动作		时间继电器触头
■	带内装的测量继电器或脱扣器启动的自动释放功能		带脱扣器启动,具有自动释放功能的断路器
σ	负荷开关功能		负荷开关(负荷隔离开关)

2.1.2 电气原理图

电气原理图是根据控制线路工作原理绘制的,具有结构简单、层次分明、便于研究和分析线路工作原理的特性。在电气原理图中只包括所有电气元件的导电部件和接线端点之间的相互关系,不按各电气元件的实际布置位置和实际接线情况来绘制,也不反映电气元件的大小。现以图 2-1 所示某机床的电气原理图为例来说明电气原理图绘制的基本规则和应注意的事项。

(1) 绘制电气原理图的基本规则

① 原理图一般分主电路和辅助电路两部分画出。主电路指从电源到电动机绕组的大电流通过的路径。辅助电路包括控制电路、照明电路、信号电路及保护电路等,由继电器的线圈和触头,接触器的线圈和辅助触头、按钮、照明灯、控制变压器等电气元件组成。通常主电路用粗实线表示,画在左边(或上部);辅助电路用细实线表示,画在右边(或下部)。

② 各电气元件不画实际的外形图,而采用国家规定的统一标准来画,文字符号也采用国家标准。属于同一电器的线圈和触头,都要采用同一文字符号表示。对同类型的电器,在同一电路中的表示可在文字符号后加注阿拉伯数字序号来区分。

③ 各电气元件和部件在控制线路中的位置,应根据便于阅读的原则安排,同一电气元件的各部件根据需要可不画在一起,但文字符号要相同。

④ 所有电器的触头状态,都应按没有通电和没有外力作用时的初始开、关状态画出。例如继电器、接触器的触头,按吸引线圈不通电时的状态画,控制器按手柄处于零位时的状态画,按钮、行程开关触头按不受外力作用时的状态画出等。

⑤ 无论是主电路还是控制电路,各电气元件一般按动作顺序从上到下、从左到右依次排列,可水平布置或者垂直布置。

⑥ 有直接电联系的交叉导线的连接点,要用黑圆点表示;无直接电联系的交叉导线,交叉处不能画黑圆点。

(2) 图上位置表示法

在绘制和阅读、使用电路图时,往往需要确定元器件、连接线等的图形符号在图上的位置。

① 当继电器、接触器在图上采用分开表示法(线圈和触头分开)绘制时,需要采用插图或表格表明各部分在图上的位置。

② 较长的连接线采用中断画法,或者连接线的另一端需要画到另一张图上去时,除了要在中断处标注中断标记外,还需标注另一端在图上的位置。

③ 在供使用、维修的技术文件(如说明书)中,有时需要对某一元件或器件作注释和说明,为了找到图中相应元器件的图形符号,也需要注明这些符号在图上的位置。

④ 在更改电路图设计时,也需要标明被更改部分在图上的位置。

图上位置表示法通常有三种：电路编号法、表格法和图幅分区法（也称坐标法）。

图 2-1 所示的某机床电气原理图，就是用电路编号法来表示元器件和线路在图上位置的。

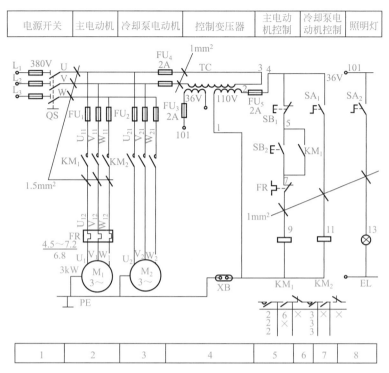

图 2-1　某机床电气原理图

电路编号法特别适用于多分支电路，如继电控制和保护电路，每一编号代表一个支路。编制方法是对每个电路或分支电路按照一定的顺序（自左至右或自上至下）用阿拉伯数字编号，从而确定各支路项目的位置。例如，图 2-1 有 8 个电路或支路，在各支路的下方顺序标有电路编号 1～8。图上方与电路编号对应方框内的"电源开关"等字样表明其下方元器件或线路的功能。

继电器和接触器的触头位置采用附加图表的方式表示，此图表可以画在电路图中相应线圈的下方，此时，可只标出触头的位置（电路编号）索引，也可以画在电路图上的其他地方。以图中线圈 KM_1 下方的图表为例，第一行用图形符号表示主、辅触头种类，表格中的数字表示此类触头所在支路的编号，例如第 1 列中的三个数字"2"表示 KM_1 的三个常开触头在第 2 支路内，表格中的"×"表示未使用的触头。有时，所附图表中的图形符号也可省略不画。

（3）电路图中技术数据的标注

电路图中元器件的数据和型号，一般用小号字体标注在电器代号的下面，如图 2-1 中热继电器动作电流和整定值的标注。电路图中导线截面积也可如图标注。

2.1.3　电气元件的布置图

电气元件布置图主要是用来表明电气设备上所有电机、电器的实际位置，是机械电气控制设备制造、安装和维修必不可少的技术文件。布置图根据设备的复杂程度或集中绘制在一张图上，或将控制柜与操作台的电气元件布置图分别绘出。绘制布置图时机械设备轮廓用双点划线画出，所有可见的和需要表达清楚的电气元件及设备，用粗实线绘出其简单的外形轮廓。电气元件及设备代号必须与有关电路图和清单上所用的代号一致。

2.1.4　电气接线图

表示电气设备或装置连接关系的简图称为电气接线图。接线图主要在安装接线、线路检查、线路维修和故障处理时使用。接线图是根据电气原理图和电气元件布置图编制的。在实际使用中可与电路图和电气元件布置图配合使用。接线图通常应表示出设备与元件的相对位置、项目代号、端子号、导线号、导线类型、导线截面积、屏蔽和导线绞合等内容。

图 2-2 是根据图 2-1 机床电控系统电路图绘制的接线图。图中表明了该系统中的电源进线、按钮板、照明灯、电动机与机床安装板接线端之间的连接关系，也标注了所采用的包塑金属软管的直径和长度，连接导线的根数、截面及颜色等。例如，按钮板上 SB_1、SB_2 与 SA 有一端相连为"5"，其余 4、7、11 通过 $1\times1mm^2$ 的白色线接到安装板上相应的接线端，与安装板上的元件相连。

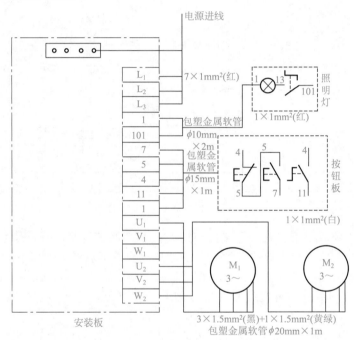

图 2-2　某机床电控系统接线图

2.2　交流异步电动机的基本控制线路

交流电动机主要指交流笼型异步电动机和交流绕线式异步电动机，由于三相笼型异步电动机具有结构简单、价格便宜、坚固耐用、维修方便等优点，故获得广泛应用。据统计，在一般工矿企业中，笼型异步电动机的数量占电力拖动设备总数的 85% 左右。

2.2.1　直接启动控制线路

三相笼型异步电动机的启动有两种方式，即直接启动（或称全压启动）和降压启动。直接启动是一种简单、可靠、经济的启动方法，但由于直接启动时，电动机启动电流 I_{st} 为额定电流 I_N 的 4~7 倍，过大的启动电流一方面会造成电网电压显著下降，直接影响在同一电网工作的其他电动机及用电设备的正常运行；另一方面电动机频繁启动会严重发热，加速线圈老化，缩短电动机的寿命，所以直接启动电动机的容量受到一定的限制。通常根据启动次数、电动机容量、供电变压器容量和机械设备是否允许来综合分析，一般容量小于 10kW

的电动机常采用直接启动。

（1）开关控制直接启动线路

如图 2-3 所示为开关控制的电动机单向直接启动控制线路。该线路具有结构简单、经济实惠的特点，但由于刀开关的控制容量有限，该线路仅仅适用于不频繁启动的小容量电动机，通常 $P_N \leqslant 5.5\text{kW}$，且不能实现远距离的自动控制。当 $5.5\text{kW} \leqslant P_N \leqslant 10\text{kW}$，电动机则必须是轻载或空载启动。

（2）接触器控制直接启动线路

如图 2-4 所示为接触器控制的电动机单向直接启动控制线路。此线路为常用的最简单的控制线路。下面分为三个部分进行分析。

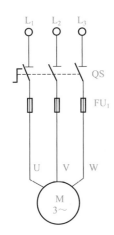

图 2-3 开关控制电动机单向直接启动控制线路

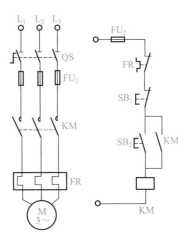

图 2-4 接触器控制电动机单向直接启动控制线路

① 主电路 图中，QS 为刀开关，FU_1 为熔断器，KM 为接触器的主触头，FR 为热继电器发热元件，它们与电动机 M 组成主电路。刀开关 QS 由于触头无灭弧装置，只能在电动机 M 停机时操作。熔断器 FU_1 和热继电器发热元件 FR 在主电路正常工作时为短路。所以，直接控制电动机 M 运动和停止的元件是接触器 KM 的主触头。

② 控制回路的工作原理 控制回路由启动按钮 SB_2、停止按钮 SB_1、接触器 KM 的线圈及其常开辅助触头、热继电器 FR 的常闭触头和熔断器 FU_2 构成。通过控制回路来控制电动机 M 的运动和停止。

启动时，合上主电路的刀开关 QS，接通三相电源。按下启动按钮 SB_2，接触器 KM 线圈得电，接触器 KM 主触头闭合，电动机 M 接通电源直接启动运转，同时与 SB_2 并联的 KM 常开辅助触头闭合，使 KM 线圈经两条支路通电。当松开 SB_2 复位时，接触器 KM 的线圈通过其常开辅助触头继续通电，从而保持电动机的连续运行。这种依靠接触器自身辅助触头，而使其线圈保持通电的现象称为自锁。起自锁作用的辅助触头，称为自锁触头。

停止时，按下停止按钮 SB_1，接触器 KM 线圈断电，其主触头断开，切断三相电源，电动机 M 停止旋转，同时，KM 自锁触头恢复为常开状态。松开 SB_1 后，其常闭触头在复位弹簧的作用下，又恢复到原来的常闭状态，为下一次启动做准备。为了分析简明，经常用工作流程来表示，该线路的工作流程如下。

合上 QS，按下 SB_2 → KM 线圈得电 ┬→ KM 常开辅助触头闭合（自锁）

└→ KM 主触头闭合 → 电动机 M 单向全压启动并运行

接下 SB_1 → KM 线圈失电 → KM 解除自锁，KM 主触头断开 → 电动机 M 停机

③ 电路的保护环节

- **短路保护** 由熔断器 FU_1 和 FU_2 分别实现主电路与控制电路的短路保护。
- **过载保护** 由热继电器 FR 实现电动机的过载保护。热继电器在电动机启动的时间内能经得起启动电流冲击而不动作。当电动机出现长期过载时,串接在电动机定子电路中的发热元件使金属片受热弯曲,串接在控制电路中的 FR 常闭触头断开,切断 KM 线圈电路,使电动机断开电源,达到保护的目的。在出现过载故障时,它的功能等同于 SB_1 的功能。
- **欠压和失压保护** 由接触器本身的电磁机构实现。当电源电压由于某种原因而严重下降或电压消失时,接触器电磁吸力急剧下降或消失,衔铁自行释放,各触头复位,断开电动机电源,电动机停止旋转。一旦电源电压恢复正常时接触器线圈不能自动通电,电动机不会自行启动,只有当再次按下启动按钮 SB_2 后电动机才会启动,从而避免事故的发生。因此,具有自锁电路的接触器控制具有欠压与失压保护作用。

2.2.2 点动控制线路

在生产实际中,生产机械不仅需要连续运转,同时还要作点动控制。图 2-5 给出了三相笼型异步电动机的几种点动控制电路。

图 2-5(a) 是最基本的点动控制电路。按下点动按钮 SB,接触器 KM 线圈得电,其主触头闭合,电动机接通电源开始运转。当松开按钮时,接触器 KM 线圈断电,其主触头断开,电动机被切断电源而停止运转。

图 2-5(b) 是具有手动开关 SA 的点动控制电路,既可实现连续控制又可实现点动控制。点动时,将开关 SA 断开,按下 SB_2 即可实现点动控制;连续工作时,合上 SA,接入 KM 自锁触头,按下启动按钮 SB_2 即可。

图 2-5(c) 采用两个按钮分别实现连续和点动控制。点动控制时,按下点动按钮 SB_3,其常闭触头先断开自锁电路,然后其常开触头闭合,接通控制电路,KM 线圈得电,其主触头闭合,电动机接通电源启动旋转;松开 SB_3 时,KM 线圈断电,其主触头断开,电动机断电停止转动。电动机连续运转时,按启动按钮 SB_2 即可,停机时按停止按钮 SB_1。

图 2-5(d) 是利用中间继电器实现点动的控制电路。点动启动按钮 SB_2 控制中间继电器 KA,KA 的常开触头并联在 SB_3 两端,控制接触器 KM 点动时,按下 SB_2,KA 线圈得电,其常开触头闭合,接触器 KM 线圈通电,其主触头闭合,电动机旋转。连续运转时,按下 SB_3 按钮,接触器 KM 线圈得电,其常开触头闭合并自锁,主触头闭合,电动机连续运转。停车时,按下按钮 SB_1。

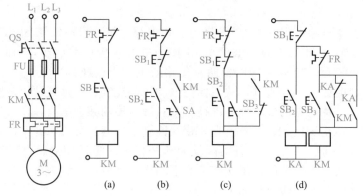

图 2-5 实现点动控制的几种线路

2.2.3 多地控制线路

在大型生产设备上,为使操作人员在不同方位均能进行起、停操作,常常要求组成多地控制线路。多地控制线路只需多用几个启动按钮和停止按钮，无需增加其他电气元件。启动按钮应并联，停止按钮应串联，分别装在几个地方，三相笼型异步电动机多地控制线路如图 2-6 所示。

通过上述分析，可得出普遍性结论：若几个电器都能控制甲接触器通电，则几个电器的常开触头应并联接到甲接触器的线圈电路中，即逻辑"或"的关系；若几个电器都能控制甲接触器断电，则几个电器的常闭触头应串联接到甲接触器的线圈电路中，即逻辑"与非"的关系。

2.2.4 正反转控制线路

各种生产机械常常要求具有上或下、左或右、前或后等几对相反方向的运动，这就要求电动机能够实

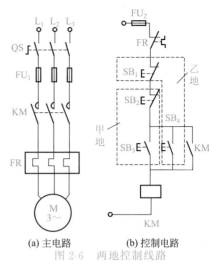

图 2-6 两地控制线路

现可逆运行。三相笼型异步电动机可借助正、反向接触器改变定子绕组相序来实现。为避免正、反向接触器同时通电造成电源相间短路故障，正反向接触器之间需要有一种制约关系——互锁。图 2-7 给出了两种可逆控制线路。

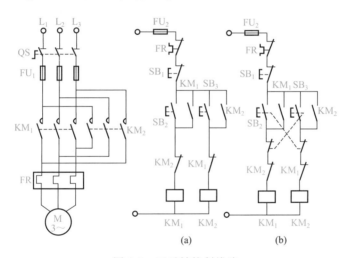

图 2-7 正反转控制线路

图 2-7(a) 是电动机"正—停—反"可逆控制线路，利用两个接触器的常闭触头 KM_1 和 KM_2 相互制约，即当一个接触器通电时，利用其串联在对方接触器的线圈电路中的常闭触头的断开，来锁住对方线圈电路。这种利用两个接触器的常闭辅助触头互相控制的方法称为"互锁"，起互锁作用的两对触头称为互锁触头。图 2-7(a) 这种只有接触器互锁的可逆控制线路在正转运行时，要想反转必先停车，否则不能反转，因此叫做"正—停—反"控制线路。

图 2-7(b) 是电动机"正—反—停"控制线路，采用两只复合按钮实现。在这个线路中，正转启动按钮 SB_2 的常开触头用来使正转接触器 KM_1 的线圈瞬时通电，其常闭触头则串联在反转接触器 KM_2 线圈的电路中，用来锁住 KM_2。反转启动按钮 SB_3 也按 SB_2 的道理同样安排，当按下 SB_2 或 SB_3 时，首先是常闭触头断开，然后才是常开触头闭合，也就是前面所说的先断后合。这样在需要改变电动机运动方向时，就不必按 SB_1 停止按钮了，可直接操作正反转按钮即能实现电动机可逆运转。这个线路既有接触器的电气互锁，又有按

钮的机械互锁，叫做具有双重互锁的可逆控制线路，为电力拖动控制系统所常用。

2.2.5 自动往返行程控制线路

电动机正、反转的自动控制是基本控制，在此基础上演变成各种正、反转控制，其中自动往返的正反转控制电路有广泛的应用，如龙门刨床、导轨磨床等。图2-8是利用行程开关实现导轨上工作滑台往返循环的控制线路。

图2-8控制线路中，假设 KM₁ 主触头闭合，则 KM₂ 主触头断开，电动机 M 正转带动小车前进；若 KM₁ 主触头断开，则 KM₂ 主触头闭合，电动机 M 反转带动小车后退。那么，SQ₁ 为前进向后退运动转换行程开关，SQ₂ 为后退向前进运动转换行程开关；SQ₃、SQ₄ 分别为前进、后退极限保护用限位开关。

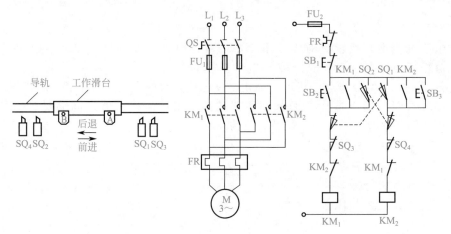

图2-8 自动往返行程控制线路

启动时，按下正向或反向启动按钮。如按正转按钮 SB₂，KM₁ 得电吸合并自锁，电动机正向旋转，拖动运动部件前进，当运动部件的撞块压下 SQ₁ 时，SQ₁ 常闭触头断开，切断 KM₁ 接触器线圈电路，同时其常开触头闭合，接通反转接触器 KM₂ 线圈电路，此时，电动机由正转变为反转，拖动运动部件后退，直到压下 SQ₂ 行程开关，电动机由反转又变成正转，这样周而复始地拖动运行部件往返运动。需要停止时，按下停止按钮 SB₁ 即可停止运转。

需要指出的是，图2-8所示的控制线路在撞块压下 SQ₁ 或 SQ₂ 时，按下停止按钮 SB₁ 只能暂时停止运转。如果需要在这两个位置停止运转，需增加辅助电路。

上述自动往返运动，运动部件每经过一个循环，电动机要进行两次反接制动过程，会出现较大的反接制动电流和机械冲击。因此，这种电路只适用于电动机容量较小、循环周期较长、电动机转轴具有足够刚性的拖动系统。

2.2.6 顺序启停控制线路

对于操作顺序有严格要求的多台生产设备，其电动机应按一定的顺序启停。如机床中要求润滑油泵电动机启动后，主轴电动机才能启动。顺序启停控制线路有顺序启动、同时停止控制线路，顺序启动、顺序停止控制线路以及顺序启动、逆序停止控制线路等。图2-9和图2-10为两台电动机顺序启停控制线路。

图2-9(a)为顺序启动、同时停止控制线路。启动时，电动机 M₁ 启动后，电动机 M₂ 才能启动；停止时，按下停止按钮 SB₁，两台电动机同时停止。如果两台电动机都在运转，按下停止按钮 SB₄，可以单独停止电动机 M₂。

图2-9(b)功能完全等同图2-9(a)的功能，只是画法不同。

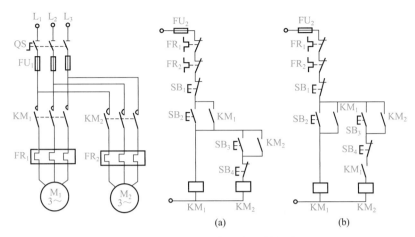

图 2-9 几种常用的顺序启停控制线路之一

图 2-10(a) 为顺序启动、单独停止控制线路。启动顺序为电动机 M₁ 先启动，然后电动机 M₂ 再启动。电动机 M₂ 和 M₁ 可以单独停止。

图 2-10(b) 为顺序启动、逆序停止控制线路。启动顺序为电动机 M₁ 先启动，然后电动机 M₂ 再启动。停止时，只有当电动机 M₂ 先停下来后，电动机 M₁ 才能停止。因为，电动机 M₂ 工作时，KM₂ 常开辅助触头闭合，将 SB₁ 停止按钮短接，使 SB₁ 功能失效，只有当电动机 M₂ 先停下来后，KM₂ 常开辅助触头断开，恢复 SB₁ 的功能，电动机 M₁ 才能停止。

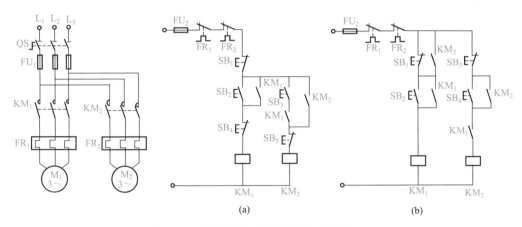

图 2-10 几种常用的顺序启停控制线路之二

顺序启动控制线路的组成原则如下：
① 先动接触器的常开辅助触头应串联在后动接触器的线圈电路中；
② 先停接触器的常开辅助触头应与后停接触器的停止按钮并联；
③ 对于同时动作的两个或两个以上接触器，接触器的线圈可以并联，其公共通路中应串接相应的动作按钮。

2.3 交流异步电动机的降压启动控制线路

交流异步电动机直接启动控制线路简单、经济，操作方便，但受到电源容量的限制，仅适用于功率在 10kW 以下的电动机。当电动机容量大于 10kW 时，启动时产生较大的启动电流，会引起电网电压下降，因此一般采取降压启动的方法，限制启动电流。

笼型异步电动机和绕线式异步电动机结构不同，限制启动电流的措施也不同。下面就两种电动机限制启动电流所采取的方法、线路进行介绍。

2.3.1 三相笼型异步电动机的降压启动

所谓降压启动是指利用启动设备将电压适当降低后加到电动机的定子绕组上进行启动，待电动机启动运转后，再使其电压恢复到额定值正常运行。由于电流随电压的降低而减小，从而达到限制启动电流之目的。但是，电动机转矩与电压平方成正比，故降压启动将导致电动机启动转矩大为降低。因此降压启动适用于空载或轻载下启动。

笼型异步电动机常用的降压启动方法有四种：定子绕组串接电阻降压启动、Y/△降压启动、自耦变压器降压启动和延边三角形降压启动。

(1) 定子绕组串接电阻降压启动控制线路

三相笼型异步电动机启动时在定子绕组中串接电阻，使定子绕组电压降低，从而限制启动电流。待电动机转速接近额定转速时，再将串接电阻短接或切除，使电动机在额定电压下正常运行。这种启动方式由于不受电动机接线形式的限制，设备简单、经济，故获得广泛应用。在机床控制中，点动控制电动机工作时，常采用定子绕组中串接电阻的方法来实现。图 2-11 为定子绕组串接电阻降压启动控制线路。

该主电路有两种工作方式。第一种为：合上 QS，KM_1 的主触头闭合，延时开始，时间到，KM_2 的主触头闭合，电动机定子绕组短接电阻工作，其控制线路如图 2-11(a) 所示。第二种为：合上 QS，KM_1 的主触头闭合，延时开始，时间到，KM_2 的主触头闭合，KM_1 的主触头断开，电动机定子绕组切除电阻工作，其控制线路如图 2-11(b) 所示。显然，第二种方式更安全、更节能。

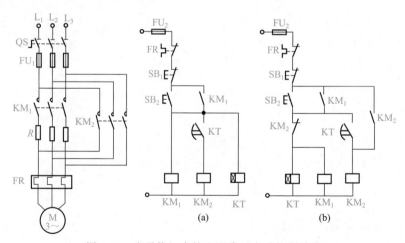

图 2-11 定子绕组串接电阻降压启动控制线路

图 2-11(a) 主电路采用第一种方式，控制回路工作过程分析如下。

图 2-11(b) 主电路采用第二种方式，控制回路工作过程分析如下。

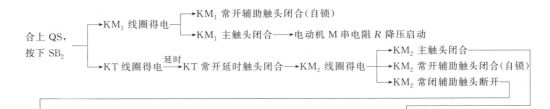

此种启动方法中的启动电阻一般采用由电阻丝绕制的板式电阻或铸铁电阻,电阻功率大、通过电流能力强。但由于启动过程中能量损耗较大,往往将电阻改成电抗,只是电抗器价格较贵,使成本变高。

（2）Y/△ 降压启动控制线路

对于正常运行为三角形接法的电动机,在启动时,定子绕组先接成星形,当转速上升到接近额定转速时,将定子绕组接线方式由星形改接成三角形,使电动机进入全压正常运行,一般功率在 4kW 以上的三相笼型异步电动机均为三角形接法,因此均可采用 Y/△ 降压启动的方法来限制启动电流。

图 2-12 所示为电动机容量在 4～13kW 时采用的控制线路。该电路用两个接触器来控制 Y/△ 降压启动,由于电动机容量不太大,且三相平衡,星形接法电流很小,故可以利用接触器 KM₂ 的常闭辅助触头来连接电动机。

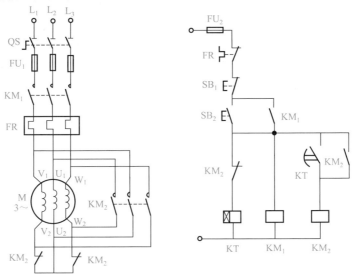

图 2-12　星形-三角形降压启动控制线路之一

该电路仍采用时间原则实现由 Y 接法向 △ 接法的自动转换,工作过程分析如下。

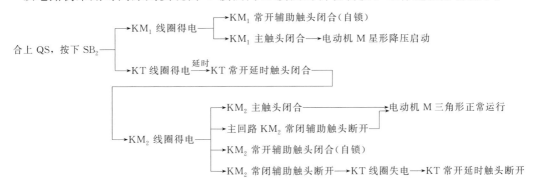

三相笼型异步电动机采用 Y/△ 降压启动时，定子绕组相电压降至额定电压的 $1/\sqrt{3}$，启动电流降至全压启动的 1/3，从而限制了启动电流，但由于启动转矩也随之降至全压启动的 1/3，故仅适用于空载或轻载启动。与其他降压启动方法相比，Y/△ 降压启动投资少、线路简单、操作方便，在机床电动机控制中应用较普遍。

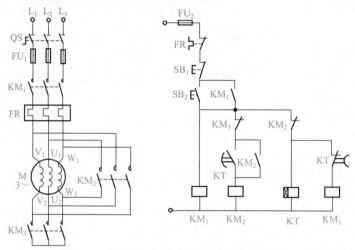

图 2-13　星形-三角形降压启动控制线路之二

图 2-13 所示为另一种 Y/△ 降压启动控制线路。该控制线路中用三个接触器来实现控制目的。其中 KM_3 为星形连接接触器，KM_2 为三角形连接接触器，KM_1 为接通电源的接触器。当 KM_1、KM_3 线圈得电，绕组实现 Y 形接法降压启动，当 KM_1、KM_2 线圈得电，绕组实现 △ 形接法，电动机转入正常运行。该电路是由时间继电器按时间原则实现自动转换。图 2-13 控制线路常用于 13kW 以上电动机的启动控制。工作过程分析如下。

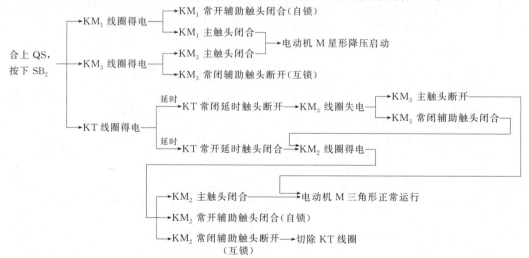

（3）自耦变压器降压启动控制线路

三相笼型电动机在启动时，先经自耦变压器降压，限制启动电流，当转速接近额定转速时，切除自耦变压器转入全压运行。

自耦变压器降压启动常用于空载或轻载启动。自耦变压器绕组一般具有多个抽头以获得不同的变化。在启动转矩相同的前提下，自耦变压器降压启动从电网索取的电流要比定子串电阻降压启动小得多，或者说，如果两者要从电网索取同样大小的启动电流，则采用自耦变压器降压启动的启动转矩大，其缺点是自耦变压器价格较贵，而且不允许频繁启动。

图 2-14 所示自耦变压器降压启动控制线路的工作过程分析如下。

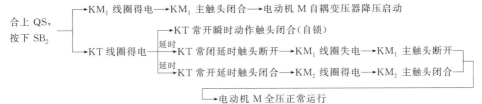

图 2-14 所示自耦变压器降压启动控制线路

图 2-15 所示为 XJ101 型补偿器降压启动控制线路，适用于 14～28kW 电动机，其工作过程读者可自行分析。

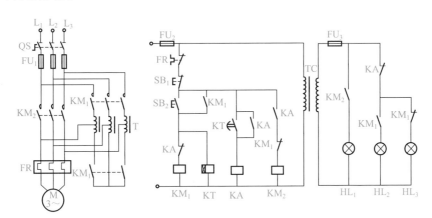

图 2-15 XJ101 型补偿器降压启动控制线路

(4) 延边三角形降压启动控制线路

如前所述，三相笼型异步电动机采用 Y/△ 降压启动，可在不增加专用启动设备的情况下实现减压启动，但其启动转矩只为额定电压下启动转矩的 1/3。仅适用于轻载或空载启动的场合。

延边三角形降压启动是一种既不增加专用启动设备，又可提高启动转矩的降压启动方法。该方法适用于定子绕组特别设计的电动机，该电动机拥有九个端头，如图 2-16 所示。每相绕组有三个出线即 U（U_1、U_2、U_3）、V（V_1、V_2、V_3）、W（W_1、W_2、W_3），其中

U_3、V_3、W_3 为绕组的中间抽头。当电动机定子绕组作延边三角形连接时，每相绕组承

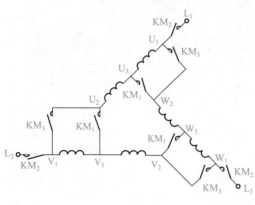

受的电压比三角形连接时低，此时定子绕组相电压大小取决于定子绕组延边部分与内三角部分绕组的匝数比。若延边部分的匝数 N_1 与三角形内匝数 N_2 之比为 1：1，则当线电压为 380V 时，每相绕组相电压为 264V，若 $N_1 : N_2 = 1 : 2$ 时，则相电压为 290V。因此，改变延边部分与三角形连接部分的匝数比就可以改变电动机相电压大小，从而达到改变启动电流的目的。但一般来说，电动机的抽头比已经固定，所以仅在这些抽头比的范围内作有限的变动。

图 2-16 延边三角形定子连接图

图 2-16 所示为延边三角形定子连接图。

当 KM_1 和 KM_2 主触头闭合时，是延边三角形连接；当 KM_2 和 KM_3 主触头闭合时，是三角形连接。

图 2-17 所示延边三角形降压启动控制线路的工作过程分析如下。

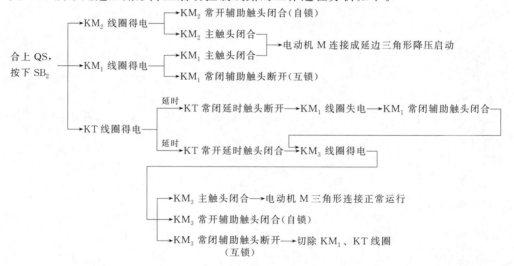

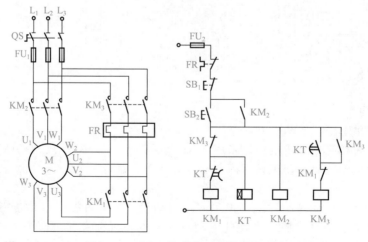

图 2-17 延边三角形降压启动控制线路

三相笼型电动机采用延边三角形减压启动时，其启动转矩比星形-三角形减压启动时大，并且可以在一定范围内进行选择，所以该方法既有星形-三角形减压启动时不增加专用设备的优点，又有自耦变压器减压启动时转矩较大并可调节的优点，但要求电动机有9个接头，有接线麻烦等缺点。

2.3.2 三相绕线式异步电动机的启动控制线路

三相绕线式异步电动机在启动要求转矩较高的场合（例如卷扬机、起重机等设备中）得到广泛的应用。三相绕线式异步电动机转子回路与三相笼型异步电动机不同，其转子回路可以通过滑环外接电阻。由电机原理可知，转子回路外接一定的电阻既可减小启动电流，又可以提高转子回路功率因数和启动转矩。

按照绕线式异步电动机启动过程中转子串接装置不同，有串电阻启动与串频敏变阻器启动两种控制线路。

(1) 转子回路串电阻启动控制线路

串接于三相转子回路中的电阻，一般都连接成星形。在启动前，启动电阻全部接入电路中，在启动过程中，启动电阻被逐级地短接切除，正常运行时所有外接启动电阻全部切除。

根据绕线式异步电动机启动过程中转子电流变化及所需启动时间的特点，控制线路有按时间原则控制线路和电流原则控制线路之分。

① 时间原则绕线式异步电动机转子串电阻启动控制线路 图 2-18 所示为时间原则控制的线路，KM_1 为电源接触器，KM_2、KM_3、KM_4 为短接转子电阻接触器，KT_1、KT_2、KT_3 为时间继电器。

图 2-18 所示按时间原则控制线路的工作过程分析如下。

图 2-18 所示按时间原则控制线路启动完毕正常运行时，线路仅 KM_1 与 KM_4 通电工作，其他电器全部停止工作，这样既节省了电能，又能延长电器使用寿命，提高电路工作可靠

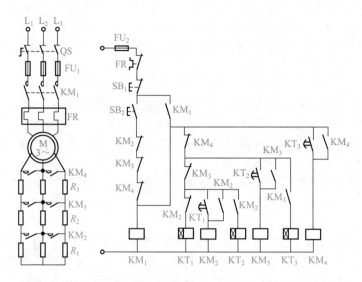

图 2-18 时间原则绕线式异步电动机转子串电阻启动控制线路

性。为防止由于机械卡阻等原因使接触器 $KM_2 \sim KM_4$ 不能正常工作，避免启动时带部分电阻或不带电阻启动引起的冲击电流过大，损坏电动机，常使用 $KM_2 \sim KM_4$ 三个常闭辅助触头串接于启动按钮支路中来消除这种故障的影响。

图 2-18 控制线路存在两个问题，一旦时间继电器损坏，线路将无法实现电动机正常启动和运行；另一方面，电阻分级切除过程中，电流及转矩突然增大，产生较大的机械冲击。

② 电流原则绕线式异步电动机转子串电阻启动控制线路 图 2-19 也是三相绕线式异步电动机转子串接电阻的启动线路。它是利用电动机转子电流大小的变化来控制电阻切除的。KI_1、KI_2、KI_3 为欠电流继电器，其线圈串接在电动机转子电路中。这三个电流继电器的吸合电流都一样，但释放电流不一样。其中 KI_1 的释放电流最大，KI_2 次之，KI_3 最小。

图 2-19 所示线路启动时，按下按钮 SB_2，接触器 KM_1 线圈通电并自锁，电动机串三级电阻启动，启动电流很大，电流继电器 KI_1、KI_2、KI_3 都吸合，它们的常闭触头断开。此

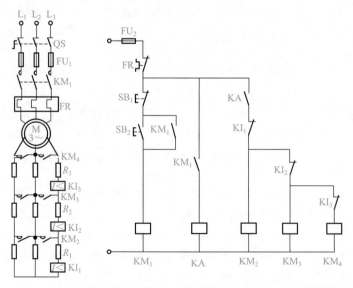

图 2-19 电流原则绕线式异步电动机转子串电阻启动控制线路

时尽管中间继电器 KA 线圈也通电吸合，其常开触头 KA 闭合，但由于启动这一瞬间电流继电器动作快于接触器，所以三个加速接触器 KM$_2$、KM$_3$、KM$_4$ 还未来得及动作时，三个电流继电器的常闭触头已先断开，切断了它们的通路。因此启动开始，电动机先是串全部电阻启动的，随着启动转速的升高，电流逐渐减小，开始逐步切除三段启动电阻，当全部电阻被切除时，电动机启动完毕，开始正常运转。

图 2-19 所示按电流原则控制线路的工作过程分析如下。

合上 QS，按下 SB$_2$ →KM$_1$ 线圈得电
- →KM$_1$ 常开辅助触头闭合（自锁）
- →KM$_1$ 常开辅助触头闭合→KA 线圈得电→为 KM$_2$～KM$_4$ 通电作准备
- →KM$_1$ 主触头闭合→电动机 M 转子绕组串电阻 R$_1$、R$_2$、R$_3$ 启动→

→KI$_1$、KI$_2$、KI$_3$ 线圈因启动电流大于设定值其对应常闭触头动作，全部断开→随着电动机转速升高，电流减小→

→当启动电流小于 KI$_1$ 的设定值→KI$_1$ 的常闭触头回到常闭→KM$_2$ 线圈得电→KM$_2$ 主触头闭合→

→电动机 M 转子绕组切除 R$_1$ 串电阻 R$_2$、R$_3$ 运行→当启动电流小于 KI$_2$ 的设定值→KI$_2$ 的常闭触头回到常闭→

→KM$_3$ 线圈得电 —KM$_3$ 主触头闭合→电动机 M 转子绕组切除 R$_1$、R$_2$ 串电阻 R$_3$ 运行→

→当启动电流小于 KI$_3$ 的设定值→KI$_3$ 的常闭触头回到常闭→KM$_4$ 线圈得电→KM$_4$ 主触头闭合→

→电动机 M 转子绕组切除电阻 R$_1$、R$_2$、R$_3$ 正常运行

三相绕线式异步电动机转子串接电阻的启动线路中电阻被短接切除的方式有两种：三相电阻平衡切除法和三相电阻不平衡切除法。不平衡切除法是转子每相的启动电阻按先后顺序被短接切除，而平衡切除法是转子每相的启动电阻同时被短接切除。一般不平衡切除法常采用凸轮控制器来短接电阻，这样使得控制电路简单、操作方便，例如利用凸轮控制器控制的起重机主钩电动机的控制。若启动采用接触器控制，则都采用平衡切除法。本节主要介绍采用接触器控制的平衡短接切除法控制线路。三相电阻不平衡切除法在起重机电气控制线路中会涉及。

（2）转子回路串频敏变阻器启动控制线路

三相绕线转子异步电动机转子串接电阻启动时存在一定的机械冲击，同时存在串接电阻启动线路复杂，工作不可靠，而且电阻本身比较笨重、能耗大、控制箱体积大等缺点。

从 20 世纪 60 年代开始，我国开始应用和推广自己独创的频敏变阻器。频敏变阻器的阻抗能够随着转子电流频率的减小而自动减小，它是三相绕线式转子异步电动机较为理想的一种启动设备，常用于 380V 低压绕线式转子异步电动机的启动控制。

频敏变阻器是一种由数片 E 形钢板叠成铁芯，外面再套上绕组的三相电抗器，它有铁芯、线圈两个部分，采用星形接法，其铁芯损耗非常大。将其串接在转子回路中，相当于转子绕组接入了一个铁损较大的电抗器，此时的转子等效电路如图 2-20 所示。图中 R$_d$ 为绕组直流电阻，R 为铁损等效电阻，L 为等效电感，R、L 值与转子电流频率有关，转子频率减小，其等效阻抗也减小。

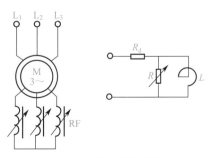

图 2-20　频敏变阻器的等效线路

频敏变阻器在启动过程中，转子频率是变化的，刚启动时，转速 n 等于零，转子电动势频率 f_2 最高（$f_2 = f_1 = 50\text{Hz}$，f_1 为电源频率），此时频敏变阻器的电感与等效电阻最大，因此转子电

相应受到抑制,定子电流不致很大。频敏变阻器的等效电阻和电抗同步变化,转子电路的功率因数基本不变,保证有足够的启动转矩。

当电动机的转速逐渐上升时,转子频率逐渐减小,频敏变阻器的等效电阻和电抗也自动减小;当电动机运行正常时,f_2 很低(为 f_1 的 5%～10%),频敏变阻器的等效阻抗变得很小。转子等效阻抗和转子回路感应电动势由大到小变化,使串频敏变阻器启动实现了近似恒转矩的启动特性。这种启动方式在空气压缩机等设备中有广泛应用。

图 2-21 是采用频敏变阻器的启动控制电路,图中 RF 为频敏变阻器,该电路可以实现自动和手动控制。自动控制时将开关 SA 扳向"自动"位置,按下启动按钮 SB_2,KM_1、KT 线圈得电并自锁,当 KT 延时时间到,其常开延时触头闭合,KA 线圈得电并自锁,KA 常开触头闭合,使 KM_2 线圈得电,KM_2 主触头将频敏变阻器短接,完成电动机的启动。开关 SA 扳到"手动"位置时,断开时间继电器 KT,按下 SB_2,KM_1 线圈得电并自锁,电动机串频敏变阻器启动,当电动机达到额定转速时,按下 SB_3,KA 得电并自锁,KA 常开触头闭合,使 KM_2 线圈得电,KM_2 主触头短接 RF,启动过程结束。启动过程中,KA 的常闭触头将热继电器的发热元件 FR 短接,以免因启动时间过长而使热继电器误动作。

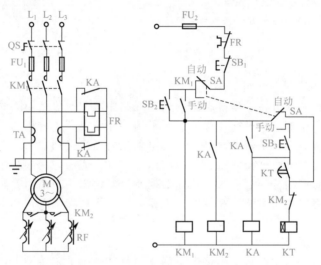

图 2-21　采用频敏变阻器的启动控制线路

2.4　交流异步电动机的制动控制线路

当三相笼型异步电动机断开电源时,由于惯性的作用,转子要经过一段时间才能完全停止旋转,这就不能适应某些生产机械工艺的要求,如对万能铣床、卧式镗床、组合机床等,会造成运动部件停位不准、工作不安全等现象,同时也影响生产效率。为此,应对电动机进行有效的制动,使之能迅速停车。一般采取的制动方法有两大类:机械制动和电气制动。机械制动是利用电磁抱闸等机械装置,来强迫电动机迅速停车;电气制动是使电动机工作在制动状态,使电动机的电磁转矩方向与电动机的旋转方向相反,从而起到制动作用。电气制动控制线路电路包括反接制动和能耗制动。

2.4.1　反接制动控制线路

反接制动有两种情况:一种是在负载转矩作用下,使电动机反转但电磁转矩方向为正的倒拉反接制动,如起重机下放重物的情况;另一种是电源反接制动,即改变电动机电源的相序，使定子绕组产生反向的旋转磁场，从而产生制动转矩，使电动机转子迅速降速。这里讨论第二种情况。在使用这种电源反接制动方法时，为防止转子降速后反向启动，当电动机转速接近于零时应迅速切断电源。另外，转子与突然反向的旋转磁场的相对速度接近于两倍的同步转速，所以定子绕组中流过的反接制动电流相当于全电压直接启动时电流的两倍。为了减小冲击电流，通常在电动机主电路中串接电阻来限制反接制动电流，该电阻称为反接制动电阻。反接制动电阻的接线方法有对称和不对称两种接法。采用对称接法可以在限制制动转矩的同时，也限制制动电流，而采用不对称的接法，只是限制了制动转矩。未加制动电阻的那一相，仍有较大的电流。反接制动特点是制动迅速、效果好、冲击大，通常仅适用于10kW 以下的小容量电动机。

（1）电动机单向运转的反接制动控制线路

由上述分析可知，反接制动的关键是改变电动机电源的相序，并且在转速下降接近于零时，能自动将电源切除，以免引起反向启动。为此采用速度继电器来检测电动机转速的变化。速度继电器转速一般在120～3000r/min 范围内触头动作，当转速低于100r/min 时，触头复位。

图 2-22 所示为电动机单向运转的反接制动控制线路，其启动和停转制动过程分析如下。

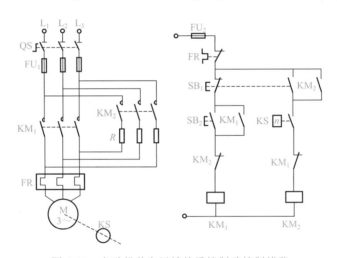

图 2-22　电动机单向运转的反接制动控制线路

① 正向启动

合上 QS，按下 SB$_2$ $\rightarrow$ KM$_1$ 线圈得电 $\rightarrow$
- KM$_1$ 常开辅助触头闭合（自锁）
- KM$_1$ 主触头闭合 $\rightarrow$ 电动机 M 单向全压启动后运行 $\rightarrow$ 当 $n > 120$r/min KS 常开触头闭合
- KM$_1$ 常闭辅助触头断开（互锁）

② 停转制动

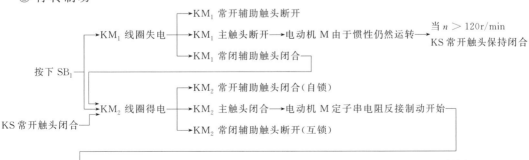

（2）电动机可逆运转的反接制动控制线路

图 2-23 为电动机可逆运转的反接制动控制线路。当正转接触器 KM_1 闭合、电动机接正相序三相电源运转时，速度继电器 KS 的正转常闭触头 KS_{-1} 断开，常开触头 KS_{-1} 闭合。但是，由于反转接触器 KM_2 的线圈电路中串联的起互锁作用的常闭触头 KM_1 早已断开，所以 KS_{-1} 正转常开触头的闭合仅起准备通电的作用，并不能使其线圈立即通电。

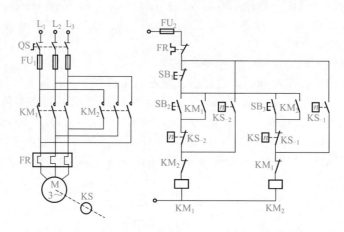

图 2-23 电动机可逆运转的反接制动控制线路

当按下停止按钮 SB_1 时，KM_1 线圈断电，其常闭触头复位使 KM_2 线圈通电，电动机接反相序电源，进入正向反接制动状态。由于速度继电器 KS_{-1} 的常闭触头这时是断开的，KM_2 线圈的自锁通路已被切断。当电动机转速降到接近零时，速度继电器的正转常闭和常开触头 KS_{-1} 均复位，接触器 KM_2 线圈断电，正向反接制动过程结束。此线路的缺点是主电路没有接限流电阻，冲击电流大。

图 2-24 为具有限流电阻的可逆运转的反接制动控制线路。图中电阻 R 具有限制启动电流和制动电流的双重作用。该线路工作过程如下。

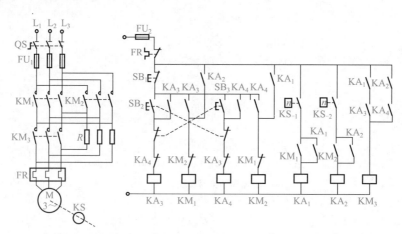

图 2-24 具有限流电阻的可逆运转的反接制动控制线路

① 正向启动

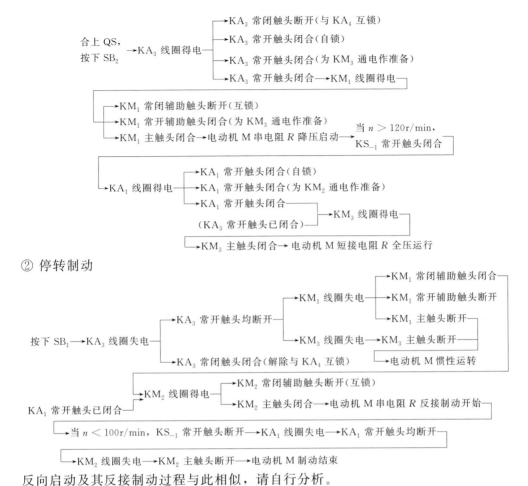

② 停转制动

反向启动及其反接制动过程与此相似，请自行分析。

2.4.2 能耗制动控制线路

电动机的电磁转矩与旋转方向相反的运行状态是电气制动状态。三相笼型异步电动机的制动常采用能耗制动，就是在电动机脱离三相交流电源之后，向定子绕组内通入直流电流，利用转子感应电流与静止磁场的作用产生制动的电磁转矩，达到制动的目的。在制动过程中，电流、转速和时间三个参量都在变化，原则上可以任取其中一个参量作为控制信号。取时间作为变化参量，其控制线路简单、成本较低，故实际应用较多。

（1）单向能耗制动控制线路

图 2-25(a) 是时间原则控制的单向能耗制动控制线路。

设电动机已经正常运行，运行时 KM_1 线圈得电。要想停车制动，需按停止按钮 SB_1。制动过程分析如下。

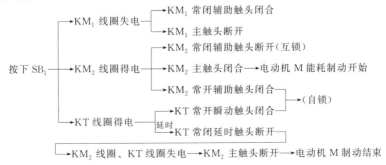

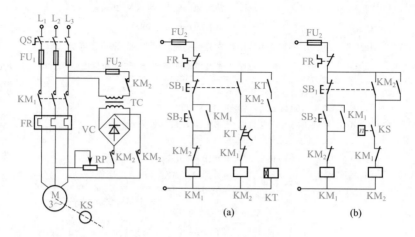

图 2-25　单向能耗制动控制线路

图中自锁回路中 KT 的瞬时常开触头的作用，是为了考虑时间继电器 KT 线圈断线或机械卡住故障时，断开接触器 KM_2 的线圈通路，使电动机定子绕组不至于长期接入直流电源。

图 2-25(b) 是速度原则控制的单向能耗制动控制线路。该电路与图 2-25(a) 控制线路基本相同，控制线路中取消了时间继电器 KT，而加装了速度继电器 KS，用 KS 的常开触头代替 KT 延时断开的常闭触头。

制动时，按下停止按钮 SB_1，KM_1 线圈断电，其主触头断开，断开电动机的三相交流电源。此时电动机转子的惯性速度仍然很高，速度继电器 KS 的常开触头仍然闭合，接触器 KM_2 线圈能够依靠 SB_1 按钮的按下通电并自锁，两相定子绕组通入直流电，电动机能耗制动。当电动机转子的惯性速度接近零时，KS 常开触头复位，接触器 KM_2 线圈断电，其主触头断开直流电源，能耗制动结束。

（2）可逆能耗制动控制线路

图 2-26 为电动机按时间原则控制的可逆运行能耗制动控制线路。

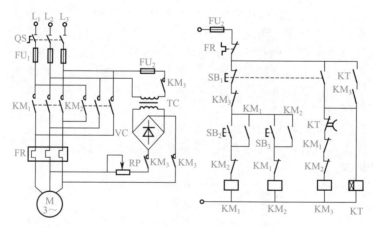

图 2-26　电动机可逆能耗制动控制线路

设电机正在正向运转，需要停车制动时，按下停止按钮 SB_1，KM_1 断电，KM_3 和 KT 线圈通电并自锁，KM_3 的主触头闭合，将直流电源接入电动机定子绕组，进行能耗制动。

经过一段时间，KT 的延时断开的常闭触头断开，接触器 KM_3 断电，切断通往电动机的直流电源，时间继电器 KT 也随之断电，电动机能耗制动结束。

（3）无变压器单管能耗制动控制线路

上述介绍的能耗制动全部采用整流变压器和单相桥式整流电路，其制动效果较好，对于功率较大的电动机应采用三相桥式整流电路。而对于 10kW 以下电动机，在制动要求不高的条件下，为减少设备、降低成本、减小体积，可采用无变压器的单管能耗制动。图 2-27 是无变压器的单管能耗制动控制线路。制动时，按下停止按钮 SB_1，KM_1 线圈断电，其主触头断开三相电源，同时 KT、KM_2 线圈得电并自锁，KM_2 主触头闭合，接入整流电源，经整流二极管 VD 构成回路，电动机制动。当转速接近于零时，时间继电器的常闭触头断开，KM_2 线圈断电，直流电源切除，能耗制动结束。

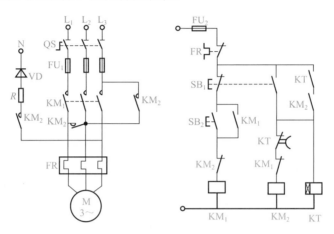

图 2-27　无变压器单管能耗制动控制线路

能耗制动与反接制动相比，具有消耗能量少、制动电流小等优点，其缺点是需要直流电源、控制电路复杂等。通常能耗制动适用于电动机容量较大和启动、制动频繁的场合，反接制动适用于电动机容量较小而制动要求迅速的场合。

电动机的制动控制主要方法是反接制动和能耗制动，除此之外还有一些不常用的方法如电容制动、双流制动、发电制动等。这几种方法各有特点，在生产实践中也得到了一定的应用，它们的原理和控制线路，读者可以查阅相关资料。

2.5　液压电气控制

液压传动系统能够提供较大的驱动力，并且传递运动平稳、均匀、可靠、控制方便。当液压系统和电气控制系统组合构成电液控制系统时，就更容易实现传动自动化，因此电液控制被广泛地应用在各种自动化设备上。电液控制是通过电气控制系统来控制液压传动系统，按给定的工作运动要求完成动作的。液压传动系统的工作原理及工作要求是分析电液控制电路工作的一个重要环节。

（1）液压系统

① 液压系统的组成　液压传动系统如图 2-28(b) 所示主要由四个部分组成：动力装置（液压泵及驱动电动机），执行机构（液压缸或液压马达），控制调节装置（压力阀、调速阀、换向阀等）和辅助装置（油箱、油管等）。液压泵由电动机拖动，为系统提供压力油，推动执行机构液压缸的活塞移动或液压马达转动，输出动力。执行机构（例如油缸的活塞）移动方向由压力油进出油缸的左腔还是右腔的方向来决定，活塞移动速度由进油量和油压的大小来控制。控制调节装置中，压力阀和调速阀用于调定系统的压力和执行件的运动速度。方向阀用于控制液体流动的方向，来满足各种运动的要求。

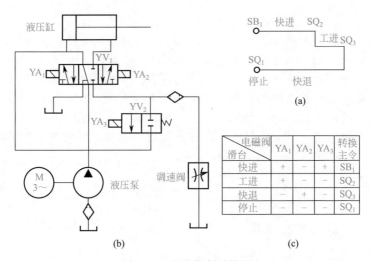

图 2-28　液压控制系统图

液压系统工作时，压力阀和调速阀的工作状态是预先调定的不变值，只有方向阀根据工作循环的运动要求变化工作状态，形成各工步液压系统的工作状态，完成不同的运动输出。因此对液压系统工作自动循环的控制，就是对方向阀的工作状态进行控制。

方向阀因其结构的不同而有不同的操作方式，可用机械、液压和电动方式改变阀的工作状态，从而改变液体流动方向。

② 电磁换向阀　在液压电气控制中，采用电磁铁吸合推动阀芯移动以改变阀的工作状态，来实现控制。由电磁铁推动改变工作状态的阀称为电磁换向阀，其图形符号见图 2-29。

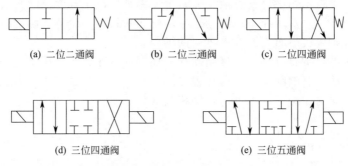

　(a) 二位二通阀　　　　(b) 二位三通阀　　　　(c) 二位四通阀

　　　　(d) 三位四通阀　　　　　　　(e) 三位五通阀

图 2-29　电磁换向阀图形符号

从图 2-29(a) 中可以看出，两位阀的工作状态为：当电磁铁线圈通电时，换向阀位于堵油状态；当电磁铁线圈失电时，在弹簧力的作用下，换向阀复位于通油状态。电磁阀线圈的通、断电控制了油路的切换。图 2-29(e) 为三位五通阀，阀上装有两个电磁铁线圈，分别控制阀的两种通油状态。当两电磁铁线圈都不通电时，换向阀处于中间位的堵油状态，需注意的是两个电磁铁线圈不能同时得电，以免阀的状态不确定。

电磁换向阀有两种，即交流电磁换向阀和直流电磁换向阀，由阀上电磁铁线圈所用电源种类确定。实际选用时应根据控制系统和设备需要而定。

(2) 电气控制系统

在液压电气控制系统中，电气控制系统的任务是保证在进行每一个工步时，与各动作相应的有关电磁铁都正常工作。其工作过程是由继电接触器控制电磁铁线圈的通断电，从而控制电磁换向阀的通油状态，进而控制液压缸活塞的运动方向和速度，带动执行机构去完成各种动作。

如图 2-28 所示，液压动力滑台工作自动循环控制系统是一个典型的液压电气控制系统。液压动力滑台是机床加工工件时完成进给运动的动力部件，由液压系统驱动，自动完成加工的自动循环。液压动力滑台的自动工作循环有 4 个工步：滑台快进、工进、快退及原位停止，分别由行程开关 SQ_1、SQ_2、SQ_3 及按钮 SB_1 控制循环的启动和工步的切换。对应于四个工步，液压系统有四个工作状态，以满足活塞的四个不同运动要求，其工作原理如下。

当动力滑台快进时，要求电磁换向阀 YV_1 在左位，压力油经换向阀进入液压缸左腔，推动活塞右移，此时电磁换向阀 YV_2 也要求位于左位，使得油缸右腔回油返回液压缸左腔，以增大液压缸左腔的进油量，使活塞快速向前移动。为实现上述油路工作状态，电磁铁线圈 YA_1 必须通电，使电磁换向阀 YV_1 切换到左位，YA_3 通电使 YV_2 切换到左位。当动力滑台快进到位，到达工进起点时，压下行程开关 SQ_2，动力滑台进入工进的工步。工进时，活塞运动方向不变，但移动速度改变，此时 YV_1 仍在左位，但控制右腔回油通路的 YV_2 切换到右位，切断右腔回油进入左腔的通路，从而使液压缸右腔的回油经调速阀流回油箱，调速阀节流控制回油的流量，来限定活塞以给定的工进速度继续向右移动，此时，相应电磁换向阀的电磁铁线圈 YA_1 通电，YA_2 和 YA_3 失电，就能满足工进油路的工作状态。

工进结束后，动力滑台在终点压动终点限位开关 SQ_3，转入快退工步。滑台快退时，活塞的运动方向与快进、工进时相反，此时液压缸右腔进油，左腔回油，电磁换向阀 YV_1 必须切换到右位，改变油的通路，电磁换向阀 YV_1 切换以后，压力油经 YV_1 进入液压缸的右腔，左腔回油经 YV_1 直接回油箱。此时，相应电磁换向阀的电磁铁线圈 YA_2 通电，YA_1 和 YA_3 失电，就能满足快退时液压系统的油路状态。

当动力滑台快速退回到原位以后，压动原位行程开关 SQ_1，即进入停止状态。此时要求阀 YV_1 位于中间位的油路状态，YV_2 处于右位。当电磁阀线圈 YA_1、YA_2 和 YA_3 均失电时，即可满足液压系统使滑台停在原位的工作要求。

图 2-30 是根据图 2-28(c) 设计的电气控制线路。图中未考虑电动机 M 的控制。图 2-30 控制线路中 SA 为选择开关，用于选定滑台的工作方式。开关扳在自动循环工作方式时，按下启动按钮 SB_1，循环工作开始。其工作过程分析如下。

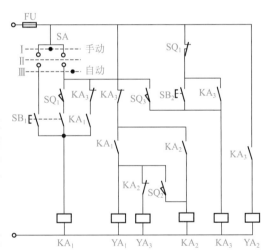

图 2-30 液压动力滑台系统电气控制线路之一

压下 SQ_1 → 按下 SB_1 → KA_1 线圈得电 ┬→ KA_1 常开触头闭合(自锁)
└→ KA_1 常开触头闭合→ YA_1、YA_3 线圈得电→滑台快进

→压下 SQ_2 → KA_2 线圈得电 ┬→ KA_2 常开触头闭合(自锁)
└→ KA_2 常闭触头断开→ YA_3 线圈失电→滑台工进

→压下 SQ_3 → KA_3 线圈得电 ┬→ KA_3 常开触头闭合(自锁)
├→ KA_3 常闭触头断开→ KA_1、KA_2、YA_1、YA_3 线圈失电
└→ KA_3 常开触头闭合→ YA_2 线圈得电→滑台快退

→压下 SQ_1 → KA_3 线圈得电 ┬→ KA_3 常开触头断开 → 为下次循环作准备
├→ KA_3 常闭触头闭合
└→ KA_3 常开触头断开→ YA_2 线圈失电→滑台停在原位

SA 扳到手动调整工作方式时，电路不能自锁持续供电，按下按钮 SB_1，可接通 YA_1 与 YA_3 线圈电路，滑台快进，松开按钮 SB_1，则 YA_1 与 YA_3 线圈失电，滑台立即停止移动，从而实现点动向前调整的动作。SB_2 为滑台快速复位按钮，若由于调整前移或工作过程中突然停电等原因，滑台没有停在原位，不能满足自动循环工作的启动条件，即原位行程开关 SQ_1 没有处于受压状态时，通过压下复位按钮 SB_2，接通 YA_2 线圈电路，滑台即可快速返回至原位，压下 SQ_1 后自动停机。

在上述控制电路的基础上，加上延时元件，可得到具有进给终点延时停留的自动循环控制电路，其工作循环工况图如图 2-31(a) 所示，控制线路图如图 2-31(b) 所示。

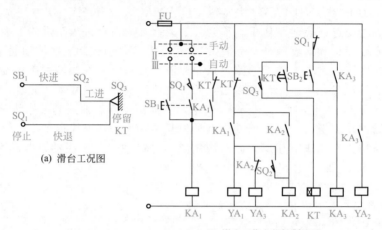

(a) 滑台工况图

(b) 滑台工作电气控制线路

图 2-31 液压动力滑台系统电气控制线路之二

当滑台工进到终点时，压动终点限位开关 SQ_3，接通时间继电器 KT 的线圈电路，KT 的常闭瞬动触头使 YA_1 与 YA_3 线圈失电，阀 YV_1 切换到中间位置，使滑台停在终点位，经一定时间的延时后，KT 的常开延时触头接通滑台快退控制电路，滑台进入快退工步，退回原位后行程开关 SQ_1 被压下，切断 KA_3 线圈，YA_2 线圈失电，滑台停在原位。带有延时停留控制电路的其他工步控制方式，与无终点延时停留的控制电路相同。

2.6 直流电动机的基本控制线路

直流电动机具有优良的调速特性，调速平稳、方便，调速范围广，过载能力大，能快速启动、制动和反转，能满足生产过程自动化系统各种不同的特殊运行要求。虽然其制造成本和维护费用比交流电动机大，但在对电动机的调速性能和启动性能要求高的生产机械上仍得到广泛应用。例如在轧钢机和龙门刨床等重型机床上的主传动机构中，某些电力牵引和起重设备、电车、电力机车都以直流电动机为主拖动系统。

2.6.1 直流电动机的基本控制方法

(1) 直流电动机的启动控制

直流电动机启动控制的要求与交流电动机类似，即在保证足够大的启动转矩下，尽可能地减小启动电流，再考虑其他要求。直流电动机启动特点之一是启动冲击电流大，可达额定电流的 10～20 倍，除小型直流电动机外一般不允许直接启动。

为了保证启动过程中产生足够大的反电动势，以减小启动电流和产生足够大的启动转矩，从而加速启动过程，也为了避免空载失磁飞车事故的发生，他励、并励直流电动机启动时，在接通电枢绕组电源时，必须同时或提前接上额定的励磁电压。串励直流电动机的励磁电流和电枢电流是同时接通的。

（2）直流电动机的正反转控制

由电磁转矩 $T=C_T\Phi I$ 可知，改变直流电动机的转向有两个方法，一种是当电动机的励磁绕组两端电压的极性不变时，改变电枢绕组两端电压的极性，使电枢电流反向；另一种是电枢绕组两端电压极性不变，而改变励磁绕组两端电压的极性。在采用改变电枢绕组两端电压极性来改变电动机转向时，由于主电路电流较大，故切换功率较大，给使用带来不便。因此，常采用改变直流电动机励磁电流的极性来改变转向。为了避免改变励磁电流方向过程中，因 $\Phi=0$ 造成的"飞车"，通常要求改变励磁电流的同时要切断电枢绕组电源；另外必须加设阻容吸收装置，来消除励磁绕组因触头断开产生的感应电动势。

（3）制动控制

与交流电动机类似，直流电动机的电气制动方法有能耗制动、反接制动和再生发电制动等几种方式。

直流电动机最突出的优点是能在很大的范围内具有平滑、平稳的调速性能。调速方法主要有电枢回路串电阻调速、改变电枢电压调速、改变励磁调速和混合调速。其主要内容将在下章详细介绍。

2.6.2 直流电动机的基本控制线路

（1）电枢回路串电阻的启动与调速控制线路

图 2-32 所示的电路利用主令控制器 SA 来实现直流电动机的启动、停车控制。其工作原理如下。

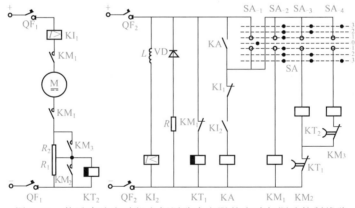

图 2-32　他励直流电动机电枢回路串电阻的启动与调速控制线路

① 启动前的准备　将 SA 的手柄置"0"位，合上主电路断路器 QF_1 和控制电路断路器 QF_2，电动机的并励绕组中流过额定的励磁电流，欠电流继电器 KI_2 得电动作，其常开触头 KI_2 闭合，中间继电器 KA 通过 SA_{-1} 触头得电并自锁。主电路中过电流继电器 KI_1 不动作，与此同时，时间继电器 KT_1 的线圈也得电，其 KT_1 常闭延时触头立即断开，断开 KM_2 和 KM_3 线圈的通电回路，保证启动时电枢回路串入 R_1 和 R_2 启动。

② 启动　启动时，将 SA 的手柄由"0"位扳到"3"位，SA_{-1} 触头断开，其他三对触头 SA_{-2}、SA_{-3}、SA_{-4} 闭合。此时 KM_1 线圈得电，其主触头闭合使电动机 M 串 R_1 和 R_2 启动，同时 KM_1 常闭触头断开，使 KT_1 线圈断电并开始延时。启动电阻 R_1 上的电压降使并联在其两端的 KT_2 线圈得电，其常闭延时触头断开。当 KT_1 延时到，其常闭延时触头 KT_1 闭合，KM_2 线圈得电。KM_2 的主触头闭合，切除启动电阻 R_1，电动机进一步加速，同时 KT_2 线圈被短接，KT_2 开始延时，延时到，其常闭延时触头 KT_2 闭合，接触器 KM_3 线圈得电，KM_3 的主触头闭合，切除电阻 R_2，电动机再次加速，进入全电压运转，启动过程结束。

③ 调速 低速时，将 SA 扳到"1"或"2"位，电动机在电枢串有两段或一段电阻下运行，其转速低于主令控制器处在"3"位时的转速。例如，将 SA 扳到"1"位，KM_2、KM_3 都不能得电，电动机串 R_1 和 R_2 运行。在调速过程中 KT_1 和 KT_2 的延时作用是保证电动机 M 有足够的加速时间，避免由于电流突变引起对传动系统过大的冲击。

④ 保护 电动机发生过载和短路时，主回路过电流继电器 KI_1 立即动作，切断 KA 的通电回路，KM_1、KM_2、KM_3 线圈均断电，使电动机脱离电源。欠电流继电器 KI_2 的作用是当励磁线圈断路或励磁电流减小时，KI_2 动作，其闭合的常开触头切断 KA 线圈电路，电动机断电，起到失磁和弱磁保护的作用。

主令控制器 SA 具有零位保护的作用，SA 手柄处于"0"位，KA 才能接通，避免了电动机的自启动，KA 有零压保护作用；另外，也保证了电动机在任何情况下总是从低速到高速的安全加速启动过程，这种保护称为零位保护。

电路中二极管 VD 与电阻 R 串联构成励磁绕组的吸收回路，防止停车时由于过大的自感电动势引起励磁绕组的绝缘击穿，并保护其他元件。

(2) 改变励磁电压极性的正反转控制线路

图 2-33 为 MM52125A 型导轨磨床的部分电路。

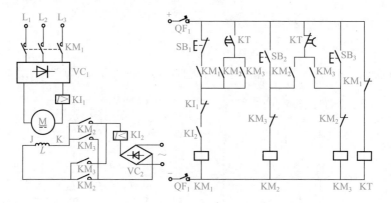

图 2-33 他励直流电动机改变电压极性的正反转控制线路

① 正转 图 2-33 所示为他励直流电动机改变电压极性的正反转控制线路，其启动工作过程，分析如下。

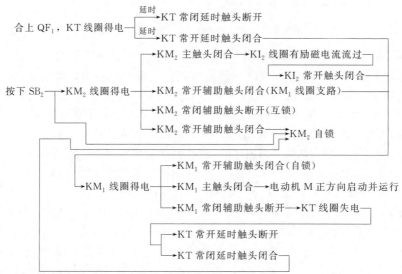

按下正转启动按钮 SB$_2$，KM$_2$ 线圈得电，其常开触头闭合，建立励磁电流 KI$_2$ 闭合；KT 得电延时到 KM$_1$ 得电并自锁，KM$_1$ 主触头闭合，电动机接通电源，KM$_1$ 的常闭触头使时间继电器 KT 线圈断电。KT 的延时常闭触头闭合，KM$_2$ 自锁，其主触头闭合，长期接通电动机的励磁回路，此时电动机的励磁电流由 K 到 J，电动机正转。因为该电动机容量很小，故为直接启动。

② 停车　停车制动过程分析如下。

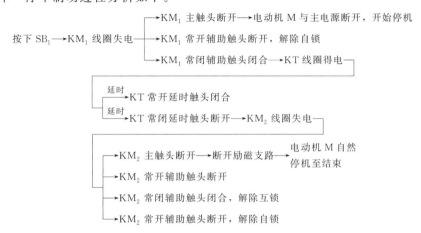

按下 SB$_1$，KM$_1$ 线圈断电，其主触头切断电动机的电枢电源，常闭触头闭合，使 KT 线圈得电。KT 延时到，其常闭触头断开，切断 KM$_2$ 的自锁回路。KT 延时期间，KM$_2$ 线圈一直保持通电状态，保证励磁回路的正常供电，从而保证在停车控制中，先切断电枢电源后切断励磁电源，也保证了不会立即反转造成冲击。

③ 反转　电动机停止后，即 KT 延时时间到，按下 SB$_3$，KM$_3$ 和 KM$_1$ 线圈得电并自锁，KM$_1$ 主触头接通电动机电枢电源，KM$_3$ 主触头接通电动机励磁电源，这时励磁电流方向是由 J 到 K，与正转时相反，电动机反转。该电路必须先停车，然后再反转。

（3）具有能耗制动的正反转控制线路

具有能耗制动的正反转控制线路如图 2-34 所示。线路中的两级电阻 R_1 和 R_2 具有限流和调速的作用。

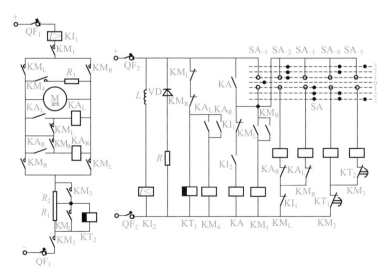

图 2-34　具有能耗制动的他励直流电动机正反转控制线路

① 启动前的准备　将 SA 置于"0"位，合上 QF_1 和 QF_2，电动机的他励绕组中流过额定的励磁电流，欠电流继电器 KI_2 得电动作，其常开触头 KI_2 闭合，中间继电器 KA 得电并自锁。主电路中过电流继电器 KI_1 不动作，与此同时，断电时间继电器 KT_1 的线圈也得电，其延时闭合的常闭触头 KT_1 处于断开状态，断开 KM_2 和 KM_3 线圈的通电回路，保证启动时串入 R_1 和 R_2。

② 启动与调速　将 SA 的手柄扳向"0"位上面的"1"位，KM_L 线圈得电，其常开辅助触头闭合使 KM_1 线圈得电，KM_L、KM_1 主触头闭合，电动机接通电源，串 R_1、R_2 启动，此时电枢电压为左正右负，电动机正转。同时 KM_L 常闭辅助触头断开，使 KT_1 线圈断电并开始延时，KM_L 常开辅助触头闭合，使 KA_L 线圈得电并自锁，KA_L 控制回路常开触头闭合，为接通 KM_4 线圈做准备。启动电阻 R_1 上的电压降使并联在其两端的 KT_2 线圈得电，其常闭延时触头断开。当 KT_1 延时到，其常闭延时触头 KT_1 闭合，为电动机进一步加速做准备。需要电动机加速时，将 SA 手柄再由"1"扳到上面的"2"位，KM_2 线圈得电。KM_2 的主触头闭合，切除启动电阻 R_1，电动机进一步加速，同时 KT_2 线圈被短接，KT_2 开始延时，延时到，其常闭延时触头 KT_2 闭合，为接触器 KM_3 线圈得电做准备。将 SA 手柄再由"2"扳到上面的"3"位，KM_3 线圈得电，KM_3 的主触头闭合，切除电阻 R_2，电动机再次加速，进入全电压运转，启动过程结束。

③ 制动　将 SA 手柄扳回"0"位，KM_L 线圈断电，其主触头断开电动机电源，其常闭辅助触头闭合使 KM_4 线圈得电，其主触头闭合，接通 R_3 在内的能耗制动电路，电动机进入能耗制动。由于电动机的惯性，在励磁保持情况下，电枢导体切割磁场而产生感应电动势，使 KA_L 中仍有电流而不释放，当转速降到一定数值时，KA_L 断电，制动结束。电路恢复到原始状态，可以重新启动。

电动机处于反转状态，其停车的制动过程与上述过程相似，不同的只是利用中间继电器 KA_R 来控制而已。当主令开关手柄从正转扳到反转时，利用继电器 KA_L（在制动结束以前一直是吸合的）断开了反转接触器 KM_R 线圈的回路，保证先进行能耗制动，后改变转向。故即使主令开关处于反转"3"位，也不能立即接通反转接触器。当主令开关从反转瞬间扳到正转时，情况类似。

（4）反接制动的控制线路

反接制动的控制线路如图 2-35 所示。

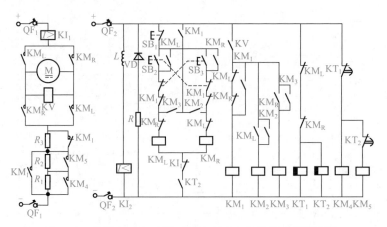

图 2-35　他励直流电动机正反转启动和反接制动控制线路

反接制动是在保持他励直流电动机励磁为额定状态不变的情况下，将电枢绕组的极性改变，则电流方向改变，从而产生制动转矩，迫使电动机迅速停止的一种制动方式。与异步电动机反接制动相同，在反接制动时应注意以下两点：其一是要限制过大的制动电流；其二是要防止电动机反向再启动。通常采用限流电阻进行限流，采用电流原则或速度原则进行反接制动控制。

该电路中，KI_1、KI_2、KT_1、KT_2、KM_4、KM_5 组成保护和降压启动控制，KM_L、KM_R 实现正反转控制，电压继电器 KV，接触器 KM_1、KM_2、KM_3、R_3 组成反接制动控制，该控制线路工作过程分析如下。

① 启动　合上电源开关 QF_1 和 QF_2，励磁绕组获得额定励磁电压。同时，时间继电器 KT_1 和 KT_2 线圈得电，它们的常闭延时触头瞬时断开，接触器 KM_4 和 KM_5 线圈处于断电状态，时间继电器 KT_2 的延时时间大于 KT_1 的延时时间，此时电路处于准备工作状态。按下正向启动按钮 SB_2，接触器 KM_L 线圈得电，其主触头闭合，直流电动机电枢回路串入电阻 R_1 和 R_2 降压启动，KM_L 的常闭辅助触头断开，时间继电器 KT_1 和 KT_2 断电，经过一定的延时时间后，KT_1 的常闭延时触头先闭合，然后 KT_2 的常闭延时触头闭合，接触器 KM_4 和 KM_5 线圈先后得电，其主触头依次闭合，先后切除电阻 R_1 和 R_2，直流电动机进入正常运行。

由于启动开始时电动机的反电动势为零，电压继电器 KV 不会动作，所以接触器 KM_1、KM_2（或 KM_3）都不会动作，当电动机建立反电动势后，电压继电器 KV 吸合，其常开触头闭合，接触器 KM_2 线圈得电并自锁，其常开辅助触头的闭合为反接制动做好了准备。

启动工作流程如下所示。

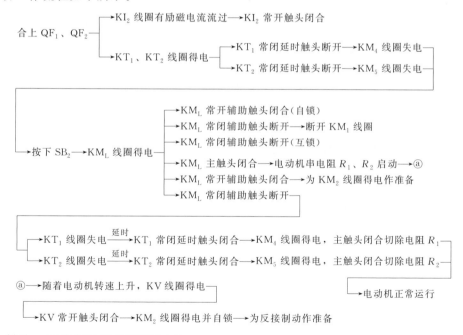

② 制动　反接制动工作流程如下。

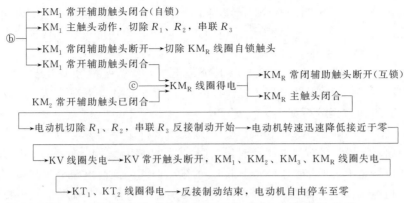

反向启动运行和它的反接制动的动作过程与正向类似，请自行分析。

习题及思考题

2-1 电气系统图主要有哪几种？各有什么作用和特点？

2-2 电气原理图中，电气元件的技术数据如何标注？

2-3 什么叫直接启动？直接启动有何优缺点？在什么条件下可允许交流异步电动机直接启动？

2-4 什么是零压（欠压）保护？采用什么电气元件来实现零压（欠压）保护？

2-5 请画出电动机正反转控制线路。以此为例，说明什么是自锁环节？什么是电气互锁环节？什么是机械互锁环节？

2-6 点动、长动在控制电路上的区别是什么？试用按钮 SB、转换开关 SA、中间继电器 KA、接触器 KM 等电器，分别设计出既能长动又能点动的控制线路。

2-7 试设计能从两地点操作，同时能实现电动机的点动与长动控制的线路。

2-8 某机床的主轴和油泵分别由两台笼型异步电动机 M_1、M_2 来拖动。试设计控制线路，其要求如下：

① 油泵电动机 M_2 启动后，主轴电动机 M_1 才能启动；

② 主轴电动机能正反转，且能单独停车；

③ 该控制线路具有短路、过载、失压、欠压保护；

④ 画出该线路的主回路和控制回路。

2-9 什么叫降压启动？降压启动常用有哪几种方式？各有什么特点及适用场合？

2-10 画出三相笼型异步电动机定子绕组串接电阻降压启动控制线路，用工作流程图分析其工作原理，说明该线路具有的保护措施。

2-11 画出三相笼型异步电动机容量在 $4\sim13kW$ 时采用的 $Y/\triangle$ 降压启动控制线路，用工作流程图分析其工作原理。

2-12 画出三相笼型异步电动机定子绕组串接电阻降压启动控制线路，用工作流程图分析其工作原理。

2-13 画出三相笼型异步电动机自耦变压器降压启动控制线路，用工作流程图分析其工作原理。

2-14 图 2-18 为时间原则控制绕线式异步电动机转子串电阻启动控制线路，试分析其工作原理，并说明：

① KM_2、KM_3、KM_4 常闭触头串接在 KM_1 线圈回路中的作用；

② KM_2 常闭触头串接在 KT_1 线圈回路中的作用。

2-15 什么叫反接制动？什么叫能耗制动？各有什么特点及适用场合？

2-16 画出三相笼型异步电动机单向运转的反接制动控制线路，用工作流程图分析其工作原理。

2-17 画出三相笼型异步电动机单向能耗制动控制线路，用工作流程图分析其工作原理。

2-18 画出三相笼型异步电动机无变压器单管能耗制动控制线路，试分析其工作原理。

2-19 试设计一台三级皮带运输机，分别由 M_1、M_2、M_3 三台电动机拖动。其动作程序如下：

① 启动时要求按 $M_1 \rightarrow M_2 \rightarrow M_3$ 顺序启动；

② 停机时要求按 $M_3 \rightarrow M_2 \rightarrow M_1$ 顺序停机；

③ 按时间原则实现。

2-20 直流电动机启动时，为什么要限制启动电流？若直流电动机启动后，启动电阻仍未切除，此时对电动机运行有何影响？

2-21 试设计他励直流电动机既能实现电枢串电阻三级启动，又能实现能耗制动的控制线路，并简述其工作原理。

2-22 直流电动机采用什么方法改变转向？在控制电路上有何特点？

2-23 直流电动机通常采用哪两种电气制动方法？简述其工作原理及控制电路的特点。

2-24 他励直流电动机的调速方法有哪些？各有什么特点？适用什么场合？

3 电动机的调速控制

许多生产机械的运行速度，随其具体工作情况的不同而变化，即系统运行的速度需要根据生产机械工艺要求而人为调节。调速是生产机械对电力拖动系统要求的主要性能之一。目前常用的调速方法有：机械调速、电气调速、机械与电气结合调速。本章主要讨论的是在机床中广泛应用的电气调速系统。

3.1 直流电动机的调速控制方法

直流电动机具有良好的启、制动性能，宜于在大范围内平滑调速，在许多需要快速单向调速或快速正反向调速的电力拖动领域中得到了广泛的应用。

直流电动机转速和其他参量之间的稳态关系可表示为

$$n = \frac{U - IR}{K_e \Phi} \tag{3-1}$$

式中　n——转速，r/min；

$\quad\ $ U——电枢电压，V；

$\quad\ \ $ I——电枢电流，A；

$\quad\ $ R——电枢回路总电阻，Ω；

$\quad\ $ Φ——励磁磁通，Wb；

$\quad$ K_e——由电机结构决定的电动势常数。

在上式中，K_e 为常数，电流 I 是由负载决定的，因此调节电动机的转速主要有以下几种方法。

（1）改变电枢回路电阻调速

该方法就是在直流电动机的电枢回路中串联一只调速变阻器来实现调速的方法，如图 3-1（a）所示。电枢回路串电阻调速法只能使电动机的转速在额定转速以下进行调速，其调速范围较小，且稳定性较差，能量损耗较大。由于这种调速方法设备简单，操作方便，所以在短期工作、容量较小且机械特性硬度要求不太高的场合，仍然使用这种调速方法。

（2）改变励磁磁通调速

该调速方法是通过改变励磁电流的大小来实现调速。在图 3-1（b）中，通过调节励磁电路的附加电阻值来改变励磁电流的大小，从而实现调速。

因直流电动机在额定运行时，磁路已接近饱和，因此，只能减弱励磁磁通来实现调速即弱磁调速，使电动机转速在额定转速以上范围内调速。调速中需注意转速不能调节得过高，

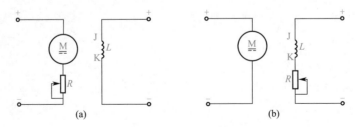

图 3-1　他励直流电动机调速示意图

以免振动较大，换向条件恶化，甚至发生飞车事故。

图 3-2 所示为直流电动机改变励磁电流的调速控制线路，电动机的直流电源采用两相零式整流电路，启动时电枢回路串电阻 R 启动，并在启动后由 KM_3 短接电阻 R。同时该电阻还兼作制动时的限流电阻。电动机的并励绕组串入调速电阻 R_3，调节 R_3 即可对电动机实现调速。R_2 与励磁绕组并联以吸收励磁绕组的磁场能，以免接触器断开瞬间因过高的自感电动势而击穿绝缘或使接触器火花太大而烧蚀。接触器 KM_1 为能耗制动接触器，KM_2 为工作接触器，KM_3 为短接启动电阻接触器。电路工作过程分析如下。

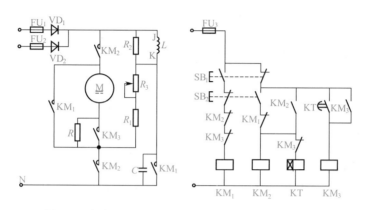

图 3-2　直流电动机改变励磁电流进行调速的控制线路

启动：

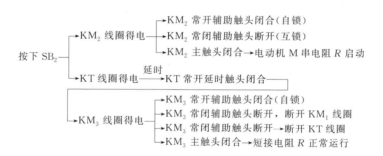

调速：

在电动机 M 正常运行状态下→调节电阻 R_3→改变励磁电流——
└→电动机 M 的转速得到改变，实现了调磁调速

停车及制动：

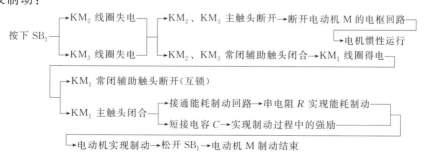

（3）改变电枢电压调速

该调速方法是通过改变直流电动机电枢电压来实现的。图 3-3 所示为他励直流电动机使用可调直流电源调速的原理图。调压调速一般只能从额定电压向下调节，且最低转速受静差率的限制不能太低，故是在额定转速以下的一定范围内调节。调压调速可以在一定范围内实

现无级平滑调速的要求，具体内容将在下一节中介绍。

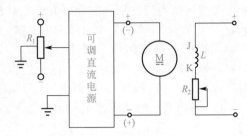

图 3-3　他励直流电动机改变电枢电压调速示意图

3.2　直流电动机无级调速

当系统在某一转速下运行时，负载由理想空载增加到额定值时所对应的转速降落为 Δn_N，Δn_N 与理想空载转速 n_0 之比，称作静差率 s。即对于要求在一定范围内无级平滑调速的系统来说，以调节电枢供电电压的方式为最好。改变电阻调速只能实现有级调速；减弱磁通虽然能够平滑调速，但调速范围不大，往往只是配合调压方案，在基速（额定转速）以上作小范围的弱磁升速。因此，自动控制的直流调速系统往往以变压调速为主。

3.2.1　直流调速系统用的可控直流电源

根据前面分析，调压调速是直流调速系统的主要方法，而调节电枢电压需要有专门向电动机供电的可控直流电源。常用的可控直流电源有以下三种。

① 旋转变流机组　用交流电动机和直流发电机组成机组，以获得可调的直流电压。

② 静止式可控整流器　用静止式的可控整流器，以获得可调的直流电压。

③ 直流斩波器或脉宽调制变换器　用恒定直流电源或不可控整流电源供电，利用电力电子开关器件斩波或进行脉宽调制，以产生可变的平均电压。

下面分别对经常使用的直流可调电源及其组成的直流调速系统进行概括性的介绍。

（1）旋转变流机组

图 3-4 为旋转变流机组和由它供电的直流调速系统原理图。这样的调速系统简称 G-M 系统，国际上通称 Ward-Leonard 系统。

G-M 系统工作原理：由原动机（柴油机、交流异步或同步电动机）拖动直流发电机 G 实现变流，由发电机 G 给需要调速的直流电动机 M 供电，调节发电机 G 的励磁电流 i_f，即可改变其输出电压 U，从而调节电动机的转速 n。

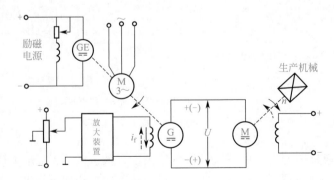

图 3-4　旋转变流机组和由它供电的直流调速系统（G-M 系统）原理图

（2）静止式可控整流器

图 3-5 所示为晶闸管-电动机调速系统，简称 V-M 系统，又称静止的 Ward-Leonard 系统。图中 VT 是晶闸管可控整流器，通过调节触发装置 GT 的控制电压 U_c 来移动触发脉冲的相位，即可改变整流电压 U_d，从而实现平滑调速。

晶闸管整流装置相对 G-M 系统不仅在经济性和可靠性上都有很大提高，

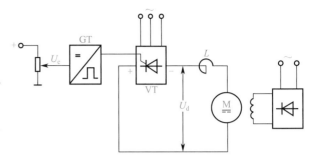

图 3-5 晶闸管-电动机调速系统（V-M 系统）原理图

而且在技术性能上也显示出较大的优越性。晶闸管可控整流器的功率放大倍数在 10^4 以上，其门极电流可以直接用晶体管来控制，不再像直流发电机那样需要较大功率的放大器。

在控制作用的快速性上，变流机组是秒级，而晶闸管整流器是毫秒级，这将大大提高系统的动态性能。由于晶闸管的单向导电性，它不允许电流反向，给系统的可逆运行造成困难。晶闸管对过电压、过电流和过高的 $\mathrm{d}V/\mathrm{d}t$ 与 $\mathrm{d}i/\mathrm{d}t$ 都十分敏感，若超过允许值会在很短的时间内损坏器件。由谐波与无功功率引起电网电压波形畸变会殃及附近的用电设备，造成"电力公害"。

（3）直流斩波器或脉宽调制变换器

图 3-6 所示为直流斩波器-电动机系统的原理图和波形图。

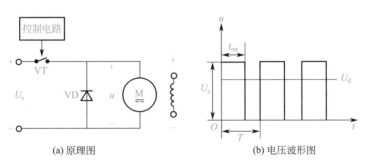

(a) 原理图   (b) 电压波形图

图 3-6 直流斩波器-电动机系统的原理图和波形图

在原理图中，VT 表示电力电子开关器件，VD 表示续流二极管。当 VT 导通时，直流电源电压 U_s 加到电动机上；当 VT 关断时，直流电源与电机脱开，电动机电枢经 VD 续流，两端电压接近于零。如此反复，电枢端电压波形如图 3-6(b)，就像是电源电压 U_s 在 t_{on} 时间内被接上，又在 $(T-t_{on})$ 时间内被斩断，故称"斩波"。

为了节能，并实行无触头控制，现在多用电力电子开关器件，如快速晶闸管、GTO、IGBT 等作为 VT 元件。采用简单的单管控制时，称作直流斩波器。后来逐渐发展成采用各种脉冲宽度调制开关的电路，称为脉宽调制变换器（Pulse Width Modulation），简称 PWM。

图 3-6(b) 所示电枢端输出电压的平均值为

$$U_d = \frac{t_{on}}{T} U_s = \rho U_s \tag{3-2}$$

式中　T——晶闸管的开关周期；

t_{on}——开通时间；

ρ——占空比，$\rho = t_{on}/T = t_{on}f$，其中 f 为开关频率。

由式(3-2)可知，改变 VT 的导通时间，就可以得到不同的输出电压平均值。根据对输出电压平均值进行调制的方式不同划分为以下三种控制方式。

① T 不变，变 t_{on}——脉冲宽度调制（PWM）；

② t_{on} 不变，变 T——脉冲频率调制（PFM）；

③ t_{on} 和 T 都可调，改变占空比——混合型。

PWM 具有一系列优点，如主电路线路简单，需用的功率器件少；开关频率高，电流容易连续，谐波少，电机损耗及发热都较小；用作调速电源时，低速性能好，稳速精度高，调速范围宽，可达 1∶10000 左右；若与快速响应的电机配合，则系统频带宽，动态响应快，动态抗扰能力强；功率开关器件工作在开关状态，导通损耗小，当开关频率适当时，开关损耗也不大，因而装置效率较高；直流电源采用不可控整流时，电网功率因数比相控整流器高。正是由于有以上优点，所以 PWM 在各行各业获得广泛应用。

以上三种可控直流电源，G-M 直流调速系统在 20 世纪 60 年代以前曾广泛地使用着，但该系统需要旋转变流机组，至少包含两台与调速电动机容量相当的旋转电机，还要一台励磁发电机，因此设备多，体积大，费用高，效率低，安装须打地基，运行有噪声，维护不方便。为了克服这些缺点，在 20 世纪 60 年代以后开始采用各种静止式的变压或变流装置来替代旋转变流机组。V-M 系统在 20 世纪 60～70 年代得到广泛应用，目前主要用于大容量系统。直流 PWM 调速系统作为一种新技术，发展迅速，应用日益广泛，特别在中、小容量的系统中，已取代 V-M 系统成为主要的直流调速方式。

3.2.2 转速控制的要求和主要技术指标

任何一台需要控制转速的设备，其生产工艺对调速性能都有一定的要求。归纳起来，对于调速系统的转速控制要求有以下三个方面。

① 调速　在一定的最高转速和最低转速范围内，分档地（有级）或平滑地（无级）调节转速。

② 稳速　以一定的精度在所需转速上稳定运行，在各种干扰下不允许有过大的转速波动，以确保产品质量。

③ 加、减速　频繁启、制动的设备要求加、减速尽量快，以提高生产率；不宜经受剧烈速度变化的机械则要求启、制动尽量平稳。

根据转速控制的要求可以定义调速系统的相应指标如下。

(1) 调速范围

生产机械要求电动机提供的最高转速和最低转速之比叫做调速范围，用字母 D 表示，即

$$D = \frac{n_{max}}{n_{min}} \tag{3-3}$$

其中 n_{min} 和 n_{max} 一般都指电机额定负载时的最低、最高转速，对于少数负载很轻的机械，例如精密磨床，也可用实际负载时的最低、最高转速。

(2) 静差率

$$s = \frac{\Delta n_N}{n_0} \tag{3-4}$$

或用百分数表示

$$s = \frac{\Delta n_N}{n_0} \times 100\% \tag{3-5}$$

式中　$\Delta n_N = n_0 - n_N$。

一般调压调速系统在不同转速下的机械特性是互相平行的，如图 3-7 中的特性曲线 a 和

b_0。对于同样硬度的特性，理想空载转速越低时，静差率越大，转速的相对稳定度也就越差。例如，在 1000r/min 时降落 10r/min，只占 1%；在 100r/min 时同样降落 10r/min，就占 10%；如果在只有 10r/min 时，再降落 10r/min，就占100%，这时电动机已经停止转动，转速全部降落完了。

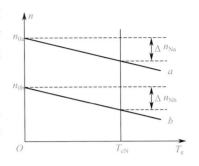

图 3-7　不同转速下的静差率

因此，调速范围和静差率这两项指标并不是彼此孤立的，必须同时给出这两项指标才有意义。调速系统的静差率指标应以最低速时所能达到的数值为准。

下面分析调速范围、静差率和额定速降之间的关系。

若设电机额定转速 n_N 为最高转速，转速降落为 Δn_N，则按照上面分析的结果，该系统的静差率应该是最低速时的静差率，即

$$s = \frac{\Delta n_N}{n_{0min}} = \frac{\Delta n_N}{n_{min} + \Delta n_N} \tag{3-6}$$

于是，最低转速为

$$n_{min} = \frac{\Delta n_N}{s} - \Delta n_N = \frac{(1-s)\Delta n_N}{s} \tag{3-7}$$

而调速范围为

$$D = \frac{n_{max}}{n_{min}} = \frac{n_N}{n_{min}} \tag{3-8}$$

将式(3-7)代入式(3-8)得

$$D = \frac{n_N s}{\Delta n_N (1-s)} \tag{3-9}$$

式(3-9)表示了调压调速系统的调速范围、静差率和额定速降之间所应满足的关系。对于同一个调速系统，Δn_N 值一定，由式(3-9)可见，如果对静差率要求越严，即要求 s 值越小时，系统能够允许的调速范围也越小。一个调速系统的调速范围，是指在最低速时还能满足所需静差率的转速可调范围。

例 3-1　某直流调速系统电动机额定转速 $n_N = 1430r/min$，额定速降 $\Delta n_N = 115r/min$。求静差率为 30%，$n_N = 1430r/min$ 时的允许调速范围？如果要求静差率为 20%，则调速范围是多少？如果希望调速范围达到 10，所能满足的静差率又是多少？

解　要求静差率为 30% 时，调速范围为

$$D = \frac{n_N s}{\Delta n_N (1-s)} = \frac{1430 \times 0.3}{115 \times (1-0.3)} = 5.3$$

若要求静差率为 20%，则调速范围只有

$$D = \frac{1430 \times 0.2}{115 \times (1-0.2)} = 3.1$$

若调速范围达到 10，则静差率只能是

$$s = \frac{D \Delta n_N}{n_N + D \Delta n_N} = \frac{10 \times 115}{1430 + 10 \times 115} = 0.446 = 44.6\%$$

3.2.3　带转速负反馈的单闭环直流调速系统

机床在加工过程中，为保证工件的表面质量和精度，要求系统具有足够的动态稳定性和快速性。开环调速系统不具备这种特性，因此往往在控制系统中引入转速负反馈和 PI 调节器等环节构成闭环调速系统，以较好地满足机床对调速系统技术指标的要求。在直流调速系

统中，常用的有单闭环直流调速系统、多闭环直流调速系统和可逆系统等。

3.2.3.1 带转速负反馈的单闭环有静差直流调速系统

如图 3-8 所示，在反馈控制的闭环直流调速系统中，与电动机同轴安装一台测速发电机 TG，从而引出与被调量转速成正比的负反馈电压 U_n，与给定电压 U_n^* 相比较后，得到转速偏差电压 ΔU_n，经过放大器 A，产生电力电子变换器 UPE 的控制电压 U_c，用以控制电动机转速 n。这就组成了带转速负反馈的单闭环直流调速系统。

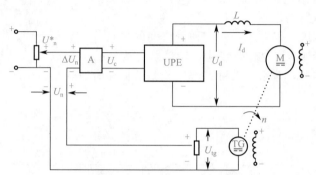

图 3-8 带转速负反馈的单闭环有静差直流调速系统原理框图

图中，UPE 是由电力电子器件组成的变换器，其输入接三相（或单相）交流电源，输出为可控的直流电压，控制电压为 U_c。目前，组成 UPE 的电力电子器件有如下几种选择方案：对于中、小容量系统，多采用由 IGBT 或 P-MOSFET 组成的 PWM 变换器；对于较大容量的系统，可采用其他电力电子开关器件，如 GTO、IGCT 等；对于特大容量的系统，则常用晶闸管触发与整流装置。

根据自动控制原理，反馈控制的闭环系统是按被调量的偏差进行控制的系统，只要被调量出现偏差，它就会自动产生纠正偏差的作用。转速降落正是由负载引起的转速偏差，显然，闭环调速系统应该能够大大减少转速降落。下面我们对带转速负反馈的单闭环直流调速系统从静特性和自动调速过程两方面来进行分析。

（1）带转速负反馈的单闭环直流调速系统的静特性分析

在分析系统的静特性以前，先作如下的假定：忽略各种非线性因素，假定系统中各环节的输入输出关系都是线性的，或者只取其线性工作段；忽略控制电源和电位器的内阻。

由图 3-8 可知转速负反馈直流调速系统中各环节的稳态关系如下。

电压比较环节 $\qquad\qquad\qquad\qquad \Delta U_n = U_n^* - U_n$

放大器（比例调节器） $\qquad\qquad U_c = K_p \Delta U_n$

电力电子变换器 $\qquad\qquad\qquad U_{d0} = K_s U_c$

调速系统开环机械特性

$$n = \frac{U_{d0} - I_d R}{C_e}$$

测速反馈环节 $\qquad\qquad\qquad U_n = \alpha n$

式中　　K_p——放大器的电压放大系数；

　　　　K_s——电力电子变换器的电压放大系数；

　　　　α——转速反馈系数，$V \cdot min/r$；

　　　　U_{d0}——UPE 的理想空载输出电压；

　　　　R——电枢回路总电阻。

从上述五个关系式中消去中间变量，整理后，即得转速负反馈闭环直流调速系统的静特

性方程式

$$n = \frac{K_p K_s U_n^* - I_d R}{C_e(1 + K_p K_s \alpha/C_e)} = \frac{K_p K_s U_n^*}{C_e(1+K)} - \frac{RI_d}{C_e(1+K)} \tag{3-10}$$

式中，闭环系统的开环放大系数 $K = K_p K_s \alpha/C_e$。它相当于在测速反馈电位器输出端把反馈回路断开后，从放大器输入起，直到测速反馈输出为止，总的电压放大系数。它是各环节单独的放大系数的乘积。

电动机环节放大系数为

$$C_e = \frac{E}{n}$$

闭环调速系统的静特性表示闭环系统电动机转速与负载电流（或转矩）间的稳态关系，它在形式上与开环机械特性相似，但本质上却有很大不同，故定名为"静特性"，以示区别。

比较一下开环系统的机械特性和闭环系统的静特性，就能清楚地看出反馈闭环控制的优越性。如果断开反馈回路，则上述系统的开环机械特性方程式为

$$n = \frac{U_{d0} - I_d R}{C_e} = \frac{K_p K_s U_n^*}{C_e} - \frac{RI_d}{C_e} = n_{0op} - \Delta n_{op} \tag{3-11}$$

而闭环时的静特性可写成

$$n = \frac{K_p K_s U_n^*}{C_e(1+K)} - \frac{RI_d}{C_e(1+K)} = n_{0cl} - \Delta n_{cl} \tag{3-12}$$

比较式(3-11) 和式(3-12)不难得出以下的论断。

① 闭环系统静特性可以比开环系统机械特性硬得多。

在同样的负载扰动下，两者的转速降落分别为

$$\Delta n_{op} = \frac{RI_d}{C_e} \quad 和 \quad \Delta n_{cl} = \frac{RI_d}{C_e(1+K)}$$

它们的关系是

$$\Delta n_{cl} = \frac{\Delta n_{op}}{1+K} \tag{3-13}$$

② 如果某电力拖动自动控制系统做成开环和闭环系统进行比较，则闭环系统的静差率要小得多。闭环系统和开环系统的静差率分别为

$$s_{cl} = \frac{\Delta n_{cl}}{n_{0cl}} \quad 和 \quad s_{op} = \frac{\Delta n_{op}}{n_{0op}}$$

当 $n_{0op} = n_{0cl}$ 时，它们的关系是

$$s_{cl} = \frac{s_{op}}{1+K} \tag{3-14}$$

③ 当要求的静差率一定时，闭环系统可以大大提高调速范围。

如果电动机的最高转速都是 n_{max}，而对最低速静差率的要求相同，那么开环时

$$D_{op} = \frac{n_N s}{\Delta n_{op}(1-s)}$$

闭环时

$$D_{cl} = \frac{n_N s}{\Delta n_{cl}(1-s)}$$

再考虑式(3-13)，得

$$D_{cl} = (1+K)D_{op} \tag{3-15}$$

④ 要取得上述三项优势，闭环系统必须设置放大器。

上述三项优点若要有效，都取决于一点，即 K 要足够大，因此必须设置放大器。K 的具体取值，可根据自动控制原理的系统稳定性要求和主要指标要求选取。

把以上四点概括起来，可得下述结论：闭环调速系统可以获得比开环调速系统硬得多的稳态特性，从而在保证一定静差率的要求下，能够提高调速范围，为此须增设电压放大器以及检测与反馈装置。

图 3-9 为带转速负反馈的单闭环有静差直流调速系统原理图。

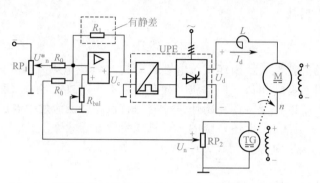

图 3-9　带转速负反馈的单闭环有静差直流调速系统原理图

（2）带转速负反馈的单闭环直流调速系统的自动调速过程

在采用比例调节器的调速系统中，调节器的输出是电力电子变换器的控制电压 $U_c = K_p \Delta U_n$。只要电动机在运行，就必须有控制电压 U_c，因而也必须有转速偏差电压 ΔU_n，这是此类调速系统有静差的根本原因。当负载转矩由 T_{L1} 突增到 T_{L2} 时，有静差调速系统的转速 n、偏差电压 ΔU_n 和控制电压 U_c 的变化过程如图 3-10 所示。

负载转矩 T_L 与负载电流成正比，单闭环直流调速系统自动调速过程分析如下。

$$T_L \uparrow \Rightarrow I_d \uparrow \Rightarrow n \downarrow \Rightarrow U_n \downarrow \Rightarrow \Delta U_n \uparrow$$
$$\Downarrow$$
$$n \uparrow \Leftarrow U_{d0} \uparrow \Leftarrow U_c \uparrow$$

如图 3-10 所示，调节后的 n_2 非常接近 n_1，但不能等于 n_1，因而称为有静差调速系统。负载转矩 T_L 减小时的调速过程与上述分析过程类似，请自行分析。系统的放大倍数愈大，准确度愈高，n_2 就愈接近 n_1。但是如果 K 值过分增大，系统容易产生不稳定现象，准确度和稳定性二者必须兼顾。

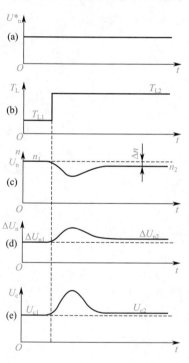

图 3-10　有静差直流调速系统
突加负载的动态过程

（3）闭环系统的静特性与开环系统机械特性的关系

在开环系统中，当负载电流增大时，电枢压降也增大，转速只能降下来；闭环系统装有反馈装置，转速稍有降落，反馈电压就会降低，通过比较和放大，提高电力电子装置的输出电压 U_{d0}，使系统工作在新的机械特性上，因而转速又有所回升。

在图 3-11 中，设原始工作点为 A，负载电流为 I_{d1}，当负载增大到 I_{d2} 时，开环系统的转速必然降到 A' 点所对应的数值；闭环后，由于反馈调节作用，电压可升到 U_{d02}，使工作点变成 B，稳态速降比开环系统小得多。这样，在闭环系统中，每增加（或减少）一点负载，就相应地提高（或降低）一点电枢电压，因而就改换一条机械特性。闭环系统的静特性就是这样在许多开环机械特性上各取一个相应的工作点，如图 3-11 中的 A、B、C、D…，再由这些工作点连接而成。

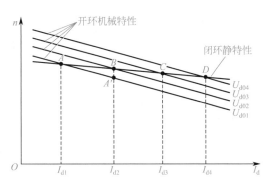

由此看来，闭环系统能够减少稳态速降的实质在于它的自动调节作用，在于它能随着负载的变化而相应地改变电枢电压，以补偿电枢回路电阻压降的变化。

图 3-11　闭环系统静特性和开环系统机械特性的关系

3.2.3.2 带转速负反馈的单闭环无静差直流调速系统

带转速负反馈的单闭环无静差直流调速系统原理如图 3-12 所示。无静差直流调速系统和有静差直流调速系统的静特性方程式、自动调节过程和静特性基本相同。那么无静差直流调速系统有什么特点呢？

前面介绍的自动调速系统都是采用一般的比例放大器，是靠误差进行调节的，均属于有静差调速系统。那么要想实现系统的被调量与给定量相等，就必须使用无差元件来消除静态误差。常用的无差元件是积分调节器（I 调节器），但是单独采用积分调节器，会使系统的动态指标变差。因此，在实际应用中广泛地采用比例积分调节器（PI 调节器）或比例积分微分调节器（PID 调节器）。本书介绍的是采用 PI 调节器的无静差调速系统。

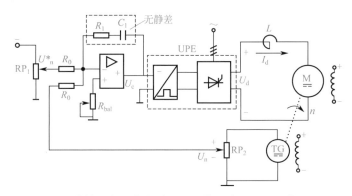

图 3-12　带转速负反馈的单闭环无静差直流调速系统原理图

由图 3-13(d)、(e) 可见，在动态过程中，当 ΔU_n 变化时，只要其极性不变，即只要仍是 $U_n^* > U_n$，积分调节器的输出 U_c 便一直增长；只有达到 $U_n^* = U_n$，$\Delta U_n = 0$ 时，U_c 才停止上升；不到 ΔU_n 变负，U_c 不会下降。在此值得特别强调的是，当 $\Delta U_n = 0$ 时 U_c 并不等于零，而是一个终值 U_c，如果 ΔU_n 不再变化，此终值便保持恒定不变，这是积分控制的特点。

采用积分调节器，当转速在稳态时达到与给定转速一致，系统仍有控制信号，保持系统稳定运行，实现无静差调速。

当负载突增时，积分控制的无静差调速系统动态过程曲线如图 3-13 所示。在稳态运行时，转速偏差电压 ΔU_n 必为零；如果 ΔU_n 不为零，则 U_c 继续变化就不是稳态了。在突加负载引启动态速降时产生 ΔU_n，达到新的稳态时，ΔU_n 又恢复为零，但 U_c 已从 U_{c1} 上升到 U_{c2}，使电枢电压由 U_{d1} 上升到 U_{d2}，以克服负载电流增加的压降。负载突减时情况与此类似，请自行分析。

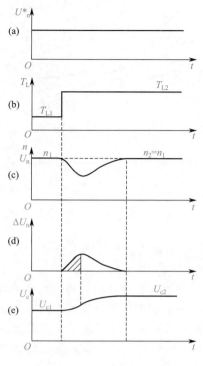

图 3-13　无静差直流调速系统
突加负载的动态过程

在这里，U_c 的改变并非仅仅依靠 ΔU_n 本身，而是依靠 U_n 在一段时间内的积累。虽然现在 $\Delta U_n = 0$，只要历史上有过 ΔU_n，其积分就有一定数值，足以产生稳态运行所需要的控制电压 U_c。积分控制规律和比例控制规律的根本区别就在于此。也就是说，比例调节器的输出只取决于输入偏差量的现状，而积分调节器的输出则包含了输入偏差量的全部历史。

图 3-13 从无静差的角度突出地表明了积分控制优于比例控制的地方，但是另一方面，在控制的快速性上，积分控制却又不如比例控制。

比较图 3-10(e) 和图 3-13(e)，在同样的阶跃输入作用之下，比例调节器的输出可以立即响应，而积分调节器的输出却只能逐渐地改变。

如果既要求稳态精度高，又要求动态响应快，只要把比例和积分两种控制结合起来即可，这便是比例积分 (PI) 控制。因此，PI 调节器的输出是由比例和积分两部分相加而成的。由此可见，比例积分控制综合了比例控制和积分控制两种规律的优点，又克服了各自的缺点，扬长避短，互相补充。比例部分能迅速响应控制作用，积分部分则最终消除稳态偏差。除此以外，比例积分调节器还是提高系统稳定性的校正装置，因此，它在调速系统和其他控制系统中获得了广泛的应用。

严格地说，"无静差"只是理论上的，实际系统在稳态时，PI 调节器积分电容两端电压不变，相当于运算放大器的反馈回路开路，其放大系数等于运算放大器本身的开环放大系数，数值最大，但并不是无穷大，因此其输入端仍存在很小的偏差，而不是零。这就是说，实际系统上仍有很小的静差，只是在一般精度要求下可以忽略不计而已。

在直流闭环调速系统中，常用的除单闭环直流调速系统外，还有电压负反馈直流调速系统、电流截止负反馈直流调速系统、多闭环直流调速系统和可逆系统等。

3.3　三相笼型异步电动机的调速控制线路

直流电力拖动和交流电力拖动在 19 世纪先后诞生。在 20 世纪上半叶的年代里，鉴于直流拖动具有优越的调速性能，高性能可调速拖动都采用直流电机，而约占电力拖动总容量 80% 以上的不变速拖动系统则采用交流电机，这种分工在一段时期内已成为一种举世公认的格局。交流调速系统的多种方案虽然早已问世，并已获得实际应用，但其性能却始终无法与直流调速系统相匹敌。

直到 20 世纪 60～70 年代，随着电力电子技术的发展，使得采用电力电子变换器的交流拖动系统得以实现，特别是大规模集成电路和计算机控制的出现，高性能交流调速系统便应运而生，一直被认为是天经地义的交直流拖动按调速性能分工的格局终于被打破了。

由于直流电机具有电刷和换相器因而必须经常检查维修，换向火花使直流电机的应用环境受到限制，以及换向能力限制了直流电机的容量和速度等缺点日益突出。交流电机没有换向器，不受这种限制。因此，特大容量的电力拖动设备，如厚板轧机、矿井卷扬机等，以及极高转速的拖动，如高速磨头、离心机等，都宜采用交流调速。

用交流可调拖动取代直流可调拖动的呼声越来越强烈，交流拖动控制系统已经成为当前电力拖动控制的主要发展方向。

许多在工艺上需要调速的生产机械过去多用直流拖动，鉴于交流电机比直流电机结构简单、成本低廉、工作可靠、维护方便、惯量小、效率高，如果改成交流拖动，显然能够带来不少的效益。但是，由于交流电机原理上的原因，其电磁转矩难以像直流电机那样通过电枢电流施行灵活的实时控制。

20世纪70年代初发明了矢量控制技术（或称磁场定向控制技术），通过坐标变换，把交流电机的定子电流分解成转矩分量和励磁分量，用来分别控制电机的转矩和磁通，就可以获得和直流电机相仿的高动态性能，从而使交流电机的调速技术取得了突破性的进展。

其后，又陆续提出了直接转矩控制、解耦控制等方法，形成了一系列可以和直流调速系统相媲美的高性能交流调速系统和交流伺服系统。

3.3.1　交流调速系统的分类

三相异步电机调速系统种类很多，常见的有：①降电压调速；②电磁转差离合器调速；③绕线式异步电机转子串电阻调速；④绕线式异步电机串级调速；⑤变极对数调速；⑥变频调速等。根据在调速过程中，转差功率的变化情况又可分为以下三大类。

（1）转差功率消耗型调速系统

在这类系统中，全部转差功率都转换成热能而消耗掉。上述的第①、②、③三种调速方法都属于这一类。这类调速系统的效率最低，而且它是靠增加转差功率的消耗来使转速降低的（恒转矩负载），转速越低效率越低。但是这类系统结构最简单，所以还有一定的应用场合。

（2）转差功率回馈型调速系统

在这类系统中，转差功率只消耗掉一部分，剩余的大部分则通过交流装置回馈给电网或转化成机械能予以利用，转速越低回收的功率越多，上述第④种调速方法属于这一类。这类调速系统的效率显然比第一类要高，但增设的交流装置也要消耗一部分功率。

（3）转差功率不变型调速系统

转差功率中转子铜损部分的消耗是不可避免的，但在这类系统中无论转速高低，转差功率的消耗基本不变，因此效率最高。上述第⑤、⑥种调速方法属于此类。其中变极对数只能有级调速，应用场合有限。只有变频调速应用最广，可以构成高动态性能的交流调速系统，取代直流调速，最有发展前途。

本书主要介绍转差功率消耗型调速系统中的电磁转差离合器调速系统，以及转差功率不变型调速系统中的变极对数调速和变压变频调速系统。

3.3.2　三相笼型异步电动机的变极对数调速

改变极对数，可以改变电动机的同步转速，也就改变了电动机的转速。一般的三相笼型异步电动机极对数是不能随意改变的，为此，必须选用双速或多速电动机。由于电动机的极对数是整数，所以这种调速方法是有级的。变极对数调速，原则上对笼型异步电动机和绕线转子异步电动机都适用，但对绕线转子异步电动机而言，如要改变转子极对数使之与定子级对数一致，则其结构相当复杂，故一般不采用这种方法。而笼型异步电动机的转子极对数具有与定子极对数相等的特性，因而只要改变定子极对数就可以了，所以变极对数仅适用于三相笼型异步电动机。

（1）三相笼型异步电动机的有级调速控制原理

三相笼型异步电动机常采用两种方法来改变定子绕组的极对数：一是改变定子绕组的连接方法；二是在定子上设置具有不同极对数的两套互相独立的绕组。有时为了获得更多的速度等级（如需要得到三个以上的速度等级），可在同一台电动机同时采用上述两种方法。

图 3-14 是 4/2 极双速异步电动机的定子绕组接线示意图。图 3-14(a) 为单向绕组结构示意图；图 3-14(b) 是三角形连接。电动机定子绕组的 U_1 和 W_2、V_1 和 U_2、W_1 和 V_2 分别连接在一起，再接三相交流电源，定子绕组的 U_3、V_3、W_3 悬空，此时每相绕组中的两线圈串联，电流方向如虚线箭头所示，电动机四极运行，为低速。图 3-14(c) 是双星形连接。电动机定子绕组的 U_1、V_1、W_1 和 U_2、V_2、W_2 连在一起，U_3、V_3、W_3 接三相交流电源，此时每相绕组中的两线圈并联，电流方向如虚线箭头所示，电动机两极运行，为高速。

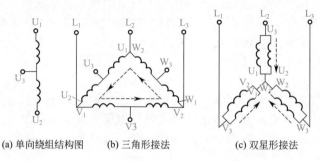

(a) 单向绕组结构图　　(b) 三角形接法　　(c) 双星形接法

图 3-14　4/2 极双速异步电动机三相定子绕组接线图

（2）接触器控制的双速电动机控制线路

接触器控制的双速电动机控制线路如图 3-15 所示。其工作原理为：先合上电源开关 QS，按下低速启动按钮 SB_2，低速接触器 KM_1 线圈得电并自锁，KM_1 主触头闭合，电动机定子绕组连成三角形，电动机低速运转。高速运转时，按下高速启动按钮 SB_3，低速接触器 KM_1 线圈断电，其主触头断开，辅助常闭触头复位，高速接触器 KM_2 和 KM_3 线圈得电并自锁，其主触头闭合，电动机定子绕组连成双星形，电动机高速运转。电动机的高速运转由 KM_2 和 KM_3 两个接触器来控制，只有当两个接触器线圈都得电时，电动机才允许高速工作。

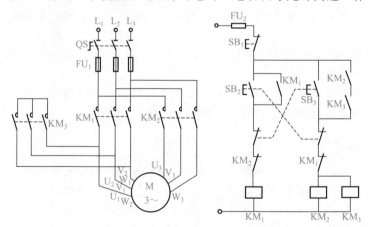

图 3-15　双速电动机控制线路

（3）时间继电器自动控制的双速电动机控制线路

控制线路如图 3-16 所示。图中 SA 是组合开关，开关 SA 扳到中间位置"2"时，电动机处于停止状态。低速时，把 SA 扳到"1"的位置，接触器 KM_1 线圈得电，其主触头闭合，电动机定子绕组连成三角形，电动机低速运转。

高速时，把 SA 扳到"3"的位置，时间继电器 KT 线圈首先得电动作，它的常开瞬动

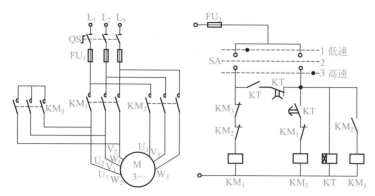

图 3-16 时间继电器自动控制的双速电动机控制线路

触头 KT 瞬时闭合，接触器 KM₁ 线圈得电，其主触头闭合使电动机定子绕组连成三角形，电动机先以低速启动。一段延时后，时间继电器 KT 动作，其常闭延时断开触头延时断开，接触器 KM₁ 线圈断电，KM₁ 主触头断开，KT 的常开延时闭合触头闭合，接触器 KM₂ 线圈得电，之后 KM₃ 接触器线圈也得电，KM₂、KM₃ 的主触头闭合，使电动机定子绕组连成双星形，以高速运转。

3.3.3 电磁转差离合器调速异步电动机的控制线路

（1）电磁调速系统的组成和工作原理

图 3-17 为电磁调速异步电动机调速系统，它由异步电动机、电磁转差离合器及其控制部分组成。

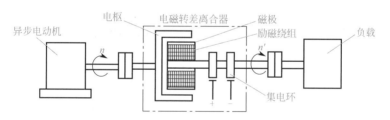

图 3-17 电磁调速异步电动机调速系统图

图 3-18 所示为爪极式转差离合器结构示意图，电磁转差离合器由电枢和磁极两部分组成，两者之间无机械联系，均可自由旋转。电枢由异步电动机带动，称为主动部分；磁极用联轴节与负载相连，称为从动部分。电枢用整块的铸钢制成，形状像一个杯子，没有绕组。磁极则由铁芯和绕组组成，绕组由晶闸管整流电源提供励磁电流。电磁转差离合器结构形式

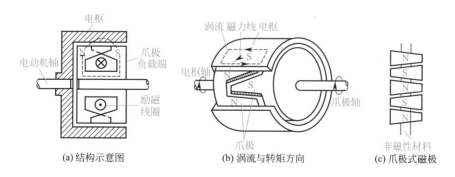

图 3-18 爪极式转差离合器结构示意图

有多种，应用较多的是磁极为爪极的形式。

异步电动机旋转时，带动电磁转差离合器电枢旋转，此时若励磁绕组中没有加入励磁电流，磁极与负载不转动。若加入励磁电流，则电枢中产生涡流，涡流与磁极的磁场作用产生电磁力，使爪形磁极在电磁转矩作用下跟着电枢同方向旋转。

由上可知，无励磁电流时，爪极不会跟随电枢转动，相当于电枢与爪极"离开"，当给爪极输入励磁电流时，磁极即刻跟随电枢旋转，相当于电枢与爪极"合上"，故称为"离合器"。又因它是根据电磁感应原理工作的，爪极与电枢之间必须有转差才能产生涡流与电磁转矩，故又称"电磁转差离合器"。

电磁转差离合器的磁极转速与励磁电流的大小有关。励磁电流越大，建立的磁场越强，在一定转差率下产生的转矩越大。当负载一定时，励磁电流不同，转速就不同，只要改变电磁转差离合器的励磁电流，即可调节转速。

（2）电磁转差离合器调速系统的控制线路

电磁转差离合器调速系统设备简单、控制方便、可平滑调速。但是，由于其机械特性较软，只适合于通风机和泵类负载。

如果要扩大调速范围，电磁转差离合器调速系统同直流调速系统一样，必须采用转速负反馈，构成闭环调速系统，如图 3-19 所示。须注意的是，闭环系统的静特性两端受最高励磁电流和最低励磁电流的限制。有时把电磁转差离合器与异步电动机组装在一起，称为滑差电机或电磁调速异步电机。

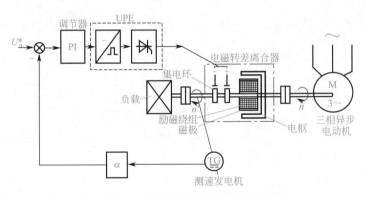

图 3-19　电磁转差离合器闭环调速系统

3.3.4　三相笼型异步电动机的变频调速工作原理

由三相笼型异步电动机转速公式：$n=(1-s)60f/p$ 可知，只要连续改变 f，就可以实现平滑调速。但变频调速时要注意变频与调压的配合。

三相笼型异步电机的变压变频调速系统一般简称为变频调速系统。由于变频调速时转差功率不随转速而变化，所以变频调速具有较宽的调速范围，无论是高速还是低速时效率都较高的特点。在采取一定的技术措施后能实现高动态性能，可与直流调速系统媲美，因此获得了广泛应用。

3.3.4.1　变频调速工作原理

在进行电机调速时，常须考虑的一个重要因素是：希望保持电机中每极磁通量 Φ_m 为额定值不变。如果磁通太弱，没有充分利用电机的铁芯，是一种浪费；如果过分增大磁通，又会使铁芯饱和，从而导致过大的励磁电流，严重时会因绕组过热而损坏电机。

三相笼型异步电动机定子每相电动势公式

$$E_g = 4.44 f_1 N_s k_{N_s} \Phi_m$$

式中　E_g——气隙磁通在定子每相中感应电动势的有效值，V；

　　　f_1——定子频率，Hz；

　　　N_s——定子每相绕组串联匝数；

　　　k_{N_s}——基波绕组系数；

　　　Φ_m——每极气隙磁通量，Wb。

由上式可知，要使磁通量Φ_m为额定值不变，必须使E_g/f_1＝常数。然而，绕组中的感应电动势是难以直接控制的，当电动势值较高时，可以忽略定子绕组的漏磁阻抗压降，而认为定子相电压$U_s \approx E_g$，则得

$$\frac{U_s}{f_1} = 常值$$

这就是恒压频比的控制方式。通常变频调速分基频（电源额定频率）以下调速和基频以上调速。

① 基频以下的调速　在基频以下调速时，速度调低。在基频以下调速时，保持$U_s/f=$常数，为恒磁通调速，相当于直流电动机的调压调速。

② 基频以上的调速　在基频以上调速时，速度调高。但此时也按比例升高电压是不行的，因为往上调U_s将超过电动机额定电压，从而超过电动机绝缘耐压限度，危及电动机绕组的绝缘。因此，频率上调时应保持电压不变，即$U_s=$常数（即为额定电压），此时，f升高，Φ_m应下降，相当于直流电动机弱磁调速。

3.3.4.2　变频器的结构和分类

对于异步电机的变压变频调速，必须同时改变供电电源的电压和频率。现有的交流供电电源都是恒压恒频的，必须通过变频装置，以获得变压变频的电源，这样的装置通称为变压变频（VVVF）装置或称为变频器。现在的变压变频装置几乎无一例外地都使用静止式电力电子变压变频装置。

从结构上看，静止式变压变频装置可分为间接和直接两类。间接变压变频装置先将工频交流电源通过整流器变成直流，然后再经过逆变器将直流变换为可控频率的交流，因此又称有中间直流环节的变压变频装置（交—直—交变频装置），图3-20为由交—直—交变频器组成的调速系统框图。直接变压变频装置则将工频交流一次变换成可控频率的交流，没有中间直流环节（交—交变频装置）。目前应用较多的还是间接变压变频装置。

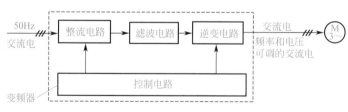

图 3-20　变频调速系统的基本组成

在交—直—交变频装置中，按滤波电路是采用电容还是采用电感，又可分为电压型变频器和电流型变频器。电压型变频器线路结构简单，使用比较广泛。其缺点是在深度控制时，电源侧功率因数低；同时因存在较大的滤波电容，动态响应较慢。电流型变频器是在交—直—交变压变频装置的直流回路中串入大电感，利用大电感来限制电流的变化，用以吸收无功功率。因串入了大电感，故电源的内阻很大，类似于恒流源，逆变器输出电流为比较平直的矩形波。近年来，电流型变频器拖动也受到了广泛的重视，但电流型变频器仅适用于中、大型单机拖动，对拖动多电机的变频器尚在研究中。此外，它的逆变范围稍窄，不能在空载状态下工作。

在交—直—交变频装置中，根据所用脉宽调制控制技术的不同，而有正弦波脉宽调制

（SPWM）变压变频器、消除指定次数谐波的脉宽调制（SHEPWM）变压变频器、电流滞环跟踪脉宽调制（CHBPWM）变压变频器、电压空间矢量脉宽调制（SVPWM）（或称磁链跟踪控制）变压变频器之分。

由变压变频装置给笼型异步电机供电所组成的调速系统叫作变压变频调速系统，它可分为转速开环恒压频比控制系统、转速闭环转差频率控制系统、高动态性能的矢量控制系统、直接转矩控制系统等。

若生产机械对调速系统静、动态性能要求不是很高，如风机、水泵等节能调速系统，可采用转速开环恒压频比带低频电压补偿的控制方案，其控制系统结构最简单，成本也较低。如果要提高静、动态性能，首先要用转速反馈的闭环控制。然而，在设计系统时，它只采用了近似的动态结构图，因而结果还不能令人完全满意。当生产机械对调速系统的静、动态性能要求更高时，需要采用模拟直流电机控制电磁转矩的矢量控制系统。直接转矩控制系统是十余年来继矢量控制系统之后发展起来的另一种高动态性能的交流变压变频调速系统。它避开了矢量控制的旋转坐标变换，而是直接进行转矩"砰—砰控制"，因此，特别适合风机、水泵以及牵引传动等对调速范围要求不高的场合。

3.3.5　变频器的应用

由于交流电动机结构简单、坚固耐用，无需换向装置，可适用于各种工作环境，所以以通用变频器为核心的交流调速系统得到了广泛应用。特别是近几年来，大规模集成电路、高速数据信号处理器（DSP）和矢量控制、直接转矩控制技术理论的应用，使得通用变频器的性能得到了很大提高，正在逐步取代直流调速器，而成为传动系统的主流。目前，通用变频器主要应用于两方面：一方面是为了满足生产工艺调速的要求而进行的变频器应用；另一方面是为了节能需要而进行的变频器应用。为了满足不同工业现场的需要，各个厂家均设计出了多种系列、不同性能的通用和专用变频器。

表 3-1 列出了三菱公司变频器在国内市场的部分产品，可以作为用户选用时参考。

表 3-1　三菱 FR740 系列变频器及其应用特性

系列	功率范围	类型	主要功能
FR-A740 系列	0.4～500kW	矢量重负载型	闭环时可进行高精度的转矩/速度/位置控制；无传感器矢量控制可实现转矩/速度控制；内置 PLC 功能（特殊型号）；使用长寿命元器件，内置 EMC 滤波器；强大的网络通信功能，支持 DeviceNet、Profibus-DP、Modbus 等协议
FR-F740 系列	0.75～630kW	风机水泵型	简易磁通矢量控制方式，实现 3Hz 时输出转矩达 120%；采用最佳励磁控制方式，实现更高节能运行；内置 PID，变频器/工频切换和可以实现多泵循环运行功能；内置独立的 RS-485 通信口使用长寿命元器件；内置噪声滤波器（75KB 以上）；带有节能监控功能，节能效果一目了然
FR-E740 系列	0.1～15kW	经济通用型	先进磁通矢量控制，0.5Hz 时 200% 转矩输出；扩充 PID，柔性PWM；内置 Modbus-RTU 协议；停止精度提高；加选件卡 FR-A7NC，可以支持 CC-Link 通信；加选件卡 FR-A7NL，可以支持 LON-WORKS 通信；加选件卡 FR-A7ND，可以支持 DeviceNet 通信；加选件卡 FR-A7NP，可以支持 Profibus-DP 通信
FR-D740 系列	0.4～7.5kW	简易型	通用磁通矢量控制，1Hz 时 150% 转矩输出；采用长寿命元器件；内置 Modbus-RTU 协议内置制动晶体管；扩充 PID，三角波功能带安全停止功能

下面以三菱公司经济通用型变频器 FR-E740 为例介绍通用型变频器的使用方法。

3.3.5.1 变频器的端子和接口介绍

图 3-21 为三菱公司通用变频器 FR-E740 基本接线图。

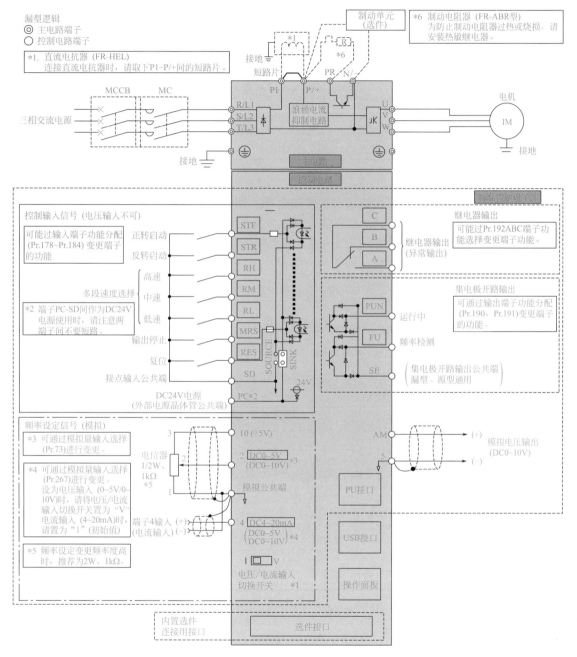

图 3-21 三菱公司通用变频器 FR-E740 基本接线图

FR-E740 变频器主要有主回路端子、输入控制端子、输出控制端子等；有 PU 接口、USB 接口和选件接口；主机自带有操作面板。

(1) 主回路端子

主回路端子主要包括交流电源输入、变频器输出、制动电阻和直流电抗器连接，具体功能说明如表 3-2 所示。

表 3-2　三菱 FR-E740 变频器主回路端子及功能说明

端子记号	端子名称	端子功能说明
R/L1、S/L2、T/L3	交流电源输入	连接工频电源。 当使用高功率因数变流器(FR-HC)及共直流母线变流器(FR-CV)时不要连接任何东西
U、V、W	变频器输出	连接三相笼型电机
P/+、PR	制动电阻器连接	在端子 P/+-PR 间连接选购的制动电阻器(FR-ABR)
P/+、N/-	制动单元连接	连接制动单元(FR-BU2)、共直流母线变流器(FR-CV)以及高功率因数变流器(FR-HC)
P/+、P1	直流电抗器连接	拆下端子 P/+-P1 间的短路片,连接直流电抗器
⏚	接地	变频器机架接地用。必须接大地

（2）输入控制端子

输入控制的功能是向变频器输入各种控制信号,如控制电动机正转、反转、停机和转速等功能,具体说明如表 3-3 所示。接点输入要注意漏型逻辑或源型逻辑的选择。输入信号出厂时设定为漏型逻辑,如需转换则按图 3-22 所示操作。漏型逻辑输入信号接线方法如图 3-23 所示,源型逻辑输入信号接线方法如图 3-24 所示。

表 3-3　三菱 FR-E740 变频器输入控制端子及功能说明

种类	端子记号	端子名称	端子功能说明		额定规格
接点输入	STF	正转启动	STF 信号 ON 时为正转、OFF 时为停止指令	STF、STR 信号同时 ON 时变成停止指令	输入电阻 4.7kΩ;开路时电压 DC21～26V;短路时 DC4～6mA
	STR	反转启动	STR 信号 ON 时为反转、OFF 时为停止指令		
	RH、RM、RL	多段速度选择	用 RH、RM 和 RL 信号的组合可以选择多段速度		
	MRS	输出停止	MRS 信号 ON(20ms 以上)时,变频器输出停止。 用电磁制动停止电机时用于断开变频器的输出		
	RES	复位	复位用于解除保护回路动作时的报警输出,使 RES 信号处于 ON 状态 0.1s 或以上,然后断开。 初始设定为始终可进行复位。但进行了 Pr.75 的设定后,仅在变频器报警发生时可进行复位。复位所需时间约为 1s		
	SD	接点输入公共端(漏型)(初始设定)	接点输入端子(漏型逻辑)		—
		外部晶体管公共端(源型)	源型逻辑时当连接晶体管输出(即集电极开路输出),例如可编程控制器(PLC)时,将晶体管输出用的外部电源公共端接到该端子时,可以防止因漏电引起的误动作		
		DC24V 电源公共端	DC24V、0.1A 电源(端子 PC)的公共输出端子与端子 5 及端子 SE 绝缘		
	PC	外部晶体管公共端(漏型)(初始设定)	漏型逻辑时当连接晶体管输出(即集电极开路输出),例如可编程控制器(PLC)时,将晶体管输出用的外部电源公共端接到该端子时,可以防止因漏电引起的误动作		电源电压范围 DC22～26V;容许负载电流 100mA
		接点输入公共端(源型)	接点输入端子(源型逻辑)的公共端子		
		DC24V 电源	可作为 DC24V、0.1A 的电源使用		

续表

种类	端子记号	端子名称	端子功能说明	额定规格
频率设定	10	频率设定用电源	作为外接频率设定(速度设定)用电位器时的电源使用	DV5V±0.2V; 容许负载电流10mA
	2	频率设定(电压)	如果输入DC0~5V(或0~10V),在5V(10V)时为最大输出频率,输入输出成正比,通过Pr.73进行DC0~5V(初始设定)和DC0~10V输入的切换操作	输入电阻10kΩ±1kΩ,最大容许电压DC20V
	4	频率设定(电流)	如果输入DC4~20mA(或0~5V、0~10V),在20mA时为最大输出频率,输入输出成比例,只有AV信号为ON时端子4的输入信号才会有效(端子2的输入将无效)。通过Pr.267进行4~20mA(初始设定)和DC0~5V、DC0~10V输入的切换操作,电压输入(0~5V/0~10V)时,请将电压/电流输入切换开关切换至"V"	电流输入的情况下:输入电阻233Ω±5Ω,最大容许电流30mA。电压输入的情况下:输入电阻10kΩ±1kΩ,最大容许电压DC20V 电流输入 (初始状态) 电压输入
	5	频率设定公共端	是频率设定信号(端子2或4)及端子AM的公共端子,请不要接大地	—

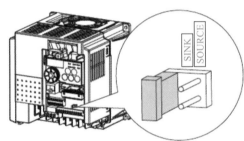

输入信号出厂设定为漏型逻辑(SINK)。
为了切换控制逻辑,需要切换控制端子上方的跨接器。
● 使用镊子或尖嘴钳将漏型逻辑(SINK)上的跨接器转换至源型逻辑(SOURCE)上。跨接器的转换请在未通电的情况下进行

图 3-22 FR-E740 变频器漏型逻辑与源型逻辑转换操作图

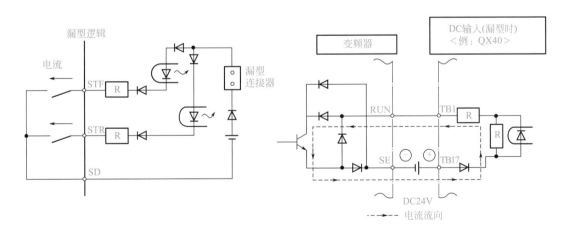

图 3-23 漏型逻辑输入信号接线方法

(3) 输出控制端子

输出控制端子是变频器向外输出信号,如向外输出变频器出错开关信号,向外输出模拟信号方便外部设备显示变频器的工作频率值等,具体功能说明如表3-4所示。

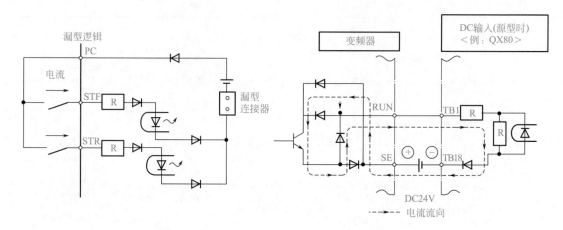

图 3-24　源型逻辑输入信号接线方法

表 3-4　三菱 FR-E740 变频器输出控制端子及功能说明

种类	端子记号	端子名称	端子功能说明		额定规格
继电器	A、B、C	继电器输出（异常输出）	指示变频器因保护功能动作时输出停止的 1c 接点输出。异常时：B-C 间不导通（A-C 间导通），正常时：B-C 间导通（A-C 间不导通）		接点容量 AC230V 0.3A（功率因数＝0.4）DC30V　0.3A
集电极开路	RUN	变频器正在运行	变频器输出频率为启动频率（初始值 0.5Hz）或以上时为低电平，正在停止或正在直流制动时为高电平		容许负载 DC24V（最大 DC27V）0.1A（ON 时最大电压降 3.4V）
	FU	频率检测	输出频率为任意设定的检测频率以上时为低电平，未达到时为高电平[①]		
	SE	集电极开路输出公共端	端子 RUN、FU 的公共端子		—
模拟	AM	模拟电压输出	可以从多种监视项目中选一种作为输出[②]　输出信号与监视项目的大小成比例	输出项目：输出频率（初始设定）	输出信号 DC0～10V 许可负载电流 1mA（负载阻抗 10kΩ 以上）分辨率 8 位

① 低电平表示集电极开路输出用的晶体管处于 ON（导通状态）；高电平表示处于 OFF（不导通状态）。
② 变频器复位中不被输出。

（4）通信接口

FR-E740 变频器通信接口有 PU 接口和 USB 接口，其功能说明如表 3-5 所示。

FR-E740 变频器 PU 接口与 FR-PU07 参数单元连接如图 3-25 所示，可以通过 FR-PU07 参数单元来进行变频器的参数读写，控制和监视变频器的工作。

PU 接口用通信电缆连接 PLC 如图 3-26 所示，一台 PLC 可以最多连接 8 台变频器。用户可以通过客户端程序对变频器进行操作、监视或读写参数。

表 3-5　三菱 FR-E740 变频器通信接口及功能说明

种类	端子记号	端子名称	端子功能说明
RS-485	—	PU 接口	通过 PU 接口，可进行 RS-485 通信 • 标准规格：EIA-485（RS-485） • 传输方式：多站点通信 • 通信速率：4800～38400bps • 总长距离：500m

种类	端子记号	端子名称	端子功能说明
USB	—	USB 接口	与个人电脑通过 USB 连接后,可以实现 FR Configurator 的操作 • 接口:USB1.1 标准 • 传输速度:12Mbps • 连接器:USB　迷你-B 连接器(插座　迷你-B 型)

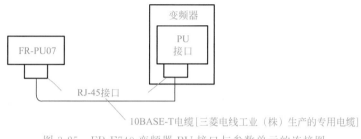

图 3-25　FR-E740 变频器 PU 接口与参数单元的连接图

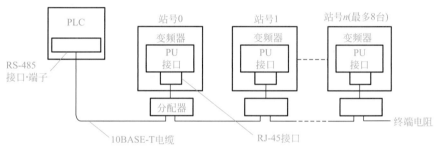

图 3-26　PU 接口与 PLC 的连接图

　　一台个人电脑与单台 FR-E740 变频器连接如图 3-27 所示。如果计算机有 RS-485 接口,计算机与变频器可以直接连接,如图 3-27(a)所示;如果变频器与计算机 RS-232 接口连接,则需使用带 RS-232 与 RS-485 转换器的电缆连接,如图 3-27(b)所示。

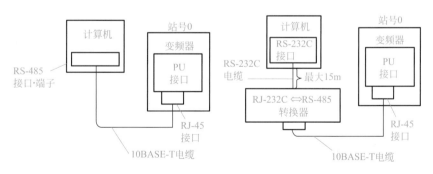

(a) 变频器与计算机的单台连接之一　　　　(b) 变频器与单台计算机的连接之二

图 3-27　FR-E740 变频器与单台计算机的连接图

　　一台个人电脑与多台 FR-E740 变频器连接如图 3-28 所示或图 3-29 所示,用户可以通过客户端程序对变频器进行操作、监视或读写参数。

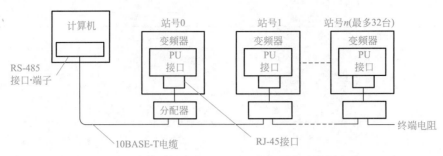

图 3-28　计算机与多台 FR-E740 变频器的连接图之一

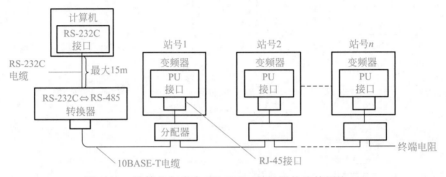

图 3-29　计算机与多台 FR-E740 变频器的连接图之二

变频器和个人电脑也可用 USB 电缆连接,如图 3-30 所示。通过使用 FR Configurator 编程,便可简单地实行变频器的设定,详情请参考三菱公司 FR Configurator 的使用手册。

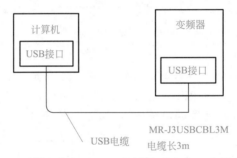

图 3-30　计算机与 FR-E740 变频器通过 USB 电缆连接图

(5)操作面板

图 3-31　FR-E740 变频器操作面板图

FR-E740 变频器自带操作面板,操作面板不能从变频器上拆下。图 3-31 是 FR-E740 变频器操作面板图,共由 12 部分组成。

① 监视器,由 4 位 LED 数码管组成,用来显示频率、参数编号等。

② M 旋钮(三菱变频器专用旋钮),用于变更频率设定、参数的设定值。按该旋钮可显示以下内容:监视模式时的设定频率,校正时的当前设定值,报警历史模式时的顺序。

③ 单位显示,显示频率时亮"Hz"灯,显示电流时亮"A"灯,显示电压时熄灯,显示设定频率监视时闪烁。

④ 运行模式显示，PU 运行模式时"PU"亮灯，外部运行模式时"EXT"亮灯，网络运行模式时"NET"亮灯。

⑤ 运行状态显示（RUN），变频器动作中亮灯/闪烁。正转运行中"RUN"亮灯；反转运行中，"RUN"灯缓慢闪烁（1.4s 循环）；快速闪烁（0.2s循环）：按键"RUN"或输入启动指令都无法运行时，有启动指令、频率指令在启动频率以下时，输入了 MRS 信号时，"RUN"灯快速闪烁（0.2s 循环）。

⑥ 监视器显示（MCN），监视模式时亮灯。

⑦ 参数设定模式显示（PRM），参数设定模式时亮灯。

运行频率 → 输出电流 → 输出电压

图 3-32　监视器显示转换图

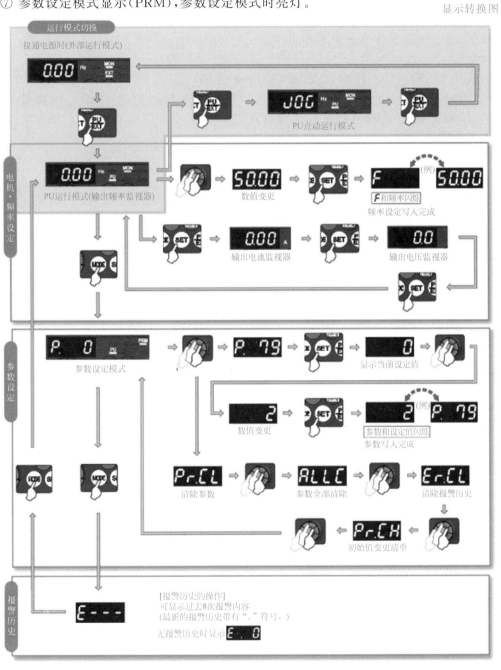

图 3-33　操作面板基本操作图

⑧ 模式切换按键（MODE），用于切换各设定模式。"MODE"和"PU/EXT"同时按下也可以用来切换运行模式，长按此键（2s）可以进行锁定操作。

⑨ 监视器显示转换按键（SET），运行中按此键则监视器出现图 3-32 所示的显示。

⑩ 启动指令按键（RUN），通过 Pr. 40 的设定，可以选择旋转方向。

⑪ 运行模式切换按键（PU/EXT），用于切换 PU/外部运行模式。使用外部运行模式（通过另接的频率设定电位器和启动信号启动的运行）时请按此键，使表示运行模式的 EXT 处于亮灯状态（切换至组合模式时，可同时按"MODE"键 0.5s，或者变更参数 Pr. 79）。

⑫ 停止运行按键（STOP/RESET），停止运转指令。保护功能（严重故障）生效时，也可以进行报警复位。

操作面板的基本操作方法如图 3-33 所示。

(6) 选件

加选件卡 FR-A7NC，可以支持 CC-Link 通信；加选件卡 FR-A7NL，可以支持 LONWORKS 通信；加选件卡 FR-A7ND，可以支持 DeviceNet 通信；加选件卡 FR-A7NP，可以支持 Profibus-DP 通信。通过选件的加装，变频器可以成为相应现场总线网络下的智能终端。

3.3.5.2 变频器的参数设定

变频器要正常工作必须进行参数的设定，三菱 FR-E740 变频器的部分参数出厂设定和参数范围如表 3-6 所示。

下面就部分参数设定进行介绍，实际使用时参考厂家的使用手册。

表 3-6　三菱 FR-E740 变频器的部分参数设定表

功能	参数	名　称	设定范围	最小设定单位	初始值
基本功能	◎0	转矩提升	0～30%	0.1%	6/4/3/2%
	◎1	上限频率	0～120Hz	0.01Hz	120Hz
	◎2	下限频率	0～120Hz	0.01Hz	0Hz
	◎3	基准频率	0～400Hz	0.01Hz	50Hz
	◎4	多段速设定(高速)	0～400Hz	0.01Hz	50Hz
	◎5	多段速设定(中速)	0～400Hz	0.01Hz	30Hz
	◎6	多段速设定(低速)	0～400Hz	0.01Hz	10Hz
	◎7	加速时间	0～3600/360s	0.1/0.01s	5/10/15s
	◎8	减速时间	0～3600/360s	0.1/0.01s	5/10/15s
	◎9	电子过电流保护	0～500A	0.01A	变频器额定电流
直流制动	10	直流制动动作频率	0～120Hz	0.01Hz	3Hz
	11	直流制动动作时间	0～10s	0.1s	0.5s
	12	直流制动动作电压	0～30%	0.1%	4/2%
—	13	启动频率	0～60Hz	0.01Hz	0.5Hz
—	14	适用负载选择	0～3	1	0
JOG	15	点动频率	0～400Hz	0.01Hz	5Hz
	16	点动加减速时间	0～3600/360s	0.1/0.01s	0.5s
	17	MRS 输入选择	0、2、4	1	0

续表

功能	参数	名　称	设定范围	最小设定单位	初始值
—	18	高速上限频率	120～400Hz	0.01Hz	120Hz
—	19	基准频率电压	0～1000V、8888、9999	0.1V	9999
时间加减速	20	加减速基准频率	1～400Hz	0.01Hz	50Hz
	21	加减速时间单位	0、1	1	0
防止失速	22	失速防止动作水平	0～200%	0.1%	150%
	23	倍速时失速防止动作水平补偿系数	0～200%、9999	0.1%	9999
多段速度设定	24	多段速设定（4速）	0～400Hz、9999	0.01Hz	9999
	25	多段速设定（5速）	0～400Hz、9999	0.01Hz	9999
	26	多段速设定（6速）	0～400Hz、9999	0.01Hz	9999
	27	多段速设定（7速）	0～400Hz、9999	0.01Hz	9999
—	29	加减速曲线选择	0、1、2	1	0
—	30	再生制动功能选择	0、1、2	1	0
频率跳变	31	频率跳变1A	0～400Hz、9999	0.01Hz	9999
	32	频率跳变1B	0～400Hz、9999	0.01Hz	9999
	33	频率跳变2A	0～400Hz、9999	0.01Hz	9999
	34	频率跳变2B	0～400Hz、9999	0.01Hz	9999
	35	频率跳变3A	0～400Hz、9999	0.01Hz	9999
	36	频率跳变3B	0～400Hz、9999	0.01Hz	9999
—	37	转速显示	0、0.01～9998	0.001	0
—	40	RUN键旋转方向选择	0、1	1	0

（1）电机容量、极数的设定和控制模式选择

三菱 FR-E740 变频器有通用 V/F 控制、先进磁通矢量控制、通用磁通矢量控制共三种控制方式。通用 V/F 控制保持出厂设置即可。先进磁通矢量控制选择（Pr.800 设置为 20）、通用磁通矢量控制（Pr.800 设置为 30）时，必须设定电机的规格（电机容量和电机极数）。在 Pr.80 电机容量中设定所使用电机的容量（kW），在 Pr.81 电机极数中设定电机的极数（POLE 数）。具体参数如表 3-7 所示。

表 3-7　电机容量、极数和控制模式参数设定表

参数编号	名称	初始值	设定范围	内容	
80	电机容量	9999	0.1～15kW	请设定适用电机的容量	
			9999	V/F 控制	
81	电机极数	9999	2、4、6、8、10	请设定电机极数	
			9999	V/F 控制	
800	控制方法选择	20	20	V/F 控制	先进磁通矢量控制
			30		通用磁通矢量控制

（2）转矩提升

转矩提升可以补偿低频时的电压降，改善低速区域的电机转矩低下；可以根据负载的情况调节低频时的电机转矩，提高启动时的电机转矩。转矩提升示意图如图 3-34 所示。

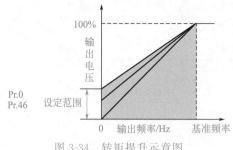

图 3-34　转矩提升示意图

参数的调整参考 Pr.19 基准频率电压为 100%，百分比在 Pr.0（Pr.46）中设定 0Hz 时的输出电压。参数的调整请逐步（以约 0.5% 为单位）进行，每一次都要确认电机的状态。如果设定值过大，电机将会处于过热状态。最大也请不要超过 10%。特别注意在先进磁通矢量控制或通用磁通矢量控制模式下，这个参数的设定可以忽略。表 3-8 为三菱 FR-E740 变频器电机转矩提升参数设定表。

表 3-8　电机转矩提升参数设定表

参数编号	名　称	初始值		设定范围	内　容
0	转矩提升	0.4K、0.75K	6%	0~30%	0Hz 时的输出电压按百分比设定
		1.5~3.7K	4%		
		5.5K、7.5K	3%		
		11K、15K	2%		

（3）上/下限频率

固定输出频率的上限和下限可以限制电机的速度，从而起到保护电机的作用。图 3-35 为变频器上/下限频率设定示意图。

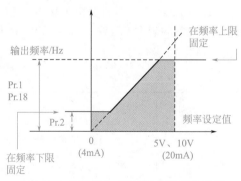

图 3-35　变频器上/下限频率设定示意图

按表 3-9 设定变频器的上/下限频率参数。

① 设定上限频率。在 Pr.1 上限频率中设定输出频率的上限。即使输入的频率指令在设定频率以上，输出频率也将固定为上限频率。

希望超过 120Hz 运行时，可在 Pr.18 高速上限频率中设定输出频率的上限。若设定了 Pr.18，则 Pr.1 自动切换成 Pr.18 的频率；若设定了 Pr.1，则 Pr.18 自动切换成 Pr.1 的频率。

② 设定下限频率。在 Pr.2 下限频率中设定输出频率的下限。即使设定频率在 Pr.2 以下，输出频率也将固定在 Pr.2 的设定值上（不会低于 Pr.2 的设定）。

表 3-9　上/下限频率参数设定表

参数编号	名　称	初始值	设定范围	内　容
1	上限频率	120Hz	0～120Hz	输出频率的上限
2	下限频率	0Hz	0～120Hz	输出频率的下限
18	高速上限频率	120Hz	120～400Hz	在 120Hz 或以上运行时设定

（4）加减速时间

电机需要慢慢加减速时可以将加减速时间设定得长一些，需要快速加速时则设定得短一些。具体参数设置如表 3-10 所示。

表 3-10　加减速时间参数设定表

参数编号	名　称	初始值		设定范围	内　容	
7	加速时间	3.7K 或以下	5s	0～3600/360s	电机加速时间	
		5.5K、7.5K	10s			
		11K、15K	15s			
8	减速时间	3.7K 或以下	5s	0～3600/360s	电机减速时间	
		5.5K、7.5K	10s			
		11K、15K	15s			
20	加减速基准频率	50Hz		1～400Hz	成为加减速时间基准的频率 加减速时间为停止～Pr.20 间的频率变化时间	
21	加减速时间单位	0		0	单位:0.1s 范围:0～3600s	可以改变加减速时间的设定单位与设定范围
				1	单位:0.01s 范围:0～360s	
44	第 2 加减速时间	3.7K 或以下	5s	0～3600/360s	RT 信号为 ON 时的加减速时间	
		5.5K、7.5K	10s			
		11K、15K	15s			
45	第 2 减速时间	9999		0～3600/360s	RT 信号为 ON 时的减速时间	
				9999	加速时间＝减速时间	
147	加减速时间切换频率	9999		0～400Hz	使 Pr.44、Pr.45 的加减速时间的自动切换有效的频率	
				9999	无功能	

图 3-36 为变频器加减速时间参数设定示意图。

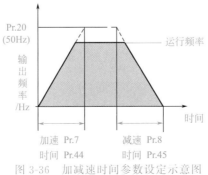

图 3-36　加减速时间参数设定示意图

① 加速时间的设定（Pr.7、Pr.20）。Pr.7 加速时间用于设定从停止到 Pr.20 加减速基准频率的加速时间。通过下列公式设定加速时间。

$$加速时间设定值 = \frac{Pr.20}{最大使用频率 - Pr.13} \times 从停止到最大使用频率的加速时间$$

② 减速时间的设定（Pr.8、Pr.20）。Pr.8 减速时间用于设定从 Pr.20 加减速基准频率到停止的减速时间。通过下列公式设定减速时间。

$$减速时间设定值 = \frac{Pr.20}{最大使用频率 - Pr.10} \times 从最大使用频率到停止的减速时间$$

③ 变更加减速时间的设定范围、单位（Pr.21）。通过 Pr.21 能够设定加减速时间和最小设定范围。设定值"0"（初始值）：0～3600s（最小设定单位 0.1s）；设定值"1"：0～360s（最小设定单位 0.01s）。

3.3.5.3 变频器的基本运行控制

（1）变频器的主回路

图 3-37 为一种常用的变频器主回路接线示意图。变频器的主回路主要由三相交流电输入、断路器 MCCB、变压器 T*、接触器 MC 及其控制回路、三相交流电机组成，需要快速制动还可以接制动电阻，需要滤波还可以接滤波器等。在主电路中加入接触器 MC 及其控制回路的目的如下。

① 变频器保护功能动作时变频器与电源断开；驱动装置异常时（紧急停止操作等）可以把变频器与电源断开。例如在连接制动电阻器选件后，由于实施循环运行或条件恶劣运行时制动用放电电阻器的热容量不足、再生制动器使用率过大等原因导致再生制动器用晶体管损坏，能够防止放电电阻器的过热、烧损。

② 防止变频器因停电停止工作时，突然恢复供电而自然再启动时引起事故。

③ 长时间停止变频器时切断变频器的电源可节省一定的电力。

④ 在维护、检查作业时，切断变频器电源，确保维护、检查的工作人员人身安全。

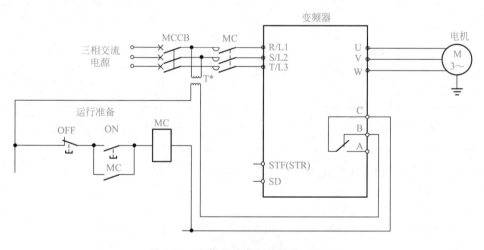

图 3-37 变频器的主回路接线示意图

（2）变频器的运行控制

① 操作面板控制。按图 3-37 接好变频器的主回路，按下"ON"键使 MC 接触器工作，控制变频器工作由操作面板完成。

首先根据需要进行电机容量、极数和控制模式参数，转矩提升参数，上/下限频率，加减速时间，过电流保护（Pr.9）等参数进行设定。可以通过对 Pr.40 设定确定电机的正反转，Pr.40 设置为"0"时，电机正转，Pr.40 设置为"1"时，电机反转。

在上述参数设置完成后，就应设置 Pr.79，具体设置如图 3-38 所示。

操作面板显示	运行方法	
	启动指令	频率指令
闪烁　79-1　闪烁	RUN	（旋钮）
闪烁　79-2　闪烁	外部 (STF、STR)	模拟 电压输入
闪烁　79-3　闪烁	外部 (STF、STR)	（旋钮）
闪烁　79-4　闪烁	RUN	模拟 电压输入

4. 按 SET 键确定。

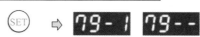

闪烁……参数设定完成!

3s后显示监视器画面。

图 3-38　运行模式选择设置示意图

在运行模式选定以后，就可以进行工作频率（速度）设置，具体设置方法如图 3-39 所示。以上设置全部完成后，就可以通过"RUN"和"STOP/RESET"控制电机工作了。

② 外部开关 3 速控制。按图 3-37 接好变频器的主回路，按图 3-40 接好控制回路，按下"ON"键使 MC 接触器工作。

首先根据需要进行电机容量、极数和控制模式参数，转矩提升参数，上/下限频率，加减速时间，过电流保护（Pr.9）等参数进行设定。把 Pr.78 设置为"0"，允许正反转，把 Pr.79 设置为"2"或"3"，由外部开关控制。在频率范围内，按表 3-11 设置高（Pr.4）、中（Pr.5）、低（Pr.6）各段频率（转速）。

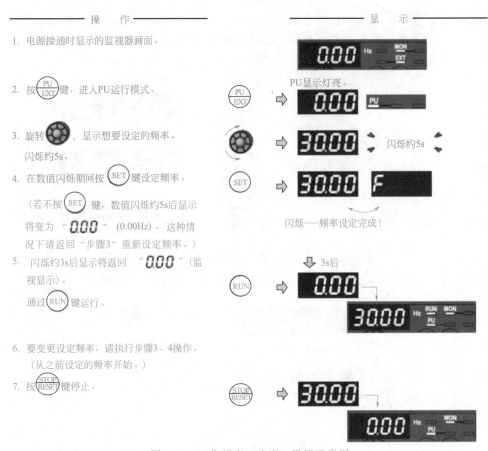

操 作

1. 电源接通时显示的监视器画面。

2. 按 (PU/EXT) 键，进入PU运行模式。

3. 旋转 ⬡，显示想要设定的频率。
   闪烁约5s。

4. 在数值闪烁期间按 (SET) 键设定频率。

   （若不按 (SET) 键，数值闪烁约5s后显示
   将变为 "0.00" （0.00Hz）。 这种情
   况下请返回 "步骤3" 重新设定频率。）

5. 闪烁约3s后显示将返回 "0.00"（监
   视显示）。

   通过 (RUN) 键运行。

6. 要变更设定频率，请执行步骤3、4操作。
   （从之前设定的频率开始。）

7. 按 (STOP/RESET) 键停止。

显 示

PU显示灯亮。

闪烁约5s

闪烁……频率设定完成！

3s后

图 3-39 工作频率（速度）设置示意图

用端子外部开关 STF（或 STR）-SD 发出启动指令，通过端子外部开关 RH、RM、RL-SD 选择运行频率（速度）。在这种模式下工作时，"EXT" 指示灯必须亮。如果不亮灯，可用 "PU/EXT" 按键进行切换。

图 3-41 为外部控制变频器多段速度工作示意图，要注意的是，外部正反转开关同时有效时，电机不工作，外部高、中、低速开关同时有效时，变频器输出为低速。另外，通过增加控制端子和 Pr.24～Pr.27，Pr.232～Pr.239 的设置可以获得更多段的速度运行。多段速度设置如表 3-11 所示。

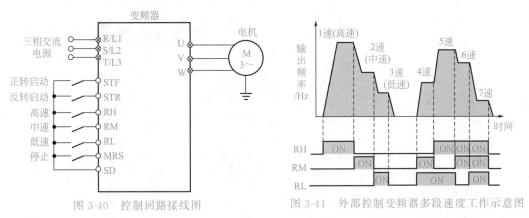

图 3-40 控制回路接线图　　　图 3-41 外部控制变频器多段速度工作示意图

表 3-11 多段速度设置表

参数编号	名称	初始值	设定范围	内容
4	多段速设定（高速）	50Hz	0～400Hz	RH-ON 时的频率
5	多段速设定（中速）	30Hz	0～400Hz	RM-ON 时的频率
6	多段速设定（低速）	10Hz	0～400Hz	RL-ON 时的频率
24	多段速设定（4 速）	9999	0～400Hz、9999	
25	多段速设定（5 速）	9999	0～400Hz、9999	
26	多段速设定（6 速）	9999	0～400Hz、9999	
27	多段速设定（7 速）	9999	0～400Hz、9999	
232	多段速设定（8 速）	9999	0～400Hz、9999	
233	多段速设定（9 速）	9999	0～400Hz、9999	通过 RH、RM、RL、REX 信号的组合可以进行 4～15 段速度的频率设定
234	多段速设定（10 速）	9999	0～400Hz、9999	9999:未选择
235	多段速设定（11 速）	9999	0～400Hz、9999	
236	多段速设定（12 速）	9999	0～400Hz、9999	
237	多段速设定（13 速）	9999	0～400Hz、9999	
238	多段速设定（14 速）	9999	0～400Hz、9999	
239	多段速设定（15 速）	9999	0～400Hz、9999	

③ 通过模拟信号进行频率设定（电阻调节）。按图 3-37 接好变频器的主回路，通过模拟信号进行频率设定（电压输入）控制部分接线图如图 3-42 所示。完成相关参数设置通电后自动切换到外部运行模式而不用按键时，设定 Pr.79＝"2"（外部运行模式），这样以后一启动就是外部运行模式。

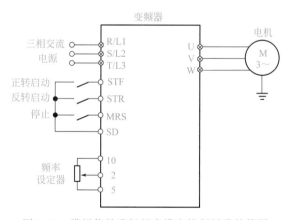

图 3-42 模拟信号进行频率设定控制回路接线图

也可在外部运行模式或"PU/EXT"外部组合运行模式（Pr.79＝"3"或"4"）时有效。

外部信号频率指令的优先次序是：点动运行＞多段速运行＞端子 4 模拟量输入＞端子 2 模拟量输入。

多段速参数设定在 PU 运行过程中或外部运行过程中也可以进行设定。Pr.24～Pr.27、Pr.232～Pr.239 的设定值不存在先后顺序。

具体操作如图 3-43 所示，电机的转速可以通过变频器外部接入的频率设定电阻调节。

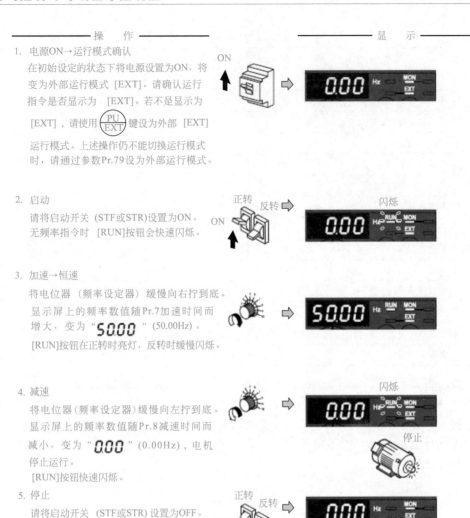

图 3-43　模拟信号进行频率设置示意图

④ 通过模拟信号进行频率设定（电压/电流输入）。通过对 Pr.73 和 Pr.267 的选择，变频器的频率输出也可由变频器"2"脚或"4"脚的外部输入电压或电流控制，具体参数设置如表 3-12 所示。

表 3-12　Pr.73 和 Pr.267 参数设置表

功能	参数 关联参数	名称	单位	初始值	范围	内容	
模拟量输入选择	73	模拟量输入选择	1	1	0	端子 2 输入	极性可逆
						0～10V	无
					1	0～5V	
					10	0～10V	有
					11	0～5V	
	267	端子 4 输入选择	1	0	0	端子 4 输入 4～20mA	
					1	端子 4 输入 0～5V	
					2	端子 4 输入 0～10V	

三菱 FR-E740 变频器还自带 PID 功能，通过变频器"2"脚和"4"脚的合理分配，还可以方便地组成单回路 PID 调节系统。外部模拟信号进行频率设定控制回路接线图如图 3-44 所示。

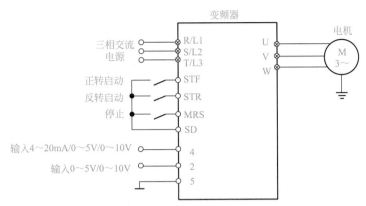

图 3-44　外部模拟信号进行频率设定控制回路接线图

图 3-45 是三菱 FR-E740 变频器在某水管压力控制系统中应用的硬件电路图，具体的参数设置和其他的更多应用请参考三菱变频器手册。

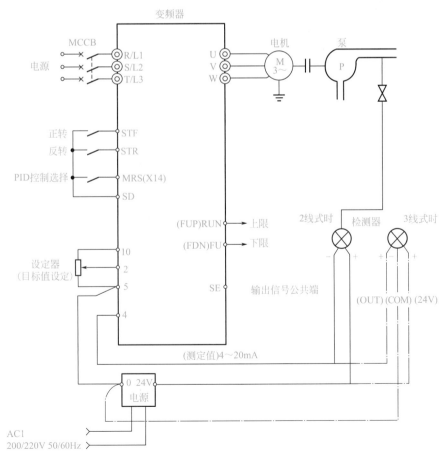

图 3-45　水管压力 PID 自动控制系统硬件电路图

习题及思考题

3-1 什么是调速？调速与速度变化有什么区别？直流电动机的调速控制有哪几种方法？

3-2 调压调速是直流调速系统的主要方法，而调节电枢电压需要有专门向电动机供电的可控直流电源。常用的可控直流电源有几种？它们各有什么特点？

3-3 什么叫直流电动机有级调速？什么叫直流电动机无级调速？

3-4 调速范围和静差率的定义是什么？调速范围、静态速降和最小静差率之间有什么关系？为什么？

3-5 某一调速系统，测得的最高转速为 $n_{0max}=1500r/min$，最低转速为 $n_{0min}=150r/min$，带额定负载时的速度降落 $\Delta n_N=15r/min$，且在不同转速下额定速降 Δn_N 不变，试问系统能够达到的调速范围有多大？系统允许的静差率是多少？

3-6 某闭环调速系统的调速范围是 $150\sim1500r/min$，要求系统的静差率 $s\leqslant2\%$，那么系统允许的静态速降是多少？如果开环系统的静态速降是 $100r/min$，则闭环系统的开环放大倍数应有多大？

3-7 转速单闭环调速系统有哪些特点？改变给定电压能否改变电动机的转速？为什么？如果给定电压不变，调节测速反馈电压的分压比是否能够改变转速？为什么？如果测速发电机的励磁发生了变化，系统有无克服这种干扰的能力？

3-8 在转速负反馈调速系统中，当电网电压、负载转矩、电动机励磁电流、电枢电阻、测速发电机励磁量发生变化时，都会引起转速的变化，问系统对上述各量有无调节能力？为什么？

3-9 为什么用积分控制的调速系统是无静差的？在转速单闭环调速系统中，当积分调节器的输入偏差电压 $\Delta U_n=0$ 时，调节器的输出电压是多少？它取决于哪些因素？

3-10 在无静差转速单闭环调速系统中，转速的稳态精度是否还受给定电源和测速发电机精度的影响？试说明理由。

3-11 现有一台双速电动机，试按下述要求设计一控制线路：

① 分别用两个按钮操作电动机的高速启动和低速启动，用一个总停按钮控制电动机的停止；

② 启动高速时，应先接成低速工作然后经延时再换接高速工作；

③ 应有短路与过载保护。

3-12 电磁转差离合器是如何工作的？如何改变负载轴的转速？

3-13 当电磁调速异步电动机正常工作时，若电磁转差离合器的励磁回路突然断路，对电动机和负载的工作将产生什么影响？

3-14 在基频以上和基频以下变频调速时，应按什么规律来控制定子电压？为什么？

3-15 变频器中"交—直—交"变频器有几种类型？各有什么特点？

3-16 请到某变频器厂家或变频器专卖店索取一份任意型号的通用变频器资料，用它与异步电动机组成一个转速开环恒压频比控制的调速系统，然后说明该系统的工作原理。

4 典型生产机械设备电气控制线路

生产机械种类繁多，其拖动方式和电气控制线路各不相同。本章通过一些典型生产机械设备电气控制线路的分析，以便掌握阅读电气原理图的方法，培养读图能力，并通过读图分析各种典型生产机械的工作原理，为以后从事电气控制线路的设计，以及电气线路的调试、维护等方面的工作打下良好的基础。

4.1 分级振动筛电气控制线路

分级振动筛广泛应用于矿山、煤炭、电力、冶金、建材、耐火等行业，对各种物料进行分级筛选。它具有体积小、筛分能力大、便于安装及工艺布置、能耗低、易损件少、可节能降耗等特点。筛网、筛板分多种材质和多种安装结构，适应不同物料及处理量要求。

分级振动筛由激振装置（振动电机）、筛箱、防尘罩、落料斗、减振装置、底座等部分组成。分级振动筛在工作时，由激振器产生的激振力通过筛箱传递给筛箱内的筛面上，因激振器产生的激振力为纵向力，迫使筛箱带动筛网作纵向前后位移，在一定条件下，筛网面上的物料因受激振力作用而被向前抛起，落下时小于筛孔的物料则透筛远远落到下层，物料在筛网面上的运动轨迹为抛物线运动，这样周而复始的物料运动，从而完成物料筛分作业。

在分级振动筛工作时，还需要传动带向一台分级振动筛供给物料。按工艺要求，应先启动振动筛，后启动传动带，以防止振动筛重载启动或堵塞。图 4-1 为分级振动筛电气控制线路图，图中电动机 M_1 带动振动筛，电动机 M_2 带动传动带。

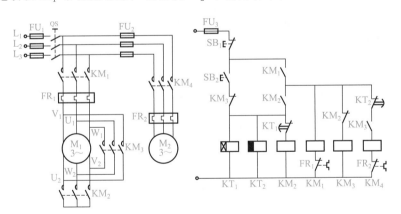

图 4-1　分级振动筛电气控制线路图

(1) 主电路分析

在图 4-1 的主电路中，电动机 M_1 可以有由接触器 KM_1、KM_2 的主触头把定子绕组接成星形，或者由 KM_1 和 KM_3 接成三角形两种方式工作。因此，可以判定电动机 M_1 采用的是 $Y/\triangle$ 降压启动，单向旋转的工作方式。熔断器 FU_1 对电动机 M_1 作短路保护，热继电器 FR_1 作过载保护。而电动机 M_2 是直接启动，热继电器 FR_2 对电动机 M_2 作过载保护。至于 M_1 和 M_2 启动时有无顺序要求，单从主电路是无法判定的，必须通过对控制电路的进一步分析后才能作结论。

表 4-1 为图 4-1 中使用的各电气元件符号及功能说明。

表 4-1 电气元件符号及功能说明

符 号	名 称 及 用 途	符 号	名 称 及 用 途
M_1	振动筛用电动机	SB_1	总停按钮
M_2	传动带用电动机	SB_2	M_1、M_2 电动机启动按钮
KM_1	M_1 电动机控制接触器	QS	隔离开关
KM_2	M_1 电动机星形运行用接触器	$FU_{1\sim2}$	熔断器
KM_3	M_1 电动机三角形运行用接触器	FR_1	M_1 电动机过载保护热继电器
KM_4	M_2 控制接触器	FR_2	M_2 电动机过载保护热继电器
KT_1	通电延时时间继电器	KT_2	断电延时时间继电器

（2）控制线路分析

图 4-1 分级振动筛电气控制线路图的启动工作过程分析如下。

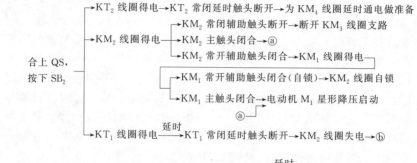

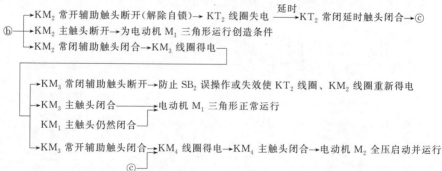

从以上分析可知，分级振动筛电气控制线路图的工作过程是：电动机 M_1 先星形启动，延时一段时间后，电动机 M_1 三角形运行，再延时一段时间后电动机 M_2 全压启动并运行。图中，SB_1 是停止按钮，电动机 M_1、M_2 具有完善的保护措施。

4.2 C650 型卧式普通车床电气控制线路

车床有立式和卧式等结构，普通卧式车床是机床中应用最广泛的一种，它可以用来切削各种工件的外圆、内孔、端面及螺纹，并可用钻头、绞刀进行加工。车床在加工工件时，随着工件材料和工艺要求的不同，应选择合适的主轴转速及进给速度。但目前中小型车床多采用不变速的异步电动机拖动，它的变速是靠牙箱的有级调速来实现的，所以它的控制线路比较简单。为了满足加工的需要，主轴的旋转运动需要正反转，此要求一般是通过改变主轴电动机的转向或采用离合器来实现的。进给大都是通过主轴运动分出一部分动力，通过挂轮箱传给进给箱来实现刀具的进给。有的为提高效率，刀架的快移运动单独由一台电动机拖动。车床一般设有交流电动机拖动的冷却泵，用以在切削时冷却刀具。有的还专设一台润滑泵对运动系统进行润滑。

图 4-2 为 C650 型卧式车床结构简图。C650 型卧式车床主要由床身、主轴、刀架、溜板箱和尾架等部件组成。

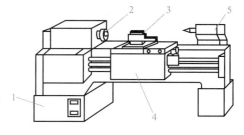

图 4-2　C650 型卧式普通车床结构简图
1—床身；2—主轴；3—刀架；
4—溜板箱；5—尾架

4.2.1　主要结构及运动形式

卧式车床车削加工的主运动是主轴通过夹头带动工件的旋转运动。进给运动是溜板箱带动刀架的纵向或横向直线运动。辅助运动有刀架的快进或快退、尾座平移与工件的夹紧与松开。

4.2.2　电力拖动及控制要求

根据卧式车床加工的需要，其电气控制电路应满足如下几点要求。

（1）主轴转速和进给速度可调

车削加工时，由于工件的材料性质、尺寸、工艺要求、加工方式、冷却条件及刀具种类不同，切削速度应不同，因此要求主轴转速能在相当大的范围内进行调节。中小型普通车床主轴转速的调节方法有两种：一种是通过改变电动机的磁极对数来改变电动机的转速，以扩大车床主轴的调速范围；另一种是用齿轮变速箱来调速。

目前中小型车床多采用不变速的异步电动机拖动，靠齿轮箱的有级调速来实现变速。对于大型或重型车床，以及主轴需要无级调速的车床，可采用晶闸管控制的直流调速系统。

加工螺纹，要求保证工件的旋转速度与刀具的移动速度之间具有严格的比例关系。为此，车床溜板箱与主轴之间通过齿轮来连接，所以刀架移动和主轴旋转都是由一台电动机来拖动的，而刀具的进给是通过挂轮箱传递给进给箱，通过二者的配合来实现的。

（2）主轴能正反两个方向旋转

车削加工一般只需要单向旋转，但在车削螺纹时，为避免乱扣，要求主轴反转来退刀，因此要求主轴能正反两个方向旋转。车床主轴旋转方向可通过改变主轴电动机转向与通过机械手柄（离合器）齿轮组来控制。

（3）主轴电动机启动应平稳

为满足此要求，一般功率较小的电动机（10kW 以下）可以直接启动；功率较大的电动机（10kW 以上）一般用减压启动，但若电动机在空载或轻载情况下启动，虽然功率较大，仍可用直接启动。

（4）主轴应能迅速停车

迅速停车可以缩短辅助时间，提高工作效率，为使停车迅速，电动机必须采取制动。车床主轴电动机的制动方式有两种：一种是电气制动（如能耗制动和反接制动）；另一种是机械制动（如机械摩擦的离合器制动）。

（5）车削时的刀具及工件应进行冷却

由于加工时，刀具及工件的温度相当高，应设专用电动机拖动冷却泵工作。

（6）控制电路应有必要的保护及照明等电路

4.2.3　C650 型卧式普通车床的电气控制线路分析

图 4-3 是 C650 型卧式车床的电气控制原理图。它属于中型车床，床身的最大工件回转半径为 1020mm，最大工件长度为 3000mm。

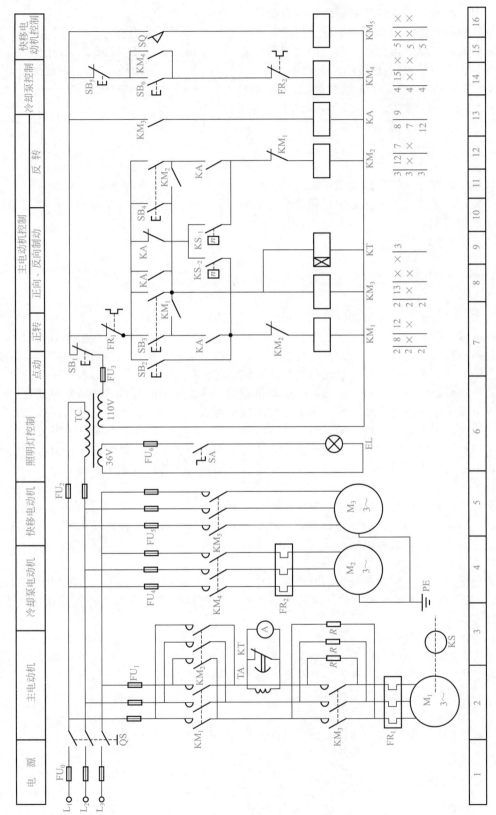

图 4-3 C650 型卧式普通车床电气控制线路原理图

C650 型卧式车床主电动机的功率为 30kW，为提高工作效率，该机床采用了反接制动；为减小制动电流，定子回路串入了限流电阻 R；为减轻工人的劳动强度和节省辅助工作时间，专门设置一台 2.2kW 的拖动溜板箱的快速移动电动机。

（1）主电路分析

该车床有三台电动机，M_1 为主电动机，拖动主轴旋转，并通过进给机构以实现进给运动；M_2 为冷却泵电动机，提供切削液；M_3 为快速移动电动机，拖动刀架快速移动。

图 4-3 中使用的各电气元件符号及功能说明如表 4-2 所示。

表 4-2 电气元件符号及功能说明表

符　号	名　称　及　用　途	符　号	名　称　及　用　途
M_1	主电动机	SB_1	总停按钮
M_2	冷却泵电动机	SB_2	主电动机正向点动按钮
M_3	快速移动电动机	SB_3	主电动机正向启动按钮
KM_1	主电动机正转接触器	SB_4	主电动机反向启动按钮
KM_2	主电动机反转接触器	SB_5	冷却泵电动机停止按钮
KM_3	短接限流电阻接触器	SB_6	冷却泵电动机启动按钮
KM_4	冷却泵电动机启动接触器	TC	控制变压器
KM_5	快移电动机启动接触器	$FU_{0\sim6}$	熔断器
KA	中间继电器	FR_1	主电动机过载保护热继电器
KT	通电延时时间继电器	FR_2	冷却泵电动机保护热继电器
SQ	快移电动机点动行程开关	R	限流电阻
SA	开关	EL	照明灯
KS	速度继电器	TA	电流互感器
A	电流表	QS	隔离开关

（2）控制电路分析

① 主电动机 M_1 的点动调整控制分析　调整车床时，要求主电动机 M_1 点动控制。线路中 KM_1 为 M_1 电动机的正转接触器；KM_2 为 M_1 的反接触器；KA 为中间继电器，主电动机 M_1 点动由 KM_1 控制，并且是单向旋转。

M_1 电动机的点动控制线路如图 4-4（a）所示。点动控制是由点动按钮 SB_2 控制。按下 SB_2，接触器 KM_1 的线圈得电，它的主触头闭合，电动机定子绕组经限流电阻 R 和电源接通，电动机在低速下启动。松开 SB_2，KM_1 断电，电动机停止。在点动过程中，中间继电器 KA 不通电，因此 KM_1 不会自锁。

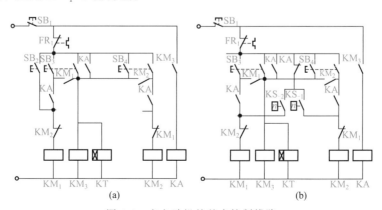

图 4-4　主电动机的基本控制线路

② 主电动机 M_1 长动运行分析 M_1 电动机的长动控制线路如图 4-4（b）所示。主电动机正转由正向启动按钮 SB_3 控制。按下 SB_3 时，接触器 KM_3 线圈先得电，它的主触头闭合将限流电阻 R 短接，辅助触头也同时闭合，使中间继电器 KA 的线圈得电，KA 的辅助常开触头闭合使接触器 KM_1 得电，电动机在全电压下启动。KM_1 的常开触头、KA 的常开触头闭合将使 KM_1、KA 自锁。KM_2 和 KM_1 的常闭触头分别串在对方的接触器线圈回路中，起到了电气互锁的作用。

主电动机的反转是由反向启动按钮 SB_4 控制的，其控制过程与上面的相类似。

C650 型车床采用速度继电器实现反接制动。当电动机的转速制动到接近零时，用速度继电器的触头及时切断其电源。

速度继电器与被控电动机是同轴连接的，当电动机正转时，速度继电器的正转常开触头 KS_{-1} 已经闭合；同时，在电动机正转时，接触器 KM_1、KM_3 和 KA 中间继电器线圈都处于得电状态，这就为正转反接制动做好了准备。

要停车时，按下停止按钮 SB_1，接触器 KM_3 失电，其主触头断开，电阻 R 串入主回路。与此同时 KM_1 也失电，断开了电动机的电源，同时 KA 也失电，它的常闭触头闭合。这样就使反转接触器线圈 KM_2 得电，电动机的电源反接，使其处于反接制动状态。当电动机的转速下降为速度继电器的复位转速时，速度继电器的正转常开触头 KS_{-1} 断开，切断了 KM_2 的通电回路，电动机脱离电源停车。

现以主电动机正转启动和正转时的制动为例，用工作流程分析如下。

正转启动：

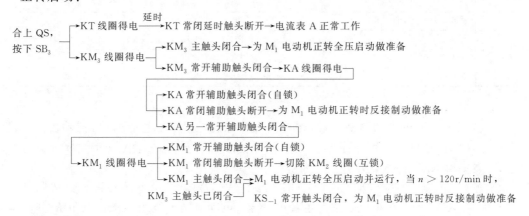

正转时制动：

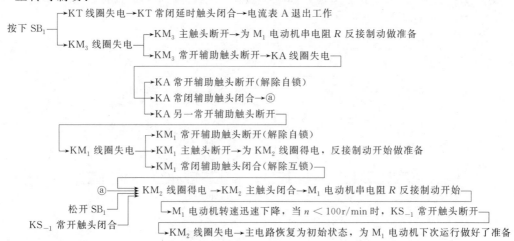

电动机反转时的启动和制动工作流程与正转时的启动和制动相似，请自行分析。

③ 刀架的快速移动和冷却泵控制分析　刀架的快速移动是由转动刀架手柄压合限位开关 SQ，使接触器 KM_5 吸合，M_3 电动机转动来实现的。M_2 电动机为冷却泵电动机，它的启动和停止通过按钮 SB_5 和 SB_6 控制。

④ 其他辅助线路分析　监测主回路负载的电流表是通过电源互感器接入的。为防止电动机启动、点动和制动时，电流对电流表的冲击，线路中采用一个时间继电器 KT。当启动主电动机时，KT 线圈通电，而 KT 的常闭延时触头尚未动作，电流互感器二次电流只流经该触头构成闭合回路，电流表没有电流流过。启动后，KT 常闭延时触头打开，此时电流才流经电流表。点动和制动时，电流表 A 的监测情况，请自行分析。

控制电路的电源采用了控制变压器 TC 低压供电，这样使之更加安全。此外，为了便于工作，设置了工作照明灯。

4.3　X62W 型卧式普通铣床电气控制线路

铣床是主要用于加工机械零件的平面、斜面、沟槽等型面的机床，在装上分度头以后，可以加工正直齿轮和螺旋面；装上回转工作台，则可以加工凸轮和弧形槽。铣床的用途广泛，在金属切削机床使用数量上，仅次于车床。铣床的类型很多，有立铣、卧铣、龙门铣、仿型铣以及各种专用铣床。各种铣床在结构、传动形式、控制方式等方面有许多类似之处，下面仅以 X62W 型卧式万能铣床为例，对铣床电气控制电路进行分析。

4.3.1　X62W 型卧式万能铣床主要结构及运动形式

X62W 型卧式万能铣床主轴转速高、调速范围宽、调速平稳、操作方便，工作台装有完整的自动循环加工装置，是目前广泛应用的一种铣床。

X62W 型卧式万能铣床的结构如图 4-5 所示，它由床身和工作台两大部分组成。箱形的床身 5 固定在底座 1 上，它是整个机身的主体，用来安装和连接机床的其他部件。在床身内，装有主轴传动机构和变速操纵机构。在床身上部有水平导轨，其上装有带有刀杆支架（一个或两个）的悬梁 6。刀杆支架 7 用来支撑铣刀心轴的一端，铣刀心轴的另一端固定在主轴 8 上，由主轴带动其旋转。悬梁可沿水平导轨移动，刀杆支架也可沿悬梁做水平移动，以便按需要调整铣刀位置，安装不同规格的心轴。床身的前面装有垂直导轨，升降台 15 可以沿着垂直导轨做上、下运动。在升降台上部有水平导轨，其上装有可沿平行于主轴轴线方向移动的溜板 12，溜板上部有可转动的回转台 11。工作台 9 装在回转台上部的导轨上，并能在导轨上做垂直于主轴轴线方向的移动。工作台上有用于固定工件的燕尾槽。这样，安装在工作台上的工件就可以在三个坐标轴上的六个方向上做进给运动了。此外，由于回转盘可绕中心转过一个角度（45°），因此工作台在水平面上除了能在平行于或垂直于主轴轴线方向进给外，还能在倾斜方向进给，故称万能铣床。

X62W 型铣床有三种运动，即主运动、进给运动和辅助运动。主运动是主轴带动铣刀的旋转

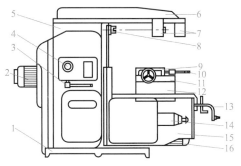

图 4-5　X62W 型卧式万能铣床的结构示意图

1—底座；2—主轴电动机；3—主轴变速手柄；4—主轴变速盘；5—床身；6—悬梁；7—刀杆支架；8—主轴；9—工作台；10—工作台纵向操纵手柄；11—回转台；12—溜板；13—工作台升降及横向操纵手柄；14—进给变速手柄及数字盘；15—升降台；16—进给电动机

运动；进给运动是加工过程中工作台带动工件在三个互相垂直方向上的直线运动；辅助运动是工作台在三个互相垂直方向上的快速直线运动，以及工作台的旋转运动。

4.3.2 X62W 型卧式万能铣床的电力拖动及控制要求

根据上面的结构分析以及运动情况分析可知，X62W 型铣床对电力拖动控制的主要要求如下。

① X62W 型万能铣床的主运动和进给运动之间，没有速度比例协调的要求，所以主轴与工作台各自采用单独的笼型异步电动机拖动。

② 主轴电动机是在空载时直接启动，为完成顺铣和逆铣，要求有正反转。可根据铣刀的种类来选择转向，在加工过程中不必变换转向。

③ 为了减小负载波动对铣刀转速的影响，以保证加工质量，主轴上装有飞轮，其转动惯量较大。为提高工作效率，要求主轴电动机有停车制动控制。

④ 工作台的纵向、横向和垂直三个方向的进给运动由一台进给电动机拖动，三个方向的选择由操纵手柄改变传动链来实现，每个方向有正反向运动，要求有正反转。同一时间只允许工作台向一个方向移动，故三个方向的运动之间应有联锁保护。

⑤ 为了缩短调整运动的时间，提高生产率，工作台应有快速移动控制，X62W 型铣床采用快速电磁铁吸合来改变传动链的传动比，从而实现快速移动。

⑥ 使用回转工作台时，要求回转工作台旋转运动与工作台的上下、左右、前后三个方向的运动之间有联锁保护控制，即回转工作台旋转时，工作台不能向其他方向移动。

⑦ 为适应加工的需要，主轴转速与进给速度应有较宽的调节范围。X62W 型铣床是采用机械变速的方法，改变变速箱传动比来实现的。为保证变速时齿轮易于啮合，减小齿轮槽面的冲击，要求变速时有电动机冲动（短时转动）控制。

⑧ 根据工艺要求，主轴旋转与工作台进给应有联锁控制，即进给运动要在铣刀旋转之后才能进行，加工结束必须在铣刀停转前停止进给运动。

⑨ 冷却泵由一台电动机拖动，供给铣削时的冷却液。

⑩ 为操作方便，应能在两处控制各部件的启动停止。

4.3.3 X62W 型卧式万能铣床控制电路分析

X62W 型卧式万能铣床电气控制电路如图 4-6 所示。

4.3.3.1 主电路分析

由电路图可知，主电路中共有三台电动机，其中 M_1 为主轴拖动电动机、M_2 为工作台进给拖动电动机、M_3 为冷却泵拖动电动机。QS 为电源开关，各电动机的控制过程分别如下。

① M_1 由 KM_3 控制　由转向选择开关 SA_4 预选转向。KM_2 的主触头串联两相电阻与速度继电器 KS 配合实现 M_1 的停车反接制动。另外还通过机械机构和接触器 KM_2 进行变速冲动控制。

② 工作台拖动电动机 M_2　由接触器 KM_4、KM_5 的主触头控制正、反转，并由接触器 KM_6 的主触头控制快速电磁铁，决定工作台移动速度，KM_6 接通为快速，断开为慢速。

③ 冷却泵拖动电动机 M_3　由接触器 KM_1 控制，只要求单方向运转。

图 4-6 中使用的各电气元件符号及功能说明如表 4-3 所示。

4.3.3.2 控制电路分析

(1) 控制电路电源

由变压器 TC 供给控制电压 110V 和 36V 照明电压。

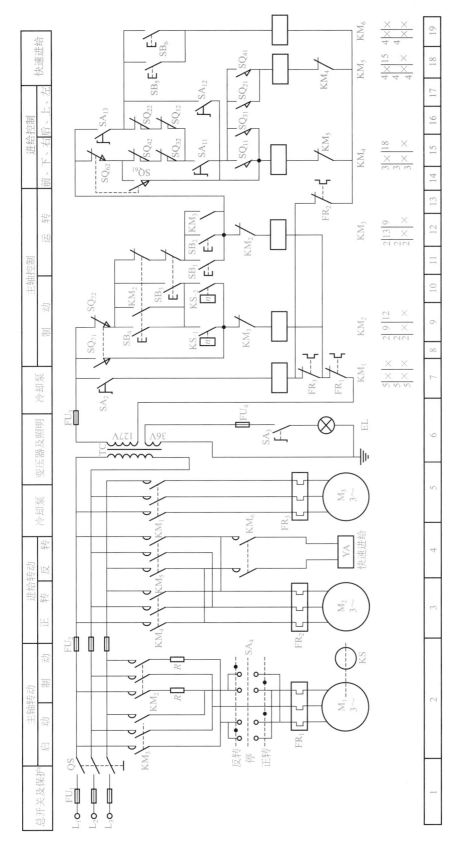

图 4-6 X62W 型卧式万能铣床电气控制线路原理图

表 4-3　电气元件符号及功能说明表

符　号	名 称 及 用 途	符　号	名 称 及 用 途
M_1	主轴电动机	SQ_6	进给变速冲动开关
M_2	进给电动机	SQ_7	主轴变速冲动开关
M_3	冷却泵电动机	SA_1	圆工作台转换开关
KM_3	主电动机启、停控制接触器	SA_2	冷却泵转换开关
KM_2	反接制动接触器	SA_3	照明灯开关
KM_4、KM_5	进给电动机正、反转接触器	SA_4	主轴换向开关
KM_6	快速移动接触器	QS	电源隔离开关
KM_1	冷却泵接触器	SB_1、SB_2	分设在两处的主轴启动按钮
KS	速度继电器	SB_3、SB_4	分设在两处的主轴停止按钮
YA	快速电磁铁线圈	SB_5、SB_6	工作台快速移动按钮
R	限流电阻	FR_1	主轴电动机热继电器
SQ_1	工作台向右进给行程开关	FR_2	进给电动机热继电器
SQ_2	工作台向左进给行程开关	FR_3	冷却泵热继电器
SQ_3	工作台向前、向下进给行程开关	TC	变压器
SQ_4	工作台向后、向上进给行程开关	FU_1～FU_4	短路保护

（2）主轴电动机 M_1 的控制

控制电路中的 SB_1 和 SB_2 是两处控制的启动按钮，SB_3 和 SB_4 是两处控制的停止按钮，为方便操作，它们分别装在机床两地。KM_3 是主轴电动机 M_1 的启动接触器；KM_2 是主轴电动机 M_1 的反接制动接触器。SQ_7 是主轴变速冲动行程开关。主轴电动机是通过弹性联轴器和变速机构的齿轮传动链来传动的，可使主轴获得 18 级不同的转速。

① 主轴电动机 M_1 的启动　启动前先合上电源开关 QS，再把主轴换向转换开关 SA_4 扳到主轴所需要的旋转方向，然后按下启动按钮 SB_1（或 SB_2），接触器 KM_3 的线圈得电并自锁，KM_3 主触头闭合，主轴电动机 M_1 全压启动。

当电动机 M_1 的转速高于 120r/min 时，速度继电器 KS 的动合触头 KS_{-1}（或 KS_{-2}）闭合，为主轴电动机 M_1 的停车制动做好准备。

② 主轴电动机 M_1 的停车制动　当需要主轴电动机 M_1 停转时，按停止按钮 SB_3（或 SB_4），接触器 KM_3 线圈断电释放，同时接触器 KM_2 线圈得电并自锁，KM_2 主触头闭合，使主轴电动机 M_1 的电源相序改变，进行反接制动。当主轴电动机转速低于 100r/min 时，速度继电器 KS 的常开触头自动断开，使电动机 M_1 的反向电源切断，制动过程结束，电动机 M_1 停转。

③ 主轴变速时的冲动控制　主轴变速时的冲动控制，是利用变速手柄与冲动行程开关 SQ_7 通过机械上的联动机构进行控制的。变速时，先把变速手柄向下压，然后拉到前面，转动变速盘，选择所需的转速，再把变速手柄以连续较快的速度推回原来的位置。当变速手柄推向原来位置时，其联动机构瞬时压合行程开关，使 SQ_7 的一个触头 SQ_{72} 断开，另一个触头 SQ_{71} 闭合，接触器 KM_2 线圈瞬时得电，主轴电动机 M_1 瞬时反向转动一下，以利于变速时的齿轮啮合，行程开关 SQ_7 即刻复原，接触器 KM_2 又断电释放，主轴电动机 M_1 断电停转，主轴的变速冲动操作结束。

主轴电动机 M_1 在转动时，可以不按停止按钮直接进行变速操作，因为将变速手柄从原位拉向前面时，压合行程开关 SQ_7，使 SQ_{72} 断开，切断接触器 KM_3 线圈电路，电动机 M_1

便断电；然后 SQ_{71} 闭合，使接触器 KM_2 线圈得电，电动机 M_1 进行反接制动；变速手柄推向原来位置，行程开关 SQ_7 复原，主轴电动机 M_1 断电停转，主轴变速冲动结束。

　　(3) 工作台进给电动机 M_2 的控制

　　进给电动机 M_2 的控制电路分为两部分：第一部分为顺序控制部分，当主轴电动机启动后，其控制启动接触器 KM_3 的常开辅助触头闭合，进给电动机控制接触器 KM_4 与 KM_5 的线圈电路方能通电工作；第二部分为工作台各进给运动之间的联锁控制部分，可实现水平工作台各运动之间的联锁，也可以实现水平工作台与圆工作台之间的联锁；各进给方向开关位置及其动作状态如表 4-4 所示。

表 4-4　各开关位置及其动作状态表

工作台纵向进给行程开关工作状态				工作台横向及升降进给行程开关状态				圆形工作台转换开关状态		
触头	位　置			触头	位　置			触头	圆形工作台	
	向左进给	停　止	向右进给		向前、下进给	停　止	向后、上进给		接　通	断　开
SQ_{11}	−	−	+	SQ_{31}	+	−	−	SA_{11}	−	+
SQ_{12}	+	+	−	SQ_{32}	−	+	+	SA_{12}	+	−
SQ_{21}	+	−	+	SQ_{41}	−	−	+	SA_{13}	−	+
SQ_{22}	−	+	+	SQ_{42}	+	+	−			

　　① 水平工作台纵向进给运动控制　工作台纵向进给运动时十字手柄应放在"中间"位置，圆形工作台转换开关放在"断开"位置，水平工作台纵向进给由操作手柄与行程开关 SQ_1 和 SQ_2 组合控制。纵向操作手柄有左右两个工作位和一个中间停止位。手柄扳到工作位置时，带动机械离合器，接通纵向进给运动的机械传动链，同时压动行程开关。行程开关的常开触头闭合使接触器 KM_4 或 KM_5 线圈得电，其主触头闭合，进给电动机正转或反转，驱动工作台向右或向左移动进给，各个行程开关的动断触头在运动联锁控制电路部分构成联锁控制功能。工作台纵向进给的控制过程分析如下。

纵向手柄扳在右位 ┬─► 合上纵向进给机械离合器
　　　　　　　　　└─► 压下 SQ_1（SQ_{12} 断开，SQ_{11} 闭合），使 KM_4 线圈得电，则电动机 M_2 正转，工作台右移

纵向手柄扳在左位 ┬─► 合上纵向进给机械离合器
　　　　　　　　　└─► 压下 SQ_2（SQ_{22} 断开，SQ_{21} 闭合），使 KM_5 线圈得电，则电动机 M_2 反转，工作台左移

　　电路由 KM_3 常开辅助触头开始，工作电流经 $SQ_{62} \rightarrow SQ_{42} \rightarrow SQ_{32} \rightarrow SA_{11} \rightarrow SQ_{11} \rightarrow KM_4$ 线圈 $\rightarrow KM_5$ 常闭触头（右移），或者由 $SA_{11} \rightarrow SQ_{21} \rightarrow KM_5$ 线圈 $\rightarrow KM_4$ 常闭触头（左移）。

　　手柄扳到中间位置时，纵向机械离合器脱开，行程开关 SQ_1 与 SQ_2 不受压，因此进给电动机不转动，工作台停止移动。工作台两端安装有限位撞块，当工作台运行到达终点位时，撞块撞击手柄，使其回到中间位置，实现工作台终点停车。

　　② 水平工作台横向和升降进给运动控制　水平工作台横向和升降进给运动时，纵向进给操作手柄应放在中间位置，圆形工作台转换开关放在"断开"位置。工作台进给运动的选择和联锁是通过十字复式手柄开关与 SQ_3、SQ_4 组合来实现的。操作手柄有上、下、前、后四个工作位置和一个不工作位置。扳动手柄到选定运动方向的工作位，即可接通该运动方向的机械传动链，同时压动行程开关 SQ_3 或 SQ_4，行程开关的常开触头闭合，使控制进给电动机转动的接触器 KM_4 或 KM_5 的线圈得电，电动机 M_2 转动，工作台在相应方向上移动。行程开关的常闭触头如纵向行程开关一样，在联锁电路中，构成运动的联锁控制。工作台横向与垂直方向进给控制过程分析如下。

十字复合手柄扳在下方 ┬→ 合上垂直进给机械离合器
　　　　　　　　　　 └→ 压下 SQ_3（SQ_{32} 断开，SQ_{31} 闭合）→KM_4 线圈得电→电动机 M_2 正转，工作台下移

十字复合手柄扳在上方 ┬→ 合上垂直进给机械离合器
　　　　　　　　　　 └→ 压下 SQ_4（SQ_{42} 断开，SQ_{41} 闭合）→KM_5 线圈得电→电动机 M_2 反转，工作台上移

十字复合手柄扳在右方（前）┬→ 合上横向进给机械离合器
　　　　　　　　　　　　 └→ 压下 SQ_3（SQ_{32} 断开，SQ_{31} 闭合）→KM_4 线圈得电→电动机 M_2 正转，工作台前移

十字复合手柄扳在左方（后）┬→ 合上横向进给机械离合器
　　　　　　　　　　　　 └→ 压下 SQ_4（SQ_{42} 断开，SQ_{41} 闭合）→KM_5 线圈得电→电动机 M_2 反转，工作台后移

控制电路由接触器 KM_3 的常开辅助触头开始，工作电流经 SA_{13}→SQ_{22}→SQ_{12}→SA_{11}→SQ_{31}→KM_4 线圈→KM_5 的常闭触头（向下或向前），或者由 SA_{11} 经 SQ_{41}→KM_5 线圈到 KM_4 的常闭触头（向上或向后）。

十字复式手柄扳到中间位置时，横向与垂直方向的机械离合器脱开，行程开关 SQ_3 与 SQ_4 均不受压，因此进给电动机停转，工作台停止移动。固定在床身上的挡块在工作台移动到极限位置时，撞击十字手柄，使其回到中间位置，切断电路，使工作台在进给终点停车。

每个方向的移动都有两种速度，上面介绍的六个方向的进给都是慢速自动进给移动。需要快速移动时，可在慢速移动中按下 SB_5 或 SB_6，则 KM_6 得电吸合，快速电磁铁 YA 通电，工作台便按原移动方向快速移动，松开 SB_5 或 SB_6，快速移动停止，工作台将按原方向继续慢速进给。

③ 水平工作台进给运动的联锁控制　由于操作手柄在"工作"位置时，只存在一种运动选择。因此铣床直线进给运动之间的联锁只要满足两个操作手柄之间的联锁即可实现。联锁控制电路如前面联锁电路所述，由两条电路并联组成，纵向手柄控制的行程开关 SQ_1、SQ_2 的常闭触头串联在一条支路上，十字复式手柄控制的行程开关 SQ_3、SQ_4 的常闭触头串联在另一条支路上，扳动任何一个操作手柄，只能切断其中一条支路，另一条支路仍能正常通电，使接触器 KM_4 或 KM_5 的线圈不失电，若同时扳动两个操作手柄，则两条支路均被切断，接触器 KM_4 或 KM_5 的线圈断电，工作台立即停止移动，从而防止误操作造成设备事故。

④ 圆形工作台控制　为了扩大机床的加工能力，可在工作台上安装圆形工作台。在使用圆形工作台时，工作台纵向及十字操作手柄都应置于中间位置。在机床开动前，先将圆形工作台转换开关 SA_1 扳到"接通"位置，此时 SA_{12} 闭合、SA_{11} 和 SA_{13} 断开。电流的路径为 SQ_{62}→SQ_{42}→SQ_{32}→SQ_{12}→SQ_{22}→SA_{12}→KM_4 线圈→KM_5 常闭触头。电动机 M_2 正转并带动圆形工作台单向运转，其旋转速度也可通过变速手轮进行调节。由于圆形工作台的控制电路中串联了 SQ_1～SQ_4 的常闭触头，所以在扳动工作台任一方向的进给操作手柄时，都将使圆形工作台停止转动，这就起到了圆形工作台转动与工作台三个方向运动的联锁保护。

⑤ 冷却泵电动机 M_3 的控制　由转换开关 SA_2 和接触器 KM_1 来控制冷却泵电动机 M_3 的启动和停止。

⑥ 辅助电路及保护环节分析　机床的局部照明由变压器 TC 供给 36V 安全电压，转换开关 SA_3 控制照明灯。

M_1、M_2、M_3 为连续工作制时，由 FR_1、FR_2、FR_3 热继电器的常闭触头串在控制电路中实现过载保护。当主轴电动机 M_1 过载时，FR_1 动作后便切除整个控制电路的电源；冷却泵电动机 M_3 过载时，FR_3 动作后便切除 M_2、M_3 的控制电源；进给电动机 M_2 过载时，FR_2 动作后便切除自身控制电源。

由 FU_1、FU_2 实现主电路的短路保护。FU_3 实现控制电路的短路保护，FU_4 作为照明电路的短路保护。

4.3.4　X62W 型卧式万能铣床电气控制电路的特点

从以上分析可知，这种机床控制电路有以下特点。

① 电气控制电路与机械配合相当密切，因此分析中要详细了解机械机构与电气控制的关系。

② 运动速度的调整主要是通过机械方法，因此简化了电气控制系统中的调速控制电路，但机械机构就相对比较复杂。

③ 控制电路中设置了变速冲动控制，从而使变速顺利地进行。

④ 采用两地控制，操作方便。

⑤ 具有完整的电气联锁，并具有短路、零压、过载及行程限位保护环节，工作可靠。

习题及思考题

4-1　分析分级振动筛电气控制线路的工作原理，写出其启动过程的工作流程。

4-2　对照图 4-3 所示的 C650 型卧式车床的电气原理，分析和写出以下问题。

① 分析 C650 型卧式车床的工作过程；

② 写出 KM_1、KM_2 自锁回路的构成；

③ 电流表 A 电路中的 KT 延时打开的常闭触头有何作用？

4-3　分析 X62W 型万能铣床控制线路，试说明：

① 主轴制动采用什么方式，有什么优缺点？

② 主轴和进给变速冲动的作用是什么？如何控制变速冲动？

③ 进给控制中有哪些联锁？

5 电气控制线路的设计

电气控制线路的设计方法有两种。一是一般设计法（或称经验设计法），二是逻辑设计法（或称分析设计法）。

在具体设计时，无论选用什么方法，首先必须调查、熟悉和掌握加工工件的工艺要求，并确定出工件的加工工步。在这个基础上再与机械、液压等控制要求结合起来综合考虑，才能进行每一个控制环节的设计，最后把所有的控制环节连成一个有机的整体，经过进一步完善和校正，这样，一个完整的电气控制线路便可设计成功。

工业生产中，机械设备种类繁多，但其电气控制系统设计原则和方法是基本相同的。

例如，设计一台机床，首先要明确该机床的技术要求，拟定总体技术方案，然后才能进行设计工作。设计工作包括机械设计和电气设计两个主要部分。电气设计通常是和机械设计同时进行的。一台先进的机床其结构和使用效能与其电气自动化程度有着十分密切的关系。因此，对于机械设计人员来说，除了能对机床的电气控制线路进行分析外，还必须能在此基础上，对一般机床电气控制线路进行设计。

5.1 电气设计的基本内容

电气设计包括以下基本内容：
① 拟定电气设计的技术条件（任务书）；
② 选择并确定电气传动形式与控制方式；
③ 确定电动机容量，结构形式和型号；
④ 设计电气控制线路；
⑤ 选择电气元件，制定电机和电气元件明细表；
⑥ 画出电动机，执行电磁铁，电气控制部件以及检测元件的总布置图；
⑦ 设计电气柜、操纵台、电气安装板及非标准电器和专用安装零件；
⑧ 绘制安装图和接线图；
⑨ 编写设计计算说明书和使用说明书。

以上这些项目，可根据控制线路的繁简程度加以省略或增加其他内容，有些图纸和技术文件也可增删和合并。

5.1.1 电气设计的技术条件

电气设计的技术条件是整个电气设计的主要依据，通常以设计技术任务书的形式表示，由有关设计人员根据设备的总体技术方案讨论决定。在任务书中，除了简要说明所设计的机电设备的名称、型号、用途、工艺过程、技术性能、传动参数以及现场工作条件外，还必须说明以下几点：
① 用户供电电网的种类、电压、频率及容量；
② 有关电力拖动的基本特性，如运动部件的数量和用途，负载特性，调速范围和平滑性，电动机的启动、反向和制动的要求等；
③ 有关电气控制的特性，如电气控制的基本方式、自动工作循环的组成、自动控制的动作程序、电气保护及联锁条件等；
④ 有关操作方面的要求，如操作台的布置、操作按钮的设置和作用、测量仪表的种类以

及显示、报警和照明要求等；

⑤ 机电设备主要电气元件（如电动机、执行电器和行程开关等）的布置草图。

5.1.2 电气传动方案的选择

机床的电气传动方案要根据机床的结构、传动方式、调速指标、负载特性以及对启动、制动和正/反向的要求来确定。

（1）传动方式

如果机床各运动部件之间需要保证一定的运动联系，则宜采用同一台电动机进行拖动；如果没有这个要求，则宜采用多台电动机分别传动。这样不仅能缩短机床的传动链，提高传动效率，简化机床结构，并且能方便地实现分别控制。

（2）调速性能

机床的主运动和进给运动都有一定的调速要求。要求不同，则采用的调速传动方案也不同，而调速性能的好坏与调速方式是密切相关的。

一般中小型机床，可采用鼠笼式异步电动机加变速箱的调速方案。如果要求调速范围较宽或使机床的机械变速范围缩小，则可选用极对数可变的调速方案。有进一步调速要求的，可采用带滑差离合器的异步电动机拖动系统。对于要求无级调速和需要自动调速的机床，则可采用晶闸管—直流电动机系统或交流电动机变频调速系统方案。由于同样容量的直流电动机比鼠笼式异步机尺寸大、重量大，维护困难，价格贵，所以在选用调速方案时，要对方案的技术性能和经济指标加以仔细的分析和比较，而后决定取舍。

（3）负载特性

机床的主运动需要恒功率传动，而进给运动则需恒转矩传动。因此，我们在确定电动机的调速方法和选择多速电动机的类型时，必须使电动机的调速性质与机床的负载性质相适应。

例如，对于恒功率负载，就宜选用三角形-双星形变换的双速电动机加齿轮变速的方案或直流电动机变励磁磁通的调速方案。对于恒转矩负载，就宜选用星形-双星形变换的双速机调速方案或直流电动机调压调速的方案。

（4）启动、制动和反向要求

机械设备主运动传动系统的启动转矩一般都比较小，因此，原则上可采用任何一种启动方式。而它的辅助运动，在启动时往往要克服较大的静转矩，所以在必要时可选用高启动转矩的电动机，或采用提高启动转矩的措施。另外，还要考虑电网容量。对于电网容量不大而启动电流较大的电动机，一定要采取限制启动电流的措施，如串电阻减压启动等，以免电网电压波动较大而造成事故。

传动电动机是否需要制动，应视机电设备工作循环的长短而定。对于某些高速高效金属切削机床，为了便于测量和装卸工件或者更换刀具，宜采用电气制动。

如果对于制动的性能无特殊要求而电动机又不需要反转时，则采用反接制动可使线路简化。在要求制动平稳、准确，即在制动过程中不允许有反转可能时，则宜采用能耗制动方式。在起重运输设备中也常采用具有联锁保护功能的电磁机械制动，有些场合也采用再生发电制动（回馈制动）。

电动机的频繁启动、反向或制动会使过渡过程中的能量损耗增加，导致电动机的过热。因此在这种情况下，必须限制电动机的启动或制动电流，或者在选择电动机的类型时加以考虑。龙门刨床、电梯等设备常要求启动、制动、反向快速而平稳。有些机械手、数控机床、坐标镗床除要求启动、制动、反向快速而平稳外，还要求准确定位。这类高动态性能的设备需要采用反馈控制系统、步进电动机系统以及其他较复杂的控制手段来满足上述要求。

5.2　电动机的选择

电动机是机电设备的主要动力器件，在选择电动机时，首先是选择合适的功率；另外，电动机的转速、电压、结构型式等的选择也要综合考虑。电动机功率的正确选择很重要，功率过大，设备投资大，同时电动机欠载运行，使效率和功率因数降低，造成浪费；相反，功率过小，电动机过载运行，过热使寿命降低或者不能充分发挥设备的效能。

5.2.1　电动机结构型式的选择

电动机的结构型式按其安装位置的不同可分为卧式、立式等。应根据电动机与工作机构的连接方便、紧凑为原则来选择。如立铣、龙门铣、立式钻床等机床的主轴都是垂直于机床工作台的。那么，这时采用立式电动机较合适，它可以减少一对变换方向的圆锥齿轮。

另外，按电动机工作的环境条件，还有不同的防护型式供选择，如防护式、封闭式、防爆式等，可根据电动机的工作条件来选择。粉尘多的场合，选择封闭式的电动机；易燃易爆的场合选用防爆式电动机。按机床电气设备通用技术条件中规定，机床应采用全封闭扇冷式电动机。机床上推荐使用防护等级最低为 IP44 的交流电动机。在某些场合下，还必须采用强迫通风。

常用的 Y 系列三相异步电动机是封闭自扇冷式笼型三相异步电动机，是全国统一设计的基本系列，它是我国 20 世纪 80 年代取代 JO2 系列的更新换代产品。安装尺寸和功率等级完全符合 IEC 标准和 DIN 42673 标准。该系列采用 B 级绝缘，外壳防护等级为 IP44，冷却方式为 IC0.141。

YD 系列三相异步电动机的功率等级和安装尺寸与国外同类型先进产品相当，因而具有与国外同类型产品之间良好的互换性，供配套出口及引进设备替换。

5.2.2　电动机容量的选择

电动机的额定容量由允许温升决定，选择电动机功率的依据是负载功率。因为电动机的容量反映了它的负载能力，它与电动机的容许温升和过载能力有关；前者是电动机负载容许的最高温度，与绝缘材料的耐热性能有关；后者是电动机的最大负载能力，在直流电动机中受整流条件的限制，在交流电动机中由最大转矩决定。以机床电动机容量的选择为例，通常考虑下列两种类型。

(1) 主拖动电动机容量的选择

① 分析计算法　分析计算法是根据生产机械提供的功率负载图，预选一台功率相近的电动机，根据负载的发热情况进行检验，将检验结果与预选电动机参数进行比较，并检查电动机的过载能力与启动转矩是否满足要求。如不行，则再选一台电动机重新进行计算，直至合格为止。

电动机在不同工作制下的发热校验计算方法有等效发热法、平均损耗法等，详细计算方法可参阅有关资料。

② 统计类比法　统计类比法是在不断总结经验的基础上，选择电动机容量的一种实用方法。此法比较简单，但有一定局限性，通常留有较大的裕量，存在一定的浪费。它是将各种同类型的机床电动机容量进行统计和分析，从中找出电动机容量和机床主要参数间的关系，再根据具体情况得出相应的计算公式。

对不同类型的机床，目前采用的拖动电动机功率的统计分析公式如下。

普通卧式车床的主拖动电动机的功率为

$$P = 36.5D^{1.54}$$

式中　P——主拖动电动机功率，kW；

　　　D——工件的最大直径，m。

立式车床主拖动电动机的功率为

$$P = 20D^{0.88}$$

式中　P——主拖动电动机功率，kW；

　　　D——工件的最大直径，m。

摇臂钻床主拖动电动机功率为

$$P = 0.0646D^{1.19}$$

式中　P——主拖动电动机功率，kW；

　　　D——最大钻孔直径，mm。

卧式镗床的主拖动电动机的功率为

$$P = 0.004D^{1.7}$$

式中　P——主拖动电动机功率，kW；

　　　D——镗杆直径，mm。

龙门铣床主拖动电动机的功率为

$$P = B^{1.15}/166$$

式中　P——主拖动电动机功率，kW；

　　　B——工作台的宽度，mm。

外圆磨床主拖动电动机功率为

$$P = 0.1BK$$

式中　P——主拖动电动机功率，kW；

　　　B——砂轮宽度，mm；

　　　K——系数，用滚动轴承时，$K = 0.8\sim1.1$，用滑动轴承时，$K = 1.0\sim1.3$。

（2）进给拖动电动机容量的选择

在主拖动和进给拖动共用一台电动机的情况下，计算主拖动电动机的功率即可。而主拖动和进给拖动没有严格内在联系的机床，如铣床，一般进给拖动采用单独的电动机拖动。该电动机除拖动进给运动外，还拖动工作台的快速移动。由于快速移动所需的功率比进给运动所需功率大得多，所以该电动机的功率常按快速移动所需功率来选择。而快速移动所需功率，一般按经验数据来选择，见表5-1。

表5-1　进给拖动电动机功率经验数据

机床类型		运动部件	移动速度/(m/min)	所需电机功率/kW
普通车床	$D_m = 400mm$	溜板	6～9	0.6～1.0
	$D_m = 600mm$	溜板	4～6	0.8～1.2
	$D_m = 1000mm$	溜板	3～4	3.2
摇壁钻床 $D_m = 35\sim75mm$		摇臂	0.5～1.5	1～2.8
升降台铣床		工作台	4～6	0.8～1.2
		升降台	1.5～2.0	1.2～1.5
龙门铣床		横梁	0.25～0.5	2～4
		横梁上的铣头	1.0～1.5	1.5～2
		立柱上的铣头	0.5～1.0	1.5～2

机床进给拖动的功率一般均较小，按经验车床、钻床的进给拖动功率为主拖动功率的 $0.03\sim0.05$，而铣床的进给拖动功率为主拖动功率的 $0.2\sim0.25$。

5.2.3　电动机额定电压的选择

直流电动机的额定电压应与电源电压相一致。当直流电动机由直流发电机供电时，额定电压常用 220V 或 110V。大功率电动机可提高到 $600\sim800$V，甚至为 1000V。当电动机由晶闸管整流装置供电时，为配合不同的整流电路形式，Z3 型电动机除了原有的电压等级外，还增加了 160V（单相桥式整流）及 440V（三相桥式整流）两种电压等级；Z2 型电动机也增加了 180V、340V、440V 等电压等级。

交流电动机额定电压则与供电电网电压一致。一般车间电网电压为 380V，因此，中小型异步电动机额定电压为 220/380V（△/Y）及 380/600V（△/Y）两种。

5.2.4　电动机额定转速的选择

对于额定功率相同的电动机，额定转速愈高，电动机尺寸、质量和成本愈小。相反，电动机的额定转速愈低则体积愈大，价格也愈高，功率因数和效率也愈低，因此选用高速电动机较为经济。但由于生产机械所需转速一定，电动机转速愈高，传动机构速比愈大，传动机构愈复杂。因此应通过综合分析来确定电动机的额定转速。

① 电动机连续工作时，很少启动、制动。可从设备初始投资、占地面积和维护费用等方面考虑，用几个不同的额定转速进行全面比较，再最后确定额定转速。

② 电动机经常启动、制动及反转，但过渡过程持续时间对生产效率影响不大时，除考虑初始投资外，主要以过渡过程能量损耗最小为条件来选择转速比及电动机额定转速。

5.3　电气控制线路的设计

电气控制线路的设计是在传动形式及控制方案选择的基础上进行的，是传动形式与控制方案的具体化。电气控制线路根据用途的不同可能会有其特殊的要求，设计时所要遵循的一般的要求如下。

① 满足生产机械的要求，能按要求的工艺顺序、准确而可靠地工作。

② 控制线路的结构应尽量简单。

③ 利于操作，方便调整，容易检修。

④ 有故障保护环节，各机构间及电气元件间有必要的联锁，即使发生误操作也不会产生重大事故。

5.3.1　电气控制线路的设计方法

(1) 经验设计法

经验设计法先从满足生产工艺要求出发，按照电动机的控制方法，利用各种基本控制环节和基本控制原则，借鉴典型的控制线路，把它们综合地组合成一个整体来满足生产工艺要求。这种设计方法比较简单，但要求设计人员必须熟悉控制线路，掌握多种典型线路的设计资料，同时具有丰富的设计经验。经验设计方法由于靠经验进行设计，因而灵活性很大。对于比较复杂的线路，可能要经过多次反复修改才能得到符合要求的控制线路。另外，初步设计出来的控制线路可能有几种，这时要加以比较分析，反复地修改简化，甚至要通过实验加以验证，才能确定比较合理的设计方案。这种方法设计的线路可能不是最简，所用的电器及触头不一定最少，所得出的方案不一定是最佳方案。

经验设计法没有固定的模式，通常先用一些典型线路环节凑合起来实现某些基本要求，而后根据生产工艺要求逐步完善其功能，并加以适当配置的联锁和保护环节。在进行具体线路设计时，一般先设计主电路，然后设计控制电路、信号线路、局部照明电路等。初步设计完成后，应当仔细地检查，看线路是否符合设计的要求，并进一步使之完善和简化，最后选择所用电器的型号规格。

（2）逻辑设计法

逻辑设计法是根据生产工艺的要求，利用逻辑代数方法这一数学工具来分析、化简、设计线路的。这种设计方法能够确定实现一个开关量自动控制线路的逻辑功能所必需的、最少的中间继电器的数目。逻辑设计法设计的线路结构比较合理，所用元件的数量较少，得到的设计方案是最佳的。但是当设计的控制系统比较复杂时，这种方法就显得十分烦琐，工作量也很大，而且容易出错。所以一般电气设计人员较少用此方法。

一个较大的、功能较为复杂的控制系统，如果能分成若干个互相联系的控制单元，用逻辑设计方法先完成每个单元控制线路的设计，然后再用经验设计方法把这些单元控制线路组合成一个整体，才是切实可行的一种简捷的设计方法。也就是说，两种方法应当各取所长，配合应用。

5.3.2　控制线路设计的一般步骤

① 根据机床的工艺要求，先设计出各个单独部分的线路。通常各个单独部分是由一些基本环节的线路组成的，然后再按工艺上的要求拟定各部分的联系。

② 先设计控制线路的草图，在满足工艺要求的前提下，考虑如何尽量减少所用电器的数目及其触头的数目。

③ 整个线路应提供必要的保护。对于由手动电器控制的线路及行程控制线路，应专门考虑失压保护。对电动机应考虑有短路保护和过载保护。对于一般控制线路也应考虑有短路保护。应有必要的信号指示及故障报警电路。

④ 设计线路中，触头连接的一般规律如下。

a. 几个条件同时具备，该电器的线圈才能通电的，则应将反映这几个条件的常开触头与线圈串联，是逻辑线路中的"与"关系。

b. 当几个条件中有一个具备，该电器的线圈就能通电的，应将反映这些条件的常开触头并联后再与该线圈串联，是逻辑线路中的"或"关系，如多地点启动控制。

c. 当几个条件中有一个具备，线圈就断电的，应将反映这些条件的常闭触头与该线圈串联，如实现对某电器设备的综合保护（过载、限位等）。

d. 当几个条件都满足，电器线圈才断电的，应将反映这些条件的常闭触头并联后再与该线圈串联。

e. 如果既要满足条件 b，又要满足条件 c，那么我们把 b、c 两项组合起来即可。如实现机床工作台往复运动时，电动机的正、反转控制线路。

f. 实现多个电器线圈按顺序通电，可将前一个电器的常开触头与后面得电的电器线圈串联。

g. 实现多个电器线圈按预定程序通电，可利用 a 和 f 两项关系组合而成。即将前一个程序动作完成后的所有电器的常开触头与另一个程序动作的电器线圈串联。

h. 延时动作触头具有"通""断"转换功能。如实现不同电器线圈间的"通"→"断"转换，可将通电延时的常开延时触头与它的常闭延时触头分别与需要动作的电器线圈串联。根据其条件，也可以用断电延时的常开延时触头和它的常闭延时触头，实现不同电器线圈的由"断"→"通"的转换。

⑤ 为使设计的线路安全可靠，在满足工艺要求的前提下，线路应尽量简化。设计线路中宜少用常闭触头，除去那些不必要的联锁。各连接导线的截面的选取应不少于 1mm^2，以

提高线路的可靠性。

5.3.3　控制线路设计中应注意的问题

①　尽量选用相同型号、相同规格的电器。

②　控制线路中应尽量减少电器的触头数。控制线路中触头数越少、线路越简单，可靠性也越高。在简化、合并触头的过程中，主要是合并同类性质的触头，能用一个触头完成的动作就不要用两个触头，但在合并时要注意，触头的额定电流应大于合并后的总电流。图 5-1 为几个触头简化合并的例子。

③　各接触器、继电器等控制电器的线圈应接于电源的同一侧，而各电器的触头接于电源的另一侧。这样，当某些电器的触头发生短路的时候，也不致引起电源的短路，有利于安全，而且接线也方便些，如图 5-2 所示。

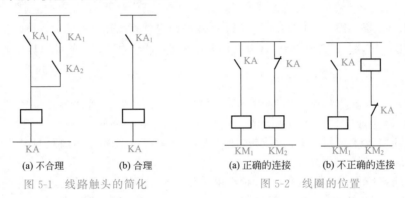

图 5-1　线路触头的简化　　　　　图 5-2　线圈的位置

④　不准将两个交流电器的线圈串联使用。各个不同电器的线圈，即使有相同的额定电压，但其阻抗可以相差很大，即使是同一型号的电器，其线圈阻抗的大小也与其衔铁吸合的间隙有关。因此，即使两个电器型号完全相同，线圈的额定电压又为电源电压的一半；一旦通电时，由于其中一个电器的动作可能比另一个快些，则衔铁已被吸上的电器的线圈阻抗将急剧增加，另一个线圈分得的电压将较低，于是衔铁不能吸上而不能工作。因此应避免采用图 5-3(a) 的线路，而应采用图 5-3(b) 的线路。

⑤　在设计控制线路图时，应考虑各电气元件的实际接线情况，尽量减少实际连线的数目和长度。图 5-4(a) 和图 5-4(b) 的线路原理是相同的，但考虑到接触器是安装在控制电器箱内，按钮是安装在操纵台上，两者相隔一定的距离，按图 5-4(b) 接线需四根长连接导线，按图 5-4(a) 接线则只需三根长连接导线。

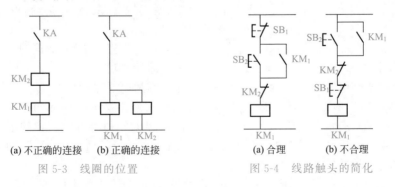

图 5-3　线圈的位置　　　　　　图 5-4　线路触头的简化

⑥　控制线路在工作时，除必要的电器必须通电外，其余的尽量不通电以节约电能。

⑦ 在控制线路中应避免出现寄生电路。在控制线路的动作过程中，意外接通的电路叫寄生电路，在控制线路中应避免出现寄生电路。

⑧ 避免电器依次动作。线路中应尽量避免许多电器依次动作才能接通另一个电器的控制线路。

⑨ 电气联锁和机械联锁共用。在频繁操作的可逆线路中，正、反向接触器之间不仅要有电气联锁，而且还要有机械联锁。

⑩ 注意小容量继电器触头的容量。控制大容量接触器的线圈时，要注意计算继电器触头断开和接通容量是否足够，如果不够必须加小容量接触器或中间继电器，否则工作不可靠。

⑪ 应具有完善的保护环节，以避免因误操作而发生事故。完善的保护环节包括过载、短路、过电流、过电压、失电压等保护环节，有时还需要设有合闸、断开、事故、安全等必需的指示信号。

习题及思考题

5-1 在电力拖动中如何选择拖动电动机？

5-2 电气控制线路的常用设计方法有哪几种？它们各有什么特点？

5-3 有三台笼型异步电动机，其功率/额定电压/额定电流分别为：①3kW/380V/6.18A；②5.5kW/380V/11A；③7.5kW/380V/14.6A。试为其选配接触器、熔断器、热继电器。

5-4 试设计一电气控制线路，具体要求为：按下启动按钮后，接触器 KM_1 通电工作，经10s后，接触器 KM_2 通电，再经5s后，KM_2 断电释放而使接触器 KM_3 通电，再经10s后所有接触器都断电。

5-5 试设计一电气控制线路，具体要求是：按下启动按钮，接触器 KM_1 通电工作后，接触器 KM_2 才能工作。KM_2 工作经一定延时后，接触器 KM_3 工作，KM_3 得电后使 KM_2 立即失电，KM_2 失电后才允许 KM_1 失电。

5-6 某专用机床采用的钻孔倒角组合刀具，其加工工艺是：光刀旋转→快进→工进→停留光刀（3s）→快退→停车。机床采用三台电动机拖动，M_1 为主运动电动机，带动光刀旋转，型号为 Y112M-4，容量 4kW；M_2 为工进电动机，型号为 Y90L-4，容量 1.5kW；M_3 为快进/快退（正/反转）电动机，型号为 Y801-2，容量 0.75kW。设计要求如下：

① 工作台工进到终点或返回原位时，均有行程开关使其自动停止，并设有限位保护；

② 快速电动机要求有点动控制，但在自动加工时不起作用；

③ 设置急停按钮；

④ 具有短路、过载保护。

画出电气原理图，进行元器件选择并给出元器件明细表。

5-7 某机床由两台三相笼型异步电动机 M_1 与 M_2 拖动，其控制要求如下：

① M_1 容量较大，要求星形-三角形降压启动，停车具有能耗制动；

② M_1 启动后，经过10s后允许 M_2 启动（M_2 容量较小可直接启动）；

③ M_2 停车后才允许 M_1 停车；

④ M_1 与 M_2 起、停都要求两地控制。

试设计电气原理图并设置必要的电气保护。

第2篇

可编程序控制器（PLC）

可编程序控制器（PLC）是一种新型工业控制器，由于它把计算机的编程灵活、功能齐全、应用面广等优点与继电器系统的控制简单、使用方便、抗干扰能力强、价格便宜等优点结合起来，而其本身又具有体积小、重量轻、耗电省等特点，所以它在工业生产过程控制中的应用越来越广泛。

本篇主要学习可编程序控制器的基本构成、接口电路、工作原理、指令系统、编程方法，以及采用可编程序控制器的系统设计及实际应用等内容。

6 可编程序控制器的工作原理及组成

6.1 概述

可编程序控制器是在继电器控制和计算机控制的基础上开发的产品，逐渐发展成以微处理器为核心，把自动化技术、计算机技术、通信技术融为一体的新型工业自动控制装置。早期的可编程序控制器在功能上只能进行逻辑控制，因而称为可编程序逻辑控制器（Programmable Logic Controller，PLC）。国际电工委员会（IEC）于1985年1月对可编程序控制器作了如下定义："可编程序控制器是一种数字运算操作的电子系统，专为在工业环境下应用而设计。它采用可编程序的存储器，用来在其内部存储执行逻辑运算、顺序控制、定时、计数和算术运算等操作的指令，并通过数字、模拟的输入和输出，控制各种类型的机械或生产过程。可编程序控制器及其有关设备，都应按易于与工业控制系统联成一个整体、易于扩充功能的原则设计。"

6.1.1 PLC 的分类

可编程序控制器发展到今天，已经有多种形式，而且功能也不尽相同。PLC 分类的方法很多，按容量和功能来分，大致可分为小型、中型和大型三类。

（1）小型机

小型机是目前应用最广泛的一种 PLC，它的功能一般以开关量控制为主，带标准通信接口，有各种功能模块供用户选用，如三菱公司的 FX 系列 PLC，西门子公司的 S7-200 Smart、S7-1200 系列 PLC，倍福公司的 CX7000、CX9020 系列 PLC 等。这类 PLC 的特点是价格低廉、体积小巧，适合于控制单台设备，开发机电一体化产品或者是作为自动控制系统现场总线的一个智能终端。三菱小型机 FX_{5U} 的外形图如图 6-1 所示。西门子小型机 S7-

200 Smart 的外形图如图 6-2 所示。

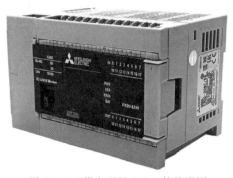

图 6-1   三菱小型机 FX$_{5U}$ 的外形图

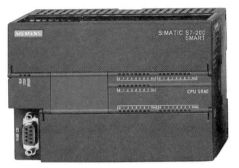

图 6-2   西门子小型机 S7-200 Smart 的外形图

（2）中型机

中型 PLC 不仅具有开关量和模拟量两者的控制功能，还具有数字计算的能力。为了将温度、压力、流量等模拟量转换成数字量，一般都有 12 位及以上的 A/D 转换器，而且在 PLC 内也具有多路 D/A 转换器。中型机的指令也比小型机丰富，在已固化程序内，一般还具有比例、积分、微分调节，整数/浮点运算，二进制/BCD 转换等功能模块供用户使用。中型机适用于有温度控制和开关动作要求复杂的机械以及连续生产过程控制场合。

如三菱公司的 L 系列 PLC，西门子公司的 S7-1500 系列 PLC（中大型），倍福公司的 C60×× 系列 PLC 等就属于中型机。三菱公司 L 系列可编程控制器机身小巧，但继承了高性能、多功能及大容量于一身的特点。CPU 具备 9.5ns×2 的基本运算处理速度和 260K 步的程序容量，最大 I/O 可扩展 8129 点。内置定位、高速计数器、脉冲捕捉、中断输入、通用 I/O 等功能，集众多功能于一体。硬件方面，内置以太网及 USB 接口，便于编程及通信，配置了 SD 存储卡，可存放最大 4GB 的数据。无需基板，可任意增加不同功能的模块，其外形图如图 6-3 所示。

图 6-3   三菱中型机 L 系列 PLC 外形图

（3）大型机

大型 PLC 已经与工业控制计算机相近，它具有计算、控制和调节的功能，还具有网络结构和通信联网能力。这类机型的控制点数一般都在 1000 以上，内存容量超过 640KB，监视系统采用 CRT 显示，能够表示过程的动态流程、各种记录曲线，PID 调节参数选择图，配备多种智能板，构成一台多功能系统。这种系统还可以和其他型号的控制器互连，和上位机相连，组成一个集中分散的生产过程和产品质量控制系统。大型机适用于设备自动化控制、过程自动化控制和过程监控系统。

如三菱公司的 Q 系列 PLC，德国西门子公司的 S7-1500 系列 PLC（中大型），倍福公司的 CX20××、C69×× 系列 PLC 等产品。三菱公司的 Q 系列 PLC 是三菱第二代高性能 PLC，在 AnS 和 QnA 的基础上开发而来。Q 系列有多种 CPU，功能模块可选择，可连接 7 个扩展基板（包括主基板为 8 块），最多安装 64 个本地模块，此外还支持远程模块，本地及远程合计单 CPU 最大可控制点数 8192 点。Q 系列 PLC 安装体积小，稳定性强，功能强大，可自由搭配各种功能。支持各种网络：CC-Link、以太网、NET/10H、串行通信、Profibus、Modbus、SSC-NET 等。其中新一代的 QnU 系列 PLC 具有 USB 编程口，QnUDE 系列 CPU 自带以太网接口。其外形图如图 6-4 所示。西门子 S7-1500 PLC 的外形图如图 6-5 所示。

图 6-4　三菱 Q 系列 PLC 外形图

图 6-5　西门子 S7-1500 系列 PLC 外形图

6.1.2　PLC 的发展

自从 20 世纪 60 年代末，美国首先研制和使用可编程序控制器以来，世界各国特别是日本和德国也相继开发了各自的 PLC。20 世纪 70 年代中期出现了微处理器并被应用到可编程序控制器后，PLC 的功能日趋完善，特别是它的小型化、高可靠性和低价格，使它在现代工业控制中崭露头角。到 20 世纪 80 年代初，PLC 的应用已在工业控制领域中占主导地位。PLC 控制技术已在世界范围内广为流行，国际市场竞争相当激烈，产品更新很快，换代周期约为 3～5 年。进入 20 世纪 90 年代后，工业控制领域几乎全被 PLC 占领。国外专家预言，PLC 技术将在工业自动化的三大支柱（PLC、机器人和 CAD/CAM）中跃居首位。

20 世纪 80 年代以来，随着 PC（个人计算机）技术的发展，有一些公司开始研究将 PC 强大的计算能力和工业控制应用结合起来，于是诞生了基于 PC 技术的控制器，也称为"软 PLC"，它是将程序运行在通用处理器或个人计算机上。1985 年微软推出的视窗操作系统（Windows），催生了一批 PC 在工业领域的应用浪潮，第二年倍福自动化公司（Beckhoff）推出了首款 PC-based 设备控制器，完成了对于木材加工设备的实时自动控制，这算是业界真正意义上的第一款软 PLC。

相较于传统 PLC 而言，软 PLC 通过软件模拟 PLC 的逻辑处理，不仅具备传统 PLC 的诸多优点，如高可靠性、快速处理速度以及程序阅读的便捷性，更是借助了 PC 技术在运算、存储、组网和软件开放性等方面的优势，将工业 PC 和 PLC 的优势完美融合，不仅实现了开关量、模拟量控制等核心功能，还通过多任务控制内核提供了强大的指令集，确保扫描周期快速准确，操作稳定可靠，并支持各种 I/O 系统和网络的连接。

目前，国内外有很多 PLC 公司都开发了软 PLC 产品，例如国外的倍福的全系列产品，西门子 Open Controller 1515SP 系列，ABB 旗下的贝加莱子公司的 PLC，菲尼克斯 AXC 系列，而国内的信捷、汇川、禾川等自动化龙头公司也在研究软 PLC，开始逐步在市场推出了各类软 PLC 产品。

我国在 20 世纪 80 年代初才开始使用 PLC，目前从国外引进的 PLC 中使用较为普遍的有日本欧姆龙（OMRON）公司 C 系列、三菱公司 FX 系列、美国 GE 公司的 GE 系列和德国西门子公司 S 系列等。同时，国内也在消化和引进 PLC 技术的基础上，研制出了系列 PLC 产品，实现国产化是国内发展的必然趋势。

今后，PLC 的发展将会朝以下几个方向进行。

（1）方便灵活和小型化

工业上大多数的单机自动控制只需要监测控制参数和有限的动作，不需要使用大型、强功能的 PLC。为了满足这一需要，PLC 生产厂家几乎都开发了结构简单、使用方便灵活的小型机，这是 20 世纪 80 年代以来发展最快的一类产品，就应用范围和数量而言，小型机的应用还远未达到饱和，今后还会有更大的应用市场。

近年来，为了满足工业生产的不同需要，小型机功能不断增加，例如数值运算、模拟量处理、与上位计算机联网通信等功能。在结构上，一些小型机也采用了框架式，用户可根据需要选择 I/O 接口、内存容量以及其他功能模块，可以更加方便灵活地构成自己适用的控制系统。

（2）大容量和强功能化

大容量 PLC 输入输出点数在 1024 点以上，甚至有的达到 5000～10000 点。这类产品可以满足钢铁工业、化学工业等大型企业的生产过程自动控制的需要。这类产品大部分采用有高速运算能力的片位式微处理器或强功能的 16 位、32 位、64 位微处理器，而且常常采用多 CPU 结构，用不同的 CPU 分别处理不同的控制任务以提高整机处理速度和增加各种功能。

大型 PLC 一般具有较强的科学计算、数据处理能力和数据通信及联网能力，有很高的运行速度，并且有大量不同功能的智能模块供选用，能方便地与计算机及别的控制器连成控制、管理网络。它所配用的用户存储器容量大。在总体上，PLC 功能正在向通用计算机靠近。

（3）机电一体化

可编程序控制器在机械行业得到了广泛应用，开发大量机电技术相结合的产品和设备，是 PLC 发展的重要方向。

机电一体化技术是机械、电子、信息技术的融合，它的产品通常由机械本体、微电子装置、传感器、执行机构等组成。机械本体和微电子装置是机电一体化的基本构成要素。

为了适应机电一体化产品的需要，PLC 应该增强功能，增大存储量和加快处理速度，并且进一步缩小体积，加强坚固性和密封性，进一步提高可靠性及易维护性。

（4）通信和网络标准化

随着生产技术的发展，必然会使 PLC 从单机自动化向全厂生产自动化过渡。这就要求各个 PLC 之间以及 PLC 与计算机或其他控制设备之间能迅速、准确、及时地互通信息，以便能步调一致地进行控制和管理。目前几大主流 PLC 厂家的产品都有通信选件，进一步提高了 PLC 适用于不同网络标准的能力。

（5）编程指令的标准化

由于各 PLC 厂商的产品在指令系统上的差异以及在编程方法上对用户的要求不同，近年来国际电工委员会（IEC）针对 PLC 规定了一系列的标准来统一规范各个厂家的编程指令和格式，例如 IEC 61131 标准，1995 年我国颁布了与国际标准等效的国家标准，2006 年 IEC 61131 最新国际标准的中文对照版 GB/T 15969 出版，其中第一部分规定了

PLC系统的定义。IEC 61131-3是该系列标准中的第三部分，主要涉及PLC编程语言的语法和语义定义。它规定了指令表、梯形图、顺序功能图、功能块图、结构化文本5种编程语言。

今后随着这些标准的推行和使用，PLC程序的规范性、可读性、可移植性都会得到提升。

6.2 可编程序控制器的基本结构及工作原理

6.2.1 PLC的基本结构

目前PLC生产厂家很多，产品结构也各不相同，但其基本组成部分大致如图6-6所示。

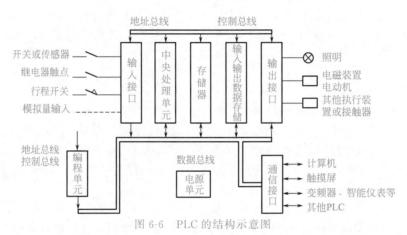

图6-6 PLC的结构示意图

由图6-6可以看出，PLC采用了典型的计算机结构，主要包括CPU、RAM、ROM和输入、输出接口电路和通信接口等，其内部采用总线结构，进行数据和指令的传输。如果把PLC看作一个系统，该系统的基本单元由输入变量—PLC—输出变量组成。外部的各种开关信号、模拟信号、传感器检测的各种信号均作为PLC的输入变量，它们经PLC外部输入端子输入到内部寄存器中，经PLC内部逻辑运算或其他各种运算处理后送到输出端子，它们是PLC的输出变量。由这些输出变量对外围设备进行各种控制。这里可以将PLC看作一个中间处理器或变换器，以将输入变量变换为输出变量。

PLC根据不同型号都标配有一路或多路通信接口（如RS-232/RS-485/RS-USB等），方便用户与计算机等外部设备交换信息。

下面重点介绍PLC的输入、输出I/O接口电路和编程单元。

(1) 输入、输出接口电路

输入、输出接口电路是PLC与现场I/O设备或其他外设之间的连接部件，它起着PLC和外围设备之间传递信息的作用。

输入接口电路接收从按钮开关、选择开关、行程开关等电气元件输入的开关量信号和由电位器、热电偶、测速发电机等外部设备输入的连续变化的模拟量信号，然后送入PLC。输入接口电路一般由光电耦合电路和CPU的输入接口电路组成。

实际生产过程中产生的输入信号多种多样，信号电平各不相同。而PLC所能处理的信号只能是标准电平，因此必须通过I/O接口电路将这些信号转换成CPU能够接收和处理的标准电平信号。为提高抗干扰能力，一般的输入/输出模块都有光电隔离装置。在数字量

I/O 模块中广泛采用由发光二极管和光敏三极管组成的光电耦合器，在模拟量 I/O 模块中通常采用隔离放大器。

图 6-7 为 PLC 的 I/O 输入接口电路原理图。PLC 的输入接口 I/O 电路通常有开关信号输入、直流输入、交流输入三种形式。①开关信号直接输入由内部的直流电源供电，②小型 PLC 的直流输入电路由外部的直流电源供电，③交流输入必须外加电源。

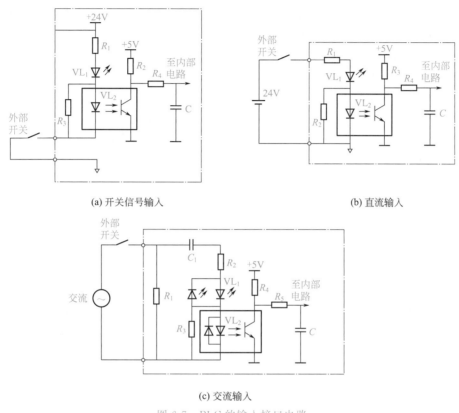

(a) 开关信号输入　　　　　　　　　　　　　　　　(b) 直流输入

(c) 交流输入

图 6-7　PLC 的输入接口电路

图 6-8 给出了 PLC 的 I/O 输出接口电路图。其中继电器输出型最常用。当 CPU 有输出时，接通或断开输出电路中继电器的线圈，继电器的触点闭合或断开，通过该触点控制外部负载电路的通断。很显然，继电器输出是利用了继电器的触点和线圈将 PLC 的内部电路与外部负载电路进行了电气隔离。晶体管输出型是通过光耦合使晶体管截止或饱和以控制外部负载电路，并同时对 PLC 内部电路和输出晶体管电路进行了电气隔离。双向晶闸管输出型采用了光触发型双向晶闸管进行隔离。

输出电路的负载电源由外部提供。负载电流值继电器输出一般不超过 2A，晶体管输出

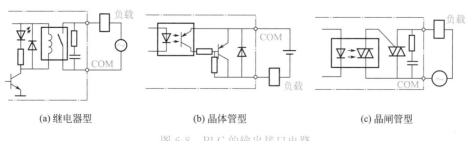

(a) 继电器型　　　　　　　　(b) 晶体管型　　　　　　　　(c) 晶闸管型

图 6-8　PLC 的输出接口电路

一般不超过 1A。实际应用中，输出电流的额定值与负载性质有关。

（2）编程单元

编程器是 PLC 的重要外部设备，它是人机对话的窗口。有的可嵌在 PLC 本体上，有的可通过电缆从 PLC 本体上接出来，有的还可以远离 PLC 接到 I/O 控制站的接口中使用。编程器主要由键盘、显示器、工作方式选择开关和外部存储器接插口等部件组成。小型 PLC 常用简易编程器，大、中型 PLC 多用智能 CRT 编程器。编程器的作用是：输入、修改、检查及显示用户程序，调试用户程序，监视程序运行情况，查找故障，显示出错信息。

除上述简易型和智能型编程器外，还可采用通用计算机作为编程器，可直接编制梯形图，监控功能也比较强。

编程器通常具有以下两种编程方式。

① 在线（联机）编程方式。编程器与 PLC 上的专用插座直接相连，程序可直接通过键盘输入到 PLC 的用户程序存储器中，也可先将程序存放在编程器内，然后再送入 PLC 的存储器中。这种编程方式不但调试程序方便，而且还可监视 PLC 内部工作状态。

② 离线（脱机）编程方式。编程器与 PLC 脱开，待程序编写完之后才与 PLC 相连。离线编程方式不影响 PLC 的现行工作。

6.2.2 PLC 的工作原理

PLC 采用循环扫描工作方式，在 PLC 中，用户程序按先后顺序存放，CPU 从第一条指令开始执行程序，直至遇到结束符后又返回第一条，如此周而复始不断循环。PLC 的扫描过程如图 6-9 所示。

图 6-9 PLC 的扫描过程

这个工作过程分为内部处理、通信操作服务、输入处理、程序执行和输出处理几个阶段。全过程扫描一次所需的时间称为扫描周期。

内部处理阶段，PLC 检查 CPU 模块的硬件是否正常，复位监视定时器等。

通信操作服务阶段，PLC 与一些智能模块通信，响应编程器键入的命令，更新编程器的显示内容等。

当 PLC 处于停（STOP）状态时，只进行内部处理和通信操作服务等内容。在 PLC 处于运行（RUN）状态时，从内部处理、通信操作，到程序输入、程序执行、程序输出，一直循环扫描工作。

输入处理又叫输入采样。在此阶段，顺序读入所有输入端子的通断状态，并将读入的信息存入内存中所对应的映像寄存器。在此输入映像寄存器被刷新，接着进入程序执行阶段。在程序执行时，输入映像寄存器与外界隔离，即使输入信号发生变化，其映像寄存器的内容也不会发生变化，只有在下一个扫描周期的输入处理阶段才能被读入信息。

程序执行阶段根据 PLC 梯形图程序扫描原则，按先左后右，先上后下的步序，逐句扫描，执行程序。但遇到程序跳转指令，则根据跳转条件是否满足来决定程序的跳转地址。

输出处理也叫输出刷新，程序执行完毕后，将输出映像寄存器中的寄存器的状态，在输出处理阶段转存到输出锁存器，通过隔离电路，驱动功率放大电路，使输出端子向外界输出控制信号，驱动外部负载。

PLC 的扫描既可按固定的顺序进行，也可按用户程序所指定的可变顺序进行。这不仅因为有的程序不需每扫描一次就执行一次，而且也因为在一些大系统中需要处理的 I/O 点数多，通过安排不同的组织模块，采用分时分批扫描的执行方法，可缩短循环扫描的周期和提高控制的实时响应性。

循环扫描的工作方式是 PLC 的一大特点，也可以说 PLC 是"串行"工作的，这和传统的继电器控制系统"并行"工作有质的区别。PLC 的串行工作方式避免了继电器控制系统中触头竞争和时序失配的问题。

由于 PLC 采用扫描工作过程，所以在程序执行阶段即使输入发生了变化，输入状态映像寄存器的内容也不会变化，要等到下一周期的输入采样阶段才能改变。暂存在输出映像寄存器中的输出信号，要等到一个循环周期结束，CPU 才集中将这些输出信号全部输送给输出锁存器。由此可以看出，全部输入输出状态的改变，需要一个扫描周期。换言之，输入输出的状态保持一个扫描周期不变，这就要求脉冲输入的宽度必须大于一个扫描周期。

扫描周期是 PLC 一个很重要的指标，小型 PLC 的扫描周期一般为十几毫秒到几十毫秒。PLC 的扫描时间取决于 I/O 扫描速度和用户程序长短，以及程序使用的指令类型。

毫秒级的扫描时间对于一般工业设备通常是可以接受的，PLC 的响应滞后是允许的，但是对某些 I/O 快速响应的设备，则应采取相应的处理措施。如选用高速 CPU，提高扫描速度，采用快速响应模块、高速计数模块以及不同的中断处理等措施减少滞后时间。影响 I/O 滞后的主要原因有：输入滤波器的惯性；输出继电器触点的惯性；程序执行的时间；程序设计不当的附加影响等。对用户来说，选择了一个 PLC，合理的编制程序是缩短响应时间的关键。

6.3 可编程序控制器的特点及应用

6.3.1 PLC 的特点

① 功能完善。PLC 的输入/输出系统功能完善，性能可靠，能够适应于各种形式和性质的开关量和模拟量信号的输入和输出。在 PLC 内部具备许多控制功能，诸如时序、计数器、主控继电器以及移位寄存器、中间继电器等。由于采用了微处理器，它能够很方便地实现延时、锁存、比较、跳转和强制 I/O 等诸多功能，它不仅具有逻辑运算、算术运算、数制转换以及顺序控制功能，而且还具备模拟运算、显示、监控、打印及报表生成等功能。此外，它还可以和其他微机系统、控制设备共同组成分布式或分散控制系统，还能够实现成组数据传送、矩阵运算，闭环控制、排序与查表、函数运算及快速中断等功能。因此 PLC 具有极强的适应性，能够很好地满足各种类型控制的需要。

② 模块化结构，硬、软件开发周期短。PLC 的硬件结构全部采用模块化结构，可以适应大小规模不同、功能复杂程度及现场环境各异的各种控制要求。硬件系统安装方便，接线简单，连接可靠，为控制系统的硬件设计提供了方便、快捷的途径，可以大大缩短硬件系统的开发周期。

软件编程支持梯形图逻辑语言，直观、方便。只要有了通常的继电器梯形图、逻辑图或逻辑方程，就等于有了 PLC 系统用户程序，大大减轻了系统软件开发的工作量。另外，这一特点对于 PLC 系统取代原继电器控制系统，进行老设备改造也是十分有利的。各个 PLC 厂家也开发有成熟的仿真软件供用户使用，方便用户调试，缩短调试周期。

总之，使用 PLC 可大大缩短整个系统设计、生产、调试周期，节约系统投资。

③ 维护操作方便，扩展容易。PLC 的输入/输出系统能够直观地反映现场信号的变化状态，PLC 还能通过各种方式直观地反映控制系统的运行状态，如内部工作状态、通信状态、I/O 点状态、异常状态、电源状态等，均有醒目的指示。非常有利于运行和维护人员监视系统的工作状态。

PLC 采用梯形图逻辑编程，有利于电气操作人员对 PLC 的编程，可以方便地调整系统的程序和组态。PLC的模块化结构，可以允许维护人员方便地更换故障模块或在生产工艺流程改变时更改系统的结构和配置。

④ 性能稳定，可靠性高。PLC产品都有严格的技术标准，这些标准保证了PLC能在恶劣的工业环境下正常运行。它在电子线路、机械结构以及软件结构上都吸取了生产厂家长期积累的生产控制经验，主要模块均采用大规模与超大规模集成电路，I/O系统设计有完善的通道保护与信号调理电路，在机械结构上对耐热、防潮、防尘、抗振等都有精心考虑，所有这些使得PLC具有较好的性能和较高的可靠性，一般平均无故障时间可达几万小时以上。

另外，PLC还具有较完善的自诊断、自测试功能。

⑤ 具有较高的性能/价格比。

6.3.2 PLC的应用领域

PLC在国内外已广泛应用于钢铁、采矿、水泥、石油、化工、电力、机械制造、汽车装卸、造纸、纺织、环保及娱乐等各行各业。它的应用大致可分为以下几种类型。

① 用于开关逻辑控制。这是PLC最基本的应用范围。可用PLC取代传统继电控制，如机床电气、电机控制中心等，也可取代顺序控制，如高炉上料、电梯控制、货物存取、运输、检测等。总之，PLC可用于单机、多机群以及生产线的自动化控制。

② 用于机械加工的数字控制。PLC和计算机数控（CNC）装置组合成一体，可以实现数值控制，组成数控机床。

③ 用于机器人控制。可用一台PLC实现3~6轴的机器人控制。

④ 用于闭环过程控制及构成DCS或FCS。现在的PLC一般都配有PID子程序或PID模块，可实现单回路、多回路的调节控制。计算机—PLC—现场仪表是目前构成DCS或FCS自动控制系统的基本结构。

⑤ 用于实现工厂的自动化管理。现代的PLC均具有通信接口或专用网络通信模块，可组成多级控制系统，形成工厂自动化网络。

习题及思考题

6-1 可编程控制器的定义是什么？和一般的计算机系统相比，PLC有哪些特点？

6-2 可编程控制器的发展经历了哪几个阶段，各阶段的主要特征是什么？

6-3 三菱FX系列PLC有哪几种开关量I/O接口形式，各有什么特点？

6-4 可编程控制器主要应用在哪些领域？

6-5 可编程控制器今后的发展方向是什么？

7 三菱 FX 系列可编程序控制器

7.1 可编程序控制器的编程语言

7.1.1 PLC 编程语言的国际标准

IEC（国际电工委员会）的 PLC 编程语言标准（IEC 61131-3）中有 5 种编程语言：顺序功能图（Sequential Function Chart）、梯形图（Ladder Diagram）、功能块图（Function Block Diagram）、指令表（Instruction List）、结构文本（Structured Text）。其中的顺序功能图（SFC）、梯形图（LD）和功能块图（FBD）是图形编程语言，指令表（IL）和结构文本（ST）是文字语言。

目前已有越来越多的 PLC 生产厂家提供符合 IEC 61131-3 标准的产品，有的厂家推出的在个人计算机上运行的"软 PLC"软件包也是按 IEC 61131-3 标准设计的。

图 7-1 为西门子 PLC 常用的编程方法举例。

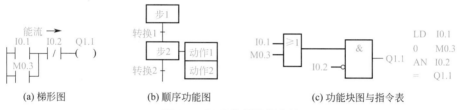

(a) 梯形图　　　(b) 顺序功能图　　　(c) 功能块图与指令表

图 7-1　PLC 常用编程方法

（1）梯形图

梯形图（LD）是使用最广泛的 PLC 图形编程语言。梯形图与继电器控制系统的电路图很相似，直观易懂，很容易被工厂熟悉继电器控制的电气人员掌握，特别适用于开关量逻辑控制。图 7-1 中用西门子系列 PLC 的 3 种编程语言来表示同一逻辑关系。西门子的说明书中将指令表称为语句表。

梯形图由触头、线圈和应用指令等组成。触头代表逻辑输入条件，例如外部的开关、按钮和内部条件等。线圈通常代表逻辑输出结果，用来控制外部的指示灯、交流接触器和内部的输出标志位等。

在分析梯形图中的逻辑关系时，为了借用继电器电路图的分析方法，可以想象左右两侧垂直母线之间有一个左正右负的直流电源电压（有时省略了右侧的垂直母线），当图 7-1(a) 中 I0.1 与 I0.2 的触头接通，或 M0.3 与 I0.2 的触头接通时，有一个假想的"能流"（Power Flow）流过 Q1.1 的线圈。利用能流这一概念，可以帮助我们更好地理解和分析梯形图，能流只能从左向右流动。

（2）顺序功能图

顺序功能图（SFC）是一种位于其他编程语言之上的图形语言，用来编制顺序控制程序。顺序功能图提供了一种组织程序的图形方法，在其中可以用其他语言嵌套编程。步、转换和动作是顺序功能图中三种主要的元件如图 7-1(b) 所示。顺序功能图用来描述开关量控制系统的功能，根据它可以很容易地画出顺序控制梯形图程序。

（3）功能块图

功能块图（FBD）是一种类似于数字逻辑门电路的编程语言，有数字电路基础的人很容易掌握。该编程语言用类似与门、或门的方框来表示逻辑运算关系，方框的左侧为逻辑运算的输入变量，右侧为输出变量，输入、输出端的小圆圈表示"非"运算，方框被"导线"连接在一起，信号自左向右流动，如图 7-1(c) 所示。国内很少有人使用功能块图语言。

（4）指令表

PLC 的指令是一种与微机的汇编语言中的指令相似的助记符表达式，由指令组成的程序叫作指令表（Instruction List，IL）程序。指令表程序较难阅读，其中的逻辑关系很难一眼看出，所以在设计时一般使用梯形图语言。如果使用手持式编程器，必须将梯形图转换成指令表后再写入 PLC。在用户程序存储器中，指令按步序号顺序排列。

（5）结构文本

结构文本（ST）是为 IEC 61131-3 标准创建的一种专用的高级编程语言。与梯形图相比，它能实现复杂的数学运算，编写的程序非常简洁和紧凑。

7.1.2　FX 系列 PLC 梯形图的编程举例

图 7-2(a) 是前面介绍过的自动往返控制线路，下面来学习用 PLC 实现控制的方法。

① 自动往返控制线路用 PLC 来实现控制，是指保留图 7-2(a) 中的主电路不变，控制线路由 PLC 的软、硬件及其接口电路来代替。首先需要确定 PLC 的 I/O 点数，并且对其进行地址分配。主电路中需要进行地址分配的电气元件主要有热继电器 FR、速度继电器 KS、电压继电器 KV、电流继电器 KI 等。判断主电路中哪些电气元件需要进行地址分配的方法，主要是看其在原控制回路中是否有触头，在原控制回路中有触头的电气元件一般需要进行地

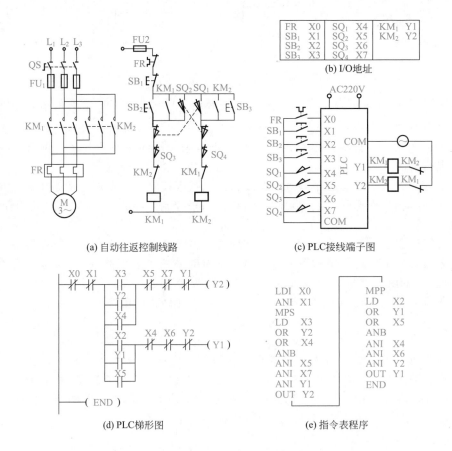

图 7-2　PLC 实现控制应用举例

址分配，如图 7-2 中的热继电器 FR。

控制回路中的电气元件，除熔断器 FU 以外所有的电气元件都需要进行地址分配，如图 7-2 中的 $SB_1 \sim SB_3$，$SQ_1 \sim SQ_4$，KM_1 和 KM_2。本例的地址具体分配如图 7-2(b) 所示。

② 根据地址分配表，画出 PLC 端子图如图 7-2(c) 所示。值得注意的是，进行了地址分配的电气元件，只需要一组常开触头接至 PLC 的输入端，而不管该电气元件在原控制回路中触头是常开还是常闭，也不管该电气元件在原控制回路中触头使用了几组。上图中，软件已经实现了接触器 KM_1 和 KM_2 的电气互锁，但为了提高可靠性，在 PLC 的接线端子图中，仍然保留了 KM_1 和 KM_2 的硬件触头电气互锁。为了减少输入端子数，把所有输入触头的一端接在一起，接入 PLC 的输入公共端 COM，把所有输出线圈的一端接在一起，接入 PLC 输出的公共端 COM。PLC 的输出端，还必须根据所选线圈的额定电压接入相应的交流电源。

③ PLC 梯形图的编程。PLC 实现控制的编程软件，即 PLC 梯形图。把自动往返控制线路的控制回路逆时针旋转 90°后，再与 PLC 梯形图比较，会发现二者非常相似。原电气控制回路中的常开触头，在 PLC 梯形图用 "┤├" 表示，原电气控制回路中的常闭触头，在 PLC 梯形图用 "┤╱├" 表示，而二者的母线和连线是相同的。

根据地址编码，标上 PLC 规定的文字符号，同时，在程序结束处增加一条 "END" 指令，表示梯形图程序编制结束。

图 7-2(d) 给出了对应的梯形图。

在计算机上，使用三菱公司的 GX Developer 编程软件，可以直接输入梯形图，自动转换成指令表程序，输入 PLC；也可以手动把梯形图编译成指令表程序，再通过手持编程器输入 PLC。图 7-2(e) 给出了对应的指令表程序。

④ 由图 7-2(a) 中的主电路和图 7-2(c) PLC 端子图组成新的电气控制线路，如图 7-3 所示。新的电气控制线路同图 7-2(a) 原电气控制线路比较，其功能保持不变。按下 SB_2

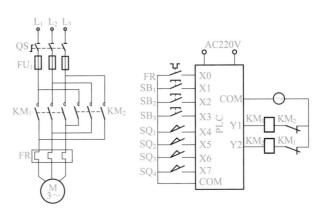

图 7-3　PLC 实现控制的电气原理图

按钮，由软件控制相应的接触器动作，自动往返控制开始；按下 SB_1 按钮，所有接触器停止工作，自动往返结束。

7.1.3　S 系列 PLC 的梯形图编程举例

表 7-1 给出了不同公司 PLC 梯形图的常用符号。

表 7-1　PLC 梯形图的常用符号

名　称	符　号
母线	|　|·　⋮　⋮·　|
连线	—，····，|·⋮

续表

名　称	符　号
常开触点	─┤├─ , ─┤╱├─
常闭触点	─┤╱├─ , ─┤╱├─ , ─┤╱├─ , ─┤╱├─
线圈	─○─ , ─( )─ , ─< >─ , ─⬭─
其他	▭ , ─{ }─ , ▯ , ▯

　　图 7-2(a) 的自动往返控制线路也可用西门子 S 系列 PLC 来实现。基于西门子 S 系列 PLC（CPU224）的电气原理图如图 7-4(a) 所示，地址编码如图 7-4(b) 所示，梯形图编程如图 7-4(c) 所示，指令程序如图 7-4(d) 所示。世界上著名公司的 PLC 程序都不能通用，但非常类似。

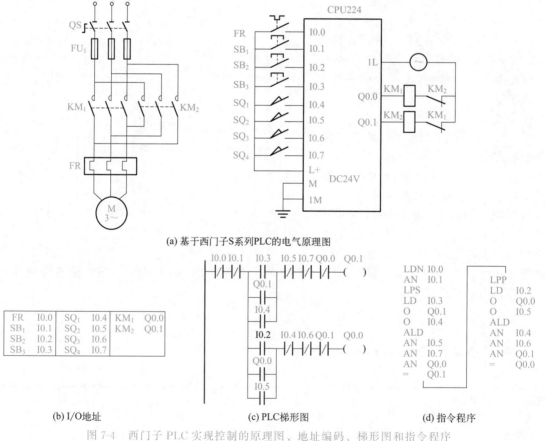

(a) 基于西门子-S系列PLC的电气原理图

FR	I0.0	SQ₁	I0.4	KM₁	Q0.0
SB₁	I0.1	SQ₂	I0.5	KM₂	Q0.1
SB₂	I0.2	SQ₃	I0.6		
SB₃	I0.3	SQ₄	I0.7		

(b) I/O地址　　　　　(c) PLC梯形图　　　　　(d) 指令程序

图 7-4　西门子 PLC 实现控制的原理图、地址编码、梯形图和指令程序

7.1.4　梯形图的主要特点

　　以三菱公司 FX 系列 PLC 为例，说明梯形图的主要特点如下。

① PLC 梯形图中的某些编程元件沿用了继电器这一名称，例如输入继电器 X1、输出继电器 Y1、辅助继电器 M0 等，但是它们不是真实的物理继电器（即硬件继电器），而是在软件中使用的编程元件。每一编程元件与 PLC 存储器中元件映像寄存器的一个存储单元相对应。以辅助继电器 M0 为例，如果对应的存储单元为 0 状态，梯形图中 M0 的线圈"断电"，其常开触头断开，常闭触头闭合，称 M0 为 0 状态，或称 M0 为 OFF。该存储单元如果为 1 状态，M0 的线圈"通电"，其常开触头接通。常闭触头断开，称 M0 为 1 状态，或称 M0 为 ON。

② 根据梯形图中各触头的状态和逻辑关系，求出与图中各线圈对应的编程元件的 ON/OFF 状态，称为梯形图的逻辑运算。逻辑运算是按梯形图中从上到下、从左至右的顺序进行的。运算的结果，马上可以被后面的逻辑运算所利用。逻辑运算是根据输入映像寄存器中的值，而不是根据运算瞬时外部输入触头的状态来进行的。

③ 梯形图中各编程元件的常开触头和常闭触头均可以无限多次地使用。

④ 输入继电器的状态唯一地取决于对应的外部输入电路的通断状态，因此在梯形图中不能出现输入继电器的线圈。

7.2　FX 系列可编程序控制器的编程元件

所谓编程元件又称软元件，是指 PLC 中可以被程序使用的所有功能性器件。学过微机原理的读者可以将各个软元件理解为具有不同功能的内存单元。对这些单元的操作，就相当于对内存单元的读/写。由于 PLC 的初始设计在很大程度上是为了电气工程师使用方便，因此有些名词借用了电气工程中经常使用的名称，例如"继电器""母线"等。

三菱公司 FX 系列 PLC 是小型中的杰出代表，FX 系列 PLC 的软元件主要有输入继电器 X、输出继电器 Y、辅助继电器 M、状态元件 S、指针 P/I、常数 K/H、定时器 T、计数器 C、数据寄存器 D 和变址寄存器 V/Z。表 7-2 给出了 FX 系列主要型号 PLC 的功能技术指标。

表 7-2　FX 系列 PLC 的主要技术指标

型号		FX_{2N}、FX_{2NC}	FX_{3G}	FX_{3U}、FX_{3UC}
运算控制方式		存储程序、反复运算		
输入输出控制方式		批处理方式（在执行 END 指令时），可以使用输入输出刷新指令		
运算处理速度	基本指令	$0.08\mu s$/指令	$0.21\mu s$/指令（标准） $0.42\mu s$/指令（扩展）	$0.065\mu s$/指令
	应用指令	$1.52\sim$数百 μs/指令	$0.5\sim$数百 μs/指令	$0.642\sim$数百 μs/指令
程序语言		逻辑梯形图和指令表，可以用步进梯形指令来生成顺序控制指令		
程序容量		内置8K 步 EEPROM，使用附加存储器盒可以扩展到 16K 步	16K 步的存储器可以扩展到32K 步	64K 步的存储器可以扩展16/64K 步闪存
指令数	基本、步进指令	基本（顺控）指令 27 条，步进指令 2 条	基本（顺控）指令 29 条，步进指令 2 条	
	应用指令	128 条	122 条	209 条
	I/O 设置	硬件配置最多 256 点，软件可以设输入、输出各 256 点，8 进制	输入、输出最多 128 点，输入输出总数不超过 128 点，8 进制	输入、输出最多 248 点，输入输出总数不超过 256 点，8 进制

续表

型号		FX$_{2N}$、FX$_{2NC}$	FX$_{3G}$	FX$_{3U}$、FX$_{3UC}$
辅助继电器	通用辅助继电器	500 点，M0～M499	M0～M383，M1536～M7679	500 点，M0～M499
	锁存辅助继电器	2572 点，M500～M3071	1152 点，M384～M1535	7180 点，M500～M7679
	特殊辅助继电器	256 点，M8000～M8255	512 点，M8000～M8511	512 点，M8000～M8511
状态继电器	初始化状态继电器	10 点，S0～S9	10 点，S0～S9（锁存）	10 点，S0～S9
	通用状态继电器	490 点，S10～S499	3096 点，S1000～S4095	490 点，S10～S499
	锁存状态继电器	400 点，S500～S899	890 点，S10～S899	S500～S899 S1000～S4095 共 3496 点
	信号报警器	100 点，S900～S999		
定时器	100ms 定时器	200 点，T0～T199		
	10ms 定时器	46 点，T200～T245		
	1ms 积算定时器	4 点，T246～T249		
	100ms 积算定时器	6 点，T250～T255		
	1ms 定时器	64 点，T256～T319		
计数器	16 位通用加计数器	16 位 100 点，C0～C99	16 位 16 点，C0～C15	16 位 100 点，C0～C99
	16 位锁存加计数器	16 位 100 点，C100～C199	16 位 184 点，C16～C199	16 位 100 点，C100～C199
	32 位通用加减计数	32 位 20 点，C200～C219		
	32 位锁存加减计数	32 位 15 点，C220～C234		
数据寄存器（16 位）	通用数据寄存器	200 点，D0～D199	128 点，D0～D127	200 点，D0～D199
	锁存数据寄存器	7800 点，D200～D7999	972 点，D128～D1099	312 点，D200～D511
	文件寄存器	7000 点，D1000～D7999，以 500 个为单位设置文件寄存器		7488 点，D512～D7999
	特殊寄存器	256 点，D8000～D8255	512 点，D8000～D8511	
	变址寄存器	16 点，V0～V7，Z0～Z7		
	扩展寄存器		24000 点，R0～R23999	32768 点，R0～R32767
	扩展文件寄存器		24000 点，ER0～ER23999	32768 点，ER0～ER32767
跳步指针	跳步和子程序调用	128 点，P0～P127	2048 点，P0～P2047	4096 点，P0～P4095
	中断用	6 点输入中断（I00 □～I50 □），3 点定时中断（I6☆☆～I8☆☆，☆☆为 ms），6 点计数器中断		
使用 MC 和 MCR 的嵌套层数		8 点，N0～N7		
常数	十进制 K	16 位：－32768～＋32767　32 位：－2147483648～＋2147483647		
	十六进制 H	16 位：0～FFFF，32 位：0～FFFFFFFF		
	浮点数	32 位，±1175×10^{-38}～±3403×10^{38}		
高速计数（32 位带符号 10 进制数）		6 点，C235～C240 单相无启动复位输入	11 点，C235～C245 单相单计数的输入，双方向（保持）	11 点，C235～C245 单相单计数的输入，双方向
		5 点，C241～C245 单相带启动复位输入	5 点，C246～C250 单相双计数的输入，双方向（保持）	5 点，C246～C250 单相双计数的输入，双方向
		5 点，C246～C250 双相双向高速计数器	5 点，C251～C255 双相双计数的输入，双方向（保持）	5 点，C251～C255 双相双计数的输入，双方向

型号	FX$_{2N}$、FX$_{2NC}$	FX$_{3G}$	FX$_{3U}$、FX$_{3UC}$
高速计数 （32 位带符号 10 进制数）	5 点,C251～C255A/B 相 高速计数器 最多 6 点输入 单相:60kHz×2 点 10kHz×4 点 双相:30kHz×1 点 5kHz×1 点	最多 6 点输入 单相:60kHz×4 点 10kHz×2 点 双相:30kHz×2 点 5kHz×1 点	最多 8 点输入 单相:100kHz×6 点 10kHz×2 点 双相:50kHz(1 倍) 5kHz(4 倍)
安全保护		2 级关键字,每一级 16 字 符;无关键字程序保护,此 功能锁住 PLC,直到新的程 序被载入	
通信接口	内置 RS-485 接口	标准内置 USB 和 RS-422 通信接口,最多可扩展到 3 路通信接口(I/O 40 点以 下)或 4 路通信接口(40 点 以上)	标准内置 RS-422 通信接 口,最多可扩展到 3 路通信 接口 FX$_{3UC}$ 还内置有 CC- Link/LT 网络模块
开发软件	FXGP/WIN　编程软件 GX Developer　编程软件 GX Simulator　仿真软件	GX Developer　编程软件 GX Simulator　仿真软件 GT Designer　触摸屏编程软件 GT Simulator　触摸屏仿真软件	

在使用 PLC 时，需要和外部进行硬件连接的软元件只有输入和输出继电器，其他软元件只能通过程序加以控制。下面将对这些软元件逐个介绍。

7.2.1　输入继电器 X

输入继电器的代表符号是"X"。输入继电器的外部物理特性就相当于一个开关量的输入点，称为输入接点。外接开关的两个接线点中一个接到输入接点上，另一个接在输入端的公共接点 COM 上。从内部操作的角度看，一个输入继电器就是一个一位的只读存储器单元，可以无限次读取，其量值只能有两种状态：当外接的开关闭合时是"ON"状态；当开关断开时是"OFF"状态。但在使用中既可以用输入继电器的常开触头，也可以用输入继电器的常闭触头，使用次数不限。在"ON"状态，其常开触头闭合，常闭触头断开；在"OFF"状态，常开触头断开，常闭触头闭合。FX 系列的 PLC 中各种型号的输入接点数是不同的，实际上输入输出接点数是一个系列中最主要的区分型号的特征。接点的数量决定了 PLC 的价格。因此在使用中一定要根据具体控制对象选择 PLC。

表 7-3 列出了 FX$_2$ 系列 PLC 常用型号的输入继电器接点的配置。本系列各型号的输入接点数（不加扩展单元的情况下）和输出接点数是相等的，各占总接点数的一半。

表 7-3　FX$_2$ 系列 PLC 常用型号输入继电器接点配置

型　　号	FX$_2$-16M※	FX$_2$-24M※	FX$_2$-32M※	FX$_2$-48M※	FX$_2$-64M※	FX$_2$-80M※	扩　展
输入继电器 X	X0～X7 8 点	X0～X13 12 点	X0～X17 16 点	X0～X27 24 点	X0～X37 32 点	X0～X47 40 点	X0～X177 最大可达 128 点

注：※＝R：继电器输出；※＝T：晶体管输出；※＝S：晶闸管输出。

型号中的数字就是 PLC 的输入输出接点总数。由于输入接点的排列序号是八进制的，因此，输入继电器的序号不是输入接点的数量。例如 FX$_2$-48M 型，其总接点数是 48 个，其中输入接点是 24 个，而输入接点的序号排列是 X0～X7、X10～X17、X20～X27。

输入继电器的状态用程序无法改变。

7.2.2　输出继电器 Y

输出继电器的代表符号是"Y"。输出继电器的外部物理特性就相当于一个接触器的触头，称为输出接点。从使用的角度看，就可以将一个输出继电器当做一个受控的开关。其断开或闭合受所编制的程序的控制。PLC 的输出继电器是无源的，因此需要外接电源。从内部操作的角度看，一个输出继电器就是一个一位的可读/写的存储器单元，可以无限次读取和写入。在读取时既可以用输出继电器的常开触头，也可以用输出继电器的常闭触头，使用次数不限。同输入接点一样，FX 系列的 PLC 中各种型号的输出接点数是不同的，也要求在使用中根据具体控制对象选择适合的 PLC。

表 7-4 列出了 FX_2 系列 PLC 常用型号的输出继电器接点的配置。各型号的输出接点数（不加扩展单元情况下）和输入接点数相等，占总接点数的一半。由于输出接点的排列序号也是八进制的，因此，输出继电器的序号也不是输出接点的数量。例如 FX_2-32M，其总接点数是 32 个，其中输出接点是 16 个，而输出接点的序号排列是 Y0～Y7、Y10～Y17。

表 7-4　FX_2 系列 PLC 常用型号输出继电器接点配置

型　号	FX_2-16M※	FX_2-24M※	FX_2-32M※	FX_2-48M※	FX_2-64M※	FX_2-80M※	扩　展
输出继电器 Y	Y0～Y7 8 点	Y0～Y13 12 点	Y0～Y17 16 点	Y0～Y27 24 点	Y0～Y37 32 点	Y0～Y47 40 点	Y0～Y177 最大可达 128 点

注：※＝R：继电器输出；※＝T：晶体管输出；※＝S：晶闸管输出。

输出继电器的初始状态为断开状态。

7.2.3　辅助继电器 M

辅助继电器的代表符号是"M"。FX 系列不同型号的 PLC 编号有所不同，使用中要注意区分，具体的编号和使用性质参考表 7-2。辅助继电器的功能相当于各种中间继电器，可以由其他各种软元件驱动，也可以驱动其他软元件。辅助继电器有常开和常闭两种触头，可以无限次引用。其物理特征和微机中的内存单元完全相同，引用是读操作，被驱动是写操作；但是辅助继电器的触头是一位的，只有"ON"和"OFF"两种状态。辅助继电器没有输出触头，也就是说不能驱动外部负载。外部负载只能由输出继电器驱动。

辅助继电器的触头使用和输入继电器类似，在"ON"状态，其常开触头闭合，常闭触头断开；在"OFF"状态，常开触头断开，常闭触头闭合。

FX 系列 PLC 中有三种特性不同的辅助继电器，分别是通用辅助继电器、断电保持辅助继电器和特殊功能辅助继电器。

所有软元件中只有输入继电器 X 和输出继电器 Y 采用八进制编号，其他所有软元件都采用十进制编号。

① 通用辅助继电器　以 FX_2 系列 PLC 为例，FX_2 中共有 500 点通用辅助继电器，其元件的序号为 M0～M499。这些继电器在通电之后，全部处于"OFF"状态。无论程序是如何编制的，一旦断电，再次通电之后，M0～M499 这 500 点辅助继电器都恢复为"OFF"状态。这相当于微机中的内存 RAM。

② 断电保持辅助继电器　FX_2 中 M500～M1023 这 524 点为断电保持辅助继电器。当 PLC 断电并再次通电之后，这些继电器会保持断电之前的状态。断电之前是"OFF"的辅助继电器，再次通电之后仍然是"OFF"；断电之前是"ON"的辅助继电器，再

次通电之后仍然是"ON"状态。除此之外的其他特性与前面介绍过的通用辅助继电器完全一样。

在这些辅助继电器区间，M800~M999 在两台 PLC 作点对点通信时用作通信辅助继电器，有关细节请参见三菱 PLC 编程手册的相关内容。

③ 特殊功能辅助继电器　FX$_2$ 中从 M8000 到 M8255 这 256 个辅助继电器区间是不连续的，也就是说，有一些辅助继电器是根本不存在的，对这些没有定义的继电器无法进行有意义的操作。有定义的特殊功能辅助继电器可分为两大类：

一类是反映 PLC 的工作状态或 PLC 为用户提供的常用功能器件。这些器件用户只能使用其触头，不能对其驱动。例如：

- M8013　每秒发出一个脉冲信号，即自动地每秒"ON"一次。
- M8020　加减运算结果为零时状态为"ON"，否则为"OFF"。
- M8060　I/O 编号出错时置位（"ON"）。例如对不存在的 X 或 Y 进行了操作。

另一类是可控制的特殊功能辅助继电器，驱动这些继电器之后，PLC 将做一些特定的操作。例如：

- M8034　"ON"时禁止所有输出。即所有的输出都断开。
- M8030　"ON"时熄灭，为电池欠电压指示灯。
- M8050　"ON"时禁止 I/O×× 中断。

其他特殊功能辅助继电器的编号及其功能见附录 2 或三菱 PLC 编程手册。

7.2.4　状态元件 S

状态元件是特别为步进顺控类指令设计的，在编制步进顺控程序时使用状态元件很方便。如 FX$_2$ 系列 PLC 的状态元件共有 1000 点，分为五类。

① 初始状态用　10 点，S0~S9。
② 回归原点用　10 点，S10~S19。
③ 一般通用　480 点，S20~S499。
④ 有断电保持功能　400 点，S500~S899。
⑤ 程序流程故障诊断用　100 点，S900~S999。

前 4 种状态元件 S 在使用中同步进指令 STL 配合使用，使编程简洁明了。在通常情况下，下一个状态开始时，自动退出上一个状态。详细的使用方法见与指令有关的第 8 章内容。

第 5 种状态元件是专为指示所编程序的错误而设置的。

7.2.5　指针 P/I

以 FX$_2$ 系列 PLC 为例进行说明。FX$_2$ 系列 PLC 的指令中允许使用两种标号，一种为"P"标号，用于子程序调用或跳转；另一种为"I"标号专用于中断服务程序的入口标记。

"P"标号有 128 个，从 P0 到 P127，不能随意指定。

FX$_2$ 系列 PLC 的跳转用 CJ 指令，CJ 后面紧跟标号。一般常用 P0~P62。CJ P63 相当于跳过所有主程序，直接到 END 处。

子程序调用也用"P"标号，使用格式为：CALL P0~CALL P62，CALL P64~CALL P128，以 SRET 指令返回。标号指明的子程序只能放在主程序结束指令 FEND 之后。

"P"标号作为被使用标号在整个程序中只允许出现一次，但可多次引用。详细使用情况请参阅第 9 章有关跳转和调用指令的内容。

"I"标号有 9 点，I0XY~I8XY。X 和 Y 有特定的含义。

中断有两种形式，一种是外部输入信号引起的中断，一种是定时中断。

外部信号中断用"IX0Y"的形式，"X"是输入继电器的标号，从 0～5 共 6 点。"Y"是中断信号的方式，"Y＝0"是下降沿中断（由"ON"变为"OFF"）；"Y＝1"是上升沿中断（由"OFF"变为"ON"）。因此只有如下 12 种外部信号中断方式。

① I000　输入继电器 X0 下降沿（由"ON"变为"OFF"）引起中断。
② I001　输入继电器 X0 上升沿（由"OFF"变为"ON"）引起中断。
③ I100　输入继电器 X1 下降沿（由"ON"变为"OFF"）引起中断。
④ I101　输入继电器 X1 上升沿（由"OFF"变为"ON"）引起中断。
⑤ I200　输入继电器 X2 下降沿（由"ON"变为"OFF"）引起中断。
⑥ I201　输入继电器 X2 上升沿（由"OFF"变为"ON"）引起中断。
⑦ I300　输入继电器 X3 下降沿（由"ON"变为"OFF"）引起中断。
⑧ I301　输入继电器 X3 上升沿（由"OFF"变为"ON"）引起中断。
⑨ I400　输入继电器 X4 下降沿（由"ON"变为"OFF"）引起中断。
⑩ I401　输入继电器 X4 上升沿（由"OFF"变为"ON"）引起中断。
⑪ I500　输入继电器 X5 下降沿（由"ON"变为"OFF"）引起中断。
⑫ I501　输入继电器 X5 上升沿（由"OFF"变为"ON"）引起中断。

标号指明的中断服务程序只能放在主程序结束指令 FEND 之后。当发生中断时，标号所指明的中断服务程序开始被执行。中断服务程序用 IRET 指令返回。

定时中断采用"IXYY"的形式。"X"只能取 6、7、8，因此最多只能有 3 个定时器中断服务程序。"YY"是定时器所定时间的毫秒数，从 10～99ms。小于 10ms 和大于 99ms 的定时中断是无法实现的。

定时中断可以实现每隔一定的时间（10～99ms）进行一次预先设计好的操作。例如：I820 即为每隔 20ms 就执行一次标号为 I820 后面的中断服务程序。

中断序号的第二位只能用一次，例如：使用 I200 就不能使用 I201；同样，使用了 I710 就不能使用 I750 等。

所有中断必须用指令开中断之后才能真正有效。

中断嵌套不能多于 2 层。中断的优先级按序号排列，小序号优先。

中断的标号在程序中只能出现一次。

用于中断的输入端子不能再用作其他高速处理的输入。

中断的详细使用方法见第 9 章与中断有关指令的内容介绍。

7.2.6　常数 K/H

PLC 最经常使用的是两种常数，一种是以 K 表示的十进制数，另一种是以 H 表示的十六进制数。任何一个十进制数都必须冠以 K，十六进制数冠以 H。如 K123 表示十进制的 123；H456 表示十六进制的 456（十进制的 1110）等。常数一般用于定时器、计数器的设定值或数据操作。

PLC 中的数据全部是以二进制表示的，最高位是符号位，0 表示正数，1 表示负数。但通过一般的编程器往往只能监测到十进制数或十六进制数。

K 或 H 型常数在绝大多数情况下可以互相切换，但由于人们习惯于十进制数值，因此十进制数据的使用仍然是最普遍的。

7.2.7　定时器 T

PLC 中的定时器（T）相当于继电器控制系统中的时间继电器。不同型号 PLC 中的定时器使用方法类同。下面以 FX$_2$ 系列 PLC 为例进行说明。FX$_2$ 系列 PLC 的定时器，共有 256 个定时器，从 T0～T255。按特性的不同分为两类，每类有两种。

（1）通用定时器

通用定时器有两种，区别是定时的分辨率不同。

① 100ms 通用定时器　100ms 通用定时器有 200 个，序号为 T0～T199。其中 T192～T199 可在子程序或中断服务程序中使用。若定时器在子程序或中断服务程序中已使用，该定时器又在其他地方使用，则定时器不能正确定时。

每个定时器的定时区间为 0.1～3276.7s。

每个定时器都有一个常开和常闭触头，可以无限次引用。

图 7-5 所示为定时器 T20 的常规用法，右边是时序示意图。

X4 的位置可以是任何逻辑关系的组合。

常数 K 可以由数据寄存器 D 来代替，数据寄存器 D 中的数据就是定时时间。

当输入 X4 闭合时，T20 就开始工作。K50 表示 50 个 100ms，即 5s。若 X4 的闭合时间不足 5s，则没有任何动

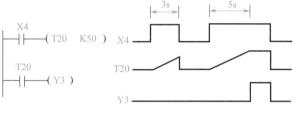

图 7-5　100ms 通用定时器常规用法

作，X4 下一次闭合时重新开始。5s 时间到达后，T20 动作（T20 的常开触头闭合，常闭触头断开）。由 T20 驱动的 Y3 也闭合。这时，只要 X4 不断开，则 T20 的常开触头就始终是闭合的，因而 Y3 也就始终有输出。X4 断开时，T20 复位，Y3 同时复位。

② 10ms 通用定时器　10ms 通用定时器有 46 个，序号为 T200～T245。每个定时器的定时区间为 0.01～327.67s。

除定时的分辨率与 100ms 定时器有区别外，其他特性相同。

图 7-6 所示为定时器 T200 的常规用法。设定时间用 D 指定，对 D 输入数据的方法较多，如可用 MOV 等功能指令送入。本例中设 D20 中的数据为 K525，右边是时序示意图。

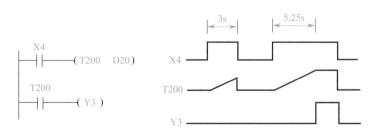

图 7-6　10ms 通用定时器常规用法

由 X4 驱动 T200 工作。D20＝525 表示要定时 525 个 10ms，即 5.25s。时间到达后，Y3 闭合。

（2）累积式定时器

累积式定时器也有两种，一种是 1ms 累积式定时器，另一种是 100ms 累积式定时器。这两种定时器除了定时分辨率不同外，在使用上也有区别。

① 1ms 累积式定时器　有 4 个 1ms 累积式定时器，编号为 T246～T249。

每个定时器的定时区间为 0.001～32.767s。

考虑到一般实用程序的扫描时间都要大于 1ms，因此该定时器设计成以中断方式工作。

1ms累积式定时器可以在子程序或中断中使用。

累积式定时器与通用定时器的区别在于：当驱动逻辑为"ON"后的动作是相同的，而当驱动逻辑为"OFF"或PLC断电时，通用定时器立即复位，累积式定时器并不复位，再次通电或驱动逻辑再次为"ON"时，累积式定时器在上次定时时间的基础上继续累加，直到定时时间到达为止。

图7-7所示为1ms累积式定时器使用的举例和时序图。K1000表示1000个1ms即1s。

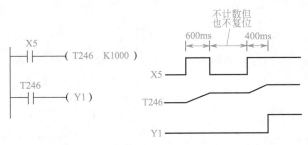

图7-7　1ms累积式定时器的使用和时序

X5闭合后，T246开始计时。若X5中间断开，无论断开的时间有多长，原先所计时间一直保留，即使是断电也不丢失。再次通电后，若X5是闭合的，则继续计时；若X5是断开的，则当X5再次闭合之后开始继续计时，直到定时时间到达为止。

累积式定时器必须用复位指令RST才能复位。驱动逻辑为"OFF"（上例中只有X5），只能停止累积式定时器计时。若定时时间到达后，驱动逻辑为"OFF"则对定时器没有任何影响。这一点在使用中必须注意。

② 100ms累积式定时器　100ms累积式定时器共有6个，编号为T250～T255。

每个定时器的定时区间为0.1～3276.7s。

100ms累积式定时器除了不能在中断或子程序中使用和定时分辨率为0.1s外，其余特性与1ms累积式定时器没有区别。

图7-8所示为100ms累积式定时器使用及复位的举例和时序图。设D40中的数据为K100。K100表示100个100ms，即定时10s。

X20闭合之后，T250开始工作。中间断电或X20断开T250都不复位，但停止计数。当再次通电或X20再次闭合之后，T250在原来计数值的基础上继续计时。直到10s时间到为止。这时由T250常开触头驱动的输出继电器Y10动作。这种状态一直保持，即使X20断开T250也不复位，Y10也不断开。当X12闭合时，复位指令RST才对T250复位，这时Y10才断开。

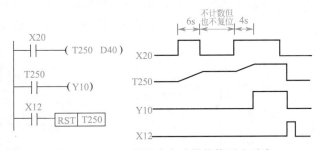

图7-8　100ms累积式定时器的使用和时序

因此这段程序要求PLC通电情况下，输入继电器X20闭合的累计时间要超过10s，此后，X20的状态对T250不再有影响，只有在X12闭合之后，T250才能复位。

（3）定时器的工作方式和定时精度

定时器在驱动逻辑为"ON"时开始工作，驱动逻辑可以是一个继电器，也可以是复杂逻辑的组合。

由于PLC的工作方式是整体扫描，最后输出。因此，定时的准确性直接和所编写程序的长短有关，或者说与一个扫描周期的长短有关。如果引用某个定时器的触头的指令编写在驱动该定时器工作那条指令之前，那么误差可能最大。

实际应用中要求PLC准确定时的情况并不多见，因此这个问题并不明显。一般一个实用的 PLC 程序的扫描周期大多在几十毫秒左右，而定时时间多以秒计。因而由于定时不准引起的问题并不十分严重。对定时时间要求特别的情况，读者可参考相关的 PLC 手册。

7.2.8　计数器 C

由表 7-2 可知，三菱 FX_2、FX_{3U} 和 FX_{3UC} 系列 PLC 编号相同，FX_{3G} 系列 PLC 编号略微不同，下面仍以 FX_2 系列 PLC 为例进行说明。FX_2 系列 PLC 的计数器共有 256 个，从 C0～C255。按特性的不同可分为五种。分别是：增量通用计数器、断电保持式增量通用计数器、通用双向计数器、断电保持式双向计数器和高速计数器。

计数器的功能就是对指定输入端子上的输入脉冲或其他继电器逻辑组合的脉冲进行计数，该输入脉冲的含义是指计数器的输入那一点上出现的脉冲，这个脉冲是怎样形成的对计数器并无影响。达到计数的设定计数值时，计数器的触头动作。输入的脉冲一般要求具有一定的宽度。计数发生在输入脉冲的上升沿，也就是输入逻辑从"OFF"变成"ON"时。

虽然计数器的核心部件是二进制的计数器，但使用时最常使用的还是十进制数值。每个计数器都有一个常开触头和一个常闭触头，可以无限次引用。

(1) 增量通用计数器

共有 100 个增量通用计数器，标号为：C0～C99。每个计数器的计数范围为：1～32767。图 7-9 所示为计数器的常规用法。

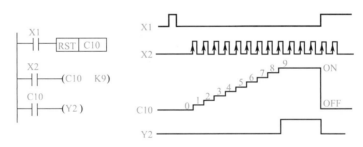

图 7-9　计数器的常规用法及时序

当 X1 闭合（"ON"）时，RST C10 指令将 C10 复位。无论 C10 复位之前的状态是什么，复位之后，其计数值为"0"，常开触头断开，常闭触头闭合。上例使用的是 C10 的常开触头，因此复位后，Y2 是断开的。

复位信号"ON"之后，必须再变为"OFF"，C10 才对 X2 的上升沿进行计数，如果复位信号始终维持有效，那么计数器就反复复位，这时即使有 X2 输入脉冲，C10 也不进行计数，直到复位信号撤销为止。此后，每个输入脉冲的上升沿计数器就加一。计数器只对输入脉冲的上升沿计数，对于脉冲的时间间隔没有要求。达到设定的计数值时（上例中为 9），计数器的常开触头闭合常闭触头断开。由于例子中使用的是 C10 的常开触头，因此，Y2 将动作。这个状态此后一直保持，直到复位继电器的常开触头 X1 再次闭合时，由 RST 指令对 C10 进行复位，此时，Y2 才断开。计数器能够再次对 X2 进行计数的条件是 X1 变为"OFF"。

PLC 要求计数器输入脉冲的频率不能过高，一般要求脉冲信号的一个周期应该大于扫描周期的两倍以上，这实际上满足绝大部分实际工程的需要。

若输入脉冲数未达到设定的计数值就发生断电，则前面所计数值全部丢失。再次通电之后，即使是没有复位信号，计数器也将从 0 开始计数。C10 的输入计数脉冲可以只是一个 X2 信号，也可以是任何继电器逻辑的组合，完全可以根据实际使用情况来确定输入脉冲的组成形式。

（2）断电保持式增量通用计数器

FX$_2$系列PLC还有100个断电保持式增量通用计数器，标号为：C100～C199。每个计数器的计数范围为：1～32767。

断电保持式增量通用计数器能够在断电后保持已经计下的数值，再次通电后，只要复位信号从来没有对计数器复位过，那么，计数器将在原来计数值的基础上，继续计数。断电保持式增量通用计数器的其他特性及使用方法完全和增量通用计数器相同。

（3）通用双向计数器

FX$_2$系列PLC有20个通用的双向计数器。标号为：C200～C219。每个双向计数器的计数范围为：$-2,147,483,648$～$+2,147,483,647$。该数据实际上是二进制的31位（不包括符号位）字长的容量。

所谓双向是指计数的方向，有增计数（加一计数）和减计数（减一计数）两种。

双向计数器的输入脉冲只能有一个，其计数方向是由特殊功能继电器M82XX来定义的。M82XX中的"XX"与计数器相对应，即C200的计数方向由M8200定义；C210的计数方向由M8210定义。M82XX若为断开状态（OFF），则C2XX为增计数；M82XX若为闭合状态（ON），则C2XX为减计数。由于M82XX的初始状态是断开的，因此，默认的C2XX都是增计数。当置位M82XX时，相应的C2XX才变为减计数。

图7-10是通用双向计数器的常规用法举例。

在图7-10中，X13是计数器C210复位控制信号，每当X13闭合时就对C210复位。C210能够工作的充分必要条件就是X13为断开状态。无论C210原来的计数值是多少，复位后其计数值就变为"0"，常开触头断开，常闭触头闭合。

X12控制着M8210的状态。X12闭合时，M8210为"ON"，X12断开时，M8210为"OFF"。而M8210又控制着C210的计数方向。M8210为"ON"时，C210将对输入脉冲（本例中由X14产生）进行减计数，M8210为"OFF"时，C210将对输入脉冲进行增计数。

双向计数器与增量计数器不同之处在于：一方面，当计数值达到设定计数值之后，双向计数器仍然对输入脉冲计数，而增量计数器停止计数。另一方面，双向计数器能进行减计数，当计数值从与设定值相等的那个数据再减1时，其触头要复位。参见上例中的时序图，当计数值从5减到4时，C210的触头就复位，使Y1断开。增量计数器没有这个动作。

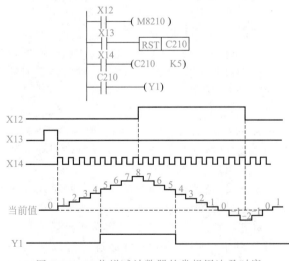

图7-10　32位增减计数器的常规用法及时序

另外双向计数器有循环计数功能，也就是说，当增计数时，若计数值达到2,147,483,647，再增加一个脉冲时，计数值会自动变为$-2,147,483,648$。同样，当减计数时，若计数值达到$-2,147,483,648$，再减一个脉冲时，计数值也会变为$+2,147,483,647$。这种现象的实质是31位循环计数器的最高位是符号位，上述现象就是在增一或减一时向符号位进行了进位或借位操作。

若计数过程当中PLC断电，再次通电时，双向计数器将处于初始状态。初始状态和经过复位的状态相同，计数值是"0"，常开触头断开，常闭触头闭合。

双向计数器的设定值也可以是负数，例如设定为"K−5"。这时，当计数值从−6增加到−5时，计数器触头置位（ON），计数值从−5减少到−6时，计数器触头复位（OFF）。

（4）断电保持式双向计数器

FX$_2$系列 PLC 有 15 个断电保持式双向计数器。标号为：C220～C234。计数器 C220～C234 与 C200～C219 的唯一区别就是计数器 C220～C234 断电后再次通电时，其当前计数值和触头状态都能保持断电之前的状态。15 个断电保持式双向计数器的方向控制与计数器 C200～C219 完全相同。其他特性与计数器 C200～C219 也完全相同。

（5）高速计数器

高速计数器是指那些能对频率高于执行程序扫描周期的输入脉冲进行计数的计数器。由于实用的 PLC 应用程序扫描周期一般在几十毫秒左右，因此普通计数器就只能处理频率在 20Hz 左右的输入脉冲。虽然在大多数情况下这个速度已经足够，但为进一步扩展 PLC 的应用领域，还是专门设置了一些能处理高于上述频率脉冲的计数器。理论上 FX$_2$ 系列 PLC 有 21 个高速计数器。

计数器编号为：C235～C255；

计数范围为：−2,147,483,648～+2,147,483,647 或 0～+2,147,483,647。

但实际上真正能够同时被应用的只有 6 个。这是因为 PLC 在硬件设计上只允许高速脉冲信号从 X0～X5 这 6 个输入端子上引入。其他端子不能对高速脉冲信号进行处理。

这样的设计必然导致某几个计数器共用一个端子。因此当指定的计数器占用了某个端子的时候，这个端子的功能就被固定下来，其他计数器就不能再使用。同时，这个端子也不能再用于其他用途。但这个端子允许分时使用，也就是说，在某个不使用计数器的时间段内，这个端子可以用于其他目的。但是在一般情况下不推荐这种使用方法，容易造成混乱。

高速脉冲输入的最高频率都是受限的，这里仅给出单个输入端子所能处理的最高频率：

X0　10kHz；

X1　7kHz；

X2　10kHz；

X3　10kHz；

X4　7kHz；

X5　7kHz。

另外 X6 和 X7 也可以参加高速计数的控制，但不能是高速脉冲信号本身。

上述 21 个高速计数器按特性的不同可分为如下四种：

- 单相无启动/复位端　　数量：6　　编号：C235～C240；
- 单相有启动/复位端　　数量：5　　编号：C241～C245；
- 双相　　　　　　　　　数量：5　　编号：C246～C250；
- 鉴相式　　　　　　　　数量：5　　编号：C251～C255。

每个高速计数器的输入端子都不是任意的，详细的分配情况见表 7-5。

所有高速计数器都是双向的，都可以进行增计数或减计数。鉴相式高速计数器的增减计数方式取决于两个输入信号之间的相位差（见后文）。增减计数脉冲由一个输入端子进入计数器的，其工作方式与前面介绍的双向计数器类似，增减计数仍然用 M82XX 控制。当 M82XX 为"OFF"时，高速计数器 C2XX 为增计数；当 M82XX 为"ON"时，高速计数器 C2XX 为减计数。

还有一些计数器的增计数和减计数脉冲信号分别来自不同的输入端。

当选用了某个高速计数器时，其对应的输入端子即被占用，这时，就不能再选用该端子作为其他输入的计数器使用。同时，由于中断的输入也用 X0～X5，因此也就不能使用该端子上的中断。

例如选用了 C235 作为高速计数器，则其输入端子必须是 X0，即 C235 的脉冲输入信号只能接在 X0 端子上。其增减计数由 M8235 的状态决定。这时不能再选用 C241、C244、C246、C247、C249、C251、C252、C254。同时也不能再用中断 I00×。

再如选用 C242 作为高速计数器，其输入脉冲信号必须接在 X2 上。其增减计数由 M8242 的状态决定。这时的 X3 就是该计数器的复位端，当连接在 X3 上的开关闭合（ON）时 C242 复位。这时不能再选用 C237、C238、C245、C247、C248、C249、C250、C252、C253、C254、C255。同时也不能再用中断 I20× 和 I30×。

再如，选用 C249 作为高速计数器，其增计数的输入脉冲信号必须接在 X0 上，减计数输入脉冲信号必须接在 X1 上，X2 固定为复位信号，而 X6 是该计数器启动控制端。这时不能再选用 C235、C236、C237、C241、C242、C244、C245、C246、C247、C251、C252、C254。同时也不能再用中断 I00×、I10×、I20× 和 I6××。

从表 7-5 中还可以看出，X6、X7 只可以用作计数器上的启动输入端。

表 7-5　FX₂ 系列 PLC 高速计数器输入端子分配表

输入端子		X0	X1	X2	X3	X4	X5	X6	X7
单相无启动/复位端	C235	U/D							
	C236		U/D						
	C237			U/D					
	C238				U/D				
	C239					U/D			
	C240						U/D		
单相带启动/复位端	C241	U/D	R						
	C242			U/D	R				
	C243				U/D	R			
	C244	U/D	R					S	
	C245			U/D	R				S
两相双向	C246	U	D						
	C247	U	D	R					
	C248				U	D	R		
	C249	U	D	R				S	
	C250				U	D	R		S
鉴相式双向	C251	A	B						
	C252	A	B	R					
	C253				A	B	R		
	C254	A	B	R				S	
	C255				A	B	R		S

注：U—UP 增计数；S—START 启动控制；A—A 相输入；D—DOWN 减计数；R—RESET 复位；B—B 相输入。

总之，上述不同类型的高速计数器可以同时使用的条件是：不能多于 6 个和不能使用相同的输入端。高速计数器的具体使用方法可查阅相关资料。

7.2.9 寄存器

(1) 数据寄存器 D

数据寄存器主要用于存储中间数据、存储需要变更的给定数据等。每个数据的长度为二进制 16 位，最高位是符号位。根据需要也可以将两个数据寄存器合并为一个 32 位字长的数据寄存器。32 位的数据寄存器最高位是符号位，两个寄存器的编号必须相邻，写出的数据寄存器编号是低位字节，比该编号大一个数的单元为高字节。

16 位有符号数所能够表示的最大数据为 32767，最小数据为 -32768。

32 位有符号数所能够表示的最大数据为 2147483647，最小数据为 -2147483648。

FX_2 系列 PLC 按照数据寄存器特性的不同可分为如下 4 种。

① 通用数据寄存器　FX_2 系列 PLC 共有 200 个通用数据寄存器，每个字长为 16 位。编号为：D0～D199。

PLC 的数据寄存器和普通微机的数据寄存器特性相同，都具有"能写进，读不尽"的特点。向一个数据寄存器写入数据时，无论原来该寄存器中存储的什么内容，都将被后写入的数据覆盖掉。

PLC 的初始状态，也就是通电以后，未执行任何程序的状态是所有数据寄存器的内容都是"0"。而且，当 PLC 从运行（RUN）转向停止（STOP）状态时也会将所有数据寄存器的内容都清成"0"。

但是，特殊功能辅助继电器 M8033 若被置为"ON"，则 PLC 从运行（RUN）转向停止（STOP）状态时，会保留原来数据寄存器中保存的内容。

② 断电保持数据寄存器　编号为：D200～D7999。

其中 D200～D511 可通过外部设备的参数设定将其改为通用型数据寄存器。D512～D7999 无法通过参数设定将其改为通用型数据寄存器，但可在 PLC 开始运行程序时使用 RST 或 ZRST 指令将其存储的数据清零。断电保持数据寄存器的所有特性都与通用数据寄存器完全相同，只是其中保存的数据除非改写，否则即使是断电也仍然保持。

当两台 PLC 之间进行点对点通信时，D490～D509 被用作通信操作。可根据参数设定将 D1000～D2999 作为文件寄存器。

③ 特殊用途数据寄存器　特殊用途数据寄存器共有 256 个，编号为：D8000～D8255。

这些寄存器的内容反映了 PLC 中各个元件的工作状态，尤其在调试过程中，可通过读取这些寄存器的内容来监控 PLC 的当前状态。

特殊用途数据寄存器中的内容是在 PLC 通电之后由系统的监控程序写入的。这些寄存器有的可以读写，有的只能读不能写，详细内容请查阅相关资料。

上述区间有一些没有定义的寄存器编号，对这些寄存器的操作将是无意义的。

④ 文件寄存器　文件寄存器共有 2000 个，编号为：D1000～D2999。

文件寄存器的功能是存储用户程序中用到的数据文件，只能用编程器写入，不能在程序中用指令写入。但在程序中可用指令将文件寄存器中的内容读到普通的数据寄存器中。

(2) 变址寄存器 V/Z

FX_2 系列 PLC 特有。这两个变址寄存器，字长为二进制 16 位。也可以将 V 和 Z 合并使用，构成 32 位变址寄存器，这时，V 是高位，Z 是低位。

变址寄存器，顾名思义就是通过 V、Z 的内容改变地址。V 和 Z 都可以像其他数据寄存器那样进行数据的读写。写入的内容既可以作为普通的数据，也可以和其他软元件合并使用以改变地址。如图 7-11 程序所示。

图 7-11　变址寄存器 V/Z 的应用

指令 MOV D0V D10Z 的含义是将 D0V 单元中的内容传送到 D10Z 中去。传送后 D0V 中的内容不变。如果 V 的内容为 5，Z 的内容为 12，则 D0V＝D(0＋5)＝D5；D10Z＝D(10＋12)＝D22。上述指令的运行结果就是将 D5 的内容传送到了 D22 中。

改变地址时，只能用 V、Z 做后缀，不能放在前面。例如不能用 ZM0、VX4 等。

可以改变地址的元件为：

① 输入继电器 X；

② 输出继电器 Y；

③ 辅助继电器 M；

④ 状态元件 S；

⑤ 标号 P；

⑥ 定时器 T；

⑦ 计数器 C；

⑧ 数据寄存器 D；

⑨ 常数 K、H；

⑩ 数据 KnX。

(3) 扩展寄存器和扩展文件寄存器

FX_{3U}、FX_{3UC} 和 FX_{3G} 系列 PLC 还提供大容量的扩展寄存器和扩展文件寄存器，使用方法请参考三菱 PLC 编程手册。

7.3 可编程序控制器梯形图的编程原则

一个由原电气控制线路图得到的对应梯形图或者是我们自己编制的梯形图，有时并不能直接输入可编程序控制器，对已有的原始梯形图，我们还需要根据可编程序控制器梯形图的编程原则进行改画。下面将结合具体实例，对编程原则进行逐一介绍。

(1) 触头的安排

触头应画在水平线上，不能画在垂直分支上，图 7-12(a) 所示有垂直元件 X3 存在，不能直接编程，应改画成图 7-12(b) 或图 7-12(c)。

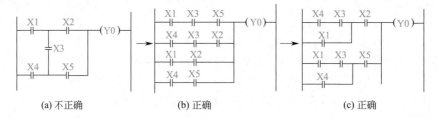

(a) 不正确　　　　　　　(b) 正确　　　　　　　(c) 正确

图 7-12　有垂直元件的梯形图改画方法

(2) 串、并联的处理

在有几个串联回路相并联时，应将触头最多的那个串联回路放在梯形图的最上面，在有几个并联回路相串联时，应将触头最多的并联回路放在梯形图的最左面。这种安排，所编制的程序简洁明了，语句较少，如图 7-13 和图 7-14 所示。

(3) 线圈的安排

不能将触头画在线圈的右边，如图 7-15 所示。

(4) 不准双线圈输出

如果在同一程序中同一元件的线圈使用两次或多次，则称为双线圈输出。这时前面的输

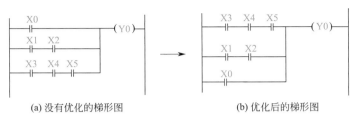

(a) 没有优化的梯形图　　　　　　　(b) 优化后的梯形图

图 7-13　先串后并梯形图的优化

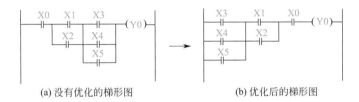

(a) 没有优化的梯形图　　　　　　　(b) 优化后的梯形图

图 7-14　先并后串梯形图的优化

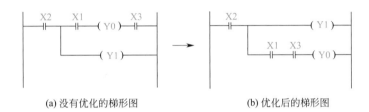

(a) 没有优化的梯形图　　　　　　　(b) 优化后的梯形图

图 7-15　线圈的右边有触头梯形图的优化

出无效，只有最后一次才有效，所以不应出现如图 7-16 所示的双线圈输出。

（5）输入接点的处理

在把继电器原理图转化为梯形图时（用 PLC 取代继电器控制线路时时常会遇到这种情况），实际输入接点是常开的，也可能是常闭的。由它改画成梯形图时，如果照原样把这些输入接点对应移入梯形图，有时预想的动作不能实现。如图 7-17(a) 为一个自锁环节的继电器原理图，SB$_1$ 是一个实际的常闭输入接点，其作用是它一动作便让 KM 线圈失电。若把它转化成如图 7-17(b) 的梯形图和端子图，当 PLC 的 X2 端所接 SB$_2$ 动作时，KM 线圈不能得电，而 X1 端的 SB$_1$ 动作也不能起预想的作用。这是因为当 PLC 扫描到 SB$_1$ 时，由于它

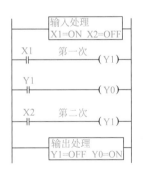

图 7-16　双线圈输出的梯形图

对应的基本存储单元存放的是从常闭接点 SB$_1$ 取得的状态值 1，读取其反为 0，意味着这个接点不通，所以 KM 就不可能得电自保。若梯形图改为图 7-17(c)，则不存在上述问题。当然，若把实际输入接点 SB$_1$ 改成常开触头，则梯形图也就成为正确的了，如图 7-17(d) 所示。

这里值得强调指出的是 PLC 采样读取输入接点时，它并不管实际接点是常开还是常闭，而仅仅是读取其状态（通者取 1，断者取 0）加以存储，PLC 扫描到这些接点时，常开则直读存储值，常闭则读存储值的取反值，所以由继电器原理图转化为梯形图时，梯形图和 PLC 的端子接线有密切关系，实际输入接点与其对应的梯形图中的接点命令应按图 7-17(c) 或图 7-17(d) 来处理。

（6）通电延时时间继电器有瞬动触头的处理

通过上节的学习我们知道，PLC 的定时器只能完成无瞬动触头的通电延时时间继电器

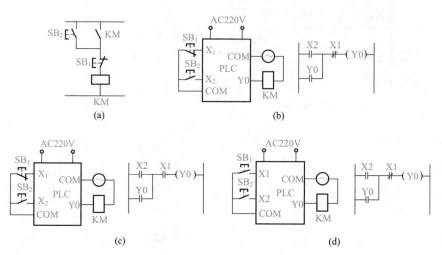

图 7-17　输入接点的处理

的功能。如果需要实现带瞬动触头的通电延时时间继电器的功能，在梯形图中可以用定时器 T 和中间继电器 M 线圈并联的方法来实现，延时触头用定时器 T 的触头实现，瞬动触头用中间继电器 M 的触头实现，具体应用方法见例 7-2。

（7）断电延时时间继电器的处理

同理，PLC 的定时器也无法完成断电延时时间继电器的功能，可以考虑采用定时器 T 加中间继电器 M 来实现。如图 7-18 所示，若输入 X1 接通，M0 线圈通电产生输出，并通过 M0 触头自锁。当 X1 断开时，线圈 M0 不立即停止输出，而是经过 T1 延时 20s 后停止输出，因此 M0 线圈等效于断电延时时间继电器的线圈功能，M0 触头等效于断电延时时间继电器的延时触头功能，具体应用方法见例 7-3。

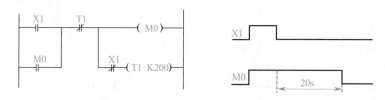

图 7-18　断电延时定时器的实现方法

（8）梯形图编程应用举例

例 7-1　图 7-19(a) 的定子串电阻降压启动控制线路改由 FX PLC 控制。

解　第一步：对 PLC 的 I/O 地址进行编码，如图 7-19(b) 所示。

第二步：根据 I/O 地址编码表，画出 PLC 的端子图，SB₂ 和 SB₁ 的功能保持不变，即 SB₂ 仍然为启动按钮，SB₁ 为停止按钮，如图 7-19(c) 所示。

第三步：画出原始梯形图，如图 7-19(d) 所示。图中 T0 的常开触头很明显是属于垂直元件，分别根据编程原则的第（1）条和第（2）条对原始梯形图进行改画。如图 7-19(e) 和图 7-19(f) 所示。图 7-19(f) 中 Y2 和 T0 串联支路由逻辑代数可知，为多余支路，进一步化简得图 7-19(g) 梯形图。

第四步：写出指令表程序，如图 7-19(h) 所示。

把软件输入 PLC，由 PLC 的端子图和原电气控制线路的主电路共同组成新的电气控制线路（与图 7-3 类似，此处未画出），从而实现题目的要求。

例 7-2　图 7-20(a) 的自耦变压器降压启动控制线路改由 FX PLC 控制。

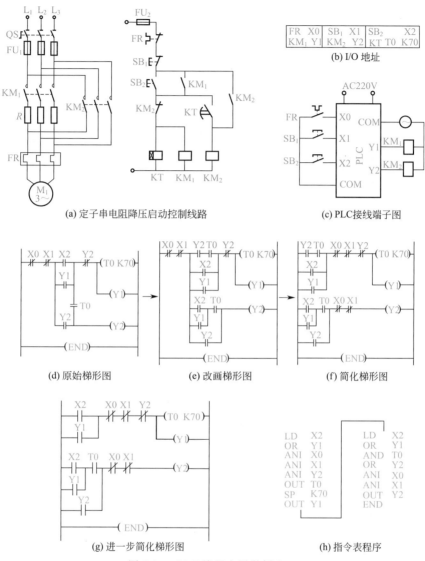

(a) 定子串电阻降压启动控制线路

(b) I/O 地址

(c) PLC 接线端子图

(d) 原始梯形图

(e) 改画梯形图

(f) 简化梯形图

(g) 进一步简化梯形图

(h) 指令表程序

图 7-19　PLC 编程应用举例之一

解　第一步：对 PLC 的 I/O 地址进行编码，如图 7-20(b) 所示。

第二步：根据 I/O 地址编码表，画出 PLC 的端子图，SB_2 和 SB_1 的功能保持不变，即 SB_2 仍然为启动按钮，SB_1 为停止按钮。如图 7-20(c) 所示。

第三步：画出原始梯形图，如图 7-20(d) 所示。图中定时器 T0 和中间继电器 M0 线圈并联的方法来实现带瞬动触头的通电延时时间继电器的功能，延时触头用定时器 T0 的触头实现，瞬动触头用中间继电器 M0 的触头实现。进一步化简得图 7-20(e) 梯形图。

第四步：写出指令表程序，如图 7-20(f) 所示。

把软件输入 PLC，由 PLC 的端子图和原电气控制线路的主电路共同组成新的电气控制线路（与图 7-3 类似，此处未画出），从而实现题目的要求。

例 7-3　图 7-21(a) 的分级振动筛电气控制线路改由 FX PLC 控制。

解　该电气控制线路中，KT_1 为通电延时时间继电器，KT_2 为断电延时时间继电器，断电延时时间继电器需要用原则的第（7）条进行处理。FR_1 和 FR_2 位于线圈的右面，需要

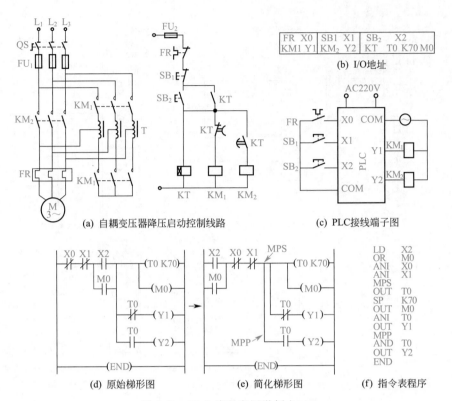

FR	X0	SB1	X1	SB2	X2		
KM1	Y1	KM2	Y2	KT	T0	K70	M0

(b) I/O地址

(a) 自耦变压器降压启动控制线路

(c) PLC接线端子图

```
LD    X2
OR    M0
ANI   X0
ANI   X1
MPS
OUT   T0
SP    K70
OUT   M0
ANI   T0
OUT   Y1
MPP
AND   T0
OUT   Y2
END
```

(d) 原始梯形图

(e) 简化梯形图

(f) 指令表程序

图 7-20　PLC 编程应用举例之二

用原则的第（3）条进行处理。而且，该电气控制线路中还存在垂直元件，需要改画梯形图。

第一步：对 PLC 的 I/O 地址进行编码，如图 7-21（b）所示。

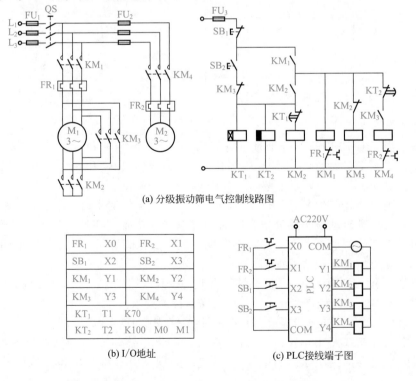

(a) 分级振动筛电气控制线路图

FR1	X0	FR2	X1	
SB1	X2	SB2	X3	
KM1	Y1	KM2	Y2	
KM3	Y3	KM4	Y4	
KT1	T1	K70		
KT2	T2	K100	M0	M1

(b) I/O地址

(c) PLC接线端子图

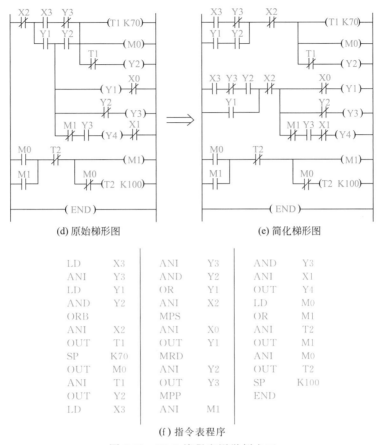

(d) 原始梯形图　　　　　　　(e) 简化梯形图

LD	X3	ANI	Y3	AND	Y3
ANI	Y3	AND	Y2	ANI	X1
LD	Y1	OR	Y1	OUT	Y4
AND	Y2	ANI	X2	LD	M0
ORB		MPS		OR	M1
ANI	X2	OUT	X0	ANI	T2
OUT	T1	OUT	Y1	OUT	M1
SP	K70	MRD		ANI	M0
OUT	M0	ANI	Y2	OUT	T2
ANI	T1	OUT	Y3	SP	K100
OUT	Y2	MPP		END	
LD	X3	ANI	M1		

(f) 指令表程序

图 7-21　PLC 编程应用举例之三

第二步：根据 I/O 地址编码表，画出 PLC 的端子图，SB$_2$ 和 SB$_1$ 的功能保持不变，即 SB$_2$ 仍然为启动按钮，SB$_1$ 为停止按钮。如图 7-21(c) 所示。

第三步：画出原始梯形图，如图 7-21(d) 所示。原始梯形图中第二行那个 Y2 常闭触头是垂直元件，需要对梯形图进行改画，由于断电延时继电器前面的触头情况复杂，故用 M0 线圈及常开触头过渡，如图 7-18 所示的实现方法，从而实现了断电延时的功能；X0 和 X1 触头位于线圈右面，也必须进行处理。按第 (1)、(2)、(3)、(7) 条原则进一步化简，可得图 7-21 (e) 可编程梯形图。

第四步：写出指令表程序，如图 7-21(f) 所示。

把软件输入 PLC，由 PLC 的端子图和原电气控制线路的主电路共同组成新的电气控制线路（与图 7-3 类似，此处未画出），从而实现题目的要求。

例 7-4　振荡电路的实现方法。

解　振荡电路是经常要用到的，它可作为信号源。如图 7-22 (a) 所示为振荡电路控制梯形图之一；图 7-22(b) 所示为波形图。

如图 7-23(a) 所示为振荡电路控制梯形图之二；图 7-23(b) 所示为波形图。

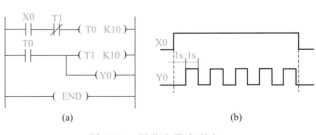

(a)　　　　　　　　　　(b)

图 7-22　振荡电路实现之一

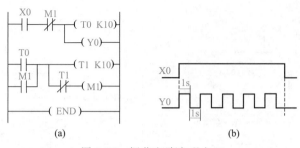

图 7-23　振荡电路实现之二

7.4　FX 系列 PLC 的基本逻辑指令

7.4.1　LD、LDI、OUT 指令

PLC 程序的每一条指令都是以 LD 或 LDI 开始的（熟悉梯形图的读者可以理解为与母线相连）。LD 用于常开触头，LDI 用于常闭触头。

可以使用常开、常闭触头的元件有：输入继电器 X、输出继电器 Y、辅助继电器 M、状态元件 S、定时器 T、计数器 C。

LD 和 LDI 指令也可以和后述的 ANB 或 ORB 指令联合使用。另外在步进顺控和分支起点处也可使用这两条指令，详细用法见相关指令的介绍。

OUT 指令是输出指令，这里的"输出"有驱动、使闭合等含义。可以被驱动的元件有：输出继电器 Y、辅助继电器 M、状态元件 S、定时器 T、计数器 C。

定时器 T 和计数器 C 还要求有预置常数，该常数可以是 K、H 或数据寄存器。

OUT 指令可以连续使用若干次，相当于多个输出线圈并联。

与输入指令相比，只有输入继电器 X 不能被驱动。因为输入继电器是由外部电路驱动的。真正将逻辑状态向外输出的，只有输出继电器 Y。其他元件被驱动以后，总是要用它们的触头来进行逻辑组合或其他内部操作。

还要注意一个输出继电器被多次驱动的问题。输出继电器被多次驱动时，按程序运行顺序，最后驱动的那个逻辑才有效。

编程举例如图 7-24 所示。

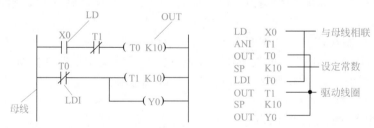

图 7-24　LD、LDI、OUT 指令编程举例

7.4.2　触头串联指令 AND 和 ANI

AND：与指令。用于单个触头的串联，完成逻辑"与"运算。

ANI：与反指令。用于常闭触头的串联，完成逻辑"与非"运算。

图 7-25 为这两条指令的使用方法。其指令用法说明如下。

① AND、ANI 指令均用于单个触头的串联，串联触头数目没有限制。该指令可以重复多次使用，能够进行串联的元件有：输入继电器 X、输出继电器 Y、辅助继电器 M、状态元件 S、定时器 T、计数器 C。

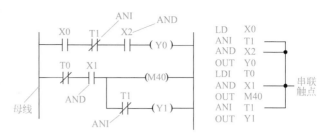

图 7-25　AND、ANI 指令编程举例

② OUT 指令后，通过触头对其他线圈使用 OUT 指令称为纵接输出，如图 7-25 中 OUT M40 指令后，再通过 T1 触头去驱动 Y1。这种纵接输出，在顺序正确的前提下，可以多次使用。

③ AND、ANI 指令串联触头时，是从该指令的当前步开始，对前面已编程逻辑块串联连接，已编程逻辑块可以是一个编程元件，也可以是很多编程元件的组合。

7.4.3　触头并联指令 OR、ORI

OR：或指令。用于单个常开触头的并联。

ORI：或反指令。用于单个常闭触头的并联。

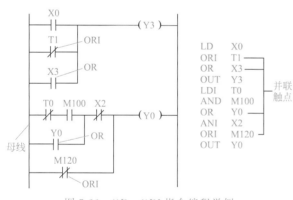

图 7-26　OR、ORI 指令编程举例

该指令能够进行并联的元件有：输入继电器 X、输出继电器 Y、辅助继电器 M、状态元件 S、定时器 T、计数器 C。

如图 7-26 所示梯形图和指令语句表程序表示该指令用法。指令用法说明如下。

① OR、ORI 指令用于一个触头的并联连接指令。若将两个以上的触头串联连接或并联连接时，要用到下面介绍的电路块 ORB 指令。

② OR、ORI 指令并联触头时，是从该指令的当前步开始，对前面已编程逻辑块并联连接，已编程逻辑块可以是一个编程元件，也可以是很多编程元件的组合。该指令并联连接的次数不限。

7.4.4　串联电路块的并联指令 ORB

ORB：块"或"指令。适用于两个以上的触头并联连接。其中分支的开始用 LD、LDI 指令，分支的结束用 ORB 指令。ORB 指令后面无任何数据，它是无操作元件号的指令。ORB 指令应用举例如图 7-27 所示。

7.4.5　并联电路块的串联指令 ANB

ANB：块"与"指令。适用于并联电路块之间的串联连接。其中每个分支的起点用 LD、LDI 指令，并联电路块结束后，使用 ANB 指令与前面电路串联。ANB 指令后面无任何数据。若多个并联电路块顺次用 ANB 指令与前面电路串联连接，则 ANB 的使用次数没有限制。ANB 指令应用如图 7-28 所示。

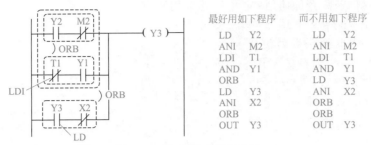

图 7-27　ORB 指令编程举例

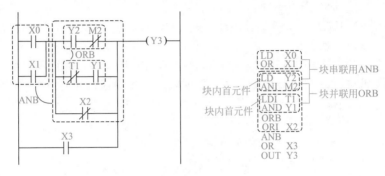

图 7-28　ANB 指令编程举例

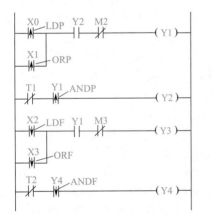

图 7-29　LDP、LDF、ANDP、ANDF、
ORP、ORF 指令编程举例

7.4.6　边沿触发指令

图 7-29 为采用梯形图和指令语句表程序表示的边沿触发指令用法：

- LDP　取脉冲上升沿，上升沿检出运算开始；
- LDF　取脉冲下降沿，下降沿检出运算开始；
- ANDP　与脉冲上升沿，上升沿检出串联连接；
- ANDF　与脉冲下降沿，下降沿检出串联连接；
- ORP　或脉冲上升沿，上升沿检出并联连接；
- ORF　或脉冲下降沿，下降沿检出并联连接。

指令用法说明如下。

① LDP、ANDP、ORP 指令是进行上升检出的触头指令，仅在指定位软元件的上升沿时（OFF-ON 变化时）接通一个扫描周期。

② LDF、ANDF、ORF 指令是进行下降检出的触头指令，仅在指定位软元件的下降沿时（ON-OFF 变化时）接通一个扫描周期。

7.4.7　多重输出电路指令 MPS、MRD、MPP

MPS（Push）：进栈指令。

MRD（Read）：读栈指令。

MPP（Pop）：出栈指令。

这组指令类似于单片计算机的堆栈指令。利用这组指令可将连接点先存储，然后在需要的时候再取出。在 FX_2 系列 PLC 中，设计有 11 个存储中间运算结果的存储器，称之为栈存储器。

MPS 指令的功能就是将接点数据送入栈存储器，又称为进栈，使用一次 MPS 指令，该时刻的运算结果就推入栈的第一段。再次使用 MPS 指令时，当时的运算结果推入栈的第一段，先推入的数据依次向栈的下一段推移。这一点和单片机的存储原理相同。

MPP 指令的功能就是推出栈存储器，又称为出栈，使用 MPP 指令，各数据依次向上段压移。最上段的数据在读出后就从栈内消失。

MRD 指令是最上段所存的最新数据的读出专用指令。执行 MRD 指令时，栈内的数据不发生任何变化。这组指令都是没有操作元件号的指令。

为加深对栈指令的理解，下面列举几例，供读者学习。

① 简单电路（一层栈）如图 7-30 所示。

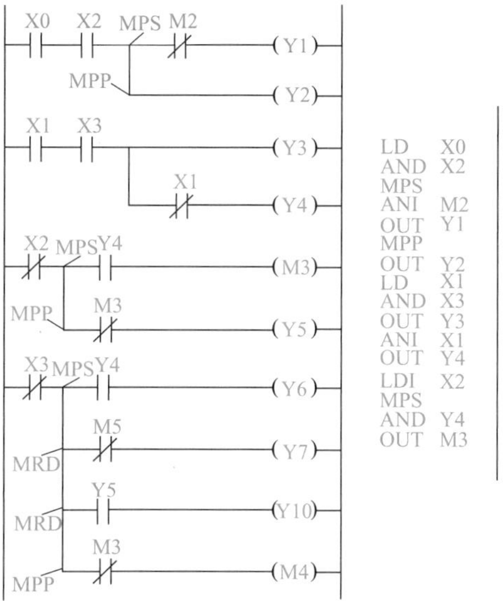

图 7-30　一层栈编程举例

② 一层栈和 ANB、ORB 指令应用例，如图 7-31 所示。

③ 二层栈应用例如图 7-32 所示。

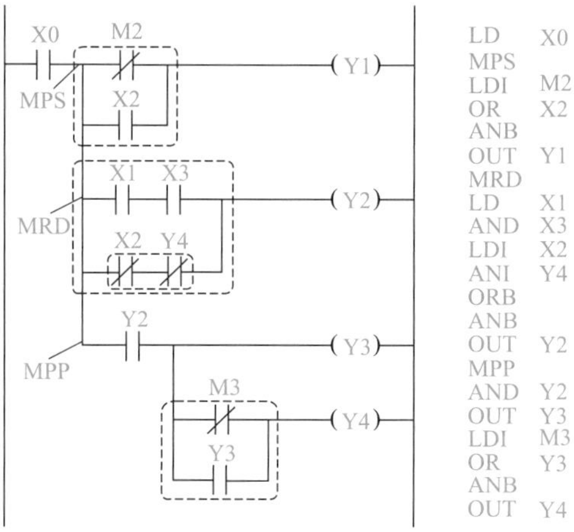

图 7-31　一层栈和 ANB、ORB 指令应用编程举例

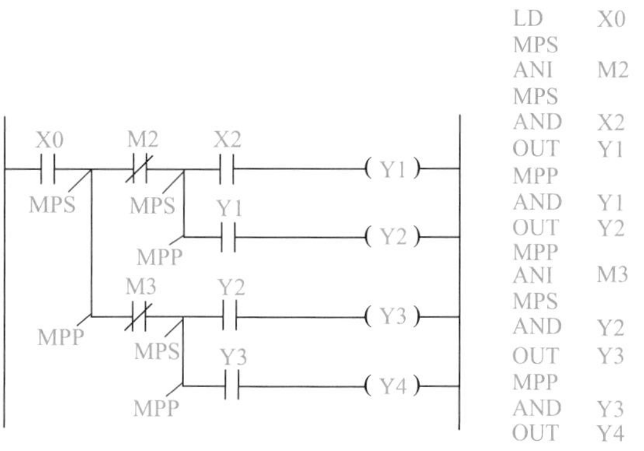

图 7-32　二层栈编程举例

④ 四层栈应用例如图 7-33 所示。

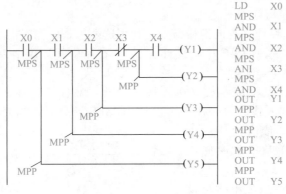

图 7-33　四层栈编程举例

7.4.8　运算结果反转指令 INV

INV 是将执行前的运算结果反转的指令，无需指定软元件编号。INV 指令应用编程举例如图 7-34 所示。

图 7-34　INV 指令应用编程举例

图 7-34 中，如果 X000 为 OFF 时，Y000 为 ON，如果 X000 为 ON 时，则 Y000 为 OFF。INV 指令可以在与串联触点指令（AND、ANI、ANDP、ANDF 指令）相同的位置处编程。不能像指令表上的 LD、LDI、LDP、LDF 那样与母线连接，也不能像 OR、ORI、ORP、ORF 指令那样独立地与触点指令并联使用。

在包含 ORB 指令、ANB 指令的复杂的回路中编写 INV 指令时，INV 指令的动作范围如图 7-35 所示。

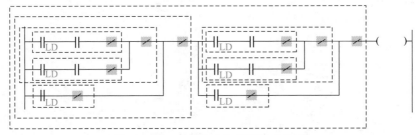

图 7-35　INV 指令动作范围编程举例

INV 指令的功能，是将 INV 指令执行前存在的 LD、LDI、LDP、LDF 指令以后的运算结果反转。

因此使运算结果脉冲化的指令，在 ORB 指令、ANB 指令中编程时，从各自的 INV 指令的位置上见到的 LD、LDI、LDP、LDF 以后的块作为 INV 运算的对象。

7.4.9　运算结果脉冲化指令 MEP、MEF

MEP、MEF 指令是使运算结果脉冲化的指令，不需要指定软元件编号。MEP、MEF 指令是 FX$_{3G}$、FX$_{3U}$ 和 FX$_{3UC}$ 三种 PLC 增加的指令，FX$_1$ 和 FX$_2$ 系列 PLC 则无此指令。

（1）MEP

在到 MEP 指令为止的运算结果，从 OFF→ON 时变为导通状态。如果使用 MEP 指令，那么在串联了多个触点的情况下，非常容易实现脉冲化处理。

MEP 指令（运算结果的上升沿时为 ON）编程举例如图 7-36 所示。

图 7-36　MEP 指令编程举例

（2）MEF

在到 MEF 指令为止的运算结果，从 ON→OFF 时变为导通状态。如果使用 MEF 指令，那么在串联了多个触点的情况下，非常容易实现脉冲化处理。

MEF 指令（运算结果的下降沿时为 ON）编程举例如图 7-37 所示。

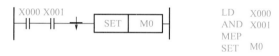

图 7-37　MEF 指令编程举例

（3）MEP 指令和 MEF 指令使用时的注意要点

① 在子程序以及 FOR～NEXT 指令等中，用 MEP、MEF 指令对用变址修饰的触点进行脉冲化的话，可能无法正常动作。

② MEP、MEF 指令是根据到 MEP/MEF 指令正前面为止的运算结果而动作的，所以请在与 AND 指令相同的位置上使用。MEP、MEF 指令不能用于 LD、OR 的位置。

③ 注意事项如下。

● 运算结果上升沿脉冲化指令（MEP 指令）。对包含 MEP 指令的回路的 RUN 中写入结束时，到 MEP 指令为止的运算结果为 ON 时，MEP 指令的执行结果变为 ON（导通状态）。

● 运算结果下降沿脉冲化指令（MEF 指令）。对包含 MEF 指令的回路的 RUN 中写入结束时，与到 MEF 指令为止的运算结果（ON/OFF）无关，MEF 指令的执行结果变为 OFF（非导通状态）。到 MEF 指令的运算结果再次从 ON 变为 OFF 时，MEF 指令的执行结果变为 ON（导通状态）。上述分析如表 7-6 所示。

表 7-6　RUN 中写入时 MEF/MEP 的运算结果

到 MEP/MEF 指令为止的运算结果（RUN 中写入时的导通状态）	MEP 指令	MEF 指令
OFF	OFF(非导通)	OFF(非导通)
ON	ON(导通)	OFF(非导通)

7.4.10　主控逻辑指令 MC 和 MCR

在梯形图中，由一个触头或触头的逻辑组合控制多条逻辑行的电路称为主控。其功能相当于电路中的主控开关，其状态可决定一组控制电路的工作与否。可作为主控触头的元件有：输出继电器 Y、辅助继电器 M。

一般只能使用这些元件的常开触头。

主控电路允许嵌套使用，最多 8 层（N0～N7）。

主控电路的起点是从母线上由某个逻辑或逻辑组合驱动，用 MC 指令开始，用 MCR 指令结束。在 MC 指令之后，母线移到 MC 指令控制的触头之后，指令仍然以 LD 或 LDI 起始。例如图 7-38 所示梯形图，X0 和 X1 常开触头串联逻辑组合控制三条逻辑行。使用主控逻辑指令 MC 和 MCR，可以把它改画成图 7-39 所示的等效梯形图。

在图 7-39 所示的梯形图中，当输入继电器 X0，输入继电器 X1 闭合时，主控触头 M100 闭合，这时才执行从 M100 到 MCR 指令之间的程序。若输入继电器 X0，输入继电器 X1 二者断开其一，则主控部分的程序都不执行。

MC 指令必须和 MCR 指令配对使用，若配合不当会引起程序混乱。原则上一个主控触头只能使用一次，多次使用可能引起程序混乱。在图 7-39 所示的梯形图中，M100 建议在程序中只使用一次，若重复驱动，和输出继电器 Y 一样，只有最后驱动的逻辑才有效。但是容易引起混淆。

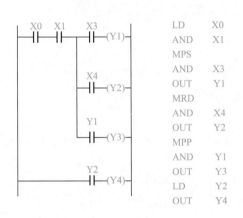

图 7-38　多个线圈受一个触头控制梯形图

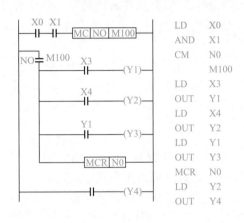

图 7-39　MC、MCR 指令的使用

主控指令嵌套时，必须按 N0、N1～N7 顺序排列，只允许嵌套，不允许交叉。

图 7-40 所示是一个二层主控触头应用的例子。

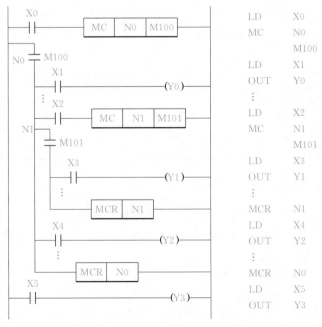

图 7-40　二层主控触头应用举例

图 7-41 所示是一个三层主控触头应用的例子。

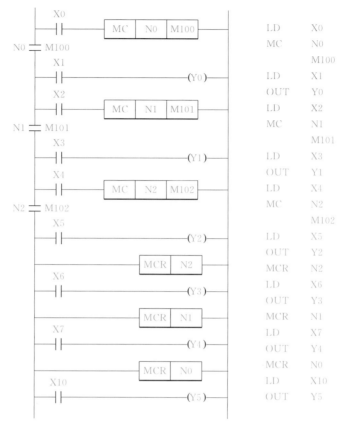

图 7-41 三层主控触头应用举例

上述程序使用了三层主控触头，从 N0 到 N2，该序号的顺序必须是由小到大，不能任意选用。

程序中最后一行是不受主控触头影响的指令行，Y5 只受 X10 的控制，与 X0、X2、X4 的状态无关，因为最后一个 MCR 已经将母线移动到原来的母线位置。这种嵌套只能是层控式的，标号较小的控制标号较大的。例如 N1 控制的母线除了要求 X2 闭合外，还要求 X0 也闭合，这时才能有效。同样，N2 控制的母线也只有在 X0、X2、X4 都闭合时才能有效。从深层返回时，必须从最后一层母线开始返回，顺序不能交叉。

7.4.11　自保持与复位指令 SET 和 RST

用 OUT 指令驱动的继电器或其他元件，当控制逻辑断开时，自然复位。前面所有例子中的输出继电器都是这样的。但在实际使用中经常遇到需要保持的输出状态，例如按钮开关控制逻辑，在点动之后，要求状态始终保持，直到另外一个开关点动为止。PLC 为此设置了自保持与复位指令 SET 和 RST。

可以由 SET 指令驱动的元件有：输出继电器 Y、辅助继电器 M、状态元件 S。

可由 RST 指令驱动的元件有：输出继电器 Y、辅助继电器 M、状态元件 S、定时器 T、计数器 C、数据寄存器 D、变址寄存器 V/Z。

SET、RST 指令在程序中的位置没有规定，可以任意安排，但如果对一个元件使用了多次 SET 或 RST 指令，则按从前到后的执行顺序，最后一个指令有效。图 7-42 所示为一个应用 SET、RST 指令的例子。

只要 X0 闭合，输出继电器 Y0 就被驱动，即使 X0 再断开，Y0 的状态也仍然保持为被驱动状态。当 X1 闭合时，输出继电器 Y0 就被释放，即使 X1 再断开，Y0 的状态也仍然保持为释放状态。所有能用 SET 指令驱动的元件 M、S 都如此。虽然对于同一个元件允许多次使用 SET、RST 指令，且最后执行到的一条为有效，但在实际编程中应尽量避免多次驱动，因为当程序较为复杂时这种方式会引起混乱。对数据寄存器 D，RST 指令可使其复位，也就是清零。对定时器 T 和计数器 C，RST 指令可使其触头复位，常开触头断开，常闭触头闭合。其计数或定时的当前数据也被清零。

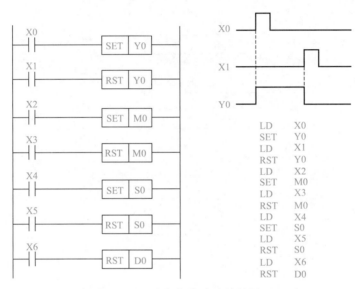

图 7-42 自保与解除编程举例

7.4.12 脉冲输出指令 PLS 和 PLF

脉冲输出指令分为上升沿脉冲输出指令 PLS 和下降沿脉冲输出指令 PLF。所有的输出脉冲都是正向脉冲，即：从"OFF"到"ON"再到"OFF"。该脉冲的宽度是一个程序的扫描周期，也就是在执行该指令的下一个程序扫描周期内，该元件为"ON"状态，这个周期过去之后，又要恢复成原来的"OFF"状态。PLS 指令是当驱动逻辑是上升沿（"OFF"到"ON"）时发出正向脉冲信号；而 PLF 指令是当驱动逻辑是下降沿（"ON"到"OFF"）时发出正向脉冲信号。

可以进行脉冲输出的元件为：输出继电器 Y、辅助继电器 M。

需要注意的是，脉冲输出的脉冲宽度，只有一个扫描周期的长度，因此对于继电器输出型的 PLC 来说，这个脉冲一般都输出不了。就是说，程序的确是执行了脉冲输出操作，但由于继电器的动作响应较慢，未等到闭合动作结束，扫描时间已经过去，又要断开了。因此在输出端可能检测不到脉冲输出。另外，一个实际应用中的系统也很少有用到这种脉冲。脉冲还可以用其他方法获得。

对特殊功能辅助继电器不能使用脉冲输出指令。

图 7-43 所示为一个应用 PLS、PLF 指令的例子。

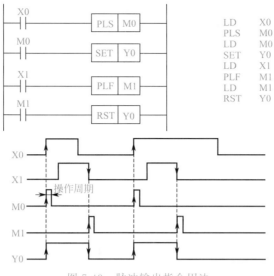

图 7-43 脉冲输出指令用法

7.4.13 空操作指令 NOP

NOP 指令在程序中占一个步序，但实际上该指令并不进行任何有意义的操作。一般可以用于下述几种情况。

① 清除出一定的空间，待用。

② 将某些触头或电路短路。

③ 切断某些电路。

④ 变换部分电路。

NOP 指令在调试程序时非常有用。

7.4.14 程序结束指令 END

END 指令是伪指令，其功能是通知汇编器，所编制的应用程序到此为止。后面的内容不是程序了。因此 END 指令一定是放在整个程序的最后。由于一个干净的程序存储器的内容都是 NOP，而 NOP 也是指令，因此若无 END 指令作标志，则 CPU 会将整个程序存储器空间中的指令（包括 NOP）都执行一遍才进行下一个扫描周期。如果都是 NOP 指令，只是占用了大量的时间，若有其他内容，则程序必然出错。因此，必须在程序的最后放置 END 指令。程序在执行到 END 指令之后，就进行输出处理，然后开始一个新的输入周期。

利用 END 指令的这个特点，在调试程序时可以按程序的内容分段插入 END 指令，待 END 指令前面的所有程序都无误后，再将 END 删去。这样一段一段地将全部程序调试完毕。这样做的好处是可以将问题的出现范围缩小，便于查找和更正。

习题及思考题

7-1 三菱 FX 系列 PLC 的编程语言分为哪几类，各类的主要特点是什么？

7-2 三菱 FX 系列 PLC 有哪几类编程元件？简述它们的用途、编号和使用方法。

7-3 三菱 FX 系列 PLC 梯形图的编程原则有哪些？举例说明。

7-4 把图 2-9（a）所示的常用顺序启停控制线路改由 FX PLC 控制。写出其 I/O 地址编码，画出其应用 PLC 的电气原理图，画出其梯形图，写出其指令表程序清单。

7-5 把图 2-11(a) 所示的定子绕组串接电阻降压启动控制线路改由 FX PLC 控制。写出其 I/O 地址编码，画出其应用 PLC 的电气原理图，画出其梯形图，写出其指令表程序清单。

7-6 把图 2-13 所示星形-三角形降压启动控制线路改由 FX PLC 控制。写出其 I/O 地址编码，画出其应用 PLC 的电气原理图，画出其梯形图，写出其指令表程序清单。

7-7 把图 2-17 所示的延边三角形降压启动控制线路改由 FX PLC 控制。写出其 I/O 地址编码，画出其应用 PLC 的电气原理图，画出其梯形图，写出其指令表程序清单。

7-8 把图 2-18 所示的时间原则绕线式异步电动机转子串电阻启动控制线路改由 FX PLC 控制。写出其 I/O 地址编码，画出其应用 PLC 的电气原理图，画出其梯形图，写出其指令表程序清单。

7-9 把图 2-22 所示电动机单向运转的反接制动控制线路改由 FX PLC 控制。写出其 I/O 地址编码，画出其应用 PLC 的电气原理图，画出其梯形图，写出其指令表程序清单。

7-10 把图 2-23 所示电动机可逆运转的反接制动控制线路改由 FX PLC 控制。写出其 I/O 地址编码，画出其应用 PLC 的电气原理图，画出其梯形图，写出其指令表程序清单。

7-11 把图 2-25(a) 所示的单向能耗制动控制线路改由 FX PLC 控制。写出其 I/O 地址编码，画出其应用 PLC 的电气原理图，画出其梯形图，写出其指令表程序清单。

7-12 把图 2-26 所示电动机可逆能耗制动控制线路改由 FX PLC 控制。写出其 I/O 地址编码，画出其应用 PLC 的电气原理图，画出其梯形图，写出其指令表程序清单。

7-13 把图 2-31 所示液压动力滑台系统电气控制线路改由 FX PLC 控制。写出其 I/O 地址编码，画出其应用 PLC 的电气原理图，画出其梯形图，写出其指令表程序清单。

7-14 画出下列指令语句表程序清单对应的 FX 梯形图。

0	LD	X1		SP	K2550	17	PLS	M101
1	OR	M100	10	OUT	Y32	19	LD	M101
2	ANI	X2	11	LD	T50	20	RST	C60
3	OUT	M100	12	OUT	T51	22	LD	X5
4	OUT	Y31		SP	K35	23	OUT	C60
5	LD	X3	15	OUT	Y33		SP	K10
7	OUT	T50	16	LD	X4	26	OUT	Y34

7-15 画出下列指令语句表程序清单对应的 FX 梯形图。

0	LD	X0	6	AND	X5	12	AND	M103
1	AND	X1	7	LD	X6	13	ORB	
2	LD	X2	8	AND	X7	14	AND	M102
3	ANI	X3	9	ORB		15	OUT	Y34
4	ORB		10	ANB		16	END	
5	LD	X4	11	LD	M101			

7-16 写出图 7-44 FX 梯形图对应的指令表程序清单。

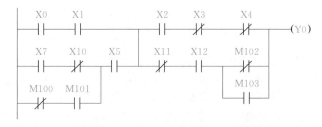

图 7-44 题 7-16 图

7-17　写出图 7-45 FX 梯形图对应的指令表程序清单。

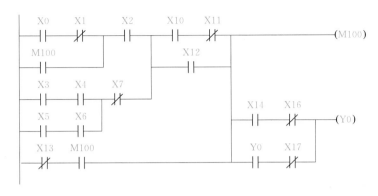

图 7-45　题 7-17 图

7-18　写出图 7-46 FX 梯形图对应的指令表程序清单。

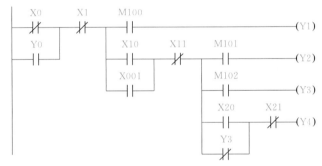

图 7-46　题 7-18 图

7-19　将图 7-47 所示 FX 梯形图改画成用主控指令编程的梯形图。

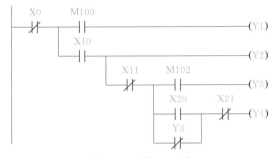

图 7-47　题 7-19 图

7-20　写出图 7-48 FX 梯形图对应的指令语句表程序清单。

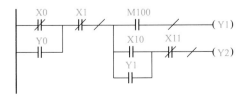

图 7-48　题 7-20 图

7-21 写出图 7-49 FX 梯形图对应的指令语句表程序清单。

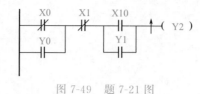

图 7-49 题 7-21 图

7-22 画出图 7-50 所示 FX 梯形图执行后对应编程元件的波形。

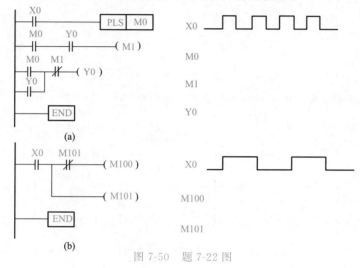

图 7-50 题 7-22 图

7-23 试设计一个四分频和六分频的 FX 梯形图程序，并写出对应的指令表程序。

7-24 用 SET、RST 和脉冲指令设计满足图 7-51 波形的 FX 梯形图程序。

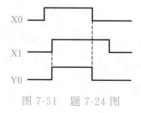

图 7-51 题 7-24 图

8 FX 系列 PLC 步进顺控指令及其应用

在 PLC 的实际应用过程中，经常会遇到一些要求顺序动作的过程。这种过程要求前一个动作结束之后方能进行下一个动作。我们把这种过程称为步进顺控。这时，用普通梯形图的编程方法一般会很繁杂。从原理上说，梯形图能够完成这种编程，但既不方便又容易出错。为此 PLC 设置了一种专门用于这种步进顺控的指令。其设计思想也作了变化，引入了状态转移图，步进顺控程序根据状态转移图进行编制。状态转移图直观地表示了步进顺控的工艺流程。而且，在编制程序时，每个状态都有一个相对独立的任务及相关的控制信号，不用同时考虑其他的状态，总之状态转移图使编程简单直观、不易出错，缩短了设计和调试时间。

8.1 状态转移图的基本概念

实际应用时有很多控制过程是顺序控制的，这些顺序控制程序如用继电器梯形图来编制就需要有经验，并且编出来的程序相当复杂也难以读懂。若对那些顺序动作的过程（典型的如机械动作）用状态转移图表示，则编程就变得很方便了。称为"状态"的软元件是构成状态转移图的重要元素。查表 7-2 知，FX 系列 PLC 有丰富的状态元件供用户使用，如 FX_2 系列的状态元件 S 有 900 点，从 S0~S899 可用于构成状态转移图。而其中 S0~S9 是状态转移图中的初始状态。

我们回顾一下例 7-3 的编程方法知道，由电气控制线路图来编制梯形图是相当复杂的。图 8-1 用状态转移图 SFC 来编程。二者的效果是一样的。

图 8-1 中共有 4 种状态 S0、S20、S21、S22。M8002是特殊功能继电器，PLC 在上电初始，M8002 常开触头在第一个扫描周期为闭合。因此，程序上电初始自动跳入初始状态 S0。当状态 S0 有效时，由于其右边没有挂任何东西，程序不会改变输出端的状态。

当按下启动按钮 SB_2 时，输入继电器 X3 的常开触头闭合，程序就会从状态 S0 跳入状态 S20。状态 S20 有效时，其右边虚框内的输出继电器 Y1、输出继电器 Y2 和时间继电器 T1 就会被驱动，Y1 和 Y2 动作，由端子图可知，KM_1 和 KM_2 线圈通电，电动机 M_1 星形降压启动开始，同时 T1 定时也开始。T1 定时到，其常开触头闭合，程序就会从状态 S20 跳入状态 S21。

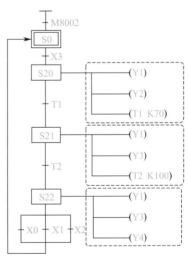

图 8-1 分级振动筛 PLC
应用 SFC 编程

状态 S21 有效时，其右边虚框内的输出继电器 Y1、输出继电器 Y3 和时间继电器 T2 就会被驱动，Y1 和 Y3动作，由端子图可知，KM_1 和 KM_3 线圈通电，电动机M_1 三角形正常运行，同时 T2 定时也开始。T2 定时到，其常开触头闭合，程序就会从状态S21 跳入状态 S22。需要特别注意的是，状态 S20 跳入状态 S21，状态 S20 右边虚框内所挂输出继电器 Y1、输出继电器 Y2 和时间继电器 T1 自动释放。

同理，状态 S22 有效时，其右边虚框内的输出继电器 Y1、输出继电器 Y3 和输出继电器 Y4 就会被驱动，Y1 和 Y3 动作，电动机 M_1 三角形正常运行，Y4 动作，电动机 M_2 全压启动并运行。

当按下停止按钮 SB₁ 或热继电器动作时，程序回到状态 S0，两台电动机停机，等待下一次启动按钮按下，重复上述过程。

另外需要注意的有如下几点。

① 状态继电器的编号要在指定的范围内选用。

② 在不用状态转移图（或称步进顺控指令）编程时，状态继电器可以作为辅助继电器在程序中使用。

③ 各状态继电器的触头在 PLC 内部可自由使用，使用次数不限。

8.2　FX 系列状态转移图的编程方法

8.2.1　状态转移图转换成步进顺控梯形图

步进/顺控指令的编程和特殊规定与普通梯形图编程方法有一定的区别，必须严格遵守。一个状态中主要应该包含以下三个内容：

① 有功能的指令段；

② 指定下一个状态的转移条件；

③ 指定下一个状态的转移方向。

下面介绍步进顺控梯形图的编程方法，如图 8-2 所示，左边是状态转移图，右边是等效的步进顺控梯形图。

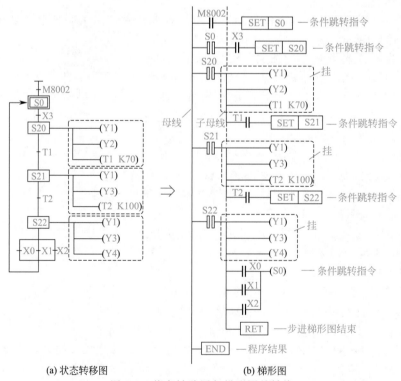

(a) 状态转移图　　　　(b) 梯形图

图 8-2　状态转移图与梯形图的转换

步进顺控梯形图与普通梯形图的重要区别就是状态元件 S 所引导出来的母线称为子母线，当某个状态被激活时，步进顺控梯形图的母线就转移到子母线上。状态元件的表示方法是类似于触头的两个小矩形。子母线的性质和母线类似,可以将 S 的触头看成是普通继电器的触头,直接驱动负载(如 Y1、Y2 等)。

由状态转移图直接可以转换成步进顺控梯形图,其方法如下。

① 把状态转移图的状态框 S0、S20 等,转换成对应的步进顺控梯形图的状态元件 S0、S20 等。

② 把状态转移图中各状态框右边挂有的电路,对应挂在步进顺控梯形图的状态元件的右边。

③ 把状态转移图中各状态框之间的转移条件,用图示的跳转指令实现。顺序跳转用 SET 指令加目标状态。否则用线圈直接驱动目标状态的方式实现,如图 8-2 所示的最后一条条件跳转指令。

④ 在状态转移图中,M8002 触头的上面无状态框,因此步进顺控梯形图的 M8002 触头直接接在母线上。

⑤ 最后一条条件跳转指令后,加上 RET 指令表示步进顺控梯形图结束。

⑥ END 指令表示程序结束。

8.2.2 步进顺控指令

图 8-3(b)、(c) 所示为由步进顺控梯形图写出对应指令语句表程序示例。

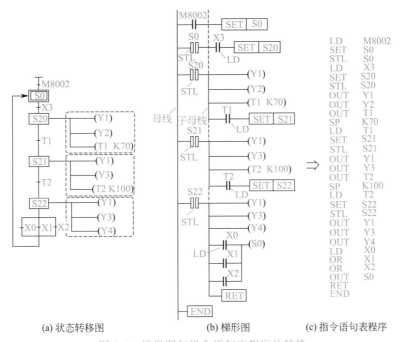

(a) 状态转移图   (b) 梯形图   (c) 指令语句表程序

图 8-3 梯形图与指令语句表程序的转换

写对应指令语句表程序的方法与前面介绍的方法类似,但要注意以下两点。

① 步进顺控梯形图的状态元件 S0、S20 等必须用步进指令 STL 编程。

② 步进顺控梯形图的状态元件 S 所引导出来的子母线,其性质和母线类似。因此,从它开始的首元件,必须用 LD 或 LDI 开始编程。

从子母线返回母线时要使用 RET 指令。也就是说,在一系列 STL 指令之后,最后必须有一个 RET 指令。否则,由于 PLC 程序循环执行,会将后面的所有指令,包括最开始的程序部分都看成是当前状态内的指令,这将导致程序出错,无法运行。

不是初始状态的状态元件 S 的顺序可以自由选择,不一定非要按顺序排列。

需要注意的是在 STL 引导的状态中不能使用主控指令 MC。另外，紧接着 STL 指令不能立即使用压栈操作指令 MPS，但在程序中不是紧接 STL 指令的位置可以使用 MPS、MRD、MPP 等堆栈操作指令。

状态元件 S 的触头也可以像普通继电器的触头一样使用，用来驱动负载、参与逻辑关系的组成等等。另外，状态元件在不用 STL 指令驱动时，也可以当作普通继电器使用。

时间继电器的标号在各个不同的状态，最好不要相同，以免出错。

8.2.3 SET、RST 指令在状态转移图中的应用

分级振动筛电气控制线路改由 PLC 控制时，如果 SB_2 和 SB_1 在端子图中是常闭触头接在输入端，则状态转移图的跳转条件要使用 $\overline{X3}$ 和 $\overline{X2}$。另外，驱动线圈可以使用 SET 和 RST 指令，如图 8-4(b) 所示。SET 指令驱动后，当前状态转移到其他状态时，被 SET 指令驱动了的线圈仍然通电，直到有 RST 指令对该线圈清除，该线圈才断电。现以图 8-4(b) 所示 Y1、Y3 线圈为例进行说明。

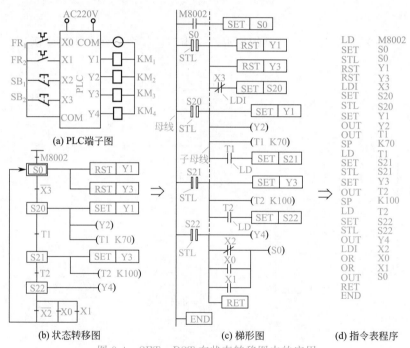

图 8-4　SET、RST 在状态转移图中的应用

PLC 上电初始，程序进入状态 S0，RST 指令对 Y1、Y3 线圈清零。当按下启动按钮 SB_2 时，程序从状态 S0 进入状态 S20。在状态 S20，SET 指令驱动 Y1 线圈，Y1 线圈通电，OUT 指令驱动 Y2 线圈，Y2 线圈也通电，同时 T1 定时也开始。T1 定时到，程序就会从状态 S20 跳入状态 S21。

在状态 S21，Y1 线圈仍通电，SET 指令驱动 Y3 线圈，Y3 线圈也通电，Y2 线圈断电，同时 T2 定时也开始。T2 定时到，程序就会从状态 S21 跳入状态 S22。

在状态 S22，Y1 线圈、Y3 线圈仍通电，OUT 指令驱动 Y4 线圈，Y4 线圈也通电，电动机 M_1 和 M_2 正常运行。

当按下停止按钮 SB_1 时，程序从状态 S22 跳入状态 S0，RST 指令对 Y1、Y3 线圈清零，使其断电，Y4 线圈也断电，为再次工作做好准备。

SET、RST 指令在状态转移图中使用，有时可以简化程序。

8.3　FX 系列状态转移图的编程规则

实际应用中的各种工艺流程并不都是按照上例中的顺序排列的，经常有各种分支、汇合、并行等工艺流程的要求。

为适应这些需要，PLC 加强了状态转移图的各种组合功能。

在不同的顺序控制中，其 SFC 图的流程形式有所不同，大致归纳为单流程、可选择性分支与汇合、并行分支与汇合、分支与汇合的组合。

8.3.1　单流程

图 8-5(a) 所示为带下跳转与重复的单流程 SFC 图。

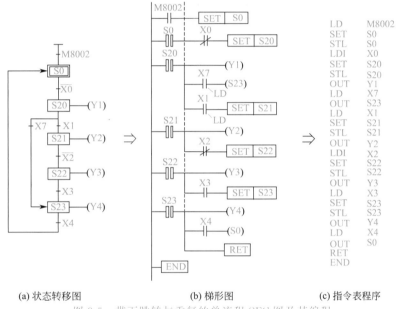

(a) 状态转移图　　　　(b) 梯形图　　　　(c) 指令表程序

图 8-5　带下跳转与重复的单流程 SFC 图及其编程

在图 8-5(a) 所示的 SFC 图中，X7 触头从 X1 触头的上面引出，而不能从 X1 触头的下面引出。状态 S20 指令语句表编程方法如图 8-6 所示。

图 8-6　S20 状态的编程方法

图 8-7(a) 所示为带上跳转与重复的单流程 SFC 图。

图 8-8(a) 所示为向流程外跳转与重复的单流程 SFC 图。

8.3.2　可选择性分支与汇合

所谓可选择性分支就是从多个流程中选择执行一个流程，如图 8-9 所示。在抢答器控制程序中可用选择性分支与汇合方法编程。在图 8-9(a) 中，状态转移图的分支选择条件 X0、X10、X20 不能同时接通。在状态 S20 时，根据 X0、X10 和 X20 的状态决定执行哪一条分支。如一旦 X0 接通，动作状态就向 S21 转移。因此即使以后 X10 或 X20 动作，S31 或 S41 也不会被驱动。汇合状态 S50 可由 S22、S32、S42 中任意一个驱动。图 8-9(b) 给出了对应的步进梯形图，其指令语句表程序与前面介绍的方法类似。

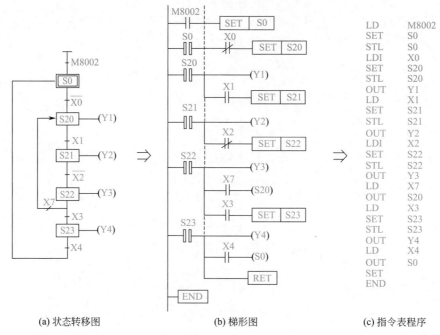

(a) 状态转移图　　　　　(b) 梯形图　　　　　(c) 指令表程序

图 8-7　带上跳转与重复的单流程 SFC 图及其编程

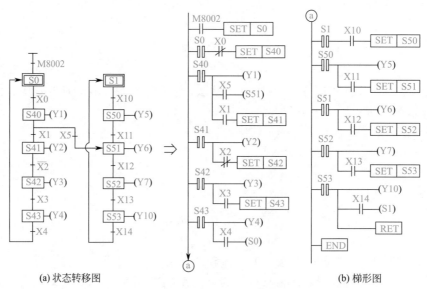

(a) 状态转移图　　　　　　　　　　(b) 梯形图

图 8-8　向流程外跳转与重复的单流程 SFC 图及其编程

注意在分支与汇合的转移处理程序中，不能用 MPS、MRD、MPP、ANB、ORB 指令。此外，即使负载驱动回路也不能直接在 STL 指令后面使用 MPS 指令。

图 8-10 是可选择性分支与汇合 SFC 图中 S20 状态对应梯形图编写指令语句表程序的方法。

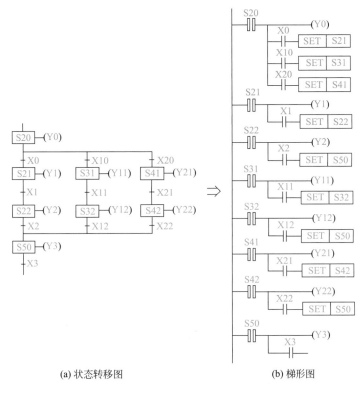

（a）状态转移图　　　　　　　（b）梯形图

图 8-9　可选择性分支与汇合

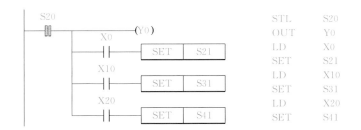

图 8-10　S20 状态的编程方法

8.3.3　并行分支与汇合

所谓并行分支就是多个流程可同时执行的分支，如图 8-11（a）所示。在自动化生产线的控制程序中经常用到并行分支与汇合程序。

图 8-12 是 SFC 图中分支与汇合状态对应梯形图编写指令语句表程序的方法。

8.3.4　分支与汇合的组合

如图 8-13 和图 8-14 的 SFC 图为可选择分支与汇合的组合形式，它们的特点是从汇合转移到分支线时，直接连接，而没有中间状态，对于这样的情况，一般在汇合线转移到分支线的直接连接之间插入一个空状态或者是一个空状态加其触头。

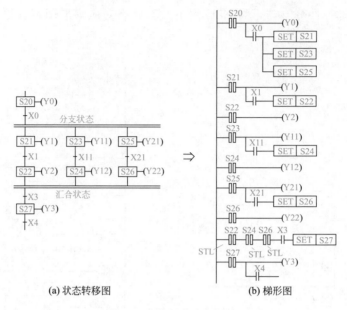

(a) 状态转移图　　　　　　　　(b) 梯形图

图 8-11　并行分支与汇合

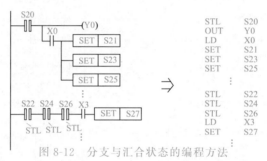

图 8-12　分支与汇合状态的编程方法

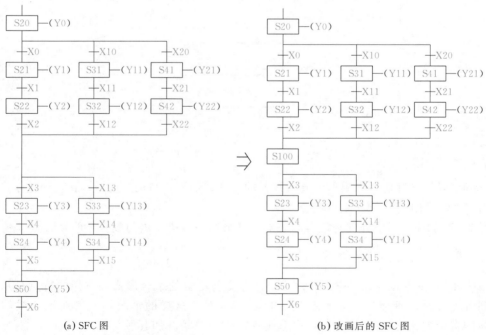

(a) SFC 图　　　　　　　　　　(b) 改画后的 SFC 图

图 8-13　分支与汇合的组合之一

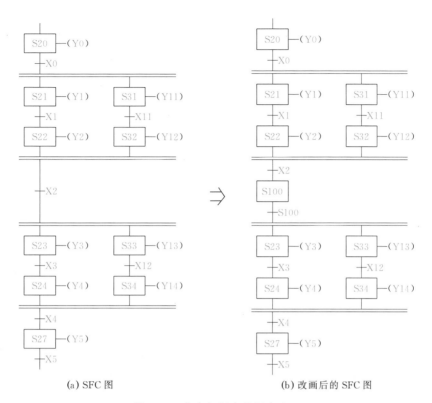

(a) SFC 图　　　　　　(b) 改画后的 SFC 图

图 8-14　分支与汇合的组合之二

　　如图 8-15 所示的 SFC 图为嵌套选择性分支与汇合状态图，可以将这种形式的 SFC 图改写为没有嵌套的选择性分支与汇合，如图 8-16 所示。

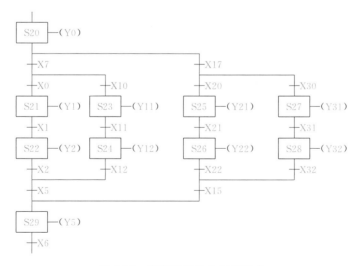

图 8-15　嵌套选择性分支与汇合

　　如图 8-17 所示的 SFC 图为选择性分支与汇合中有并行分支与汇合的状态图，这种形式的 SFC 图可以用前面介绍的方法进行编程。图 8-18 所示为对应的梯形图。

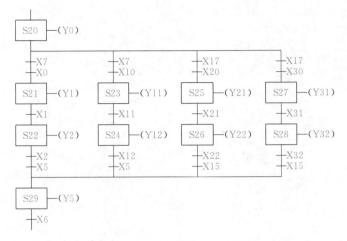

图 8-16　选择性分支与汇合

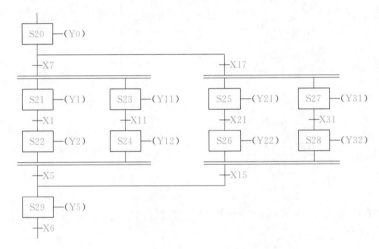

图 8-17　选择性分支与并行分支的组合

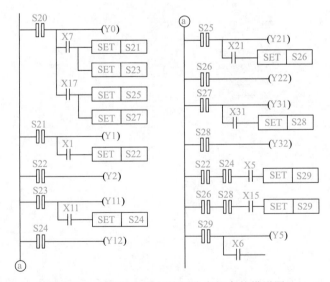

图 8-18　选择性分支与并行分支组合的梯形图

8.3.5 SFC 图编程中应注意的几个特殊问题

① STL 指令仅对状态元件 S 有效，不能用于其他元件。无论 S 元件用于状态与否，其触头都可以当作普通继电器的触头一样使用。当不用于状态时，状态元件 S 与普通继电器完全一样，可以使用 LD、LDI、AND、ANI、OR、ORI、OUT、SET、RST 等指令。

② 可以有从 S0 到 S9 共 10 个专用于初始状态的元件，因此也就可以有相互独立或关系不太紧密的几个状态系列。

③ 每个以 S0～S9 为初始状态下面的分支总和不能超过 16 个。状态的总数并没有限制，但分支的总数不能多于 16 个。这是对分支总数的限制，与有几个分支点无关。

④ 在每一个分支点上引出的分支不能多于 8 个。这是对一个分支点上引出分支的限制。分支总数不能多于 16 个，但不能集中在某个分支点上，每个分支点上引出的分支数必须少于 8 个。

⑤ 各种汇合的汇合线或汇合线前的状态上都不能直接进行状态的跳转。若要进行跳转必须像状态的组合那样引入过渡状态，然后从过渡状态再跳转。

⑥ 在一个状态中可以对其他任何状态进行复位，也包括正在执行该条指令本身所处的状态。复位状态用 RST 指令。

⑦ 从属于两个不同初始状态引导的状态序列之间可以用 OUT 指令互相跳转。

⑧ 相邻的两个状态中不能使用同一个定时器。因为这样会导致定时器没有复位机会，从而出现混乱。分隔开的两个状态中可以使用同一个定时器。应该注意，所谓相邻是指程序执行过程中前一个状态结束时立即转移到下一个状态。在编写程序时，这两个状态可能紧相邻，也可能并不紧相邻。

⑨ STL 引导的状态之后不能立即使用入栈指令 MPS。

⑩ 整个状态转移图中不能出现主控触头 MC 指令。

⑪ 在子程序或中断服务程序中不能有状态转移，即不能使用 STL 指令。

⑫ 在状态内部，最好不要使用程序跳转 CJ 指令，以免引起混乱。

8.4 FX 系列状态转移图（SFC）的编程应用

种类繁多的大、中、小型可编程控制器，小到作为少量继电器控制装置的替代物，大到作为分布式控制系统的主单元，几乎可以满足各种工业控制的需要。另外，新的 PLC 产品还在不断地涌现，各种工业技术也在不断地发展，这将使 PLC 的应用范围更加广泛。

8.4.1 加热反应炉自动控制系统

（1）加热反应炉结构
加热反应炉结构示意图如图 8-19 所示。
（2）加热反应的工艺过程
① 第一阶段——进料控制
● 检测下液面（X1），炉温（X2），炉内压力（X4）是否都小于给定值（均为逻辑 0），即 PLC 输入点 X1，X2，X4 是否都处于断开状态。
● 若是，则开启排气阀 YA_1 和进料阀 YA_2。
● 当液面上升到位，使 X3 闭合时，关闭排气阀 YA_1 和进料阀 YA_2。
● 延时 20s，开启氮气阀 YA_3，使氮气进入炉内，提高炉内压力。
● 当压力上升到给定值时 X4＝1，关断氮气阀 YA_3，进料过程结束。

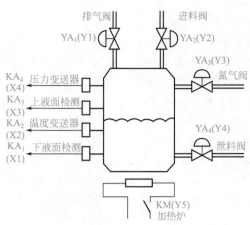

图 8-19　加热反应炉结构示意图

② 第二阶段——加热反应控制

• 此时温度肯定低于要求值（X2＝0），应接通加热炉电源（Y5＝1）。

• 当温度达到要求值（X2＝1）后，切断加热电源。

• 加温到要求值后，维持保温 10min，在此时间内炉温实现通断控制，即接通 1min 加热炉电源（Y5＝1），切断 1min 加热炉电源（Y5＝0），以保持 X2＝1。

③ 第三阶段——泄放控制

• 保温够 10min 时，打开排气阀 YA₁，使炉内压力逐渐降到起始值 X4＝0。

• 维持排气阀打开，并打开泄料阀 YA₄，当炉内液面下降到下液面以下时（X1＝0），关闭泄放阀 YA₄ 和排气阀 YA₁，系统恢复到原始状态，重新进入下一循环。

（3）FX 系列 PLC 控制系统的端子图及编程

如图 8-20(a) 所示为 FX 系列 PLC 控制系统的端子图。

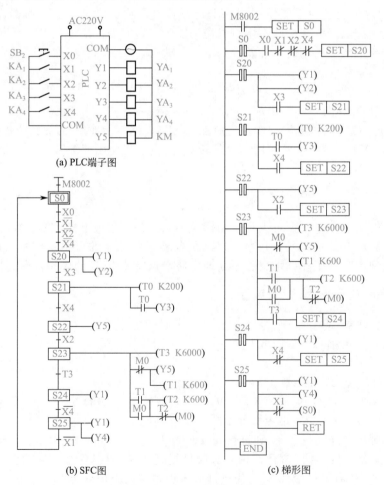

(a) PLC端子图

(b) SFC图

(c) 梯形图

图 8-20　加热反应炉 FX 系列 PLC 控制端子图及编程

如图 8-20(b) 所示为 FX 系列 PLC 控制系统的 SFC 图。如图 8-20(c) 所示为 SFC 图的对应梯形图。其指令语句表程序清单如下。

LD	M8002	OUT	T3
SET	S0	SP	K6000
STL	S0	LDI	M0
LD	X0	OUT	Y5
ANI	X1	OUT	T1
ANI	X2	SP	K600
ANI	X4	LD	T1
SET	S20	OR	M0
STL	S20	OUT	T2
OUT	Y1	SP	K600
OUT	Y2	ANI	T2
LD	X3	OUT	M0
SET	S21	LD	T3
STL	S21	SET	S24
OUT	T0	STL	S24
SP	K200	OUT	Y1
LD	T0	LDI	X4
OUT	Y3	SET	S25
LD	X4	STL	S25
SET	S22	OUT	Y1
STL	S22	OUT	Y4
OUT	Y5	LDI	X1
LD	X2	OUT	S0
SET	S23	RET	
STL	S23	END	

8.4.2　十字路口交通信号灯控制模拟系统

(1) 控制要求

图 8-21 为十字路口交通信号灯分布图。信号灯受一个启动开关控制。

当启动开关接通时，信号灯系统开始工作；当启动开关断开时，所有信号灯都熄灭。具体要求如下。

① 南北红灯亮并维持 25s。在南北红灯亮的同时，东西绿灯也亮，并维持 20s。到 20s 时，东西绿灯闪烁，闪烁 3s 后熄灭，在东西绿灯熄灭时，东西黄灯亮，并维持 2s。到 2s 时，东西黄灯熄灭，东西红灯亮。与此同时，南北红灯熄灭，南北绿灯亮。

② 东西红灯亮维持 30s。南北绿灯亮并维持 25s，然后闪烁 3s 再熄灭。同时南北黄灯亮，维持 2s 后熄灭，这时南北红灯亮，东西绿灯亮。

③ 周而复始。

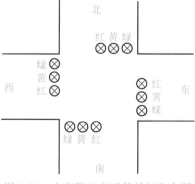

图 8-21　十字路口交通信号灯分布图

(2) 信号灯状态波形图

图 8-22(a) 所示为十字路口交通信号灯控制要求的时序图。

(3) 端子图

图 8-22(b) 所示为十字路口交通信号灯的 FX 系列 PLC 接线端子图。SB 按钮为带锁存按钮，即按一次 SB 按钮，其触头闭合，再按一次 SB 按钮，其触头则断开。从而只需要一

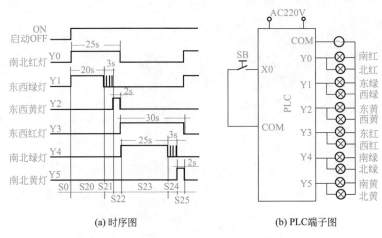

(a) 时序图　　　　　　　　　　　(b) PLC端子图

图 8-22　十字路口交通信号灯时序图和 PLC 端子图

个按钮就可以实现起/停控制。

（4）**FX 系列 SFC 功能图编程**

图 8-22（a）把一个周期分成了 7 个状态。在状态 S0，Y0～Y5 都不会导通，当 SB 按钮按下时，从状态 S0 转入状态 S20；在状态 S20，Y0 和 Y1 导通，20s 后，从状态 S20 转入状态 S21；在状态 S21，Y0 导通，Y1 闪亮（Y1 导通 0.5s，关断 0.5s），3s 后，从状态 S21 转入状态 S22；在状态 S22，Y0 和 Y2 导通，2s 后，从状态 S22 转入状态 S23；在状态 S23，

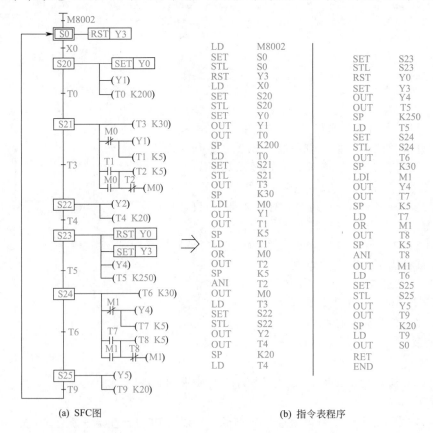

(a) SFC图　　　　　　　　　　　(b) 指令表程序

图 8-23　十字路口交通灯模拟系统软件编程

Y3 和 Y4 导通，25s 后，从状态 S23 转入状态 S24；在状态 S24，Y3 导通，Y4 闪亮（Y1 导通 0.5s，关断 0.5s），3s 后，从状态 S24 转入状态 S25；在状态 S25，Y3 和 Y5 导通，2s 后，从状态 S25 回到状态 S0。

这时，如果按钮 SB 触头仍然闭合，则重复上述过程。如果按钮 SB 触头已经断开，则程序在 S0 状态等待 SB 按下。

图 8-23（a）为十字路口交通信号灯模拟系统 FX 系列软件编程的 SFC 图。图 8-23（b）为其指令语句表程序清单。

8.4.3 C650 车床主轴 PLC 控制

图 8-24 为 C650 车床主轴电气控制原理图。如果改由 FX 系列 PLC 进行控制，使用 SFC 功能图编程非常简便易懂。

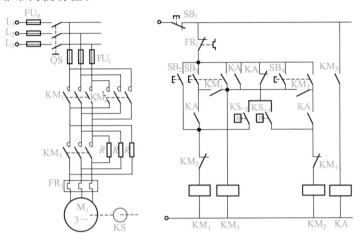

图 8-24 C650 车床主轴电气控制线路图

（1）FX 系列 PLC 控制的地址编码

FR_1	X0	SB_1	X1	SB_2	X2
SB_3	X3	SB_4	X4	KS_{-1}	X5
KS_{-2}	X6	KM_1	Y1	KM_2	Y2	KM_3	Y3

（2）FX 系列 PLC 控制的端子图

由 FX 系列 PLC 的地址编码画出的端子图如图 8-25 所示。

在 FX 系列 PLC 电气控制的线路中，SB_1 仍然是停止按钮，SB_2 为点动按钮，SB_3 是正转按钮，SB_4 是反转按钮。KM_1 和 KM_2 线圈保留了硬件电气互锁。

（3）FX 系列 PLC 实现电气控制的 SFC 功能图编程方法

如图 8-26（a）所示，该 SFC 功能图采用可选择性分支与汇合的方法。状态 S0 为上电初始化状态，等待点动或正转或反转按钮之一按下，则转入相应的状态。

如果先按下 SB_2，则转入状态 S20，Y1 通电，接触器 KM_1 线圈通电，电动机 M_1 点动，松开 SB_2 则回到状态 S0。

同理，如果先按下 SB_3，则转入状态 S21，Y1 和

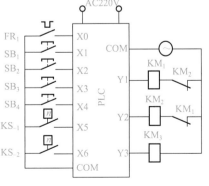

图 8-25 PLC 接线端子图

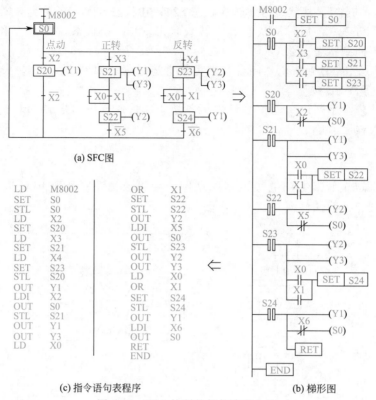

(a) SFC图

```
LD     M8002        OR     X1
SET    S0           SET    S22
STL    S0           STL    S22
LD     X2           OUT    Y2
SET    S20          LDI    X5
LD     X3           OUT    S0
SET    S21          STL    S23
LD     X4           OUT    Y2
SET    S23          OUT    Y3
STL    S20          LD     X0
OUT    Y1           OR     X1
LDI    X2           SET    S24
OUT    S0           STL    S24
STL    S21          OUT    Y1
OUT    Y1           LDI    X6
OUT    Y3           OUT    S0
LD     X0           RET
                    END
```

(c) 指令语句表程序

(b) 梯形图

图 8-26　PLC控制的软件编程方法

Y3 通电，接触器 KM_1 和 KM_3 的线圈通电，电动机 M_1 全压启动并正转运行。按下 SB_1 或者是热继电器因过载而动作，则转入状态 S22，电动机 M_1 进行反接制动并停机。

如果先按下 SB_4，则转入状态 S23，Y2 和 Y3 通电，接触器 KM_2 和 KM_3 的线圈通电，电动机 M_1 全压启动并反转运行。按下 SB_1 或者是热继电器因过载而动作，则转入状态 S24，电动机 M_1 进行反转反接制动并停机。

图 8-26(b) 为 FX 系列 PLC 实现电气控制的梯形图，图 8-26(c) 为 FX 系列 PLC 实现电气控制的指令语句表程序。

8.4.4　人行横道交通信号灯控制

图 8-27 为按钮式人行横道交通信号灯控制示意图。通常车道信号由状态 S21 控制绿灯（Y3）亮，人行横道信号由状态 S30 控制红灯（Y5）亮。

人过横道，应按路两边的人行横道按钮 X0 或 X1，延时 30s 后由状态 S22 控制。

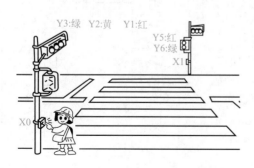

图 8-27　按钮式人行横道交通信号灯控制示意图

车道黄灯（Y2）亮，再延时 10s，由状态 S23 控制车道红灯（Y1）亮。此后延时 5s 启动状态 S31 使人行横道绿灯（Y6）点亮。15s 后，人行横道绿灯由状态 S32 和 S33 交替控制 0.5s 闪烁，闪烁 5 次，人行横道红灯亮。5s 后返回初始状态。

人行横道交通信号灯控制的 FX 系列状态转移图及指令语句表程序如图 8-28 所示。在图中 S33 处有一个选择性分支，人行横道绿灯闪烁不到五次，选择局部重复动作；闪烁五次后使人行横道红灯亮，再延时 5s 后，完成一次操作。

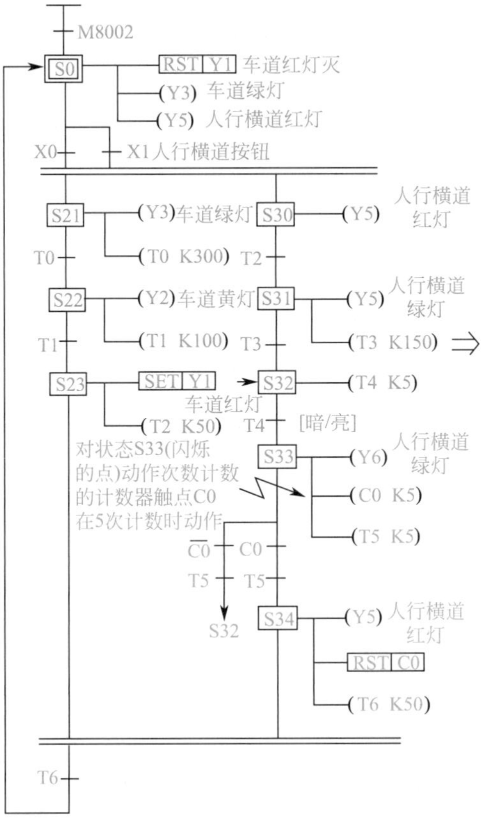

(a) SFC图

```
LD    M8002        SP    K150
SET   S0           LD    T3
STL   S0           SET   S32
RST   Y1           STL   S32
OUT   Y3           OUT   T4
OUT   Y5           SP    K5
LD    X0           LD    T4
OR    X1           SET   S33
SET   S21          STL   S33
SET   S30          OUT   Y6
STL   S21          OUT   C0
OUT   Y3           SP    K5
OUT   T0           OUT   T5
SP    K300         SP    K5
LD    T0           LD    C0
SET   S22          AND   T5
STL   S22          SET   S34
OUT   Y002         LDI   C0
OUT   T1           AND   T5
SP    K100         OUT   S32
LD    T1           STL   S34
SET   S23          OUT   Y5
STL   S23          RST   C0
SET   Y1           OUT   T6
OUT   T2           SP    K50
SP    K50          STL   S23
STL   S30          STL   S34
OUT   Y5           LD    T6
LD    T2           OUT   S0
SET   S31          RET
STL   S31          END
OUT   Y6
OUT   T3
```

(b) 指令语句表程序

图 8-28　按钮式人行横道交通信号灯控制 SFC 图及程序

习题及思考题

8-1　用 FX 系列 SFC 图编写两个指示灯自动交替闪亮的控制程序。HL1 接输出点 Y4，HL2 接输出点 Y5，HL1 亮时 HL2 灭，HL1 灭时 HL2 亮，启动按钮为 SB_2 接输入点 X2，停止按钮为 SB_1 接输入点 X1。时序波形如图 8-29 所示。要求：

① 画出线路端子图；

② 设 $t_1=t_2=0.5s$，完成 SFC 编程并转换成梯形图；

③ 设 $t_1=1s$，$t_2=0.5s$，完成 SFC 编程并转换成梯形图。

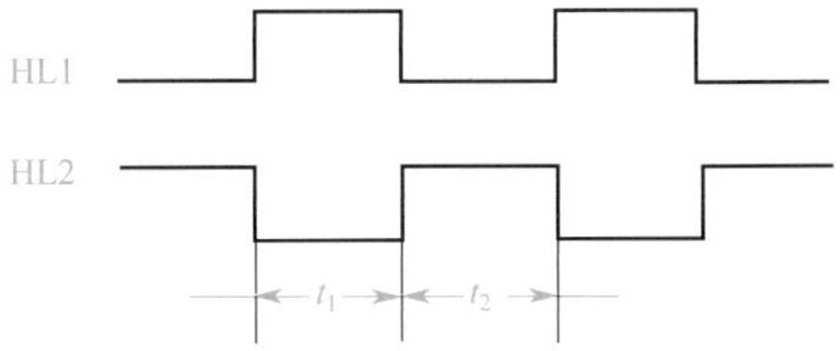

图 8-29　题 8-1 图

8-2　根据图 8-30 所示的状态转移图画出其对应的 FX 系列梯形图和写出其指令表程序。

8-3　根据图 8-31 所示的状态转移图画出其对应的 FX 系列梯形图和写出其指令语句表程序。

8-4　设计一个 FX 系列 PLC 控制的三相笼型异步电动机的星形-三角形降压启动控制线路，转换延时时间为 7s。要求：

① 画出电气原理图；

② 用 SFC 图编程；

③ 画出其对应的梯形图和写出其指令表程序。

8-5 四台电动机动作时序如图 8-32 所示。M_1 的循环动作周期为 34s，M_1 动作 10s 后 M_2、M_3 启动，M_1 动作 15s 后，M_4 动作，M_2、M_3、M_4 的循环动作周期为 34s，用 FX 系列步进顺控指令设计其状态转移图，并画出其对应的端子图、梯形图和写出其指令表程序。

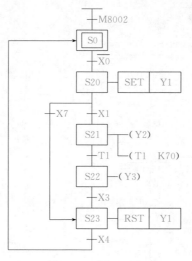

图 8-30 题 8-2 图

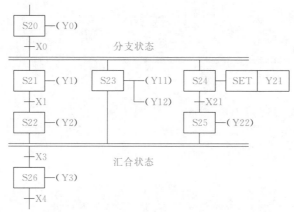

图 8-31 题 8-3 图

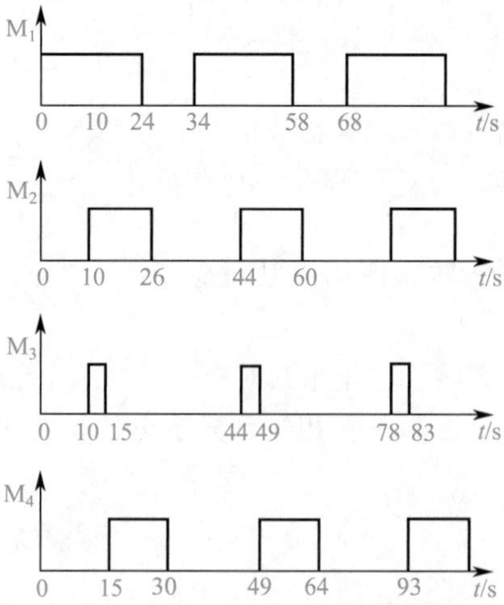

图 8-32 四台电动机动作时序图

9 FX 系列 PLC 应用指令及其应用

应用指令是可编程序控制器数据处理能力的标志。由于数据处理远比逻辑处理复杂，应用指令无论从梯形图的表达形式上，还是从涉及的机内器件种类及信息的数量上都有一定的特殊性。

本章介绍 FX 系列可编程控制器的应用指令表示与执行形式、数值处理、分类和编程方法。

可编程序控制器的基本指令是基于继电器、定时器、计数器类元件，主要用于逻辑处理的指令，作为工业控制计算机，PLC 仅有基本指令是远远不够的。现代工业控制在许多场合需要数据处理，因而 PLC 制造商逐步在 PLC 中引入应用指令（Applied Instruction）或称功能指令（Functional Instruction），用于数据的传送、运算、变换及程序控制等应用。这使得可编程控制器成了真正意义上的计算机。特别是近年来，应用指令又向综合性方向迈进了一大步，出现了许多一条指令即能实现以往需要大段程序才能完成的某种任务的指令，如 PID 应用、表应用变频器控制，定位指令等。这类指令实际上就是一个应用完整的子程序，从而大大提高了 PLC 的实用价值和普及率。

FX 系列可编程控制器具有多种应用指令。本章将对部分常用指令（分为程序流控制、传送与比较、四则运算与逻辑运算、循环移位、数据处理、高速处理、便利指令、外部设备 I/O 处理、浮点操作、时钟运算、格雷码转换、触头比较等基本类型）进行介绍。

9.1 应用指令的表示形式及使用要素

FX 系列可编程控制器应用指令依据应用不同，还可分为数据处理类、程序控制类、特种应用类及外部设备类。由于应用指令主要解决的是数据处理任务，其中数据处理类指令种类多、数量大、使用频繁，又可分为传送比较、四则运算及逻辑运算、移位、编解码等细目。程序控制类指令主要用于程序的结构及流程控制，含子程序、中断、跳转及循环等指令。外部设备类指令含一般的输入输出口设备及专用外部设备两大类。专用外部设备是指与主机配接的应用单元及专用通信单元等。特种应用类指令是机器的一些特殊应用，如高速计数器或模仿一些专用机械或专用电气设备应用的指令等。

9.1.1 应用指令的表示形式

与基本指令不同的是，应用指令不含表达梯形图符号间相互关系的成分。而是直接表达本指令要做什么。FX 系列 PLC 在梯形图中一般是使用应用框来表示应用指令的。图 9-1 是应用指令的梯形图示例。图中 M5 的常开触头闭合是应用指令的执行条件，其后的方框即为应用框。应用框中分栏表示指令的功能编号、名称、相关数据或数据的存储地址。这种表达方式的优点是直观，稍具有计算机程序知识的人马上可以悟出指令的应用意义。

一般应用指令的表达方式是：应用指令名称—源操作数—目标操作数—数据个数。

图 9-1 中指令的应用意义是：该指令的功能号为 FNC45，意为取平均值。源操作数的首地址为 D2，目标操作数的地址为 D6，K4 表示要取从 D2 开始的连续 4 个数据。该指令执行后，D2，D3，D4，D5 四个数据寄存器中的内容作算术平均后送入 D6 单元中。

有些应用指令需要操作数，也有的应用指令不需要操作数；有的应用指令还要求多个操作数,但无论操作数有多少,其排列顺序如上所示,不会改变。

9.1.2 应用指令的使用要素

使用应用指令需注意指令的要素。现以加法指令作为说明,图 9-2 及表 9-1 给出了加法指令的表示形式及要素。

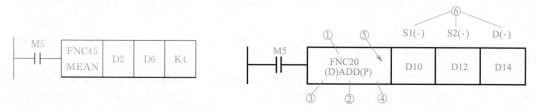

图 9-1 应用指令的梯形图表示形式   图 9-2 应用指令的梯形图表示形式及要素

表 9-1 加法指令的使用要素

指令名称	指令代码	助记符	操作数			程 序 步
			S1(·)	S2(·)	D(·)	
加法	FNC20 (16/32)	ADD ADD(P)	K、H、 KnX、KnY、KnM、KnS、 T、C、D、V、Z		KnY、KnM、KnS、 T、C、D、V、Z	ADD、ADDP…7 步 DADD、DADDP…13 步

图 9-2 及表 9-1 中应用指令的使用要素意义如下。

(1) 应用指令编号

每条应用指令都有一定的编号。在使用简易编程器的场合,输入应用指令时,首先输入的就是应用指令编号。如图 9-2 中①所示的就是应用指令编号。

(2) 助记符

应用指令的助记符是该指令的英文缩写词。如加法指令"ADDITION"简写为 ADD。采用这种方式容易了解指令的应用,如图 9-2 中②所示。在计算机上编程时,可以只写助记符,而不写应用指令编号。

(3) 数据长度

应用指令处理数据的长度分为 16 位指令和 32 位指令。其中 32 位指令用(D)表示,无(D)符号的为 16 位指令。图 9-2 中③为数据长度符号。

(4) 执行形式

应用指令有脉冲执行型和连续执行型。指令中标有(P)的为脉冲执行型(如图 9-2 中④所示)。脉冲执行型指令在执行条件满足时仅执行一个扫描周期。这点对数据处理有很重要的意义。比如一条加法指令,在脉冲执行时,只将加数和被加数做一次加法运算。而连续型加法运算指令在执行条件满足时,每一个扫描周期都要相加一次,使目的操作数内容变化,需要注意的指令在指令标示栏中用"◥"警示,见图 9-2 中⑤。

(5) 操作数

操作数是应用指令涉及或产生的数据。操作数分为源操作数、目标操作数及其他操作数。源操作数是指令执行后不改变其内容的操作数,用[S]或[S(·)]表示。目标操作数是指令执行后将改变其内容的操作数,用[D]或[D(·)]表示。其他操作数用 m 与 n表示。其他操作数常用来表示常数或者对源操作数和目标操作数做出补充说明。表示常数时,K 为十进制,H 为十六进制。在一条指令中,源操作数、目标操作数及其他操作数都可能不止一个,也可以一个都没有。某种操作数较多时,可用标号区别,如[S1(·)]、

[S2(·)]。

操作数从根本上来说，是参加运算数据的地址。地址是按元件的类型分布在存储区中的。由于不同指令对参与操作的元件类型有一定限制，因此操作数的取值就有一定的范围。正确地选取操作数类型，对正确使用指令有很重要的意义。要想了解这些内容可查阅相关手册。操作数在图 9-2 中见⑥。

(6) 变址寄存器 V、Z 的使用方法

操作数可具有变址应用。变址寄存器 V、Z 是两个 16 位的寄存器，但有特殊功能，就是在传送、比较等指令中用来改变操作对象的元件号（元件地址）。使用时将 V、Z 放在各种寄存器的后面充当后缀即可。操作数的实际地址（元件号）就是寄存器的当前值和 V 或 Z 内容的和。当源或目标寄存器的表示方法为 [S(·)] 或 [D(·)] 时，指明该指令可以使用 V、Z 后缀来改变元件地址。

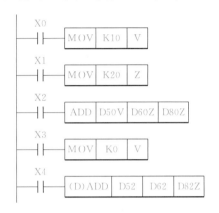

当进行 32 位操作时，V、Z 合并使用，但只需指明 Z 即可，这时一定是 Z 为低 16 位，而 V 自动充当高 16 位。当不作为变址寄存器时，V、Z 可当作普通数据寄存器使用。因此，V、Z 的其他操作方式及性能都和普通数据寄存器相同。

图 9-3 为 V、Z 指令应用举例。

第一行指令将变址寄存器 V 赋值为 10；第二行指令将变址寄存器 Z 赋值为 20。

第三行指令将 D50V 和 D60Z 的内容相加，结果送入 D80Z。

图 9-3 V、Z 指令应用举例

$$D50V = D(50+10) = D60$$
$$D60Z = D(60+20) = D80$$
$$D80Z = D(80+20) = D100$$

所以，第三行指令执行的实际情况是将 D60 的内容和 D80 的内容相加，结果送入 D100 中去。第四行将 V 重新赋值为 0。

第五行将 D53、D52 组成的 32 位数据与 D63、D62 中的内容相加，结果送入 D83Z、D82Z 中去。由于符号（D）表示了 32 位操作，因此这时的元件号或地址就是 32 位数据的低 16 位的地址，高 16 位是紧邻该元件上面的一个元件。而前面已经将 Z 赋值为 20，中间没有其他指令改变其内容，因此仍然为 20，V 在第四行指令中已经赋值为 0，由 V、Z 构成的 32 位变址寄存器的内容为 20，由此可知 D82Z 的最终结果是 82+20＝102。上述加法的和应存入 D103 和 D102 中。

上述所有指令只有在其驱动条件为"ON"时才能被执行到。否则程序会跳过该指令，指令中的内容也不做任何变化。

(7) 位元件及字元件的组成

只具有 ON 和 OFF 两种状态的元件，如 X、Y、M、S 等，称为位元件，含义是相当于只有一位数据的元件。具有多位数据的元件，如 D、T、C 等称为字元件。

应用指令处理的大多数元件为字元件，为使输入输出继电器 X、Y 等也能参与应用指令的操作，PLC 设置了专门将位元件组合成字元件的途径。多个位元件可根据需要按照一定规律组合成字元件。当进行组合时，每连续 4 位元件为一组，用符号"Kn"表示，其中的"n"表示组数。16 位数据用 K1～K4，32 位数据用 K1～K8。数据中的最高位是符号位。

例如：K2X0 表示由 X7、X6、X5、X4、X3、X2、X1、X0 这 8 个位元件组成二进制 8

位数据，当执行 MOV K2X0 D10 指令时，就将从 X7 到 X0 这 8 位二进制数当成两位 BCD 码，送入 D10 中。"K2X0"中的"K"表示十进制数，"2"表示两组位元件构成 16 位字，"X0"表示从 X0 开始的两组（8 位）位元件。

由于数据只能是 16 位或 32 位这两种格式，因此当用 K1（4 位）、K2（8 位）、K3（12 位）组成字时，其位数都不满 16 位，在传送时，目标寄存器的位数是 16 位，其高位自动由"0"填满。这时最高位的符号位必然是 0，也就是说，只能是正数（负数的符号位是 1）。如图 9-4 所示。

图 9-4　字元件应用举例

K3X10 的组成如下所示。

X23	X22	X21	X20	X17	X16	X15	X14	X13	X12	X11	X10

当 X4 "ON"时，执行传送指令。将 X10 到 X23 这 12 位数据送入 D10 的 D10（11）～ D10（0）中，D10（15）～D10（12）用"0"填满，因此该数据一定是正数。传送结束后 D10 中的内容如下。

0	0	0	0	X23	X22	X21	X20	X17	X16	X15	X14	X13	X12	X11	X10

D10 中的 16 位二进制数被看成是 4 位 BCD 码，所谓 BCD 码是指由二进制表示的十进制数。例如 BCD 码 34 用二进制表示为 0011 0100。作为二进制的 00110100 实际上是 34H，也就是十进制的 3×16＋4＝52。而作为 BCD 码，其数值就是十进制的 34。这种指令在对十进制 BCD 码盘进行输入和处理时非常方便。

由位元件组成字元件时，首元件号（也就是最低位元件号）可以任意指定。从 X0 开始、从 M21 开始、从 Y5 开始都可以。但为避免混乱，建议在设计（对 X、Y 来说）或编程（对 M、S 等来说）时，采用以 0 结尾的位元件开始比较清晰。如 X0、M20、Y10 等。

当需要用连续多个位元件组成的字时，由于位元件每 4 位为一组，因此，应注意首元件号的选取。例如：

- 四位的字　　　K1X0，K1X4，K1X10，K1X14，K1X20…
　　　　　　　　K1Y0，K1Y4，K1Y10，K1Y14，K1Y20…
　　　　　　　　K1M0，K1M4，K1M8，K1M12，K1M16…
　　　　　　　　K1S0，K1S4，K1S8，K1S12，K1S16…
- 八位的字　　　K2X0，K2X10，K2X20，K2X30，K2X40…
　　　　　　　　K2Y0，K2Y10，K2Y20，K2Y30，K2Y40…
　　　　　　　　K2M0，K2M8，K2M16，K2M24，K2M32…
　　　　　　　　K2S0，K2S8，K2S16，K2S24，K2S32…
- 十二位的字　　K3X0，K3X14，K3X30，K3X44…
　　　　　　　　K3Y0，K3Y14，K3Y30，K3Y44…
　　　　　　　　K3M0，K3M12，K3M24，K3M36，K3M48…
　　　　　　　　K3S0，K3S12，K3S24，K3S36，K3S48…
- 十六位的字　　K4X0，K4X20，K4X40…
　　　　　　　　K4Y0，K4Y20，K4Y40…
　　　　　　　　K4M0，K4M16，K4M32，K4M48…
　　　　　　　　K4S0，K4S16，K4S32，K4S48…

- 三十二位的字　K8X0，K8X40…
  　　　　　　　K8Y0，K8Y40…
  　　　　　　　K8M0，K8M32，K8M64…
  　　　　　　　K8S0，K8S32，K8S64…

还有 20 位、24 位、28 位数据没有一一列出。组成字时要注意位元件的制式，输入继电器 X、输出继电器 Y 是八进制，其余都是十进制。

（8）程序步数

程序步数为执行该指令所需的步数。应用指令的应用号和指令助记符占一个程序步，每个操作数占 2 个或 4 个程序步（16 位操作数是 2 个程序步，32 位操作数是 4 个程序步）。因此，一般 16 位指令为 7 个程序步，32 位指令为 13 个程序步。

在了解以上要素以后，就可以通过查阅手册了解应用指令的用法了。如图 9-2 所示的应用指令编号为 20 的 32 位加法指令，采用脉冲执行型。当其执行条件 X0 从 0 跳变为 1 时，数据寄存器（D11、D10）+（D13、D12）→（D15、D14）。

FX 系列可编程控制器应用指令数量众多，现将其列于附录 1 中，供读者在应用时查阅。

9.2　程序流程类指令

通常情况下，PLC 是按所编程序的前后顺序逐条执行的。但在一些特殊情况下，程序要改变这种从前至后逐条执行的顺序，也就是改变程序的流向。这些情况包括：

① 根据控制信号的不同执行不同的程序段；
② 调用子程序；
③ 发生中断；
④ 主程序结束；
⑤ 循环执行某段程序。

9.2.1　有条件跳转

有条件跳转指令的符号为 CJ 或 CJ(P)，见表 9-2。其作用是当驱动条件成立时跳过一段指令，从跳转指令中所标明的标号处继续执行程序。若驱动条件不成立则顺序执行。被跳过的程序段中的指令，无论驱动条件是有效还是无效，其输出都不作变动。

表 9-2　跳转指令的使用要素

指令名称	指令代码	助记符	操作数 D(·)	程　序　步
条件跳转	FNC00 (16)	CJ CJ(P)	P0～P127 P63 即是 END 所在步，不需要标记	CJ 和 CJ(P)～3 步标号 P～1 步

图 9-5 所示为条件跳转指令的使用举例。下面通过实例对跳转指令执行前后以及跳转区内外各个元件的状态进行说明。

（1）元件 Y、M、S 的状态

发生跳转时，跳过的元件 Y、M、S 保持跳转前的状态，如图 9-5（a）所示，当 X0 为 ON 时，Y1、M10、S0 保持跳转前的状态。

（2）计数器 C 的状态

若发生跳转前，计数器没有计数，发生跳转后，即使计数条件满足，计数器也不工作。若计数器正在计数时发生跳转，计数器停止计数，并保持计数当前值不变。当跳转解除后，计数器继续计数，如图 9-5（a）中的 C0 所示。X7 为 OFF，X10 为 ON 时，若 X0 为 ON，跳转发生，计数器 C0 计数中断，直到 X0 为 OFF 时后，C0 继续计数。

（3）定时器 T 的状态

① 10ms、100ms 定时器的状态　跳转发生前，定时器没有计时，跳转发生后，无论计时条件满足与否，定时器不计时。若定时器正在计时，跳转发生后，计时中断，跳转解除后，定时器继续计时，如图 9-5（a）中的 T0 所示。X4 为 ON 时，若 X0 为 ON，跳转发生，定时器 T0 计时中断，直到 X0 为 OFF 时后，T0 继续计时。

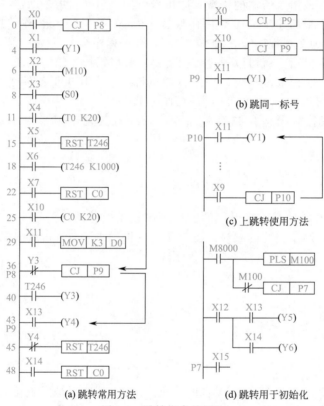

图 9-5　跳转指令的用法

② 1ms 定时器的状态　若跳转前定时器正在计时，跳转发生后，该定时器仍在计时，当计时到定时设定值时，其触头不动作，跳转解除后，触头才动作，如图 9-5（a）中的 T246 定时器。X5 为 OFF，X6 为 ON 时，X0 为 ON 跳转发生，计时到计时值，触头 T246 不动作，直到 X0 为 OFF 时，T246 的触头才动作。

③ 定时器 T192～T199、高速计数器的状态　定时器 T192～T199、高速计数器的状态与跳转指令无关。

（4）T、C 元件复位指令 RST 的执行

在跳转区外的 RST 复位指令，只要复位条件满足，无论 T、C 的线圈在跳转区内，还是在跳转区外，都执行复位。如图 9-5（a）中的第 45 和 48 步的 RST T246、RST C0 的执行都与跳转指令无关。

（5）应用指令的执行

除了 FNC52～FNC58 指令外，在发生跳转时，不执行其他应用指令。例如，图 9-5（a）中的"FNC12（MOV）"指令，当 X0 为 ON 时，即使 X11 为 ON，也不执行该指令。图 9-5（b）、图 9-5（c）和图 9-5（d）是跳转指令的其他用法。

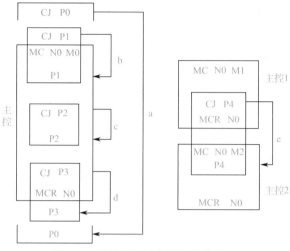

图 9-6   跳转指令与主控指令的关系

此外，当主控指令 MC 与跳转指令一起使用时，应注意以下几点。

① 当程序的执行是由 MC 区外向 MC 区外跳转（如图 9-6 中的 a）时，或者由 MC 区外向 MC 区内跳转（如图 9-6 中的 b）时，跳转指令的执行与 MC 指令是否有效无关。

② 当程序的执行是由 MC 区内向 MC 区内跳转（如图 9-6 中的 c），或者由 MC 区内向 MC 区外跳转（如图 9-6 中的 d）时，跳转指令的执行，必须是 MC 指令有效。

③ 当程序的执行是由一个 MC 区（如主控 1）跳转到另一个 MC 区（如主控 2）时，只有当主控 1 区的 MC 指令有效时，才能执行跳转（如图 9-6 中的 e）。

9.2.2   子程序调用与返回指令

子程序调用与返回指令的指令代码、助记符、操作数、程序步如表 9-3 所示。

表 9-3   子程序指令的使用要素

指令名称	指令代码	助记符	操作数 D（·）	程 序 步
子程序调用	FNC01 (16)	CALL CALL(P)	指针 P0～P62,P64～P127 嵌套 5 级	3 步(指令标号)1 步
子程序返回	FNC02	SRET	无	1 步

子程序应写在 FEND（主程序结束指令）之后，即 CALL、CALL(P) 指令对应的标号应写在 FEND 指令之后。也就是说，子程序必须写在 FEND 指令与 END 指令之间。CALL、CALL(P) 指令调用的子程序必须以 SRET（子程序返回）指令结束。

9.2.3   中断指令

中断指令的指令代码、助记符、操作数、程序步如表 9-4 所示。

表 9-4   中断指令的使用要素

指令名称	指令代码	助记符	操作数 D（·）	程序步
中断返回	FNC03	IRET	无	1 步
允许中断	FNC04	EI	无	1 步
禁止中断	FNC05	DI	无	1 步

允许中断（EI）、禁止中断（DI）和中断返回（IRET）三条应用指令与第 7 章中的中断指针一起使用，实现中断控制。PLC 平时呈禁止中断状态。如果用 EI 指令允许中断，在程序的扫描过程中，若中断输入为 ON 状态，则执行相应的中断子程序，每个中断子程序处理到 IRET（中断返回）指令时，返回到原断点。例如，在图 9-7 中，当中断输入 X0 从 OFF→ON 时，执行相应的中断子程序 I001（在 X0 的上升沿检测）。

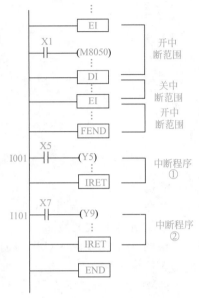

图 9-7　中断程序的用法

当特殊辅助继电器 M805□（"□"表示数字 0～8）为 ON 时，即使允许中断，相应的中断子程序 I□0*，（"□"表示数字 0～8，"*"表示 0 或 1）也不被执行。例如，在图 9-7 中，当特殊辅助继电器 M8050 为 ON 时，中断子程序 I001 被禁止执行。

中断子程序必须写在 FEND 指令与 END 指令之间，每个中断子程序必须以 IRET 指令结束。在子程序或中断子程序中可用的定时器为 T192～T199 和 T246～T249。当多个中断信号顺序发生时，最先产生的中断信号有优先权。若几个中断信号同时产生，则中断指针号较低的有优先权。若中断信号产生于禁止中断区（从 DI 到 EI 范围内），则该中断信号被存储到 EI 指令之后执行（除非相应的 M805□为 ON）。

计数器中断指针 I0□0（"□"表示数字 1～6）是利用高速计数器的当前值进行中断，必须与比较置位指令 FNC53（HSCS）组合使用。即计数器的中断子程序，是根据可编程控制器内部的高速计数器的比较结果，执行中断子程序。

特殊辅助继电器 M8059 接通，计数器中断全禁止。

9.2.4　主程序结束和监视定时器

① 主程序结束的指令代码、助记符、操作数、程序步如表 9-5 所示。

表 9-5　主程序结束指令的使用要素

指令名称	指令代码	助记符	操作数 D(·)	程序步
主程序结束指令	FNC06	FEND	无	1 步

FEND 指令表示主程序结束。CPU 执行到 FEND 指令时进行输出处理、输入处理、警戒时钟刷新，完成以后返回到程序的最开始处进行下一个循环。

子程序和中断服务程序必须写在主程序结束指令之后，END 指令之前。子程序以 SRET 指令结束，中断服务程序以 IRET 指令结束。这两个返回指令不能混淆。若 FEND 指令处于子程序调用指令之前，或将 FEND 指令置于 FOR-NEXT 循环之中，则编程器认为出错。

一个完整的 PLC 程序可以没有子程序，也可以没有中断服务程序，但必定要有主程序。当程序中没有子程序和中断服务程序时，可以有 FEND 指令，也可以没有 FEND 指令。但必须有 END。当程序中有子程序和中断服务程序时，必须有 FEND 指令，在子程序和中断服务程序之后还要有 END 指令。

② 监视定时器（WATCH DOG TIMER）的指令代码、助记符、操作数、程序步如表 9-6 所示。

表 9-6　监视定时器指令的使用要素

指令名称	指令代码	助记符	操作数 D(·)	程序步
监视定时器刷新	FNC07	WDT WDT(P)	无	1 步

PLC 为防止程序进入死循环，特别设置了一个警戒时钟。当 CPU 从程序的第 0 步到 END 或 FEND 指令之间的指令执行时间超过 100ms 时，PLC 的 CPU 将停止执行用户程序，并发出"错误"信息。为此，PLC 设置了警戒时钟刷新指令 WDT，以适应一些特殊需要。

例如，当程序比较大，执行时间特别长时，在适当的位置插入 WDT 指令，可以使程序仍然运行，直到 END 或 FEND 指令处。这实际上就是将一个运行时间大于 100ms 的程序用 WDT 指令分成几段，使每段的执行时间都不大于 100ms。

警戒时钟中 100ms 这个数值存储在数据寄存器 D8000 之中。这个数据寄存器中的内容是由 PLC 的监控程序写入的，同时该数据寄存器允许用户改写，用编程器和在程序中用指令改写都可以。但是，用编程器改写必须在 MONITOR 状态下，而一旦进入运行状态，又会重新变为 100ms。因此实用的改写

图 9-8　警戒时钟的改写

方法还是在程序中用指令改写。如果估计或通过实际运行发现运行时间超时，要么插入 WDT 指令，要么用如图 9-8 所示的方法一次性改写警戒时钟，例如将警戒时钟的时间增加一倍改为 200ms。

另外，当程序跳转时，若向上跳，即 P 标号出现在 CJ 指令之前时，应在标号之后立即插入 WDT 指令，以防止出错。

同时也可以将 WDT 指令置于 FOR-NEXT 循环之中，以防止循环时间超时出错。

9.2.5　循环指令及应用

（1）循环指令的使用说明

循环指令的指令代码、助记符、操作数、程序步如表 9-7 所示。

表 9-7　循环指令的使用要素

指令名称	指令代码	助记符	操作数 S(·)	程序步
循环开始	FNC08 （16）	FOR	K、H、 KnX、KnY、KnM、KnS、 T、C、D、V、Z	3 步（嵌套 5 层）
循环结束	FNC09	NEXT	无	1 步

循环指令由 FOR 及 NEXT 两条指令构成，这两条指令总是成对出现的。如图 9-9 所示，图中有三条 FOR 指令和三条 NEXT 指令相互对应，构成三层循环，这样的嵌套可达五层。

图 9-9 所示程序是 3 层循环嵌套。最里面的循环体在每次循环中都被执行。最里层的循环次数是 K2X10，也就是由 X17、X16、X15、X14、X13、X12、X11、X10 这 8 个输入继电器组成的数据作为循环次数。处于 FOR K2X10 和第一个 NEXT 之间的程序要执行"K2X10"次之后才能从循环体中出来。

第二层的循环次数是"D10"次。实际的循环次数由 D10 中的数据决定。假设 D10 中存

有数据 100，那么，整个循环体，包括最里层的循环体都要被执行 100 次。如果 "K2X10" 的数据是 10，则最里层的循环体实际上要被执行 1000 次，因为每次进入循环体都要在执行 10 次之后才能出来。

最外层的循环次数最直观，就是指定循环 5 次。实际上用数据直接指定循环次数的情况在实用中是最多见的。

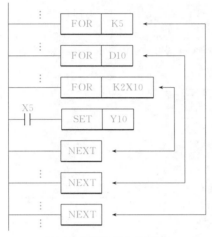

图 9-9　循环指令的用法

在应用 FOR-NEXT 循环指令时应注意，不恰当的使用会导致程序错误。通常需要注意的有以下几个方面。

① FOR 指令之前绝不能出现 NEXT 指令。

② FOR 和 NEXT 指令必须成对使用，每个 FOR 都要对应一个 NEXT。多出了任何一条指令都是错误的。

③ NEXT 指令一定要在 FEND 或 END 指令之前。

④ 除了用数据直接指定循环次数之外，用寄存器或其他元件指定循环次数时一定要注意元件中数据的变化，以免进入死循环。

(2) 循环程序的意义及应用

循环指令用于某种操作需反复进行的场合。如对某一取样数据做一定次数的加权运算，控制输出口按一定的规律做重复的输出动作或利用重复的加减运算完成一定量的增加或减少，或利用重复的乘除运算完成一定量的数据移位。循环程序可以使程序简明扼要，增加编程的方便，提高程序执行效率。

9.3　数据比较和传送类指令

FX 系列可编程控制器数据传送、比较类指令包含有比较指令、区间比较指令、传送指令、移位传送指令、取反指令、块传送指令、多点传送指令、数据交换指令、BCD 转换指令、BIN 转换指令共十条。本节介绍传送和比较类指令的使用方法及应用。

9.3.1　比较和传送类指令说明

(1) 比较指令

比较指令的指令代码、助记符、操作数、程序步如表 9-8 所示。

表 9-8　比较指令的使用要素

指令名称	指令代码	助记符	操作数			程　序　步
			S1(·)	S2(·)	D(·)	
比较	FNC10 (16/32)	CMP CMP(P)	K、H、KnX、KnY、KnM、 KnS、T、C、D、V、Z		Y、M、S	CMP、CMPP…7 步 DCMP、DCMPP…13 步

比较指令 CMP 是将源操作数 S1(·) 与 S2(·) 的数据进行比较，在其大小一致时，目标操作数 D(·) 动作。如图 9-10 所示，X2 断开，不执行比较指令，M0、M1、M2 保持 X2 断开前的状态；X2 闭合，则执行比较指令，根据比较结果使对应的触头导通。

数据比较是进行代数值大小比较（即带符号比较）。所有的源数据均按二进制处理。当比较指令的操作数不完整（若只指定一个或两个操作数），或者指定的操作数不符合要求（例如把 X、D、T、C 指定为目标操作数），或者指定的操作数的元件号超出了允许范围等情况，用比较指令就会出错。目标元件指定 M0 时，M0、M1、M2 自动被占用。

如要清除比较结果，可采用复位 RST 指令或区间复位 ZRST 指令，如图 9-11 所示。

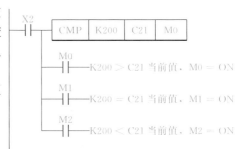

图 9-10　CMP 指令的应用举例

（2）区间比较指令

区间比较指令的指令代码、助记符、操作数、程序步如表 9-9 所示。

图 9-11　比较结果复位

表 9-9　区间比较指令的使用要素

指令名称	指令代码	助记符	操作数		程序步
			S1(·)/S2(·)/S(·)	D(·)	
区间比较	FNC11 (16/32)	ZCP ZCP(P)	K、H、KnX、KnY、KnM、KnS、T、C、D、V、Z	Y、M、S	ZCP、ZCPP…9 步 DZCP、DZCPP…17 步

图 9-12 是区间比较指令 ZCP 的使用说明举例。该指令是将一个数据 S(·) 与上、下两个源数据 S1(·) 和 S2(·) 间的数据进行代数比较（即带符号比较），在其比较的范围内使对应目标操作数中 M3、M4、M5 元件动作。

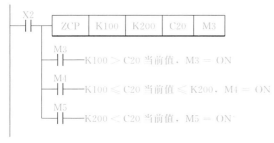

图 9-12　区间比较指令的使用说明

S1(·) 的值应小于或等于 S2(·) 的值，若 S1(·) 值比 S2(·) 值大，则 S2(·) 值则被看做与 S1(·) 值一样大。例如在 S1(·)＝K100，S2(·)＝K90 时，则 S2(·) 看作 K100 进行运算。

在 X2 断开时，即使 ZCP 指令不执行，M3～M5 保持 X2 断开前的状态。

在不执行指令清除比较结果时，可采用与图 9-11 类似的方法进行比较结果复位。

（3）传送指令

传送指令的名称、指令代码、助记符、操作数范围、程序步如表 9-10 所示。

表 9-10　传送指令的使用要素

指令名称	指令代码	助记符	操作数		程序步
			S1(·)	D(·)	
传送	FNC12 (16/32)	MOV MOV(P)	K、H、KnX、KnY、KnM、KnS、T、C、D、V、Z	KnY、KnM、KnS、T、C、D、V、Z	MOV、MOVP…5 步 DMOV、DMOVP…9 步

传送指令 MOV 的使用说明如图 9-13 所示。当 X4＝ON 时，源操作数 S（·）中的常数 K200 传送到目标操作元件 D10 中。当指令执行时，常数 K200 自动转换成二进制数。当 X4 断开时，指令不执行，D10 中数据保持不变。

图 9-13　传送指令的使用说明

（4）移位传送指令

移位传送指令的名称、指令代码、助记符、操作数范围、程序步如表 9-11 所示。

表 9-11　移位传送指令的使用要素

指令名称	指令代码	助记符	操作数					程序步
			S（·）	m1	m2	D（·）	n	
移位传送	FNC13 (16)	SMOV SMOV(P)	KnX,KnY, KnM,KnS, T,C,D,V,Z	K,H= 1~4	K,H= 1~4	KnY,KnM, KnS,T,C,D, V,Z	K,H= 1~4	SMOV、 SMOVP…11 步

SMOV 指令是进行数据分配与合成的指令。该指令是将源操作数中二进制（BIN）码自动转换为 BCD 码，按源操作数中指定的起始位号 m1 和移位的位数 m2 向目标操作数中指定的起始位 n 进行移位传送，目标操作数中未被移位传送的 BCD 位，数值不变，然后再自动转换成二进制（BIN）码，如图 9-14 所示。

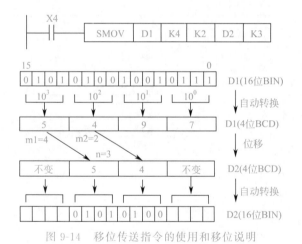

图 9-14　移位传送指令的使用和移位说明

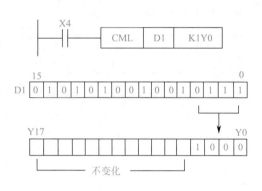

图 9-15　取反指令的使用说明

源操作数为负以及 BCD 码的值超过 9999 都将出现错误。

（5）取反指令

取反指令的名称、指令代码、助记符、操作数范围、程序步如表 9-12 所示。

表 9-12　取反指令的使用要素

指令名称	指令代码	助记符	操作数		程　序　步
			S（·）	D（·）	
取反	FNC14 (16/32)	CML CML(P)	K、H、KnX、KnY、KnM、 KnS、T、C、D、V、Z	KnY、KnM、 KnS、T、C、D、V、Z	CML、CMLP…5 步 DCML、DCMLP…9 步

该指令的使用说明如图 9-15，其功能是将源数据的各位取反（0→1，1→0）向目标传送。若将常数 K 用于源数据，则自动进行二进制变换。该指令用于反逻辑输出时非常方便。

（6）块传送指令

块传送指令的名称、指令代码、助记符、操作数范围、程序步如表 9-13 所示。

表 9-13   块传送指令的使用要素

指令名称	指令代码	助记符	操作数			程序步
			S(·)	D(·)	n	
块传送	FNC15 (16)	BMOV BMOV(P)	KnX、KnY、KnM、KnS、T、C、D	KnY、KnM、KnS、T、C、D	K、H≤51	BMOV…7 步 BMOVP…7 步

块传送将源操作数指定的元件开始的 n 个数据组成的数据块传送到指定的目标，n 可以取 K、H 和 D。如果元件号超出允许的范围，数据仅传送到允许的范围。

传送顺序是自动决定的，以防止源数据块与目标数据块重叠时源数据在传送过程中被改写，如果源元件与目标元件的类型相同，传送顺序如图 9-16 所示。

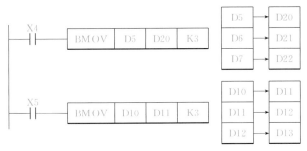

图 9-16   块传送指令的使用说明

如果 M8024 为 ON，传送的方向相反（目标数据块中的数据传送到源数据块）。

（7）多点传送指令

多点传送指令的名称、指令代码、助记符、操作数范围、程序步如表 9-14 所示。

表 9-14   多点传送指令的使用要素

指令名称	指令代码	助记符	操作数			程 序 步
			S(·)	D(·)	n	
多点传送	FNC16 (16)	FMOV FMOV(P)	K、H、KnX、KnY、KnM、KnS、T、C、D、V、Z	KnY、KnM、KnS、T、C、D	K、H≤512	FMOV、FMOVP…7 步 DFMOV、DFMOVP…13 步

多点传送指令 FMOV 将单个元件中的数据传送到指定目标地址开始的 n 个元件中，传送后 n 个元件中的数据完全相同。如果元件号超出允许的范围，数据仅仅送到允许的范围中。

图 9-17 中的 X4 为 ON 时将常数 K100 送到 D5～D14 这 10 个数据寄存器中。

图 9-17   多点传送指令的使用说明   图 9-18   数据交换指令的使用说明

（8）数据交换指令

数据交换指令的名称、指令代码、助记符、操作数范围、程序步如表 9-15 所示。

执行数据交换指令时，数据在指定的目标元件［D1(·)］和［D2(·)］之间交换，交换指令一般采用脉冲执行方式（指令助记符后面加 P），否则每一个扫描周期都要交换一次。M8160 为 ON 且［D1(·)］和［D2(·)］是同一元件时，将交换目标元件的高、低字节。图 9-18 中的 X5 由 OFF→ON 时，将 D10 和 D11 中的数据进行交换。

表 9-15　数据交换指令的使用要素

指令名称	指令代码	助记符	操作数		程 序 步
			D1(·)	D2(·)	
数据交换	FNC17 (16/32)	XCH XCH(P)	KnY、KnM、KnS、 T、C、D、V、Z	KnY、KnM、KnS、 T、C、D、V、Z	XCH、XCHP…5 步 DXCH、DXCHP…9 步

（9）BCD 转换指令

BCD 转换指令的名称、指令代码、助记符、操作数范围、程序步如表 9-16 所示。

表 9-16　BCD 转换指令的使用要素

指令名称	指令代码	助记符	操作数		程 序 步
			S(·)	D(·)	
BCD 转换	FNC18 ▼ (16/32)	BCD BCD(P)	KnX、KnY、KnM、KnS、 T、C、D、V、Z	KnY、KnM、KnS、 T、C、D、V、Z	BCD、BCDP…5 步 DBCD、DBCDP…9 步

BCD 转换指令是将源元件中的二进制数转换成 BCD 码送到目标元件。BCD 转换指令的说明如图 9-19 所示。当 X5＝ON 时，源元件 D12 中的二进制数转换成 BCD 码送到目标元件 Y0～Y7 中，可用于驱动七段显示器。

图 9-19　BCD 转换指令的使用说明

如果是 16 位操作，转换的 BCD 码若超出 0～9999 范围，将会出错；如果是 32 位操作，转换结果超出 0～99999999 的范围，将会出错。

转换 BCD 指令可用于 PLC 内的二进制数据变为七段显示等需要用 BCD 码向外部输出的场合。

（10）BIN 转换指令

BIN 转换指令的名称、指令代码、助记符、操作数范围、程序步如表 9-17 所示。

表 9-17　BIN 转换指令的使用要素

指令名称	指令代码	助记符	操作数		程 序 步
			S(·)	D(·)	
BIN 变换	FNC19 (16/32)	BIN BIN(P)	KnX、KnY、KnM、KnS、 T、C、D、V、Z	KnY、KnM、KnS、 T、C、D、V、Z	BIN、BINP…5 步 DBIN、DBINP…9 步

BIN 转换指令是将源元件中 BCD 码转换成二进制数送到目标元件中。源数据范围：16 位操作为 0～9999；32 位操作为 0～99999999。

BIN 转换指令的使用如图 9-20（a）所示。当 X4＝ON 时，源元件 X0～X7，X10～X17 中的 BCD 码转换成二进制数送到目标元件 D12 中去。如果源数据不是 BCD 码时，M8067 为 ON（运算错误），M8068（运算错误锁存）为 OFF，不工作。

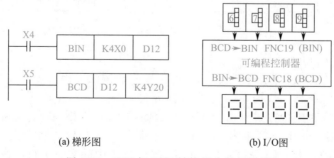

(a) 梯形图　　　　　　(b) I/O图

图 9-20　BIN 与 BCD 转换指令使用说明

图 9-20(b) 是用七段显示器显示数字开关输入 PLC 中的 BCD 码数据。在采用 BCD 码的数字开关向 PLC 输入，要用 FNC19（BCD→BIN）转换指令；欲要输出 BCD 码到七段显示器时，应采用 FNC18（BIN→BCD）转换传送指令。

9.3.2 传送比较类指令的基本用途及应用实例

传送比较指令，特别是传送指令，是应用指令中使用最频繁的指令。下面讨论其基本用途。

（1）传送比较指令的基本用途

① 用以获得程序的初始工作数据 一个控制程序总是需要初始数据。初始数据获得的方法很多，例如，可以从输入端口上连接的外部器件，使用传送指令读取这些器件上的数据并送到内部单元；也可以采取程序设置，即向内部单元传送立即数；也可以在程序开始运行时，通过初始化程序将存储在机内某个地方的一些运算数据传送到工作单元等等。

② 机内数据的存取管理 在数据运算过程中，机内的数据传送是不可缺少的。运算可能要涉及不同的工作单元，数据需在它们之间传送；运算可能会产生一些中间数据，这需要传送到适当的地方暂时存放；有时机内的数据需要备份保存，这要找地方把这些数据存储妥当。总之，对一个涉及数据运算的程序，数据存取管理是很重要的。

此外，二进制和 BCD 码的转换在数据存取管理中也是很重要的。

③ 运算处理结果向输出端口传送 运算处理结果总是需要通过输出来实现对执行器件的控制，或者输出数据用于显示，或者作为其他设备的工作数据，对于输出口连接的离散执行器件，可成组处理后看做是整体的数据单元，按各口的目标状态送入一定的数据，实现对这些器件的控制。

④ 比较指令用于建立控制点 控制现场常常需要将某个物理量的量值或变化区间作为控制点的情况。如温度低于多少度就打开电热器，速度高于或低于一个区间就报警等。比较指令作为一个控制"阀门"，常出现在工业控制程序中。

（2）传送比较指令应用举例

① 用程序构成一个闪光信号灯，改变输入口的置数开关可以改变闪光频率（即信号灯亮 t，熄 t）。

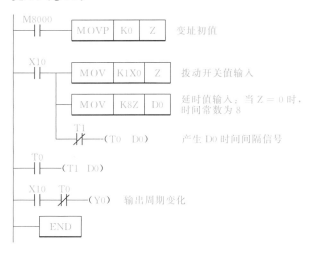

图 9-21 闪光频率可变的闪光信号灯

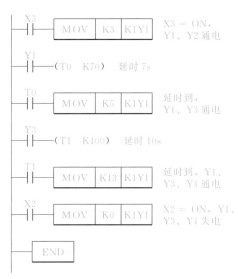

图 9-22 分级振动筛应用 PLC 指令编程

设定开关 4 个，分别接于 X0～X3，X10 为启停开关，信号灯接于 Y0。

梯形图如图 9-21 所示。图中第一行为变址寄存器清零，上电时完成。第二行从输入口读入设定开关数据，变址综合后的数据（K8＋Z）送到寄存器 D0 中，作为定时器 T0 的设定值，并和第三行配合产生 D0 时间间隔的脉冲。

② 分级振动筛电气控制线路改由 PLC 控制应用指令编程。

I/O 地址编码、PLC 的端子图保持不变，SB$_2$ 和 SB$_1$ 的功能保持不变，即 SB$_2$ 仍然为启动按钮，SB$_1$ 为停止按钮，如图 7-20(b)、(c) 所示。应用指令编程如图 9-22 所示。

9.4 算术及逻辑运算指令

9.4.1 算术及逻辑运算指令的使用说明

算术及逻辑运算指令是基本运算指令，可完成四则运算或逻辑运算，可通过运算实现数据的传送、变位及其他控制功能。

可编程序控制器有整数四则运算和实数四则运算两种，前者指令较简单，参加运算的数据只能是整数。而实数运算是浮点运算，是一种高精确度的运算。FX 系列可编程序控制器除有 BIN 的整数运算指令之外，还具有 BIN 浮点运算的专用四则运算指令。本节只介绍整数四则运算。

（1）减法指令

减法指令的名称、指令代码、助记符、操作数范围、程序步如表 9-18 所示。

表 9-18　减法指令的使用要素

指令名称	指令代码	助记符	操作数			程 序 步
			S1(·)	S2(·)	D(·)	
减法	FNC21 (16/32)	SUB SUB(P)	K、H、KnX、KnY、KnM、 KnS、T、C、D、V、Z		KnY、KnM、KnS、 T、C、D、V、Z	SUB、SUBP…7 步 DSUB、DSUBP…13 步

SUB 减法指令是将指定的源元件中的二进制数相减，结果送到指定的目标元件中去。SUB

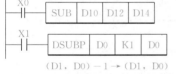

（D1，D0）－1 → （D1，D0）

图 9-23　二进制减法指令使用说明

减法指令的说明如图 9-23 所示。

当执行条件 X0 由 OFF→ON 时，(D10)－(D12)→(D14)。运算是代数运算，如

$$5-(-8)=13$$

当执行条件 X1 由 OFF→ON 时，(D1，D0)－1→(D1，D0)，本指令为脉冲执行型。

SUB 减法指令有 3 个常用标志辅助寄存器：M8020 为零标志，M8021 为借位标志，M8022 为进位标志。如果运算结果为 0，则零标志 M8020 置 1；如果运算结果超过 32767（16 位）或 2147483647（32 位）则进位标志 M8022 置 1；如果运算结果小于－32767（16 位）或－2147483647（32 位），则借位标志 M8021 置 1。

在 32 位运算中，被指定的起始字元件是低 16 位元件，而下一个字元件则为高 16 位元件，如 D0（D1）。

源和目标可以用相同的元件号。若源和目标元件号相同而采用连续执行的 SUB、DSUB 指令时，减法的结果在每个扫描周期都会改变。

若指令采用脉冲执行型时，如图 9-23 所示。每当 X1 从 OFF→ON 变化时，D0 的数据减 1，这与 DEC（P）指令的执行结果相似。其不同之处在于用 SUB 指令时，零位、借位、进位标志将按上述方法置位。

加法指令与此类似。

（2）乘法指令

乘法指令的名称、指令代码、助记符、操作数范围、程序步如表 9-19 所示。

表 9-19 乘法指令的使用要素

指令名称	指令代码	助记符	操作数			程 序 步
			S1(·)	S2(·)	D(·)	
乘法	FNC22 (16/32)	MUL MUL(P)	K、H、KnX、KnY、KnM、 KnS、T、C、D、Z		KnY、KnM、KnS、 T、C、D、(Z)限16位	MUL、MULP…7 步 DMUL、DMULP…13 步

MUL 乘法指令是将指定的源元件中的二进制数相乘，结果送到指定的目标元件中去。MUL 乘法指令使用说明如图 9-24 所示。它分 16 位和 32 位两种运算情况。

当执行条件 X0 由 OFF→ON 时，（D10）×（D12）→（D15，D14）。源操作数是 16 位，目标操作数是 32 位。最高位为符号位，0 为正，1 为负。

图 9-24 二进制乘法指令使用说明

当执行条件 X1 由 OFF→ON 时，（D1，D0）×（D3，D2）→（D7，D6，D5，D4）。源操作数是 32 位，目标操作数是 64 位。最高位为符号位，0 为正，1 为负。

如将位组合元件用于目标操作数时，限于 K 的取值，只能得到低位 32 位的结果，不能得到高位 32 位的结果。这时，应将数据移入字元件再进行计算。

用字元件作目标操作数时，也不能对作为运算结果的 64 位数据进行成批监视，在这种场合下，建议采用浮点运算。Z 不能在 32 位运算中作为目标元件的指定，只能在 16 位运算中作为目标元件的指定。

除法指令的使用与此类似，读者可查阅附录 1。

（3）加 1 指令

加 1 指令的名称、指令代码、助记符、操作数范围、程序步如表 9-20 所示。

表 9-20 加 1 指令的使用要素

指令名称	指令代码	助记符	操作数	程序步
			D(·)	
加 1	FNC24 (16/32)	INC INC(P)	KnY、KnM、KnS、 T、C、D、V、Z	INC、INCP…3 步 DINC、DINCP…5 步

加 1 指令的说明如图 9-25 所示。当 X0 由 OFF→ON 变化时，由 D(·) 指定的元件 D10 中的二进制数自动加 1。若用连续指令时，每个扫描周期都加 1。

（D10）+ 1 → （D10）

图 9-25 加 1 指令使用说明

16 位运算时，+32767 再加上 1 则变为−32768，但标志位不动作。同样，在 32 位运算时，+2147483647 再加 1 就变为−2147483648，标志位不动作。

（4）逻辑字与、字或指令

逻辑字与、字或指令的名称、指令代码、助记符、操作数范围、程序步如表 9-21 所示。

逻辑字"与"指令的使用说明如图 9-26 所示。当 X0 为 ON 时，S1(·) 指定的 D10 和 S2(·) 指定的 D12 内数据按各位对应进行逻辑字与运算，结果存于由 D(·) 指定的元件 D14 中。

表 9-21　逻辑字与、字或指令的使用要素

指令名称	指令代码	助记符	操作数			程 序 步
			S1(·)	S2(·)	D(·)	
逻辑字与	FNC26 (16/32)	WAND WAND(P)	K、H、KnX、 KnY、KnM、KnS、 T、C、D、V、Z		KnY、KnM、 KnS、T、C、 D、V、Z	WAND、WANDP…7 步 DWAND、DWANDP…13 步
逻辑字或	FNC27 (16/32)	WOR WOR(P)				WOR、WORP…7 步 DWOR、DWORP…13 步

逻辑字与和或指令的使用说明如图 9-26 所示。当 X1 为 ON 时，S1(·) 指定的 D10 和 S2(·) 指定的 D12 内数据按各位对应进行逻辑字与和或运算，结果存于由 D(·) 指定的元件 D14 中。

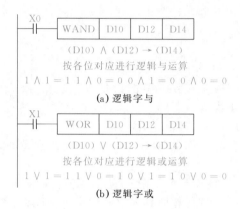

图 9-26　逻辑字与和或指令使用说明

(5) 求补码指令

求补码指令的名称、指令代码、助记符、操作数范围、程序步如表 9-22 所示。

图 9-27　求补码指令使用说明

求补码指令的使用说明如图 9-27 所示，当 X0 由 OFF→ON 变化时，由 D(·) 指定的元件 D10 中的二进制负数按位取反后加 1，求得的补码存入原来的 D10 内。

表 9-22　求补码指令的使用要素

指令名称	指令代码	助记符	操作数	程 序 步
			D(·)	
求补码	FNC29 (16/32)	NEG NEG(P)	KnY、KnM、KnS、 T、C、D、V、Z	NEG、NEGP…3 步 DNEG、DNEGP…5 步

若使用的是连续指令，当 X0 为 ON 时，则在各个扫描周期都执行求补运算。

9.4.2　算术及逻辑运算指令应用实例

(1) 四则运算式的实现

编程实现 45X/356＋3 算式的运算。式中"X"代表输入端口 K2X0 送入的二进制数，运算结果送输出口 K2Y0；X20 为启停开关。其程序梯形图如图 9-28 所示。

(2) 彩灯正序亮至全亮、反序熄至全熄再循环控制

实现彩灯控制功能可采用加 1、减 1 指令及变址寄存器 Z 来完成的，彩灯有 12 盏，各彩灯状态变化的时间单位为 1s，用秒时钟 M8013 实现。梯形图见图 9-29，图中 X1 为彩灯控制开关，X1＝OFF 时，禁止输出继电器 M8034＝1，使 12 个输出 Y0～Y14 为 OFF。M1

为正、反序控制。

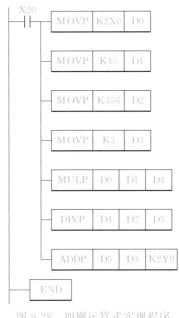

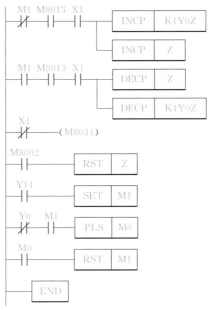

图 9-28　四则运算式实现程序　　　　　　图 9-29　彩灯控制梯形图

9.5　循环与移位指令

9.5.1　循环与移位指令的使用说明

　　FX 系列可编程控制器循环与移位指令有循环移位、位移位、字移位及先入先出 FIFO 指令等十种，其中循环移位分为带进位循环及不带进位的循环。位或字移位有左移和右移之分。FIFO 分为写入和读出。

　　从指令的功能来说，循环移位是指数据在本字节或双字内的移位，是一种环形移动。而非循环移位是线性的移位，数据移出部分将丢失，移入部分从其他数据获得。移位指令可用于数据的 2 倍乘处理，形成新数据，或形成某种控制开关。字移位和位移位不同，它可用于字数据在存储空间中的位置调整等功能。先入先出 FIFO 指令可用于数据的管理。

　　本节重点介绍位和字移位指令，其余指令可查附录 1。

　　(1) 带进位循环右移、左移指令

　　带进位循环右移、左移指令的名称、指令代码、助记符、操作数范围、程序步如表 9-23 所示。

表 9-23　带进位循环右移、左移指令的使用要素

指令名称	指令代码	助记符	操作数		程序步
			D(·)	n	
循环右移	FNC32 ▼ (16/32)	RCR RCR(P)	KnY、KnM、KnS、 T、C、D、V、Z	K、H 移位量	RCR、RCRP…5 步 DRCR、DRCRP…9 步
循环左移	FNC33 ▼ (16/32)	RCL RCL(P)		$n \leqslant 16$(16 位) $n \leqslant 32$(32 位)	RCL、RCLP…5 步 DRCL、DRCLP…9 步

　　循环右移指令可以使 16 位数据、32 位数据向右循环移位，其使用说明如图 9-30(a)

所示。当 X0 由 OFF→ON 时，D(·) 指定的元件内各位数据向右移 n 位，最后一次从低位移出的状态存于进位标志 M8022 中。

循环左移指令可以使 16 位数据、32 位数据向左循环移位，其使用说明如图 9-30(b) 所示。当 X1 由 OFF→ON 时，D(·) 内各位数据向左移位，最后一次从高位移出的状态存于进位标志 M8022 中。

用连续指令执行时，循环移位操作每个周期执行一次。

在指定位软元件的场合下，只有 K4（16 位指令）或 K8（32 位指令）有效。例如 K4Y0、K8M0。

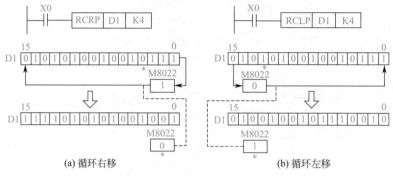

(a) 循环右移　　　　　　　　　　(b) 循环左移
图 9-30　带进位循环移位指令使用说明

(2) 字移位指令

字移位指令的名称、指令代码、助记符、操作数范围、程序步如表 9-24 所示。

表 9-24　字移位指令的使用要素

指令名称	指令代码	助记符	操作数				程 序 步
			S(·)	D(·)	n1	n2	
字右移	FNC36 ◣ (16)	WSFR WSFR(P)	KnX、KnY、 KnM、KnS、 T、C、D	KnY、KnM、KnS、 T、C、D	K、H n2≤n1≤512		WSFR、WSFRP···9 步
字左移	FNC37 ◣ (16)	WSFL WSFL(P)					WSFL、WSFLP···9 步

字移位指令是对 D(·) 所指定的 n1 个字元件连同 S(·) 所指定的 n2 个字元件右移或左移 n2 个字数据，其使用说明如图 9-31 所示。例如对于图 9-31(a) 的字右移指令的梯形图，当 X0 由 OFF 变 ON 时，D(·) 内（D10～D25）16 个字数据连同 S(·) 内（D0～D3）4 个字数据向右移 4 个字，（D0～D3）4 字数据从 D(·) 的高字端移入，而（D10～D13）4 字数据从 D(·) 的低位端移出（溢出）。图 9-31(b) 为字左移指令使用说明，原理类同。

用脉冲执行型指令时，X0 由 OFF→ON 变化时指令执行一次，进行 n2 位字移位；若用连续指令执行时，移位操作每个扫描周期将执行一次，必须注意。

9.5.2　循环与移位指令应用

(1) 流水灯光控制

某灯光招牌有 L1～L8 八个灯接于 K2Y0，要求当 X0 为 ON 时，灯先以正序每隔 1s 轮流点亮，当 Y7 亮后，停 2s；然后以反序每隔 1s 轮流点亮，当 Y0 再亮后，停 2s，重复上述过程。当 X1 为 ON 时，停止工作。梯形图如图 9-32 所示，分析见梯形图右边文字说明。

(2) 步进电机控制

用位移位指令可以实现步进电机正反转和调速控制。以三相三拍电机为例，脉冲列由 Y10～Y12（晶体管输出）输出，作为步进电机驱动电源功放电路的输入。

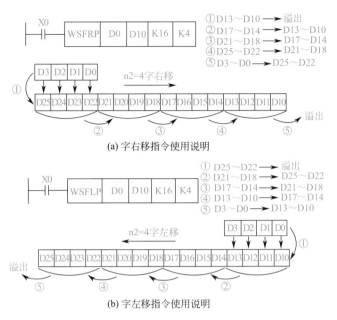

(a) 字右移指令使用说明

(b) 字左移指令使用说明

图 9-31 字移位指令使用说明

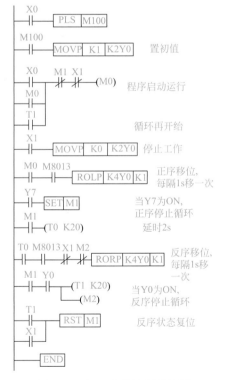

图 9-32 灯组移位控制梯形图

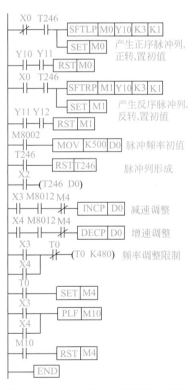

图 9-33 步进电机控制梯形图及说明

　　程序中采用积算定时器 T246 为脉冲发生器，设定值为 K2～K500，定时为 2～500ms，则步进电机可获得 500 步/s 到 2 步/s 的变速范围。X0 为正反转切换开关（X0 为 OFF 时，正转；X0 为 ON 时，反转），X2 为启动按钮，X3 为减速按钮，X4 为增速按钮。

　　梯形图如图 9-33 所示。以正转为例，程序开始运行前，设 M0 为零。M0 提供移入

Y10、Y11、Y12 的 "1" 或 "0"，在 T246 的作用下最终形成 011、110、101 的三拍循环。T246 为移位脉冲产生环节，INC 指令及 DEC 指令用于调整 T246 产生的脉冲频率。T0 为频率调整时间限制。

调速时，按下 X3（减速）或 X4（增速）按钮，观察 D0 的变化，当变化值为所需速度值时，释放。如果调速需经常进行，可将 D0 的内容显示出来。

9.6 其他常用指令

9.6.1 数据处理指令

数据处理指令含批复位指令、编、译码指令及平均值计算指令等。其中批复位指令可用于数据区的初始化。

（1）区间复位指令

① 区间复位指令的使用说明 该指令的名称、指令代码、助记符、操作数、程序步如表 9-25 所示。

表 9-25 区间复位指令的使用要素

指令名称	指令代码	助记符	操作数		程 序 步
			D1(·)	D2(·)	
区间复位	FNC40 ◤ (16)	ZRST ZRST(P)	Y、M、S、T、C、D (D1 元件号≤D2 元件号)		ZRST、ZRSTP…5 步

区间复位指令也称为成批复位指令，使用说明如图 9-34（a）所示。当 M8002 由 OFF→ON 时，执行区间复位指令。位元件 M500～M599 成批复位、字元件 C235～C255 成批复位、状态元件 S0～S127 成批复位。

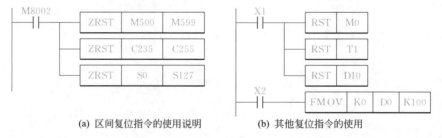

(a) 区间复位指令的使用说明　　(b) 其他复位指令的使用

图 9-34　常用复位指令的使用说明

目标操作数 D1(·) 和 D2(·) 指定的元件应为同类软元件，D1(·) 指定的元件号应小于等于 D2(·) 指定的元件号。若 D1(·) 的元件号大于 D2(·) 的元件号，则只有 D1(·) 指定的元件被复位。

该指令为 16 位处理指令，但是可在 D1(·)、D2(·) 中指定 32 位计数器。不过不能混合指定，即不能在 D1(·) 中指定 16 位计数器，在 D2(·) 中指定 32 位计数器。

② 与其他复位指令的比较

● 采用 RST 指令仅对位元件 Y、M、S 和字元件 T、C、D 单独进行复位。不能成批复位。

● 也可以采用多点传送指令 FMOV（FNC16）将常数 K0 对 KnY、KnM、KnS、T、C、D 软元件成批复位。这类指令的应用如图 9-34(b) 所示。

（2）标志置位和复位指令

① 标志置位和复位指令的使用说明 该指令的名称、指令代码、助记符、操作数、程

序步如表 9-26 所示。

表 9-26　标志置位和复位指令的使用要素

指令名称	指令代码	助记符	操作数			程 序 步
			S(·)	m	D(·)	
标志置位	FNC46 (16)	ANS	T (T0~T199)	m=1~32767 (100ms 单元)	S (S900~S999)	ANS…7 步
标志复位	FNC47 (16)	ANR ANR(P)	—			ANR,ANRP…1 步

标志置位指令是驱动信号报警器 M8048 动作的方便指令，当执行条件为 ON 时，S(·) 中定时器定时 m 后，D(·) 指定的标志状态寄存器置位，同时 M8048 动作。使用说明如图 9-35 所示，若 X0 与 X1 同时接通 1s 以上，则 S900 被置位，同时 M8048 动作，定时器复位。以后即使 X0 或 X1 为 OFF，S900 置位的状态不变。若 X0 与 X1 同时接通不满 1s 变为 OFF，则定时器复位，S900 不置位。

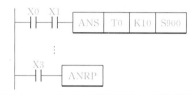

图 9-35　标志置位和复位指令的使用说明

标志复位指令可将被置位的标志状态寄存器复位。使用说明如图 9-35 所示，当 X3 为 ON 时，如果有多个标志状态寄存器动作，则将动作的新地址号的标志状态复位。

若采用连续型 ANR 指令，当 X3＝ON 保持不变，则在每个扫描周期中按顺序对标志状态寄存器复位，直至 M8048＝OFF，请务必注意。

② 标志置位和复位指令的应用　用标志置位、复位指令实现外部故障诊断处理的程序如图 9-36 所示。

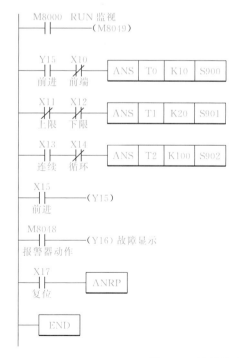

图 9-36　外部故障处理梯形图

该程序中采用了两个特殊辅助寄存器：一个是报警器有效 M8049 寄存器，若它被驱动，则可将 S900～S999 中的工作状态的最小地址号存放在特殊数据寄存器 D8049 内；另一个是报警器动作 M8048 寄存器，若 M8049 被驱动，状态 S900～S999 中任何一个动作，则 M8048 动作，并可驱动对应的故障显示。

在程序中，对于多故障同时发生的情况采用监视 M8049，在消除 S900～S999 中动作的信号报警器最小地址号之后，可以知道下一个故障地址号。

9.6.2 高速处理指令

高速处理指令（FNC50～FNC59）可以按最新的输入输出信息进行程序控制，并能有效利用数据高速处理能力进行中断处理。

配有高速计数器的可编程序控制器，一般都具有利用软件调节部分输入口滤波时间及对一定的输入输出口进行即时刷新的功能。

（1）输入输出刷新指令

该指令的名称、指令代码、助记符、操作数、程序步如表 9-27 所示。

表 9-27　输入输出刷新指令的使用要素

指令名称	指令代码	助记符	操作数		程 序 步
			D(·)	n	
输入输出刷新	FNC50 (16)	REF REF(P)	X、Y	K、H n 为 8 的倍数	REF、REFP…7 步

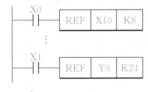

图 9-37　输入输出刷新指令的使用说明

该指令可用于对指定的输入及输出口立即刷新。在运行过程中，若需要最新的信息以及希望立即输出运算结果时，可以使用输入输出刷新指令。指令使用说明如图 9-37 所示。当 X0 的触头闭合，输入刷新，对输入点 X10～X17 的 8 点刷新。当 X1 的触头闭合，输出刷新，对 Y0～Y7、Y10～Y17、Y20～Y27 的 24 点刷新。Y0～Y27 中的任何一点若为 ON，执行输出刷新时，该点输出为 ON。

在指令中指定 D(·) 的元件首地址时，应为 X0，X10…；Y0，Y10，Y20…。刷新点数 n 应为 8 的倍数，即 K8（H8），K16（H10），…，K256（H100），…，除此之外的数值都是错误的。

（2）滤波调整指令

该指令的名称、指令代码、助记符、操作数、程序步如表 9-28 所示。

表 9-28　滤波调整指令的使用要素

指令名称	指令代码	助记符	操作数	程 序 步
			n（滤波时间常数）	
滤波调整	FNC51 (16)	REFF REFF(P)	K、H n＝0～60ms	REFF、REFFP…7 步

一般 PLC 的输入端都有约 10ms 的 RC 滤波器，主要是为了防止输入接点的振动或噪声的影响。然而，很多输入是电子开关，没有抖动和噪声，可以高速输入，此时 PLC 的输入端的滤波器又成了高速输入的障碍，因此需要调整滤波时间。

FX 系列 PLC 的输入端 X0～X17 使用了数字滤波器，通过指令 REFF 可将其值在 0～60ms 范围内重新设置。

如图 9-38 所示为刷新及滤波时间调整指令功能说明。当 X10 为 ON 时，X0～X17 的映像寄存器被刷新，输入滤波时间为 1ms。而在此指令 REFF 执行前，滤波时间为 10ms。

当 M8000 为 ON 时，REFF 指令被执行，因为 n 取 K20，所以，这条指令执行以后的输入端滤波时间为 20ms。

当 X10 为 OFF 时，REFF 指令不执行，X0～X17 的滤波时间为 10ms。

另外，也可以通过 MOV 指令把 D8020 数据寄存器的内容改写，来改变输入滤波时间。

X0～X17 的初始滤波值为 10ms。此外，当中断指针、高速计数器或者 SPD (FNC56) 速度测试指令在采用 X0～X7

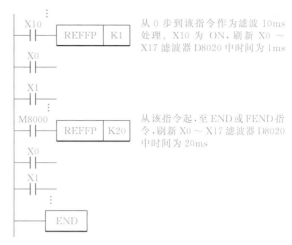

图 9-38　滤波调整指令的使用说明

作为输入条件时，这些输入端的滤波器的时间已自动设置为 50μs（X0、X1 为 20μs）。

本指令有 REFF 连续执行和 REFF（P）脉冲执行两种方式。

（3）矩阵输入指令

该指令的名称、指令代码、助记符、操作数、程序步如表 9-29。

表 9-29　矩阵输入指令的使用要素

指令名称	指令代码	助记符	操作数				程序步
			S(·)	D1(·)	D2(·)	n	
矩阵输入指令	FNC52 (16)	MTR	X	Y	Y、M、S	K,H n=2～8	MTR…9 步

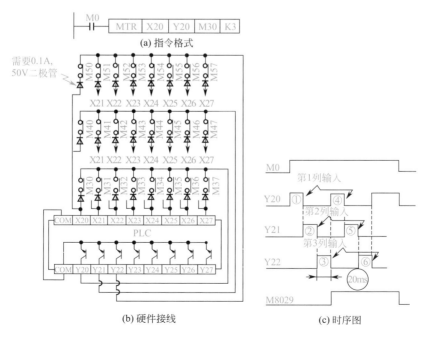

图 9-39　矩阵输入指令使用说明

该指令可以将8点输入与n点输出构成8行n列的输入矩阵，从输入端快速、批量接收数据。指令表中S(·)只能指定X0，X10，X20等最低位为0的X作起始点，占用连续8点输入。通常选用X10以后的输入点，若选用输入X0～X17虽可以加快存储速度，但会因输出晶体管还原时间长和输入灵敏度高而发生误输入，这时必须在晶体管输出端与COM之间接3.3kΩ/0.5W负载电阻；D1(·)只能指定Y0，Y10，Y20等最低位为0的Y作起始点，占用n点晶体管输出；D2(·)可指定Y、M、S作为存储单元，下标起点应为0，数量为8×n。因此，使用该指令最大可以用8点输入和8点晶体管输出存储64点输入信号。

指令使用说明如图9-39。图(a)指令中n＝3，是一个8点输入、3点输出，可以存储24点输入的矩阵。图(b)是指令的矩阵电路，3点输出Y20、Y21、Y22依次反复为ON，每一次第一列、第二列、第三列的输入依次反复存储，存入M30～M37、M40～M47、M50～M57中。存储顺序如图(c)所示。

对于每个输出，其I/O处理采用中断方式立即执行；时间间隔为20ms，允许输入滤波器的延迟时间为10ms。另外执行指令完成后，指令结束标志M8029置1。

矩阵输入指令最多存储开关信号是8×8，最少存储开关信号为8×2。

（4）脉冲密度指令

该指令的名称、指令代码、助记符、操作数、程序步如表9-30所示。

表9-30　脉冲密度指令的使用要素

指令名称	指令代码	助记符	操作数			程序步
			S1(·)	S2(·)	D(·)	
脉冲密度指令	FNC56 (16)	SPD	X (X＝X0～X5)	K、H、 KnX、KnY、KnM、KnS、 T、C、D、V、Z	T、C、D、V、Z (为三连号单元)	SPD…7步

该指令可用于从指令指定的输入口输入计数脉冲，在规定的计数时间里，统计输入脉冲数的场合，例如统计转速脉冲等等。指令使用说明如图9-40所示。

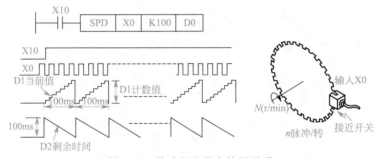

图9-40　脉冲密度指令使用说明

该指令在X10由OFF→ON时，在S1(·)指定的X0口输入计数脉冲，在S2(·)指定的100ms时间内，D(·)指定D1对输入脉冲计数，将计数结果存入D(·)指定的首地址单元D0中，随之D1复位，再对输入脉冲计数，D2用于测定剩余时间。D0中的脉冲值与旋转速度成比例，速度与测定的脉冲关系为

$$N=\frac{60\cdot(D0)}{n\cdot t}\times10^{3}(r/min)$$

式中，n为每转的脉冲数；t为S2(·)指定的测定时间（ms）。

需要说明的是，当输入 X0 使用后，不能再将 X0 作为其他高速计数的输入端。

（5）脉冲输出指令

该指令的名称、指令代码、助记符、操作数、程序步如表 9-31。

表 9-31　脉冲输出指令的使用要素

指令名称	指令代码	助记符	操作数		程序步
			S1(·)/S2(·)	D(·)	
脉冲输出指令	FNC57 (16/32)	PLSY (D)PLSY	K、H、 KnX、KnY、KnM、KnS、 T、C、D、V、Z	只能指定晶体管型 Y0 或 Y1	PLSY…7 步 DPLSY…13 步

该指令可用于指定频率、产生定量脉冲输出的场合，使用说明如图 9-41。图中 S1(·) 用以指定频率，范围为 2～20kHz。S2(·) 用以指定产生脉冲数量，16 位指令指定范围为 1～32767，32 位指令指定范围为 1～2147483647。D(·) 用以指定输出脉冲的 Y 号（仅限于指定晶体管型 Y0、Y1），输出的脉冲高低电平各占 50%。

在图 9-41 中，X10 为 OFF 时，输出中断，再置为 ON 时，从初始状态开始动作。输出脉冲存于 D8137、D8136 中。

图 9-41　脉冲输出指令使用说明

设定脉冲量输出结束时，指令执行结束标志 M8029 动作。S1(·) 中的内容在指令执行中可以变更，但 S2(·) 的内容不能变更。

（6）脉宽调制指令

该指令的名称、指令代码、助记符、操作数、程序步如表 9-32。

表 9-32　脉宽调制指令的使用要素

指令名称	指令代码	助记符	操作数		程序步
			S1(·)/S2(·)	D(·)	
脉宽调制	FNC58 (16)	PWM	K、H、 KnX、KnY、KnM、KnS、 T、C、D、V、Z	只能指定晶体管型 Y0 或 Y1	PWM…7 步

该指令可用于指定脉冲宽度、脉冲周期、产生脉宽可调脉冲输出的场合。使用说明如图 9-42。梯形图中 S1 指定 D10 存放脉冲宽度 t，t 理论上可在 0～32767ms 范围内选取，但不能大于周期，即本例中 D10 的内容只能在 S2(·) 指定的脉冲周期 $T=50$ms 以内变化，否则会出现错误，T 可在 0～32767ms 范围内选取。D(·) 指定脉冲输出 Y 号（Y 应为晶体管输出型，并且输出号只能为 Y0 或 Y1）为 Y0，其平均输出对应为 0～100%。当 X10 为 ON 时，Y0 输出为脉冲，脉宽调制比为 t/T，可进行中断处理。

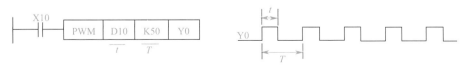

图 9-42　脉宽调制指令使用说明

9.6.3 方便类指令

方便类指令可以利用最简单的顺控程序进行复杂控制。该类指令有状态初始化、数据查找、绝对值式/增量式凸轮控制、示教/特殊定时器、旋转工作台控制、列表数据排序等十种，指令代码范围为 FNC60～FNC69。下面对状态初始化和旋转工作台控制指令进行介绍。

（1）状态初始化指令

① 状态初始化指令的使用说明　该指令的名称、指令代码、助记符、操作数、程序步如表 9-33。

表 9-33　指令的使用要素

指令名称	指令代码	助记符	操作数			程序步
			S(·)	D1(·)	D2(·)	
状态初始化	FNC60 (16)	IST	X、Y、M	S20～S899 [D1(·)＜D2(·)]		IST…7 步

如图 9-43 所示为状态初始化指令功能说明。当 M8000 接通时，有关内部继电器及特殊继电器的状态自动设置了有关定义状态。其中 S(·) 指定输入端运行模式。

图 9-43　状态初始化指令使用说明

X20：手动操作　　　　　　　　X24：连续运行（自动）

X21：回原点　　　　　　　　　X25：回原点启动

X22：单步操作　　　　　　　　X26：自动运行启动

X23：循环运行一次（单周期）　X27：停止

X20～X27 为选择开关或按钮开关，其中 X20～X24 不能同时接通，可使用选择开关或其他编码开关；X25～X27 为按钮开关；D1(·)、D2(·) 分别指定在自动操作中实际用到的最小、最大状态序号。

IST 指令被驱动后，下列元件将被自动切换控制。若在这以后，M8000 变为 OFF，这些元件的状态仍保持不变。

M8040：禁止转移　S0：手动操作初始状态

M8041：转移开始　S1：回原点初始状态

M8042：启动脉冲　S2：自动运行初始状态

M8047：STL（步控指令）监控有效

本指令在程序中只能使用一次，放在步进顺控指令之前。若在 M8043 置 1（回原点）之前改变操作方式，则所有输出将变为 OFF。

如果在编程中，不是使用以上连号模式输入或有些模式输入要省略时，应该使用辅助继电器 M 改变排列，然后再以 M0 作为指令的指定运行模式，如图 9-44 所示。

② 应用举例　如图 9-45 所示为一机械手将物体从 A 点搬至 B 点的工作示意图。图 9-45（a）为机械手工作示意图，图 9-45（b）为机械手控制操作面板，图 9-45（c）为其工作流程图，从①～⑧。

机械手的工作流程为：原点→下降→夹紧→上升→右行→下降→松开→上升→左行→原点。

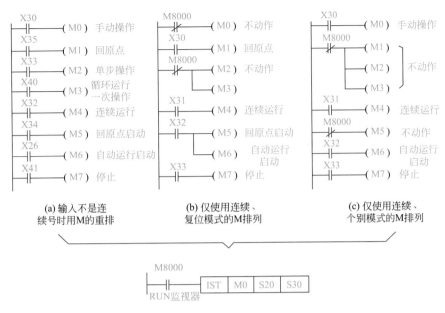

图 9-44 模式输入用 M 重排实例

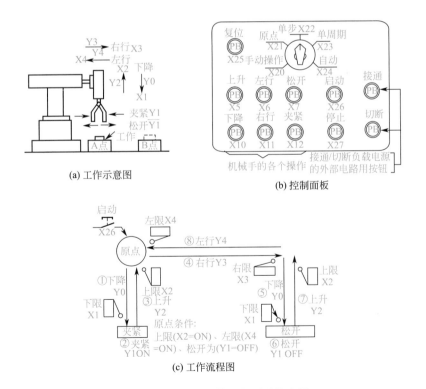

图 9-45 机械手工作示意图及状态图

面板上操作可分为手动和自动两种。手动操作有如下两种。

* 手动操作。用单个按钮接通或切断各负载的模式。
* 原点复位。按下原点复位按钮时，使机械自动回归原点的模式。

自动操作有如下几种。

* 单步。每次按下启动按钮，前进一个工序。
* 单周期。在原点位置上按启动按钮时，进行一次循环的自动运行在原点停止。途中按停止按钮，工作停止，若再按启动按钮则在原位置继续运行至原点自动停止。
* 自动。在原点位置上按启动按钮，开始连续反复运转。若按停止按钮，运转至原点位置后停止。

下降/上升，左行/右行中使用双螺线管的电磁阀。夹紧使用的是单螺线管的电磁阀。

根据操作面板模式的地址分配，则可以编写出步进状态初始化、手动操作、原点复位、自动运行（包括单步、循环一次、连续运行）四部分梯形图程序如图 9-46 所示。

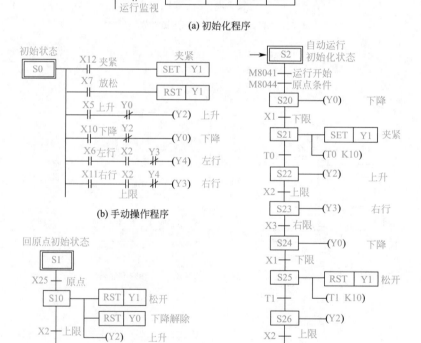

图 9-46　机械手控制梯形图

图 9-46 梯形图转换成指令表程序如下所示。

```
        ┌─LD    X4
        │ AND   X2
        │ ANI   Y1
  初     │ OUT   M8044
  始     │ LD    M8000
  化     │ IST   （FNC 60）
        │ SP    X20
        │ SP    S20
        └─SP    S27
        ┌─STL   S0
        │ LD    X12
        │ SET   Y1
        │ LD    X7
        │ RST   Y1
        │ LD    X5
        │ ANI   Y0
        │ OUT   Y2
        │ LD    X10
  手     │ ANI   Y2
  动     │ OUT   Y0
  操     │ LD    X6
  作     │ AND   X2
        │ ANI   Y3
        │ OUT   Y4
        │ LD    X11
        │ AND   X2
        │ ANI   Y4
        └─OUT   Y3
        ┌─STL   S1
        │ LD    X25
        │ SET   S10
        │ STL   S10
        │ RST   Y1
        │ RST   Y0
        │ OUT   Y2
        │ LD    X2
        │ SET   S11
  原     │ STL   S11
  点     │ RST   Y3
  复     │ OUT   Y4
  位     │ LD    X4
        │ SET   S12
        │ STL   S12
        │ SET   M8043
        │ LD    M8043
        │ OUT   S12
        └─（RET）

        ┌─STL   S2
        │ LD    M8041
        │ AND   M8044
        │ SET   S20
        │ STL   S20
        │ OUT   Y0
        │ LD    X1
        │ SET   S21
        │ STL   S21
        │ SET   Y1
        │ OUT   Y0
        │ SP    K10
        │ LD    T0
        │ SET   S22
        │ STL   S22
        │ OUT   Y2
        │ LD    X2
        │ SET   S23
        │ STL   S23
  自     │ OUT   Y3
  动     │ LD    X3
  运     │ SET   S24
  行     │ STL   S24
        │ OUT   Y0
        │ LD    X1
        │ SET   S25
        │ STL   S25
        │ RST   Y1
        │ OUT   T1
        │ SP    K10
        │ LD    T1
        │ SET   S26
        │ STL   S26
        │ OUT   Y2
        │ LD    X2
        │ SET   S27
        │ STL   S27
        │ OUT   Y4
        │ LD    X4
        │ OUT   S2
        │ RET
        └─END
```

（2）旋转工作台控制指令

该指令的名称、指令代码、助记符、操作数、程序步如表 9-34。

表 9-34　旋转工作台控制指令的使用要素

指令名称	指令代码	助记符	操作数				程序步
			S(·)	m1	m2	D(·)	
旋转工作台控制	FNC68(16)	ROTC	D	K、H(2～32767)	K、H(0～32767)	Y、M、S	ROTC…9 步

如图 9-47 所示为一旋转工作台工作示意图。旋转工作台分为 10 个位置，分别放置物品。机械手要取被指定的工件，要求工作台以最短捷径的方向转到出口处，以便机械手方便抓取，这时可以使用 ROTC 指令达到此目的。

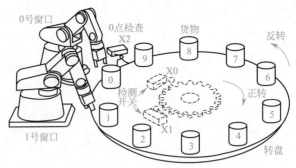

图 9-47　旋转工作台示意图

指令功能说明如图 9-48 所示。

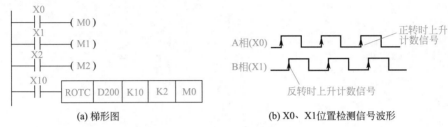

(a) 梯形图　　　　　　　(b) X0、X1位置检测信号波形

图 9-48　旋转工作台控制指令功能说明

X0、X1、X2 为检测开关信号，其中 X2 为原点信号，当 0 号工件转到 0 号位置，X2 接通。X0、X1 为检测工作台正向、反向旋转的检测开关信号，A 相接 X0，B 相接 X1。

源操作数 S(·) 指定数据寄存器，它作为旋转工作台位置检测计数寄存器。

m1、m2 的作用是：m1 将旋转工作台分为 m1 个区域，本例中为 10 个区域，m2 是低速旋转区域，本例中为 2 个位置。要求 m1＞m2。此外通过 S(·) 源操作数的设定值 D200，还隐含 2 个数据寄存器，即 D201 和 D202。其中 D201 是用来自动存放取出物品窗口位置号的数据寄存器，如本例 0 号、1 号窗口。D202 用来存放要取工件的位置号的数据寄存器。

以上条件都设定后，ROTC 指令就自动地指定一些输出信号，如正转/反转、高速/低速、停止等。D(·) 所指定的 M0～M7 的输出含义如下。

M0：A 相信号　⎫

M1：B 相信号　⎬ 编制程序使之与相应输入对应

M2：原点检测信号　⎭

M3：高速正转　⎫

M4：低速正转　⎪ X10 变为 ON，执行 ROTC 指令，自动得到结果 M3～M7

M5：停止　　　⎬

M6：低速反转　⎪ X10 变为 OFF 时，M3～M7 均为 OFF

M7：高速反转　⎭

旋转工作台控制指令 ROTC 为 ON 时，若原点检测号 M2 变为 ON，则计数寄存器 D200 清零。在开始任何操作之前必须先执行上述清零操作。

9.6.4　外部设备 I/O 指令

FX 系列可编程控制器备有可供与外部设备交换数据的外部设备 I/O 指令。这类指令可以通过最少量的程序和外部布线，简单地进行复杂的控制。因此，这类指令具有与上述方便指令近似的性质。此外，为了控制特殊单元、特殊模块，还有对它们缓冲区数据进行读写的

FROM、TO 指令。外部设备 I/O 指令共有十条，指令代码为 FNC70～FNC79，下面对部分常用指令进行介绍。

（1）十键输入指令

该指令的名称、指令代码、助记符、操作数、程序步如表 9-35 所示。

表 9-35　十键输入指令要素

指令名称	指令代码	助记符	操作数			程序步
			S（·）	D1（·）	D2（·）	
十键输入	FNC70 （16/32）	TKY （D）TKY	X、Y、M、Z （用 10 个连号元件）	KnY、KnM、KnS、 T、C、D、V、Z	Y、M、S （用 11 个连号元件）	TKY…7 步 （D）TKY…13 步

十键输入指令是用 10 个按键输入十进制数的应用指令。表中 S（·）指定起始号输入元件；D1（·）指定存储元件；D2（·）指定起始号读出元件开始的 11 个元件。

该指令的梯形图如图 9-49（a）所示。与梯形图相配合的输入按键同 PLC 的连接如图 9-49（b）所示，接在 X0～X11 端口上的 10 个按键可以输入 4 位 10 进制数据，自动转换成 BIN 码存于 D0 中。按键输入的动作时序如图 9-49（c）所示，按键按①、②、③、④顺序按下时，则 D0 中存入的数据为 2130 对应的二进制数，如果送入的数据大于 9999，则高位溢出并丢失。

当使用 32 位的（D）TKY 指令时，D0 和 D1 成对使用，最大存入的数据为 99999999。

图 9-49（c）中还给出了与 X0～X11 对应的辅助继电器 M10～M19 的动作情况。当 X2 按下后，M12 置 1 并保持至下一键 X1 按下，X1 按下后 M11 置 1 并保持到下一键 X3 按下……，因此 X0～X11 与 M10～M19 是一一对应的。M20 对于任何一个键按下，都将产生一个脉冲，称为键输入脉冲，可作为计数脉冲，记录键按下的次数，并且次数值大于 4 时，提醒重新发出置数信号，并将相关存储单元清零。当有两个或更多键被按下时，先按下的键有效。

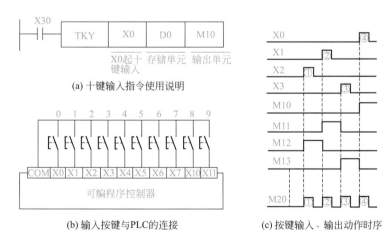

(a) 十键输入指令使用说明

(b) 输入按键与 PLC 的连接　　(c) 按键输入、输出动作时序

图 9-49　十键输入指令使用说明

本指令应用时须注意，当 X30 由 ON 变为 OFF 时，D0 中的数据保持不变，但 M10～M20 全部变为 OFF。

在一个程序中，此指令只能使用一次。

（2）十六键输入指令

该指令的名称、指令代码、助记符、操作数、程序步如表 9-36。

表 9-36 中 S（·）指定 4 个输入元件，D1（·）指定 4 个扫描输出点，D2（·）指定键输入的存储元件，D3（·）指定读出元件。

十六键输入指令能通过键盘上数字键和功能键输入的内容来完成输入的复合运算过程。图 9-50 所示为十六键输入指令功能说明。图 9-51 为键盘与 PLC 的外部连接图。

十六键输入分为数字键和功能键。

表 9-36 十六键输入指令要素

指令名称	指令代码	助记符	操 作 数				程 序 步
			S（·）	D1（·）	D2（·）	D3（·）	
十六键输入	FNC71 (16/32)	HKY (D)HKY	X 4 个连号元件	Y 4 个连号元件	T、C、D、V、Z	Y、M、S 8 个连号元件	HKY…9 步 (D)HKY…17 步

① 数字键　输入的 0～9999 数字以 BIN 码存于 D2（·），如图 9-50 所示的 D0 中，大于 9999 的数则溢出。

图 9-50 十六键输入指令使用说明

用 (D)HKY 32 位指令时，0～99999999 的数字存于 D1 和 D0 中。多个键同时按下时，最先按下的键有效。

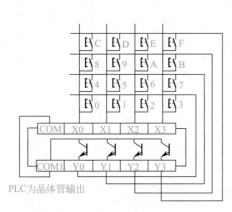

图 9-51 十六键输入与 PLC 的外部连接

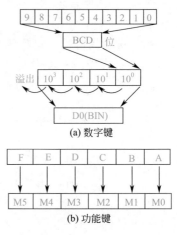

图 9-52 数字键与功能键的输入和存储

② 功能键　功能键 A～F 与 M0～M5 的关系如图 9-52 所示。

按下 A 键，M0 置 1 并保持。按下 D 键，M0 置 0、M3 置 1 并保持，其余类推。同时按下多个键，先按下键的有效。

③ 键扫描输出　按下键（数字键或功能键）被扫描后，标志 M8029 置 1。功能键 A～F 的任一个键被按下时，M6 置 1（不保持）。数字键 0～9 的任一个键被按下时，M7 置 1（不保持）。如图 9-50 所示，当 X4 再变为 OFF 时，D0 保持不变，M0～M7 全部为 OFF。

扫描全部 16 键需 8 个扫描周期，HKY 指令只能用一次。

十六键输入指令 HKY 执行所需时间取决于程序执行速度。同时，执行速度将由相应的输入时间所限制。

如果扫描时间太长，则有必要设置一个时间中断，当使用时间中断程序后，必须使输入端在执行 HKY 前及输出端在执行 HKY 后重新工作。这一过程可用 REF 指令来完成。

时间中断的设置时间要稍长于输入端重新工作时间，对于普通输入，可设置 15ms 或更长一些，对高速输入设置 10ms 较好。图 9-53 在使用时间中断程序中，用 HKY 来加速输入响应的梯形图。

（3）七段码译码指令

该指令的名称、指令代码、助记符、操作数、程序步如表 9-37 所示。

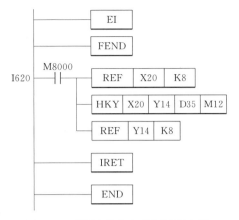

图 9-53　HKY 指令中使用时间中断

表 9-37　七段码译码指令要素

指令名称	指令代码	助记符	操　作　数		程　序　步
			S（•）	D（•）	
七段码译码	FNC73(16)	SEGD SEGD(P)	K、H、KnX、KnY、KnM、KnS、T、C、D、V、Z	KnY、KnM、KnS、T、C、D、V、Z	SEGD…5 步 SEGD(P)…5 步

七段码译码指令是驱动 1 位七段码显示器显示 16 进制数据指令。使用说明如图 9-54 所示。其中 S（•）指定的软元件存储待显示数据，该元件低 4 位（只用低 4 位）存放的是待显示的十六进制数。译码后的七段码存于 D（•）指定元件的低 8 位中，高 8 位保持不变。译码真值表如表 9-38。

图 9-54　七段码译码指令使用说明

表 9-38　七段码译码真值表

S（•）		七段码组合数字	D（•）								显示数据
16 进制	2 进制		B7	B6	B5	B4	B3	B2	B1	B0	
0	0000		0	0	1	1	1	1	1	1	0
1	0001		0	0	0	0	0	1	1	0	1
2	0010		0	1	0	1	1	0	1	1	2
3	0011		0	1	0	0	1	1	1	1	3
4	0100		0	1	1	0	0	1	1	0	4
5	0101		0	1	1	0	1	1	0	1	5
6	0110		0	1	1	1	1	1	0	1	6
7	0111		0	1	0	0	0	1	1	1	7
8	1000		0	1	1	1	1	1	1	1	8
9	1001		0	1	1	0	1	1	1	1	9
A	1010		0	1	1	1	0	1	1	1	A
B	1011		0	1	1	1	1	0	0	0	b
C	1100		0	0	1	1	1	0	0	1	C
D	1101		0	1	0	1	1	1	1	0	d
E	1110		0	1	1	1	1	0	0	1	E
F	1111		0	1	1	1	0	0	0	1	F

（4）带锁存七段码译码指令

该指令的名称、指令代码、助记符、操作数、程序步如表 9-39 所示。

表 9-39　带锁存七段码译码指令要素

指令名称	指令代码	助记符	操 作 数			程 序 步
			S(·)	D(·)	n	
带锁存 七段码显示	FNC74 (16)	SEGL	K、H、KnX、KnY、KnM、 KnS、T、C、D、V、Z	Y	K、H n=0～7	SEGL…5 步 SEGL(P)…5 步

图 9-55　带锁存七段码译码
指令使用说明

带锁存七段码译码是用于控制一组或两组带锁存的七段译码器显示的指令，它的功能说明如图 9-55 所示。

带锁存七段显示器与 PLC 的连接如图 9-56 所示。

带锁存七段显示指令 SEGL 用 12 个扫描周期显示 4 位数据（1 组或 2 组），完成 4 位显示后，标志位 M8029 置 1。

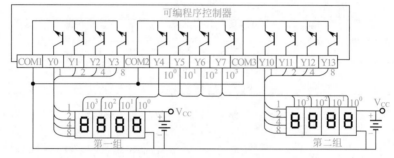

图 9-56　带锁存七段显示器与 PLC 的连接

当 X0 为 ON 时，SEGL 则反复连续执行。若 X0 由 ON 变为 OFF，则指令停止执行。当执行条件 X0 再为 ON 时，程序从头开始反复执行。

SEGL 指令只能用一次。

要显示的数据放在 D0（1 组）或 D0、D1（2 组）中。数据的传送和选通在 1 组或 2 组的情况下不同。

当在 1 组（即 n=0～3）时，D0 中的数据 BIN 码转换成 BCD 码（0～9999）顺次送到 Y0～Y3。Y4～Y7 为选通信号。

当在 2 组（即 n=4～7）时，与 1 组情况相类似，D0 的数据送 Y0～Y3，D1 的数据送 Y10～Y13。D0、D1 中的数据范围为 0～9999，选通信号仍使用 Y4～Y7。

关于参数 n 的选择与 PLC 的逻辑性质、七段显示逻辑以及显示组数有关，读者可查阅其他相关资料。

习题及思考题

9-1　什么是应用指令？FX 应用指令共分几大类？

9-2　什么是"位"软元件？什么是"字"软元件？有什么区别？

9-3　FX 应用指令中，32 位数据寄存器如何组成？

9-4　在图 9-57 所示 FX 应用指令中，"X0""（D）""（P）""D10""D14""D16"其含义分别是什么？该指令有什么功能？程序步长是多少？

9-5　三台电机相隔 5s 启动，各进行 10s 停止，循环往复。进行地址分配，使用 FX 传送比较指令完成控制编程。

图 9-57　题 9-4 图

9-6 用 FX 传送与比较指令作简易三层升降机的自动控制。要求：

① 只有在升降机停止时，才能呼叫升降机；

② 只能接受一层呼叫信号，先按者优先，后按者无效；

③ 上升、下降或停止，自动判别。

9-7 图 8-20 所示加热反应炉 PLC 控制的 SFC 图编程改为 FX 应用指令编程。

9-8 图 8-23 所示十字路口交通灯模拟系统 SFC 图软件编程改为 FX 应用指令编程。

9-9 图 8-26 所示 C650 车床主轴 PLC 控制的 SFC 图编程改为 FX 应用指令编程。

9-10 图 8-28 所示按钮式人行横道交通灯控制 SFC 图软件编程改为 FX 应用指令编程。

9-11 试设计一个数字时钟。要求：

① 有 h、min、s 的输出显示；

② 应有启动、清除功能；

③ 有时间设定和调整功能；

④ 画出电气原理图；

⑤ 用 FX 应用指令编程。

9-12 试用 FX 移位指令构成移位寄存器，实现广告牌字的闪耀控制。用 HL1～HL4 灯分别照亮"欢迎光临"4 个字。其控制流程要求如表 9-40 所示。每步间隔 1s。要求：

① 进行地址分配；

② 用应用指令编程。

表 9-40 广告牌字灯点亮流程

步 序	1	2	3	4	5	6	7	8
HL1	×				×		×	
HL2		×			×		×	
HL3			×		×		×	
HL4				×	×		×	

10 FX系列PLC模拟量模块及其应用

PLC的应用范围极广，控制对象具有多样性。PLC基本型功能有限，因此在实际工作时根据控制系统的要求，往往需要扩展一些特殊功能模块，如模拟量输入/输出模块、高速计数模块、定位控制模块、通信接口模块等。本章将重点介绍常用的模拟量输入/输出模块。

10.1 模拟量输入/输出模块

FX系列PLC的基本单元无模拟量输入/输出功能，如有需要则需添加模拟量特殊功能模块。FX系列PLC的模拟量扩展模块主要有电压/电流输入、电压/电流输出、温度传感器输入3种。

表10-1 FX$_{2N}$系列PLC可扩展模拟量特殊功能模块

型号	通道数	范围	分辨率	功能
电压·电流输入				
FX$_{2NC}$-4AD^{*2}	4通道	电压:DC−10~+10V	0.32mV(带符号16位)	可混合使用电压·电流输入可进行偏置/增益调整;内置采样功能
		电流:DC−20~+20mA	1.25μA(带符号15位)	
FX$_{2N}$-8AD^{*1}	8通道	电压:DC−10~+10V	0.63mV(带符号15位)	可混合使用电压·电流热电偶输入;可进行偏置/增益调整;内置采样功能
		电流:DC−20~+20mA	2.5μA(带符号14位)	
FX$_{2N}$-4AD^{*1}	4通道	电压:DC−10~+10V	5mV(带符号12位)	可混合使用电压·电流输入可进行偏置/增益调整
		电流:DC−20~+20mA	10μA(带符号11位)	
FX$_{2N}$-2AD^{*1}	2通道	电压:DC0~10V	2.5mV(12位)	不可混合使用电压·电流输入;可进行偏置/增益调整(输入2通道通用)
		电流:DC4~20mA	4μA(12位)	
电压·电流输出				
FX$_{2NC}$-4DA^{*2}	4通道	电压:DC−10~+10V	5mV(带符号12位)	可混合使用电压·电流输出;可进行偏置/增益调整
		电流:DC0~20mA	20μA(10位)	
FX$_{2N}$-4DA^{*1}	4通道	电压:DC−10~+10V	5mV(带符号12位)	可混合使用电压·电流输出;可进行偏置/增益调整
		电流:DC0~20mA	20μA(10位)	
FX$_{2N}$-4DA^{*1}	2通道	电压:DC0~10V	2.5mV(12位)	可混合使用电压·电流输出;可进行偏置/增益调整
		电流:DC4~20mA	4μA(12位)	
电压·电流输入/输出混合				
FX$_{2N}$-5A^{*1}	输入4通道	电压:DC−10~+10V	0.32mV(带符号16位)	可混合使用电压·电流输入;可进行偏置/增益调整;内置比例功能
		电流:DC−20~+20mA	1.25μA(带符号15位)	
	输出1通道	电压:DC−10~+10V	5mV(带符号12位)	
		电流:DC0~20mA	20μA(10位)	

FX$_{2N}$系列PLC部分可扩展模拟量特殊功能模块如表10-1所示。FX$_{2N}$系列PLC可扩展模拟量特殊功能模块也可以作为FX$_{3U}$、FX$_{3UC}$系列PLC可扩展特殊功能模块使用，使用中要注意以下3点。

①"*1"模块连接在FX$_{3UC}$可编程控制器上时，需要FX$_{2NC}$-CNV-IF或者FX$_{3UC}$-1PS-5V。

②"*2"只可以连接FX$_{3UC}$可编程控制器。

③FX$_{3U}$可以全部连接FX$_{2N}$输入/输出扩展单元模块。

表 10-2　FX$_{3G}$ 系列 PLC 可扩展模拟量特殊功能模块

型号	通道数	范围	分辨率	功能
电压·电流输入				
FX$_{3G}$-2AD-BD	2 通道	电压：DC0～10V	2.5mV(12 位)	电压·电流输入　可混合使用
		电流：DC4～20mA	8μA(11 位)	
电压·电流输出				
FX$_{3G}$-1DA-BD	1 通道	电压：DC0～10V	2.5mV(12 位)	电压·电流输出
		电流：DC4～20mA	8μA(11 位)	

表 10-3　FX$_{3U}$/ FX$_{3UC}$/ FX$_{3G}$ 系列 PLC 可扩展模拟量特殊功能模块

型号	通道数	范围	分辨率	功能
电压·电流输入				
FX$_{3U}$-4AD-ADP	4 通道	电压：DC0～10V	2.5mV(12 位)	电压·电流输入　可混合使用
		电流：DC4～20mA	10μA(11 位)	
电压·电流输出				
FX$_{3U}$-4DA-ADP	4 通道	电压：DC0～10V	2.5mV(12 位)	电压·电流输出　可混合使用
		电流：DC4～20mA	4μA(12 位)	
温度传感器输入				
FX$_{3U}$-4AD-PT-ADP	4 通道	－50～+250℃	0.1℃	对应铂电阻(Pt100)　摄氏、华氏可切换
FX$_{3U}$-4AD-PTW-ADP	4 通道	－100～+600℃	0.2～0.3℃	对应铂电阻(Pt100)　摄氏、华氏可切换
FX$_{3U}$-4AD-PNK-ADP	4 通道	Pt1000：－50～+250℃	0.1℃	对应温度传感器(Pt1000、Ni1000)　摄氏、华氏可切换
		Ni1000：－45～+115℃		
FX$_{3U}$-4AD-TC-ADP	4 通道	K 型：－100～+1000℃	0.4℃	对应 K 型、J 型热电偶　摄氏、华氏可切换
		J 型：－100～+600℃	0.3℃	
电压·电流输入/输出混合				
FX$_{3U}$-3A-ADP	输入2 通道	电压：DC0～10V	2.5mV(12 位)	电压·电流输入输出　可混合使用
		电流：DC4～20mA	5μA(12 位)	
	输出1 通道	电压：DC0～10V	2.5mV(12 位)	
		电流：DC4～20mA	5μA(12 位)	

　　FX$_{3G}$ 系列 PLC 部分可扩展模拟量特殊功能模块如表 10-2 和表 10-3 所示。FX$_{3U}$/ FX$_{3UC}$ 系列 PLC 部分可扩展模拟量特殊功能模块如表 10-3 所示。由表 10-3 可知，FX$_{3U}$ 系列 PLC 可扩展模拟量特殊功能模块与 FX$_{3G}$/ FX$_{3UC}$ 系列 PLC 兼容。下面以 FX$_{2N}$-4AD 模拟量输入模块和 FX$_{2N}$-4DA 模拟量输出模块为例进行技术指标和功能的详细介绍。

　　(1) 模拟量输入模块 FX$_{2N}$-4AD

　　FX$_{2N}$-4AD 是模拟量输入模块，有四个输入通道，分别为通道 1 (CH1)、通道 2 (CH2)、通道 3 (CH3)、通道 4 (CH4)。每一个通道都可进行 A/D 转换，即将模拟量信号转换成数字量，其分辨率为 12 位。输入的模拟电压值范围从直流－10～+10V，分辨率为 5mV。若为电流输入，则电流输入范围为 4～20mA，分辨率为 20μA。FX$_{2N}$-4AD 内部共有 32 个缓冲寄存器 (BFM)，用来与主机 FX$_{2N}$ 主单元 PLC 进行数据交换，每个缓冲寄存器的位数为 16 位。FX$_{2N}$-4AD 占用 FX$_{2N}$ 扩展总线的 8 个点，这 8 个点可以是输入点或输出点。FX$_{2N}$-4AD 消耗 FX$_{2N}$ 主单元或有源扩展单元 5V 电源槽 30mA 的电流。

① FX$_{2N}$-4AD 的电路接线。FX$_{2N}$-4AD 与 FX$_{2N}$ 系列 PLC 主机连接通过扩展电缆。而四个通道的外部连接则需根据外部输入的电压或电流的不同而有所区别，具体连接如图 10-1 所示。

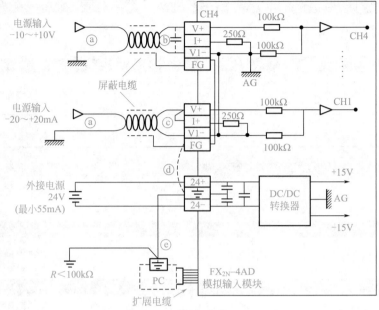

图 10-1　FX$_{2N}$-4AD 模块的外部连线

图 10-1 中标注ⓐ～ⓔ的说明如下。

ⓐ 外部模拟输入通过双绞屏蔽电缆输入至 FX$_{2N}$-4AD 各个通道中。

ⓑ 如果输入有电压波动或有外部电气电磁干扰影响，可在模块的输入口中加入一个平滑电容（0.1～0.47μF/25V）。

ⓒ 若外部输入是电流输入量，则需把 V＋和 I＋相连接。

ⓓ 如有过多的干扰存在，应将机壳的地 FG 端与 FX$_{2N}$-4AD 的接地端相连。

ⓔ 可能的话，将 FX$_{2N}$-4AD 与主单元 PLC 的地连接起来。

② FX$_{2N}$-4AD 的性能指标如下。

a. 电源。FX$_{2N}$-4AD 的外接输入电源为（24±2.4)V，电流为 55mA。

b. 环境。环境与 PLC 主单元一致。

c. 性能指标。模拟输入量为－10～＋10V（或＋4～＋20mA、－20～＋20mA），输入/输出特性如图 10-2 所示。

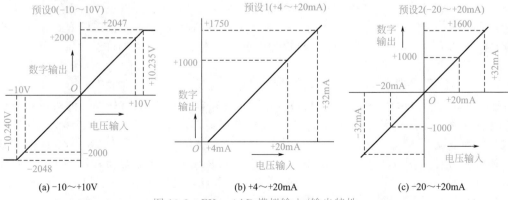

图 10-2　FX$_{2N}$-4AD 模拟输入/输出特性

模拟量模块输出的有关性能参数如表 10-4 所示。

表 10-4 模拟量模块输出性能参数表

项目	电压输入	电流输入
	电压或电流输入的选择基于对输入端子的选择,一次可同时使用 4 个输入点	
模拟输入范围	DC:−10～＋10V(输入阻抗:200kΩ)(注意:如果输入电压超过±15V,单元会被损坏)	DC:−20～＋20mA(输入阻抗:250Ω)(注意:如果输入电流超过±32mA,单元会被损坏)
数字输出	12 位的转换结果以 16 位二进制补码方式存储	最大值:＋2047;最小值:−2048
分辨率	5mV(10V 默认范围:1/2000)	20μA(20mA 默认范围:1/1000)
总体精度	±1%(对于−10～＋10V 的范围)	±1%(对于−20～＋20mA 的范围)
转换速度	15ms/通道(常速),6ms/通道(高速)	

d. 缓冲寄存器(BFM)。FX_{2N}-4AD 缓冲寄存器(BFM)的含义如表 10-5 所示。

表 10-5 BFM 参数含义

BFM	内　容									
* ♯0	通道初始化,缺省值＝H0000									
* ♯1	通道 1	存放采样值(1～4096),用于得到平均结果。缺省值设为 8(正常速度),高速操作可选择 1								
* ♯2	通道 2									
* ♯3	通道 3									
* ♯4	通道 4									
♯5	通道 1	缓冲器♯5～♯9,独立存储通道 CH1～CH4 平均输入采样值								
♯6	通道 2									
♯7	通道 3									
♯8	通道 4									
♯9	通道 1	这些缓冲区用于存放每个输入通道读入的当前值								
♯10	通道 2									
♯11	通道 3									
♯12	通道 4									
♯13～♯14	保留									
♯15	选择 A/D 转换速度	如设为 0,则选择正常速度,15ms/通道(缺省)								
		如设为 1,则选择高速,6ms/通道								
BFM		b7	b6	b5	b4	b3	b2	b1	b0	
♯16～♯19	保留									
* ♯20	复位到缺省值和预设,缺省值＝0									
* ♯21	禁止调整偏移,增益值,缺省值＝(0,1)允许									
* ♯22	偏移,增益调整	G4	O4	G3	O3	G2	O2	G1	O1	
* ♯23	偏移值,缺省值＝0									
* ♯24	增益值,缺省值＝5000									
♯25～♯28	保留									
♯29	错误状态									
♯30	识别码 K2010									
♯31	不能使用									

表 10-5 中带 * 号的缓冲寄存器(BFM)中的数据可由 PLC 通过 TO 指令改写。不带 * 的 BFM 内的数据可以使用 PLC 的 FROM 指令读出。

● 通道选择。在 BFM♯0 中写入十六进制 4 位数字 H××××进行 A/D 模块通道初始化,最低位数字控制 CH1,最高位数字控制 CH4,各位数字的含义如下。

××=0 时,设定输入范围为−10～＋10V,××=1 时,设定输入范围为＋4～＋20mA,××=2 时,设定输入范围为−20～＋20mA,××=3 时关断通道。例如 BFM♯0=H3310 则说明

CH1 设定范围为 $-10\sim+10V$，CH2 设定输入范围为 $+4\sim+20mA$，CH3、CH4 两通道关闭。

● 模拟量到数字量的转换速度设置。通过在 FX_{2N}-4AD 的 ♯15 号缓冲器中写入 0 或 1 来控制 A/D 转换速度。注意一点，如要求高速转换，尽可能少地使用 FROM 和 TO 指令。

● 调整偏移量与增益值：

当 BFM♯20 被设置为 1 时，FX_{2N}-4AD 模块所有的设置将复位，成缺省值，这样可以快速擦去不希望的偏移量与增益值；

如果 BFM♯21 的 (b1，b0) 被设置为 (1，0)，则偏移量与增益值被保护，为了设置偏移量与增益值，(b1，b0) 必须设为 (1，0)，缺省值为 (0，1)；

BFM♯23 和 BFM♯24 的偏移量与增益值送入指定单元，用于指定通道，输入通道的偏移量与增益值由 BFM♯23 适当的 G-O（增益-偏移）位确定；

通道可以是初始值也可以为同一偏移量与增益值；

BFM♯23 和 BFM♯24 中的增益值和偏移量的单位是 mV（或 μA），为最小刻度。

● BFM♯29 的状态位信息设置含义如表 10-6 所示。

表 10-6 BFM♯29 状态位信息表

♯29 缓冲器位	ON	OFF
b0：错误	当 b1～b4 为 ON 时，b0＝ON，如果 b2～b4 任意一位为 ON，A/D 转换器的所有通道停止	无错误
b1：偏移量与增益值错误	偏移量与增益值修正错误	偏移量与增益值正常
b2：电源不正常	DC24V 错误	电源正常
b3：硬件错误	A/D 或其他硬件错误	硬件正常
b10：数字范围错误	数字输出值小于 -2048 或大于 $+2047$	数字输出正常
b11：平均值错误	数字平均采样值大于 4096 或小于 0（使用 8 位缺省值）	平均值正常（1～4096）
b12：偏移量与增益值修正禁止	禁止♯21 缓冲器的 (b1，b0) 设置为 (1，0)	允许♯21 缓冲器的 (b1，b0) 设置为 (0，1)

注：b4～b7，b9 和 b13～b15 无意义。

● BFM♯30 为缓冲器识别码，可用 FROM 指令读出特殊功能块的识别码。FX_{2N}-4AD 单元的确认码（识别码）为 K2010。

● 增益值与偏移量：

增益值与偏移量是使用 FX_{2N}-4AD 要设定的两个重要参数，可使用 PLC 输入终端上的下压按钮开关来调整 FX_{2N}-4AD 的增益与偏移，也可以通过 PLC 的软件进行调整。图 10-3 所示为 FX_{2N}-4AD 模块增益与偏移的输入/输出状态示意图。

增益值决定了校准线的角度或频率，大小在数字输出 $+1000$ 处，图 10-3(a) 中，直线 ⓐ为小增益，读取数字值间隔大；直线ⓑ为零增益（缺省值），5V 或 20mA；直线ⓒ为大增益，读取数字值间隔小。在图 10-3 (b) 中偏移量决定了直线ⓓ、ⓔ、ⓕ校准线的位置，其中ⓓ为负偏移量，ⓔ为偏移量（缺省值），0V 或 4mA，ⓕ为正偏移量。

增益与偏移可以独立或一起设置，合理的偏移范围是 $-5\sim+5V$（或 $-20\sim+20mA$），合理的增益值是 $1\sim15V$（或 $4\sim32mA$）。

（2）模拟量输出模块 FX_{2N}-4DA

FX_{2N}-4DA 是模拟量输出模块，有 4 个输出通道，分别为通道 1（CH1）、通道 2（CH2）、通道 3（CH3）、通道 4（CH4）。每一通道都可进行 D/A 转换，即将数字量转换成模拟量信号，其分辨率为 12 位。输出的模拟值范围，电压为 $-10\sim+10V$，电流为 $0\sim20mA$，分辨率前者为 5mV，后者为 $20\mu A$。FX_{2N}-4DA 内部共有 32 个缓冲寄存

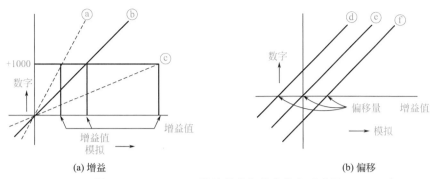

图 10-3　FX$_{2N}$-4AD 模块增益与偏移状态示意图

器（BFM），用来与主机 PLC 进行数据交换，每个 BFM 的位数是 16 位。FX$_{2N}$-4DA 占用主机 PLC 扩展总线的 8 个点，这 8 个点可以是输入点或输出点。消耗主机 PLC 或有源扩展单元 5V 电源槽 30mA 电流。

① FX$_{2N}$-4DA 的电路接线。FX$_{2N}$-4DA 与 PLC 主机通过电缆连接，一般连接到 FX$_{2N}$ 系列 PLC 主机或扩展单元或其他特殊功能模块的右边，最多可以有 8 个特殊功能模块，按 NO.0～NO.7 的数字顺序连接到一个 PLC 上。

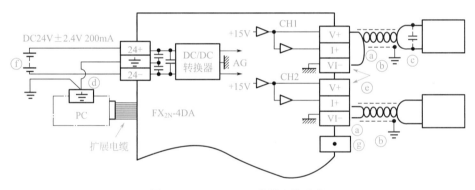

图 10-4　FX$_{2N}$-4DA 外部电路连接

FX$_{2N}$-4DA 的外部接线及内部电路示意图如图 10-4 所示。图中ⓐ～ⓖ标注说明如下。

ⓐ 双绞线屏蔽电缆，应远离干扰源。

ⓑ 输出电缆的负载端使用单点接地。

ⓒ 若有噪声或干扰，可以连接一个平滑电容器，阻值在 0.1～0.47μF，耐压 25V。

ⓓ FX$_{2N}$-4DA 与 PLC 主机的大地应接在一起。

ⓔ 电压输出端或电流输出端，若短接的话，可能会损坏 FX$_{2N}$-4DA。

ⓕ 24V 电源，电流 200mA，外接或者用 PLC 的 24V 电源。

ⓖ 不使用的端子，有 · 标记，不要将任何单元连接到此端子上。

② FX$_{2N}$-4DA 的性能指标如下。

a. 电源。外接 24V、200mA 直流稳压电源或用 PLC 主机提供的直流 24V 电源。

b. 环境。环境指标和 FX$_{2N}$ 系列 PLC 主单元一致。

c. 性能指标。FX$_{2N}$-4DA 的性能指标如表 10-7 所示。

d. 缓冲寄存器（BFM）。FX$_{2N}$-4DA 和 PLC 主机之间通过 BFM（32 点 16 位 RAM）交换数据。BFM 的参数内容及意义如表 10-8 所示。

表 10-8 中，标有"W"的数据缓冲寄存器可用 TO 指令写入数据，标有"E"的数据缓

冲寄存器写入的数据保存在 EEPROM，当电源关闭后可以保持缓冲器中的数值不变。

表 10-7　FX_{2N}-4DA 的性能指标一览表

项目	电压输出	电流输出
模拟输出范围	DC：−10～+10V（外部负载阻抗：2kΩ～1MΩ）	DC：0～20mA（外部负载阻抗：500Ω）
数字输出	16 位、二进制、有符号［数值有效位：11 位和一个符号位（1 位）］	
分辨率	5mV（10V×1/2000）	20μA（20mA×1/1000）
总体精度	±1%（对于+10V 的全范围）	±1%（对于+20mA 的全范围）
转换速度	4 个通道 2.1ms（改变使用的通道数不会改变转换速度）	
隔离	模拟和数字电路之间用光电耦合器隔离，DC/DC 转换器用来隔离电源和 FX_{2N} 主单元，模拟通道之间没有隔离	
外部电源	24V，DC±10%，200mA	
占用 I/O 点数目	占用 FX_{2N} 扩展总线 8 点 I/O（输入输出皆可）	
功率消耗	5V、30mA（PLC 的内部电源或者有源扩展单元）	
I/O 特性（缺省值：模式 0）		

● BFM♯0 为通道选择。BFM♯0 为 FX_{2N}-4DA 输出模式选择（电压型、电流源），BFM♯0 中写入十六进制 4 位数字 H××××，进行 DA 模块通道初始化。最低位数字代表通道 1（CH1），第二位数字是代表通道 2（CH2），最高位数字代表通道 4（CH4）即：

最高位　　　最低位

H × × × ×
　CH4　CH3　CH2　CH1

×=0: 设置电压输出模式（−10～+10V）

×=1: 设置电流输出模式（+4～+20mA）

×=2: 设置电流输出模式（+0～+20mA）

表 10-8　FX_{2N}-4DA BFM 一览表

BFM		内容
W	♯0(E)	输出模式选择，出厂设置 H0000
	♯1	输出通道 1～通道 4 的数据
	♯2	
	♯3	
	♯4	
	♯5(E)	数据保持模式，出厂设置 H0000
	♯6、♯7	保留

BFM		内容
W	♯8(E)	CH1、CH2 的偏移/增益设定命令，初始值 H0000
	♯9(E)	CH3、CH4 的偏移/增益设定命令，初始值 H0000
	♯10	偏移数据 CH1
	♯11	增益数据 CH1
	♯12	偏移数据 CH2
	♯13	增益数据 CH2
	♯14	偏移数据 CH3
	♯15	增益数据 CH3
	♯16	偏移数据 CH4
	♯17	增益数据 CH4
	♯18、♯19	保留
W	♯20(E)	初始化，初始值＝0
	♯21(E)	禁止调整 I/O 特性(初始值:1)
	♯22～♯28	保留
	♯29	错误状态
	♯30	K3020 识别码
	♯31	保留

对于 BFM♯10～BFM♯17，单位：mV(或 μA)，初始偏移值：0，输出，初始增益值：+5000；模式 0。

例如，BFM♯0＝H2110，说明如下。

CH1：设定为电压输出模式，从−10～+10V。

CH2、CH3：设定为电流输出模式，从+4～+20mA。

CH4：设定为电流输出模式，从 0～+20mA。

- BFM♯1～BFM♯4 为输出数据通道。BFM♯1 代表通道 1 (CH1)，BFM♯2 代表通道 2 (CH2)，BFM♯3 代表通道 3 (CH3)，BFM♯4 代表通道 4 (CH4)，它们的初始值均为零。

- BFM♯5 为数据输出保持模式。即当 BFM♯5＝H0000 时，PLC 从"运行"进入"停止"状态，其运行时的数据被保留。若要复位以使其成为偏移量，则将"1"写入 BFM♯5 中。例如 BFM♯5＝0011，说明通道 CH3、CH4 保持，CH1、CH2 为偏移量。即：

除上述功能外，缓冲器还可以调整 I/O 的特性，并将 FX$_{2N}$-4DA 的各种状态传输给 PLC。

- BFM♯8、BFM♯9 为偏移和增益设置命令。在 BFM♯8、BFM♯9 若一个十六进制数据位写入 1，将改变 CH1～CH4 的偏移量与增益值。只有此命令输出后，当前值才会有效。

例如：
```
      BFM♯8                      BFM♯9
H  ×   ×   ×   ×          H  ×   ×   ×   ×
   |   |   |   |             |   |   |   |
   G2  O2  G1  O1            G4  O4  G3  O3
×=0:无变化                   ×=1:有变化
```

- BFM♯10～BFM♯17 为偏移量/增益值数据。通过将新数据写入 BFM♯10～BFM♯17 改变偏移量与增益值，写入数值的单位是 mV(或 μA)。数据被写入后 BFM♯8 与 BFM♯9 也要同时设置。要注意的是数据可能被舍入成以 5mV 或 20μA 为单位的最近值。

- BFM♯20 为模块初始化命令。当 BFM♯20 被设置为 1 时，所有设置变为缺省值(注意：BFM♯21 的值将被覆盖)。

- BFM♯21 为禁止调整 I/O 特性。如 BFM♯21 被设置为 2，则用户调整 I/O 特性将被禁止；如果 BFM♯21 被设置为 1，允许调整调整(缺省值为 1)。

• BFM♯29 为错误状态显示，如表 10-9 所示。当产生错误时，利用 FROM 指令，可以读出错误数值。

表 10-9　BFM♯29 错误信息状态表

位数	名称	位 OFF（＝1）	位 ON（＝0）
b0	错误	当 b1～b4 为 1，则错误	无错
b1	O/G 错误	存储器中偏移量/增益值不正常或设置错误	偏移量/增益值正常
b2	电源错误	DC24V 错误	电源正常
b3	硬件错误	A/D 或其他硬件错误	硬件正常
b10	范围错误	数字输入后模拟输出超出正常范围	输入输出值在正常范围内
b12	G/O 调整禁止	缓冲器♯21 设置不为"1"	调整状态，缓冲器♯21＝1

• BFM♯30 为确认代码，用 FROM 指令可以读出 BFM♯30 的确认代码。FX_{2N}-4DA 的确认代码为 K3020。PLC 可在数据传输前确认特殊功能模块是否正确。

10.2　特殊功能模块读写数据指令

（1）特殊功能模块读数据 FROM 指令

该指令的名称、指令代码、助记符、操作数、程序步如表 10-10 所示。

表 10-10　特殊功能模块数据读出指令要素

指令名称	指令代码	助记符	操作数				程序步
			m1	m2	D（·）	n	
BFM 读出	FNC78 （16/32）	FROM FROM （P）	K、H m1＝0～7	K、H m2＝0～31	KnY、 KnM、KnS、 T、C、D、 V、Z	K、H n＝（1～32）/16 位 n＝（1～16）/32 位	FROM、FROMP…9 步 DFROM、DFROMP…17 步

表 10-10 中，m1 是特殊功能模块号；m2 是缓冲寄存器首元件号；D（·）是存入数据单元首地址；n 是待传送数据的字节数。

基本单元 FX_{2N}-64MR	特殊功能模块 FX_{2N}-4AD	输出模块 FX_{2N}-8EYT	特殊功能模块 FX_{2N}-1HC	特殊功能模块 FX_{2N}-4DA
	#0		#1	#2

图 10-5　特殊功能模块连接编号

特殊功能模块是接在 FX 基本单元侧边扩展总线上的功能模块（例如模拟量输入单元、模拟量输出单元、高速计数器单元等），从最靠近基本单元那个开始，顺次编号为 0～7，FX_{2N} 基本单元连接特殊功能模块及编号示意图如图 10-5 所示。

在图 10-5 中，特殊功能模块 FX_{2N}-4AD 是 4 通道模拟量输入模块，编号为♯0；特殊功能模块 FX_{2N}-1HC 是 2 相 50kHz 高速计数模块，编号为♯1；特殊功能模块 FX_{2N}-4DA 是 2 通道模拟量输出模块，编号为♯2。

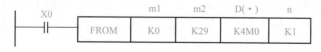

功能：[（#29BFM）]$_{N0.0}$ → （M0～M15）$_{PLC}$
图 10-6　BFM 读出指令使用说明

按图 10-5 方式连接模块，图 10-6 所示特殊功能模块数据读出指令功能说明如下。

当 X0 由 OFF→ON，该特殊功能模块指令 FROM 开始执行，PLC 将编号为 m1（♯0）的特殊功能模块内编号为 m2（♯29）开始的 n(1) 个 BFM 的数据（16 位）读入 PLC，并存入 D(·)（M0～M15）开始的 n 个数据寄存器中。

特殊功能模块的缓冲寄存器 BFM 和 FX 基本单元 CPU 字元件的传送示意如图 10-7 所示。

若特殊功能模块数据读指令和特殊功能模块数据写指令在操作执行时，FX 用户可以立即中断，也可以等到读写指令完成后才中断，这是通过控制特殊辅助继电器 M8028 来完成的。M8028＝OFF，禁止中断；M8028＝ON，允许中断。但是，在中断程序中，不能使用 FROM、TO 指令。

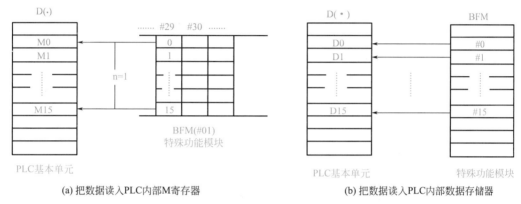

(a) 把数据读入PLC内部M寄存器   (b) 把数据读入PLC内部数据存储器

图 10-7　特殊功能模块数据读操作

（2）特殊功能模块写数据 TO 指令

该指令的名称、指令代码、助记符、操作数、程序步如表 10-11 所示。

TO 指令具有从可编程序控制器对特殊模块缓存储器（BFM）写入数据的功能。32 位 BFM 写入指令梯形图如图 10-8 所示。当驱动条件 X0＝ON 时，指令将 S（·）指定的（D1、D0）中 32 位数据写入 m1 指定的♯1 号特殊模块中♯13、♯12 缓冲存储器（BFM）。若 X0＝OFF 时，不执行写入传送，传送地点的数据不变。

表 10-11　特殊功能模块写数据指令的要素

指令名称	指令代码	助记符	操作数				程序步
			m1	m2	S(·)	n	
BFM 写入	FNC79 (16/32)	TO TO(P)	K、H m1=0～7	K、H m2=0～31	K、H、KnX、 KnY、 KnM、KnS、 T、C、D、 V、Z	K、H n=(1～32)/16 位 n=(1～16)/32 位	TO、TOP…9 步 DTO、DTOP…17 步

功能：$(D1、D0)_{PLC} \to [(♯13、♯12BFM)]_{N0.1}$

图 10-8　BFM 写入指令使用说明

（3）FROM/TO 指令编程应用

① 模拟量输入中的应用。

a. 基本应用。FX$_{2N}$-4AD 通过 FROM 和 TO 指令进行与 PLC 主机的数据交换。如图 10-9 所示为 FX$_{2N}$-4AD 的基本应用程序。FX$_{2N}$-4AD 处于特殊功能的 0 号位置，平均数设为 4，且由 PLC 的数据寄存器接收该平均值。

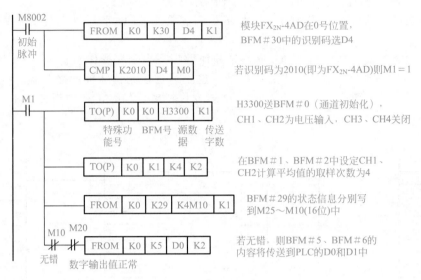

图 10-9　FX$_{2N}$-4AD 基本应用程序

b. 增益和偏移量的软件控制。采用 PLC 的软件控制，可以改变 FX$_{2N}$-4AD 的增益与偏移，假设 FX$_{2N}$-4AD 特殊功能模块处在 NO.0 位置上，通道 1（CH1）的偏移和增益分别调整为 0V 和 2.5V。

具体程序如图 10-10 所示。

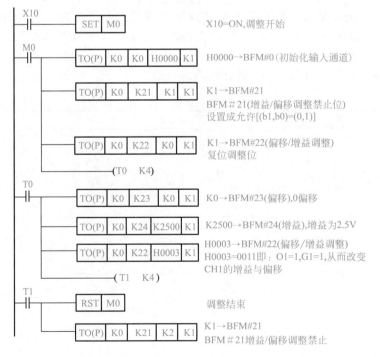

图 10-10　FX$_{2N}$-4AD 基本应用程序

FX 的 A/D 模块还有 FX$_{2N}$-2AD、FX$_{2N}$-8AD、FX$_{3U}$-4AD 等，使用时可参考有关手册。

② 模拟量输出中的应用。

a. 基本应用。FX$_{2N}$-4DA 同 FX$_{2N}$-4AD 一样，也是通过 FROM 和 TO 指令进行与 PLC 主机的数据交换。设 FX$_{2N}$-4DA 特殊功能模块在 NO.1 位置，CH1、CH2 作为电压输出通道（-10～+10V），CH3 作为电流输出通道（+4～+20mA），CH4 也作为电流输出通道（0～+20mA），PLC 在 STOP 状态时，输出保持。如图 10-11 所示为 FX$_{2N}$-4DA 的基本应用程序。

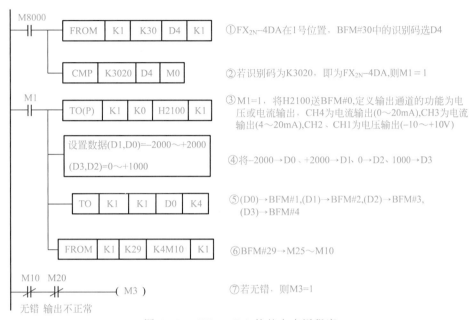

图 10-11 FX$_{2N}$-4DA 的基本应用程序

b. 用软件调整 I/O 的特性。设 FX$_{2N}$-4DA 模块在 NO.1 位置将通道 2（CH2）的偏移值变为 7mA，增益值变为 20mA，CH1、CH3、CH4 设为标准的电压输出特性，则控制 I/O 特性的程序如图 10-12 所示。

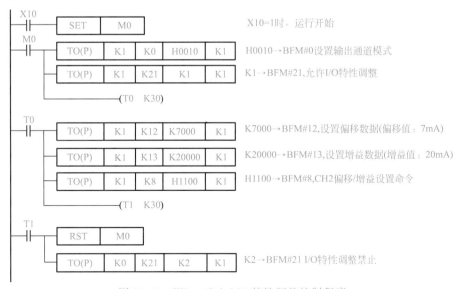

图 10-12 FX$_{2N}$-4DA I/O 特性调整控制程序

③ 综合应用。FROM、TO 指令是 FX 系列 PLC 进行特殊功能模块编程必须使用的指令。PLC 应用 FX_{2N}-4AD 和 FX_{2N}-4DA 特殊功能模块进行模拟输入和输出的实验接线图如图 10-13 所示。

图 10-13 所示线路，把直流电压源的输出直流电压用电位器分压获得模拟信号，该模拟信号有两组 V1、V2，并输入到 FX_{2N}-4AD 的两个输入通道中。PLC 测量输入的模拟电压值，并且把该值通过 FX_{2N}-4DA 特殊功能模块进行输出。图 10-13 所示线路用电压表显示 FX_{2N}-4DA 模块的电压输出值。

图中，X0 为输入许可开关，X1 为 V1 输出许可开关，X2 为 V2 输出许可开关，Y0 为 V1 输入过压报警信号指示，Y1 为 V2 输入过压报警信号指示。

图 10-13 中的 FX_{2N}-4AD 是模拟量输入模块，有四个输入通道，分别为通道 1 （CH1）、通道 2 （CH2）、通道 3 （CH3）、通道 4 （CH4）。每一个通道都可进行 A/D 转换，即将模拟量信号转换成数字量，其转换位数为 12 位。输入的模拟电压值范围从直流 $-10 \sim +10V$，分辨率为 5mV。若为电流输入，则电流输入范围为 $4 \sim 20mA$，分辨率为 $20\mu A$。FX_{2N}-4AD 内部共有 32 个缓冲寄存器 （BFM），用来与主机 PLC 进行数据交换，每个缓冲寄存器的位数为 16 位。FX_{2N}-4AD 占用主机 PLC 扩展总线的 8 个点，这 8 个点可以是输入点或输出点。FX_{2N}-4AD 消耗主机 PLC 或有源扩展单元 5V 电源槽 30mA 的电流。

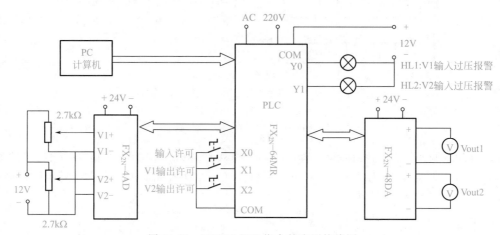

图 10-13　FROM/TO 指令的应用接线图

图 10-13 中的 FX_{2N}-4DA 是模拟量输出模块，有 4 个输出通道，分别为通道 1 （CH1）、通道 2 （CH2）、通道 3 （CH3）、通道 4 （CH4）。每一通道都可进行 D/A 转换，即将数字量转换成模拟量信号，其转换位数为 12 位。输出的模拟值范围，电压为 $-10 \sim +10V$，电流为 $0 \sim 20mA$，分辨率前者为 5mV，后者为 $20\mu A$。FX_{2N}-4DA 内部共有 32 个缓冲寄存器 （BFM），用来与主机 PLC 进行数据交换，每个 BFM 的位数是 16 位。FX_{2N}-4DA 占用主机 PLC 扩展总线的 8 个点，这 8 个点可以是输入点或输出点。消耗主机 PLC 或有源扩展单元 5V 电源槽 30mA 电流。

图 10-13 中特殊功能模块 FX_{2N}-4AD 和 FX_{2N}-4DA 的连接编号如图 10-14 所示。

基本单元 FX_{2N}-64MR	特殊功能模块 FX_{2N}-4AD	特殊功能模块 FX_{2N}-4DA
	#0	#1

图 10-14　特殊功能模块连接编号

图 10-14 实验接线图中 PLC 的控制程序如图 10-15 所示。

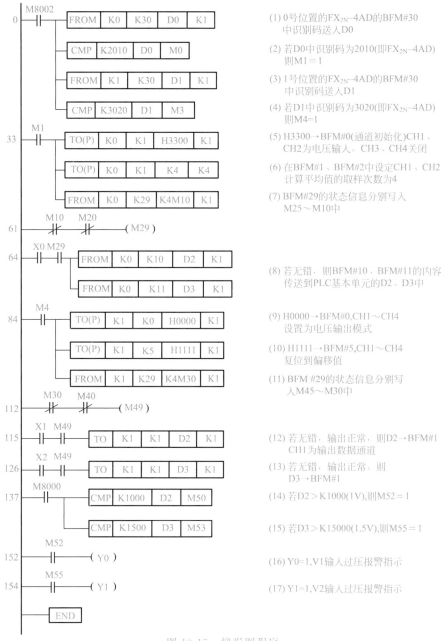

图 10-15 梯形图程序

（4）RBFM/WBFM 分割读出/写入指令

RBFM/WBFM 分割读出/写入指令是 $FX_{3U}/FX_{3UC}/FX_{3G}$ 新增指令。该指令分几个运算周期，从特殊功能模块单元中连续的缓冲存储区（BFM）读取数据。可以将保存在通信用特殊功能模块单元的 BFM 中的接收数据等分割后读出，因此非常方便。

① RBFM 分割读出指令。该指令的名称、指令代码、助记符、操作数、程序步如表 10-12 所示。

表 10-12 中，m1 是特殊功能模块号；m2 是缓冲存储区（BFM）首元件号；D（・）是保存从缓冲存储区（BFM）读出的数据的 PLC 内部软元件起始编号；n1 为读出缓冲存储区（BFM）的总点数；n2 是每个运算周期的传送点数。

表 10-12　特殊功能模块数据分割读出指令的要素

| 指令名称 | 指令代码 | 助记符 | 操作数 | | | | | 程序步 |
			m1	m2	D(·)	n1	n2	
BFM 分割读出	FNC278 (16)	RBFM	K、H、D、R m1=0~7	K、H、D、R m2=0~32766	D、R 特殊数据寄存器 D 除外	K、H、D、R n=(1~32767)/ 16 位	K、H、D、R n=(1~32767)/ 16 位	11 步

　　a. 特殊功能单元模块的单元号 m1。单元号是用于指定 RBFM/WBFM 指令对哪个设备动作；设定范围：K0~K7。

　　PLC 会对与可编程控制器连接的特殊功能单元模块自动分配单元号。

　　单元号是从离基本单元最近的模块开始依次为 No. 0→No. 1→No. 2……。

　　FX₃UC-32MT-LT(-2) 可编程控制器连接特殊功能模块，由于内置 CC-Link/LT 主站，单元号是从离基本单元最近的模块开始依次为 No. 0→No. 1→No. 2……。

　　图 10-16 为 FX₃ 系列 PLC 与特殊功能模块连接编号举例。

图 10-16　FX₃ 系列 PLC 与特殊功能模块连接编号

　　b. RBFM 指令功能说明。图 10-17 为 RBFM 读出指令使用说明举例。当 X1 闭合时，PLC 从单元号 No. 1 的特殊功能模块单元的缓冲存储区（BFM）♯20 号开始，将 400 点按每次 100 点，分 4 个运算周期（有余数时为＋1 个运算周期），读出到可编程控制器的 D500 开始的软元件中。

　　如指令正常结束，则指令执行结束标志位 M8029 为 ON，如指令异常结束，则指令执行异常结束标志位 M8329 为 ON。

　　针对相同的单元号，正在执行其他步的 RBFM（FNC278）指令或 WBFM（FNC279）指令时，指令不执行的标志位 M8328 为 ON，指令的执行处于待机状态。

　　当其他的对象指令执行结束后，待机状态的指令才会解除待机状态，然后执行指令。

图 10-17　RBFM 读出指令使用说明

　　② WBFM 分割写入指令。该指令的名称、指令代码、助记符、操作数、程序步如表 10-13 所示。

　　表 10-13 中，m1 是特殊功能模块号；m2 是缓冲存储区（BFM）的数据的首元件号；S(·) 是保存写入到缓冲存储区（BFM）的数据的软元件起始编号；n1 写入缓冲存储区（BFM）的总点数；n2 是每个运算周期的传送点数。

表 10-13　特殊功能模块数据分割写入指令的要素

指令名称	指令代码	助记符	操作数					程序步
			m1	m2	S(·)	n1	n2	
BFM 分割写入	FNC279 (16)	WBFM	K、H、D、R m1＝0～7	K、H、D、R m2＝0～32766	D、R 特殊数据寄存器 D 除外	K、H、D、R n =（1～32767)/16 位	K、H、D、R n =（1～32767)/16 位	11 步

图 10-18　WBFM 写入指令使用说明

图 10-18 为 WBFM 写入指令使用说明举例。当 X0 闭合时，可编程控制器把 D500 开始的数据存储器内部数据 400 点按每次 100 点，分 4 个运算周期（有余数时为＋1 个运算周期）写入到单元号 No.3 的特殊功能模块内部♯10 号开始的缓冲存储区（BFM）保存。

如指令正常结束，则指令执行结束标志位 M8029 为 ON，如指令异常结束，则指令执行异常结束标志位 M8329 为 ON。

习题及思考题

10-1　FX$_{2N}$-4AD 模拟量输入模块与 FX$_{2N}$-48MR 连接，仅开通 CH1、CH2 两个通道，一个作为电压输入，另一个作为电流输入，要求 3 点采样，并求其平均值，结果存入 PLC 的 D0、D1 中，试编写梯形图程序。

10-2　FX$_{2N}$-4DA 模拟量输出模块连接在 FX$_{2N}$-64MR 的 2 号位置，CH1 设定为电压输出，CH2 设定为电流输出，并要求当 PLC 从 RUN 转为 STOP 后，最后的输出值保持不变，试编写梯形图程序。

11 FX 系列 PLC 的通信

PLC 是一种新型的工业控制计算机，其应用已从独立单机控制向数台连成的网络控制发展，也就是把 PLC 和计算机以及其他智能装置通过传输介质连接起来，以实现迅速、准确、及时的通信，从而构成功能强大、性能更好的自动控制系统。

数据通信就是将数据信息通过介质从一台机器传送到另一台机器。这里所说的机器可以是计算机、PLC、变频器、触摸屏以及远程 I/O 模块。数据通信系统的任务是把地理位置不同的计算机和 PLC、变频器、触摸屏及其他数字设备连接起来，高效地完成数据的传送、信息交换和通信处理的任务。

11.1　通信基础知识

PLC 联网的目的是 PLC 之间或 PLC 与计算机之间进行通信和数据交换，所以必须确定通信方式。

(1) 并行通信和串行通信

在数据信息通信时，按同时传送数据的位数来分可以分为并行通信和串行通信两种通信方式。

① 并行通信。所传送数据的各位同时发送或接收。并行通信传送速度快，但由于一个并行数有 n 位二进制数，就需要 n 根传输线，所以常用于近距离的通信，在远距离传送的情况下，采用并行通信会导致通信线路复杂，成本高。

② 串行通信。串行数据通信是以二进制为单位的数据传输方式，所传送数据按位一位一位地发送或接收。所以串行通信仅需一根到两根传输线，在长距离传送时，通信线路简单、成本低，与并行通信相比，传送速度慢，故常用于长距离传送且速度要求不高的场合。

但近年来串行通信在速度方面有了很快的发展，可达到每秒兆比特的数量级，因此，在分布式控制系统中串行通信得到了较广泛的应用。

(2) 同步传送和异步传送

发送端与接收端之间的同步是数据通信中的一个重要问题。同步程序不好，轻则导致误码增加，重则使整个系统不能正常工作。根据数据信息通信时传送字符中的位数目相同与否可分为同步传送和异步传送。

① 同步传送。采用同步传输时，将许多字符组成一个信息组进行传输，但需要在每组信息（帧）的开始处加上同步字符，在没有帧传输时，要填上空字符，因为同步传输不允许有间隙。在同步传输过程中，一个字符可以对应 5～8bit。在同一个传输过程中，所有字符对应同样的位数，例如 n 位。这样，在传输时按每位划分为一个时间段，发送端在一个时间段中发送一个字符，接收端在一个时间段中接收一个字符。

在这种传送方式中，数据以数据块（一组数据）为单位传送，数据块中每个字节不需要起始位和停止位，因而克服了异步传送效率低的缺点，但同步传送所需的软、硬件价格较贵。因此，通常在数据传送速率超过 2000b/s 的系统中才采用同步传送，一般它适用于 1 点对 n 点的数据传输。

② 异步传送。异步传送是将位划分成组独立传送。发送方可以在任何时刻发送该比特组，而接收方并不知道该比特组什么时候发送。因此，异步传输存在着这样一个问题，当接收方检测到数据并作出响应之前，第一个位已经过去了。这个问题可通过协议得到解决，每

次异步传输都由一个起始位通知接收方数据已经发送，这就使接收方有时间响应、接收和缓冲数据位。在传输时，一个停止位表示一次传输的终止。因为异步传送是利用起止法来达到收发同步的，所以又称为起止式传送。它适用于点对点的数据传输。

在异步传送中被传送的数据被编码成一串脉冲组成的字符。所谓异步是指传送相邻两个字符数据之间的停顿时间是长短不一的，也可以说每个字符的位数是不相同的。通常在异步串行通信中，收发的每一个字符数据是由 4 个部分按顺序组成的，如图 11-1 所示。

图 11-1 异步串行通信方式的信息格式

在异步传送中，CPU 与外围设备之间必须有两项约定。

a. 字符数据格式，即字符数据编码形式。例如，起始位占用 1 位，数据位 7 位，1 个奇偶校验位，1 个停止位，于是一个字符数据就由 10 个位构成；也可以采用数据位为 8 位，无奇偶校验位等格式。

b. 传送波特率。在串行通信中，传输速率的单位是波特率，即单位时间内传送的二进制位数，其单位为 b/s。假如数据传送的速率是 9600b/s，每一位的传送时间为波特率的倒数，即 1/9600s。

（3）数据传送方式

在通信线路上按照数据传送的方向可以将数据通信方式划分为单工、半双工、全双工通信方式，如图 11-2 所示。

① 单工通信方式。单工通信方式就是指信息的传送始终保持同一个方向，而不能进行反向传送。如图 11-2(a) 所示，其中 A 端只能作为发送端发送数据，B 端只能作为接收端接收数据。

② 半双工通信方式。半双工通信方式就是指信息流可以在两个方向上传送，但同一时刻只限于一个方向传送。如图 11-2(b) 所示，其中 A 端和 B 端都具有发送和接收的功能，但传送线路只有一条，某一时刻只能 A 端发送 B 端接收，或 B 端发送 A 端接收。

③ 全双工通信方式。全双工通信方式能在两个方向上同时发送和接收数据。如图 11-2(c) 所示，其中 A 端和 B 端都可以一边发送数据，一边接收数据。

(a) 单工通信   (b) 半双工通信   (c) 全双工通信

图 11-2 通信方式

（4）串行通信接口标准

① RS-232C 串行接口标准。RS-232C 是 1969 年由美国电子工业协会公布的串行通信接口标准。RS-232C 既是一种协议标准，又是一种电气标准，它规定了终端和通信设备之间信息交换的方式和功能。FX 系列 PLC 与计算机间的通信就是通过 RS-232C 标准接口来实现的。它采用按位串行通信的方式。在通信距离较短、波特率要求不高的场合可以直接采用，既简单又方便。但由于其接口采用单端发送、单端接收，因此在使用中有数据通信速率低、通信距离短、抗共模干扰能力差等缺点。RS-232C 可实现点对点通信。

② RS-422A 串行接口标准。RS-422A 采用平衡驱动、差分接收电路，从根本上取消了信

号地线。其在最大传输速率 10Mb/s 时，允许的最大通信距离为 12m；传输速率为 100Kb/s，时，最大通信距离为 1200m。一台驱动器可以连接 10 台接收器，可实现点对多点通信。

③ RS-485 串行接口标准。RS-485 是从 RS-422 基础上发展而来的，所以 RS-485 许多电气规定与 RS-422 相似，如采用平衡传输方式，都需要在传输线上接终端电阻。RS-485 可以采用二线四线方式。二线方式可实现真正的多点双向通信。

11.2　FX 系列 PLC 的通信接口

三菱 FX 系列 PLC 通信扩展板中主要有主机内置式、主机扩展板和外扩式 3 种。主机内置式相当于标配，主机扩展板是最经济的方法，PLC 将通信接口以扩展板的形式直接安装于 PLC 的基本单元之上，而无需其他安装位置。

内置式主要有内置式 RS-232 通信扩展板、内置式 RS-422 通信扩展板、内置式 RS-485 通信扩展板、内置式 USB 通信扩展板和内置式 CC-Link/LT 网络通信扩展板。主机扩展板一般可以选装。如需要也可采用外扩式方法进一步增加通信接口。

（1）FX_{2N} 系列 PLC 通信接口

FX_{2N} 系列 PLC 标准通信扩展板主要有 FX_{2N}-232BD、FX_{2N}-422BD、FX_{2N}-485BD、FX_{2N}-CNV-BD 等。FX_{2N} 系列 PLC 只允许内置一块通信扩展板，利用通信扩展板，PLC 可以与带有 RS-232/422/485 接口的外部设备进行通信，图 11-3 所示为 FX_{2N} 系列 PLC 与计算机等设备通信的常用连接方法举例，通过 RS-485 通信口连接的 PLC 或设备一般要求限制在 8 台以内。

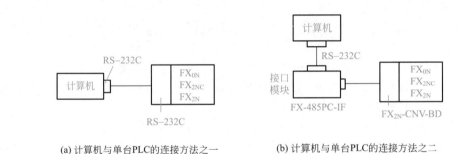

(a) 计算机与单台PLC的连接方法之一　　　(b) 计算机与单台PLC的连接方法之二

(c) 计算机与多台PLC的连接方法

图 11-3　PLC 与计算机等设备之间通信的常用连接方法

PLC 与计算机之间的通信又叫上位通信。与 PLC 通信的计算机常称之为上位计算机。上位机可以是个人电脑，也可以是中、大型计算机。由于计算机直接面向用户，应用软件丰富，人机界面友好，编程调试方便，网络功能强大，因此在进行数据处理、参数修改、图像显示、打印报表、文字处理、系统管理、工作状态监视、辅助编程、网络资源管理等方面有绝对的优势；而直接面向生产现场、面向设备进行实时控制却是 PLC 的特长。把 PLC 与计算机连接起来，实现数据通信，可以更有效地发挥各自的优势，互补应用上的不足，扩大 PLC 的应用范围。

也可以不连接计算机，只是数台（最多 8 台）PLC 通过 RS-485 通信口相连，但是必须设定一台 PLC 为主站，其他 PLC 为从站，主站 PLC 可以与从站 PLC 分时交换信息和数据，但从站 PLC 之间不能进行信息和数据的交换。

（2）FX_{3U} 系列 PLC 通信接口

FX_{3U} 与 FX_{2N} 系列 PLC 比较，增加了通信端口的数量，FX_{3U} 可同时进行不同的通信，最多可以扩展 3 个通道（包括编程口）。其中内置 RS-422，其他 2 个通信口可由用户选择使用。图 11-4 为 FX_{3U} 系列 PLC 通信接口示意图。

FX_{3U} 系列 PLC 标准通信扩展板主要有 FX_{3U}-232BD、FX_{3U}-422BD、FX_{3U}-485BD、FX_{3U}-CNV-BD、FX_{3U}-USBBD 等。

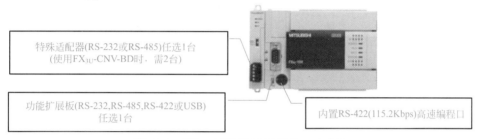

特殊适配器(RS-232或RS-485)任选1台
（使用FX₃ᵤ-CNV-BD时，需2台）

功能扩展板(RS-232,RS-485,RS-422或USB)
任选1台

内置RS-422(115.2Kbps)高速编程口

图 11-4 FX_{3U} 系列 PLC 通信接口示意图

FX_{3U} 系列 PLC 的 RS-422 接口可以连接 GT900 和 GT1000 触摸屏等设备。触摸屏是一种连接操作人员和机器（主要是 PLC）的人机界面（国外称为 HMI 或 MMI）。它是替代传统的控制面板和键盘的智能化操作显示器。它可以用于 PLC 的参数设置、数据显示和存储、可以以曲线或动画等形式描绘自动化控制的过程，并可简化 PLC 的控制程序。三菱 GT Designer2 Version2 中文版软件（简称 GT），是目前国内使用比较高的版本，能够对三菱全系列触摸屏进行编程。GT Designer2 Version2 和 GT Simulator2（GT 模拟仿真）软件以及 GX Developer、GX Simulator6-C（三菱 PLC 编程及仿真软件）一起安装，能在个人计算机上仿真触摸屏的运行情况，为项目的调试带来很大的方便。

RS-232 接口可以连接无协议通信要求的条形码阅读器等设备；RS-USB 接口可以方便地实现 PLC 与计算机的通信连接；RS-485 接口用于 PLC 之间的互联，总量限制在 8 台以内。由此可见，FX_{3U} 系列 PLC 通信能力较 FX_{2N} 系列 PLC 通信能力有了显著提高。图 11-5 为 FX_{3U} 系列 PLC 通信应用举例。

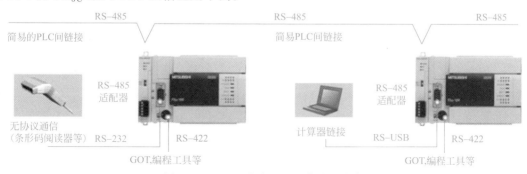

RS-485　　　　　RS-485　　　　　RS-485

简易的PLC间链接　　　　　简易PLC间链接

RS-485
适配器

RS-485
适配器

无协议通信
（条形码阅读器等）RS-232　　RS-422

计算器链接　　RS-USB　　RS-422

GOT,编程工具等　　　　　GOT,编程工具等

图 11-5 FX_{3U} 系列 PLC 通信应用举例

（3）FX$_{3UC}$ 系列 PLC 通信接口

与 FX$_{3U}$ 相同，FX$_{3UC}$ 通信功能扩展可扩充至最多 3 个通信口（包括编程口）。FX$_{3UC}$ 系列 PLC 通信接口示意图如图 11-6 所示。

FX$_{3UC}$ 通讯功能扩展板主要有 FX$_{3U}$ 系列 PLC 标准通信扩展板 FX$_{3U}$-232BD、FX$_{3U}$-422BD、FX$_{3U}$-485BD、FX$_{3U}$-CNV-BD、FX$_{3U}$-USBBD，也可选 FX$_{2N}$ 系列通信功能扩展板如 FX$_{2N}$-232BD、FX$_{2N}$-422BD、FX$_{2N}$-485BD 作为扩展板。

FX$_{3UC}$ 还内置有 CC-Link/LT 网络模块，可以方便地接入 CC-Link 总线系统，节省系统配线。

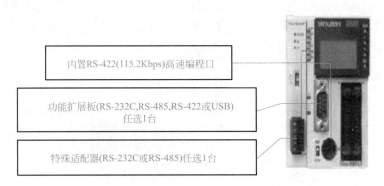

图 11-6　FX$_{3UC}$ 系列 PLC 通信接口示意图

（4）FX$_{3G}$ 系列 PLC 通信接口

FX$_{3G}$ 通信功能扩展板主要有 FX$_{3G}$ 系列 PLC 标准通信扩展板 FX$_{3G}$-232BD、FX$_{3G}$-422BD、FX$_{3G}$-485BD 等。

图 11-7 为 FX$_{3G}$ 系列基本 I/O 点数 40 及以上的 PLC 通信接口示意图，最多可实现 4 路通信。标准内置 USB 和 RS-422 通信接口，两接口可同步使用，通过 USB 电缆通信，无需串行适配器；GX Developer 编程软件配备 USB 驱动（8.72A 版本以上）；RS-422 接口可使 FX$_{3G}$ 与之前系统兼容；可实现 GOT 系列触摸屏与 FX$_{3G}$ 高速通信，确保 GOT 的顺畅使用。

FX$_{3G}$ 系列基本 I/O 点数 40 以下的 PLC 通信接口则减少一路通信扩展板。

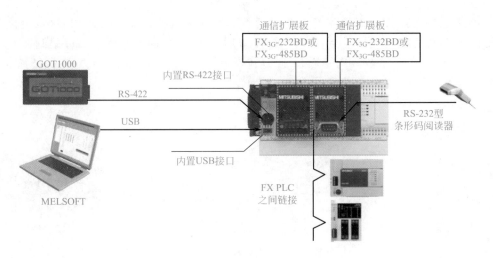

图 11-7　FX$_{3G}$ 系列 PLC 通信接口示意图

11.3　FX 系列 PLC 的通信指令

FX 系列 PLC 运用 RS-232、RS-422、RS-485 通信接口，可以很容易配置一个与外部计算机等设备进行通信的系统。在系统中，PLC 接收系统中各种控制信息，处理后转换为 PLC 中软元件的状态和数据；PLC 又可以将所有软元件的数据和状态送往计算机，由计算机采集这些数据进行分析及进行运行状态监测，用计算机改变 PLC 的初始值和设定值，从而实现计算机对 PLC 的直接控制。

FX 系列 PLC 常用外部设备指令共有 8 条，8 条指令的功能号为 FNC80～FNC86，FNC88。本书介绍串行异步数据传送指令 FNC80，$FX_{3U}/FX_{3UC}/FX_{3G}$ 新增加的串行同步数据传送指令 FNC87 和变频器控制指令。

11.3.1　串行异步通信指令 RS

通过安装在基本单元上的 RS-232C 或 RS-485 串行通信口（仅通道1）进行无协议通信，从而执行数据的发送和接收的指令。

（1）串行异步数据传送指令格式

该指令的名称、指令代码、助记符、操作数、程序步如表 11-1 所示。

表 11-1　串行异步数据传送指令的要素

指令名称	指令代码	助记符	操作数				程序步
			S(·)	m	D(·)	n	
串行异步数据传送	FNC80 (16)	RS	D	K、H、D (m=0～256)	D	K、H、D (n=0～256)	RS…9 步

该指令可以与所使用的功能扩展板进行发送和接收串行数据。表 11-1 中，S(·) 指定发送数据单元的首地址；m 指定发送数据的长度（也称点数）；D(·) 指定接收数据的首地址；n 指定接收数据的长度。

（2）RS 指令传送数据格式的设定

RS 指令传送数据的格式是通过特殊数据寄存器 D8120 来设定的。D8120 中存放着两个串行通信设备数据传送的波特率、停止位和奇偶校验等参数，通过 D8120 中位组合来选择数据传送格式的设定。D8120 通信格式如表 11-2 所示。

表 11-2　D8120 通信格式定义表

位号	名称	功能说明	
		位为 OFF(=0)	位为 ON(=1)
b0	数据长度	7 位	8 位
b1 b2	奇偶	(b2,b1)：(0,0)：无；(0,1)：奇；(1,1)：偶	
b3	停止位	1 位	2 位
b4 b5 b6 b7	波特率(b/s)	(b7,b6,b5,b4)： (0,0,1,1)：300　(0,1,1,0)：2400　(1,0,0,1)：19200 (0,1,0,0)：600　(0,1,1,1)：4800 (0,1,0,1)：1200　(1,0,0,0)：9600	
b8[①]	标题	无	有效(D8124)　默认：STX(02H)
b9[①]	终结符	无	有效(D8125)　默认：ETX(03H)

续表

位号	名称	功能说明	
		位为 OFF（=0）	位为 ON（=1）
b10 b11 b12	控制线	无协议	（b12,b11,b10）： （0,0,0）：无作用＜RS-232C 接口＞ （0,0,1）：端子模式＜RS-232C 接口＞ （0,1,0）：互连模式＜RS-232C 接口＞ （0,1,1）：普通模式 1＜RS-232C 接口＞,＜RS-485(422)接口＞ （1,0,1）：普通模式 2＜RS-232C 接口＞
		计算机链接	（b12,b11,b10）： （0,0,0）：RS-485(422)接口 （0,1,0）：RS-232C 接口
b13[②]	和校验	没有添加和校验码	自动添加校验码
b14[②]	协议	无协议	专用协议
b15[②]	传输控制协议	协议格式 1	协议格式 4

① 当使用 PLC 与计算机链接时，置"0"。

② 当使用无协议通信时，置"0"。

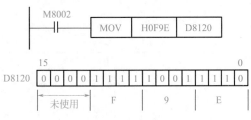

图 11-8 D8120 通信格式的设定

数据传送格式的设定可用传送指令对 D8120 内容修改，如图 11-8 所示。图中设定参数后三位的含义是：E 表示数据长度为 7 位，偶校验，2 位停止位；9 表示传送波特率为 19200bps；F 表示有起始字符 STX、结束字符 ETX，控制线信号为硬件握手（H/W）信号，调制解调（MODEM）模式。

注意事项如下。

① 在指定起始字符和结束字符发送时它们自动加到发送信息的两端。

② 在接收信息过程中，若接收不到起始字符，数据将被忽略。

③ 由于数据传送直到收到结束字符或接收缓冲区全部占满为止，因此接收缓冲区长度应与接收的信息长度一致。

④ RS 指令执行中，修改 D8120 参数，指令不接收新的传送格式。

⑤ 若不进行数据发送/接收，可将指令的发送和接收点数设为 K0。

（3）RS 指令自动定义的软元件

串行通信传送指令执行时，会自动定义一些特殊标志继电器和数据寄存器，根据它们中的内容来控制数据的传送。指令定义的这些软元件及功能如表 11-3 所示。

表 11-3 RS 指令软元件自动定义表

数据元件	说明	操作标志	说明
D8120	存放传送格式参数	M8121	ON 时，传送延迟，直到接收数据完成
D8122	存放当前发送的信息中尚未发出的字节	M8122	ON 时，用来触发数据的传送
D8123	存放已接收到的字节数	M8123	ON 时，表示一条信息已被完全接收
D8124	存放信息起始字符串的 ASCH 码，缺省值为"STX"	M8124	载波检测标志，用于调制解调的通信中
D8125	存放一条信息结束符串的 ASCH 码，缺省值为"ETX"	M8161	8 位或 16 位操作模式。ON 时，为 8 位操作模式，源或目标元件中只有低 8 位有效；OFF 时为 16 位操作模式，即源或目标元件中全部 16 位有效

（4）RS 指令功能说明

图 11-9 为 RS 指令的功能说明。在使用本指令之前，先要对某些通信参数进行设置，然后才能用此指令完成数据的传送（发送与接收）。

图 11-9 RS 指令功能说明

发送数据由特殊辅助继电器 M8122 控制，接收数据是由特殊辅助继电器 M8123 控制。若接收点数 n＝K0，执行 RS 指令时，M8123 不运行，也不会转为接收等待状态。

数据传送的位数可以是 8 位或 16 位，由 M8161 控制。如图 11-10 所示为串行数据传送指令应用说明。

图 11-10 是将数据寄存器 D200～D209 的 10 个数据按 16 位数据传送模式发送出去，并将接收的 5 个 16 位数据存入 D70～D74 中去。

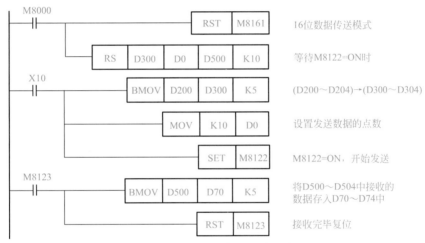

图 11-10 串行数据传送指令的应用

11.3.2 串行同步通信指令 RS2

该指令是 FX$_{3U}$/FX$_{3UC}$/FX$_{3G}$ 新增加指令，FX$_{2N}$ 系列 PLC 不能使用。该指令主要是为了满足 FX$_{3U}$/FX$_{3UC}$/FX$_{3G}$ 系列 PLC 多通信口通信的需要，是用于通过安装在基本单元上的 RS-232C 或 RS-485 串行通信口进行无协议通信，从而完成数据的发送和接收任务。

（1）串行同步数据传送指令格式

该指令的名称、指令代码、助记符、操作数、程序步如表 11-4 所示。

表 11-4 串行同步数据传送指令的要素

指令名称	指令代码	助记符	操作数					程序步
			S（·）	m	D（·）	n	n1	
串行同步数据传送	FNC87(16)	RS2	D,R	K,H,D,R（m=0～4096）	D,R	K,H,D,R（n=0～4096）	K,H（n1=0,1 或 2）	RS2…11 步

该指令可以与所使用的功能扩展板进行发送和接收串行数据。表 10-4 中，S（·）保存发送数据的数据寄存器的起始软元件；m 指定发送数据的字节数（设定范围：0～4096）；D（·）数据接收结束时，保存接收数据的数据寄存器的起始软元件；n 指定接收数据的字节数（设定范围：

0~4096）；n1 指定使用通道编号（设定内容：K0 为通道 0；K1 为通道 1；K2 为通道 2）。FX_{3G} 可编程控制器的 14 点、24 点型时，不能使用通道 2；通道 0 仅对应 FX_{3G} 可编程控制器。

（2）RS2 指令功能说明

图 11-11 为 RS2 指令编程格式。该指令功能说明如下：

① 数据寄存器 D200 保存的数据为发送数据首地址；

② 发送数据数量为 10；

③ 数据寄存器 D500 保存的数据为接收数据首地址；

④ 接收数据长度的范围为 0~4096，数据发送时应设为 0；

⑤ 选择通道 1 发送数据；

⑥ 通信格式可分别通过 PLC 的 D8400 和 D8420 设定。

图 11-11　RS2 指令功能说明

11.3.3　变频器专用指令

$FX_{3U}/FX_{3UC}/FX_{3G}$ 系列 PLC 增加了变频器专用指令，内置与三菱变频器通信的指令，可以省却用 RS 指令编程的麻烦。变频器专用指令如下：

① IVCK（FNC270），变频器监视；

② IVDR（FNC271），变频器运行控制；

③ IVRD（FNC272），变频器参数读取；

④ IVWR（FNC273），变频器参数写入；

⑤ IVBWR（FNC274），变频器参数成批写入。

图 11-12 为 PLC 通过通信接口与变频器接线示意图，一台 PLC 最多可控制 8 台变频器。PLC 通过通信接口与变频器接线轻松，编程简单，可灵活调节参数适应不同生产需要。

图 11-12　PLC 通过通信接口与变频器接线示意图

（1）变频器监视指令 IVCK（FNC270）

该指令的名称、指令代码、助记符、操作数、程序步如表 11-5 所示。

表 11-5　变频器监视指令的要素

指令名称	指令代码	助记符	操作数				程序步
			S1(·)	S2(·)	D(·)	n	
变频器状态读出	FNC270（16）	IVCK	K、H、D、R、U*、G*	K、H、D、R、U*、G*	D、R、U*、G*、KnY、KnM、KnS	K、H	IVCK…9 步

注：U*、G* 仅对应 FX_{3U}、FX_{3UC}。

该指令的 S1（·）为变频器的站号（K0～K31）；S2（·）为变频器的指令代码 6D～7F，具体编码请查阅相关资料；D（·）为保存读出值的软元件编号；n 为使用的通道（K1：通道 1，K2：通道 2），FX_{3G} 可编程控制器的 14 点、24 点型的情况下，不可以使用通道 2。

图 11-13 为 IVCK 指令编程格式举例。X0 闭合时，针对通信口 1 上连接的站号为 0 的变频器，把 D500 寄存器内保存的指令代码相对应的变频器运行状态读出到寄存器 D0 中保存。

图 11-13 IVCK 指令功能说明

（2）变频器运行控制指令 IVDR（FNC271）

该指令的名称、指令代码、助记符、操作数、程序步如表 11-6 所示。

表 11-6 变频器运行控制指令的要素

指令名称	指令代码	助记符	操作数				程序步
			S1（·）	S2（·）	S3（·）	n	
变频器运行控制	FNC271（16）	IVDR	K、H、D、R、U*、G*	K、H、D、R、U*、G*	D、R、U*、G*、KnY、KnM、KnS	K、H	IVDR…9 步

注：U*、G* 仅对应 FX_{3U}、FX_{3UC}。

该指令的 S1（·）为变频器的站号（K0～K31）；S2（·）为变频器的指令代码 ED～FF，具体编码请查阅相关资料；S3（·）为写入到变频器的参数中的设定值，或是保存设定数据的软元件编号；n 为使用的通道（K1 为通道 1，K2 为通道 2），FX_{3G} 可编程控制器的 14 点、24 点型的情况下，不可以使用通道 2。

图 11-14 为 IVDR 指令编程格式举例。X0 闭合时，针对连接在通信口 1 上的站号为 0 的变频器，把 PLC 内部寄存器 D100 寄存器内保存的指令代码相对应的变频器运行控制命令值写入到存储运行控制命令的寄存器 D0 中。

图 11-14 IVDR 指令功能说明

（3）变频器参数读取指令 IVRD（FNC272）

该指令的名称、指令代码、助记符、操作数、程序步如表 11-7 所示。

表 11-7 变频器参数读取指令的要素

指令名称	指令代码	助记符	操作数				程序步
			S1（·）	S2（·）	D（·）	n	
变频器参数读取	FNC272（16）	IVRD	K、H、D、R、U*、G*	K、H、D、R、U*、G*	D、R、U*、G*	K、H	IVRD…9 步

注：U*、G* 仅对应 FX_{3U}、FX_{3UC}。

该指令的 S1（·）为变频器的站号（K0～K31）；S2（·）为变频器的指令代码 00～63，具体编码请查阅相关资料；D（·）保存读出值的软元件编号；n 为使用的通道（K1 为通道 1，K2 为通道 2），FX_{3G} 可编程控制器的 14 点、24 点型的情况下，不可以使用通道 2。

图 11-15 为 IVRD 指令编程格式举例。X0 闭合时，PLC 从通信口 2 上连接的站号 1 的变频器中将 D100 内存储的变频器参数的值读入到 D0 中。

图 11-15　IVRD 指令功能说明

（4）变频器参数写入指令 IVWR（FNC273）

该指令的名称、指令代码、助记符、操作数、程序步如表 11-8 所示。

表 11-8　变频器参数写入指令的要素

指令名称	指令代码	助记符	操作数				程序步
			S1（·）	S2（·）	S3（·）	n	
变频器参数写入	FNC273（16）	IVWR	K、H、D、R、U*、G*	K、H、D、R、U*、G*	K、H、D、R、U*、G*	K、H	IVWR…9 步

注：U*、G* 仅对应 FX₃U、FX₃UC。

该指令的 S1（·）为变频器的站号（K0～K31）；S2（·）为变频器通信的指令代码 80～E3，具体编码请查阅相关资料；S3（·）为存储变频器参数的数据存储器地址；n 为使用的通道（K1 为通道 1，K2 为通道 2），FX₃G 可编程控制器的 14 点、24 点型的情况下，不可以使用通道 2。

图 11-16 为 IVWR 指令编程格式举例。X0 闭合时，PLC 把 D0 中保存的变频器参数向通信口 2 上连接的站号 1 的变频器中写入，D100 为存储变频器参数的地址。

图 11-16　IVWR 指令功能说明

（5）变频器参数成批写入 IVBWR（FNC274）

该指令的名称、指令代码、助记符、操作数、程序步如表 11-9 所示。

表 11-9　变频器参数成批写入指令的要素

指令名称	指令代码	助记符	操作数				程序步
			S1（·）	S2（·）	S3（·）	n	
变频器参数成批写入	FNC274（16）	IVBWR	K、H、D、R、U*、G*	K、H、D、R、U*、G*	D、R、U*、G*	K、H	IVBWR…9 步

注：U*、G* 仅对应 FX₃U、FX₃UC。

该指令的 S1（·）为变频器的站号（K0～K31）；S2（·）为变频器的参数写入个数；S3（·）写入到变频器中的参数表的起始软元件编号；n 为使用的通道（K1 为通道 1，K2 为通道 2），FX₃G 可编程控制器的 14 点、24 点型的情况下，不可以使用通道 2。

图 11-17 为 IVBWR 指令编程格式举例。X0 闭合时，针对通信口 1 上连接的站号 0 的变频器，将 D0 开始的 20 个数据的表格内保存的参数成批写入到变频器中，D0 开始的 20 个数据表格需要在执行该指令前设定。

图 11-17　IVBWR 指令功能说明

11.4　三菱 PLC 的通信网络

随着计算机、自动化技术的飞速发展，PLC 通信已在工厂自动化（FA）中发挥着越来越重要的作用。PLC 发展到今天，各生产厂家生产的 PLC 主单元上都加具有网络功能的硬件和软件，还有各种功能的通信模块，实现 PLC 之间的连接、构成各种形式的网络已非常方便。由上位机、PLC、远程 I/O 设备相互连接所形成的分布式控制系统网络、现场总线控制系统网络已被广泛应用，成为目前 PLC 发展的主要方向。

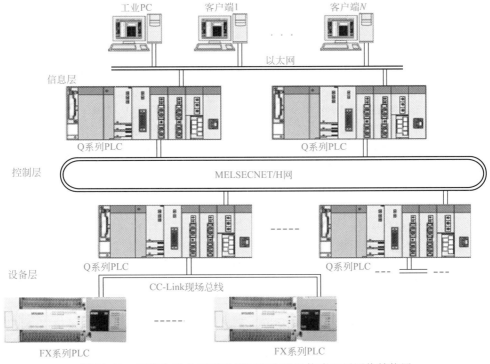

图 11-18　三菱公司 Q 系列和 FX 系列 PLC 构成三层网络结构图

三菱公司 PLC 网络继承了传统使用的 MELSEC 网络，并使其在性能、功能、使用简便等方面更胜一筹。Q 系列 PLC 提供层次清晰的三层网络，针对各种用途提供最合适的网络产品，图 11-18 所示为三菱公司 Q 系列等 PLC 构成的三层网络控制系统结构图。

（1）信息层（Ethernet）

信息层为网络系统中的最高层，主要是在 PLC、设备控制器以及生产管理用 PC 之间传输生产管理信息、质量管理信息及设备的运转情况等数据，信息层使用最普遍的 Ethernet。它不仅能够连接 Windows 系统的 PC、UNIX 系统的工作站等，而且还能连接各种 FA 设备。Q 系列 PLC 系列的 Ethernet 模块具有日益普及的因特网电子邮件收发功能，使用户无论在世界的任何地方都可以方便地收发生产信息邮件，构筑远程监视管理系统。同时，利用因特网的 FTP 服务器功能及 MELSEC 专用协议可以很容易地实现程序的上传/下载和信息的传输。

以太网（Ethernet）属于信息与管理网，为网络中的最高一层网络，它具有以下功能。

① 对 PLC 的监视功能。以太网模块的 Web 功能供系统管理员通过使用 Web 浏览器，对远处 PLC 的 CPU 进行监视。

② 对 PLC 的访问功能。通过使用 Web 功能，可以收集或更新 PLC 的数据，监视 CPU 模块操作，还可以进行 CPU 模块的状态控制，使用 Web 浏览器控制 PLC 所控制的设备。

③ 创建 ASP 文件功能。通过安装 PLC 的以太网模块，用于服务器计算机的 Web 组件及 Web 浏览器，使用 Web 功能，用户可以使用提供的通信库方便地创建 ASP 文件以访问PLC。另外，通过用户创建 HTML 文件，可以把 ASP 文件访问 PLC 的结果任意地显示在

Web 浏览器上；也可以使用 Web 浏览器屏幕指定的 URL 对安装以太网模块站的 CPU 进行软元件存储器的读出/写入、远程 RUN/STOP 控制和其他操作。

④ 远程口令核对功能。提供以太网模块的远程口令核对功能，防止远处用户未经授权就直接访问 CPU。

⑤ 电子邮件（E-mail）通信功能。Q 系列以太网模块包含了标准的电子邮件通信功能，使产品信息能在世界各地进行传输，容易配置远程监控；对于企业内部的互联网，FTP 服务器功能和 MC 协议对进行程序的下载、上传非常方便。

（2）控制层［MELSECNET/10(H)］

它是整个网络系统的中间层，是在 PLC、CNCC 等控制设备之间方便且高速地进行数据互传的控制网络。作为 MELSEC 控制网络的 MELSECNET/10，以它良好的实时性、简单的网络设定、无程序的网络数据共享概念，以及冗余回路等特点获得了很高的市场评价。而 MELSECNET/H 不仅继承了 MELSECNET/10 优点，还使网络的实时性更好，数据容量更大，进一步适应了市场的需要。但目前 MELSECNET/H 只有 Q 系列 PLC 才可使用。

MELSECNET/H 网络系统用于控制站和普通站之间交互通信的 PLC 至 PLC 网络和用于远程主站和远程 I/O 站之间交互通信的 I/O 网络。MELSECNET/H 网络具有以下特点。

① 提供 10Mb/s 和 25Mb/s 的高速数据传送。

② 传输介质可为光缆或同轴电缆。MELSECNET/H 有光缆和同轴电缆连接的两种网络，光缆系统具有不受环境噪声影响和传输距离长等优点，同轴电缆系统具有低成本的优点。

③ 可选择光缆或同轴电缆来构建双环网或总线网，一个大型网络最多可连接 239 个网区，每个网区可以有一个主站及 64 个从站，网络总距离可达 30km，提供浮动式主站及网络监控功能。

④ 具备和个人计算机连接的 MELSECNET/H 端口。Q 系列 PLC 提供了 MELSEC-NET/H 网卡。

⑤ 配置了 MELSECNET/H 网络功能模块。可以使用 Q 系列 I/O 的远程网络来构建大规模、大容量、集中管理、分散控制系统。

（3）设备层（现场总线 CC-Link）

设备层是把 PLC 等控制设备和传感器以及驱动设备连接起来的现场网络，为整个网络系统最底层的网络。采用 CC-Link 现场总线连接，布线数量可大大减少，这样就提高了系统的可维护性。而且，不只是连接 ON/OFF 等开关量的数据，还可连接条形码阅读器、变频器、人机界面等智能化设备，从而完成各种数据的通信，实现终端生产信息的管理，加上对机器动作状态的集中管理，使维修保养的工作效率也有很大提高。在 Q 系列 PLC 中使用，CC-Link 的功能更好，而且使用更简便。

CC-Link 开放式现场总线是一种配线使用量少、信息化程度高的网络，它不但具备高实时性、分散控制与智能设备通信等功能，而且还提供了开放式的环境和安全、高速、简便的连接。CC-Link 网络传输距离在 1.2km 时为 156Kb/s，100m 时为 10Mb/s，采用双绞线组成总线网，PLC 与 PLC 之间可一次传送 128 位元件和 16 字节，可加置备用主站，且具有网络监控功能，可进行远程编程。

CC-Link 网络之所以称为总线型网络，是因为它利用了总线把所有的设备连接起来。设备包括 PLC、变频器、远程 I/O、传感器、触摸屏等人机界面，它们共享一条通信传送链路，因此，在同一时刻网络上只允许一个设备发送信息，多个 PLC 只能一个为主站，其余的为从站。

CC-Link 网络系统的连接示意图如图 11-19 所示。FX 系列 PLC 中除 FX$_{3UC}$ 内置有 CC-Link/LT 网络模块，其他 PLC 接入 CC-Link 网络必须外扩 CC-Link 网络模块。常用的 CC-Link 网络通信模块有 FX$_{2N}$-16CCL-M（主站模块）、FX$_{2N}$-32CCL-M（从站模块）、

CC-Link/LT（FX_{2N}-64CCL-M）、Link 远程 I/O 链接模块（FX_{2N}-16Link-M）等。

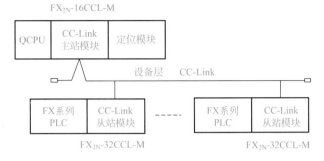

图 11-19 CC-Link 网络系统连接示意图

在三菱的 PLC 网络中进行通信时，不会感觉到有网络种类的差别和间断，可进行跨网络间的数据通信和程序的远程监控、修改、调试等工作，而无需考虑网络的层次和类型。

MELSECNET/H 和 CC-Link 都使用循环通信的方式，周期性自动地收发信息，不需要专门的数据通信程序，只需简单的参数设定即可。同时，MELSECNET/H 和 CC-Link 都是使用广播方式进行循环通信发送和接收的，这样就可做到网络上的数据共享。

对于 Q 系列 PLC 使用的 Ethernet、MELSECNET/H、CC-Link 网络，可以在 GX Developer 软件画面上设定网络参数以及各种功能，简单方便。

习题及思考题

11-1 FX 系列 PLC 串行通信接口标准有哪几种，各有什么特点？

11-2 当 X5 闭合时，把数据寄存器 D500～D509 的 10 个数据按 16 位数据传送模式发送出去，并将接收的 10 个 16 位数据存入 D70～D79 中去，使用 RS 指令编程。

11-3 X1 闭合时，针对通信口 1 上连接的站号为 2 的变频器，把 D400 寄存器内保存的指令代码相对应的变频器运行状态读出到寄存器 D0 中保存，使用变频器专用指令编程。

11-4 CC-Link 网络常用的通信模块有哪几种？主站和从站模块有何特点？

12 PLC 控制系统设计

PLC 的内部结构尽管与计算机、微机相类似，但其接口电路不相同，编程语言也不一样。因此，PLC 控制系统与微机控制系统开发过程不完全相同，要根据 PLC 本身的特点、性能进行系统设计。本章节就 PLC 控制系统设计的基本原则、基本内容、步骤以及基本应用实例进行阐述，以便初学者掌握。当然，要设计一个经济、实用、可靠、先进的 PLC 控制系统，还需要有丰富的专业知识和实际工作经验。

12.1 PLC 控制系统设计概要

12.1.1 PLC 控制系统设计的基本原则

任何一种电气控制系统都是为了实现被控对象生产设备（或生产过程）的工艺要求，以提高生产效率和产品质量。因此，在设计 PLC 控制系统时，应遵循以下基本原则。

① 最大限度地满足被控对象的控制要求。设计前，应深入现场进行调查研究，搜集资料，并与机械部分的设计人员和实际操作人员密切配合，共同拟定电气控制方案，协同解决设计中出现的各种问题。

② 在满足控制要求的前提下，力求使控制系统简单、经济、实用，维修方便。

③ 保证控制系统的安全、可靠。

④ 考虑到生产发展和工艺的改进，在选择 PLC 容量时，应适当留有余量。

12.1.2 PLC 控制系统设计的基本内容

PLC 控制系统是由 PLC 与用户输入、输出设备连接而成的。因此，PLC 控制系统的基本内容包括如下几点。

① 选择用户输入设备（按钮、操作开关、限位开关和传感器等）、输出设备（继电器、接触器和信号灯等执行元件）以及由输出设备驱动的控制对象（电动机、电磁阀等）。这些设备属于一般的电气元件，其选择的方法在前面已有介绍。

② PLC 的选择。PLC 是 PLC 控制系统的核心部件，正确选择 PLC，对于保证整个控制系统的技术经济性能指标起着重要作用。

选择 PLC，应包括机型的选择、容量的选择、I/O 点数（模块）的选择、电源模块以及特殊功能模块的选择等。

③ 分配 I/O 点，绘制电气原理图，考虑必要的安全保护措施。

④ 设计控制程序。包括设计梯形图、指令语句表程序清单或控制系统流程图。

控制程序是控制整个系统工作的软件，是保证系统工作正常、安全可靠的关键。因此，控制系统的设计必须经过反复调试、修改，直到满足要求为止。

⑤ 必要时还需设计控制台（柜）。

⑥ 编制系统的技术文件，包括说明书、电气图及电气元件明细表等。

传统的电气图，一般包括电气原理图、电气布置图及电气安装图。在 PLC 控制系统中，这一部分图可以统称为"硬件图"。它在传统电气图的基础上增加了 PLC 部分，因此，在电气原理图中应增加 PLC 的输入、输出电气连接图（即 I/O 接线端子图）。

此外，在 PLC 控制系统中，电气图还应包括程序图（梯形图），可以称之为"软件图"。

向用户提供"软件图"，可方便用户在生产发展或工艺改进时修改程序，并有利于用户在维修时分析和排除故障。

12.1.3 PLC 控制系统设计的一般步骤

PLC 控制系统设计的一般步骤如图 12-1 所示。

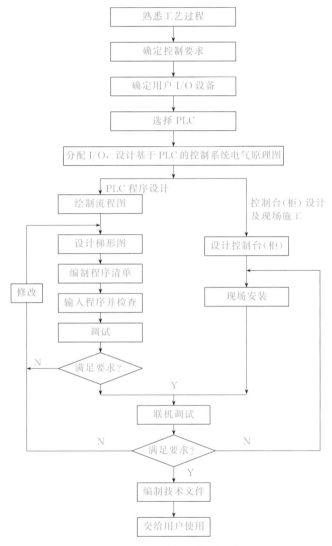

图 12-1 PLC 控制系统设计步骤

(1) 流程图功能说明

① 根据生产的工艺过程分析控制要求。如需要完成的动作（动作顺序、动作条件及必需的保护和联锁等）、操作方式（手动、自动；连续、单周期及单步等）。

② 根据控制要求确定所需的用户输入、输出设备。据此确定 PLC 的 I/O 点数。

③ 选择 PLC。

④ 分配 PLC 的 I/O 点，设计 I/O 接线端子图（这一步也可以结合第②步进行）。

⑤ 进行 PLC 程序设计，同时可进行控制台（柜）的设计和现场施工。

在设计传统继电器控制系统时，必须在控制线路（接线程序）设计完成后，才能进行控制台（柜）设计和现场施工。可见，采用 PLC 控制，可以使整个工程的周期缩短。

(2) PLC 程序设计的步骤

① 对于较复杂的控制系统，需绘制系统流程图，用以清楚地表明动作的顺序和条件。对于简单的控制系统，也可以省去这一步。

② 设计梯形图。这是程序设计的关键一步，也是比较困难的一步。要设计好梯形图，首先要十分熟悉控制要求，同时还要有一定的电气设计的实践经验。

③ 根据梯形图编制程序清单。

④ 用编程器将程序键入到 PLC 的用户存储器中，并检查键入的程序是否正确。

⑤ 对程序进行调试和修改，直到满足要求为止。

⑥ 待控制台（柜）及现场施工完成后，就可以进行联机调试。如不满足要求，再回去修改程序或检查接线，直到满足为止。

⑦ 编制技术文件。

⑧ 交付使用。

12.2 PLC 控制系统的应用

学习 PLC 的目的，最终要把它应用到实际的控制系统中。对于一个初学者来说，往往不知如何入手设计一个控制系统，若遇到实际的工业控制项目需采用 PLC 及电气控制时，往往不知所措。本节结合有关设计方法，讲解和分析 PLC 控制系统的设计步骤、I/O 接口电路及实际应用程序等，以便为设计一实际工程项目打下一个扎实的基础。

12.2.1 组合机床的 PLC 控制

组合机床的控制最适宜采用 PLC 进行控制。如图 12-2 所示为某四工位组合机床示意图。它由四个加工工位组成，每个工位有一个工作滑台，并有一个加工动力头。

除了四个加工工位外，还有夹具、上下料机械手和进料器四个辅助装置以及冷却和液压系统等四部分。

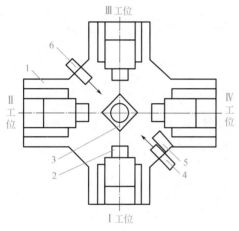

图 12-2 四工位组合机床示意图
1—工作滑台；2—主轴；3—夹具；4—上料机械手；5—进料装置；6—下料机械手

(1) 加工工艺及控制要求

该组合机床的加工工艺要求为：加工零件由上料机械手自动上料，上料后，机床的四个加工动力头同时对该零件进行加工，一次加工完成一个零件，零件加工完毕后，通过下料机械手自动取走加工完的零件。此外，还要求有手动、半自动、全自动三种工作方式。

控制要求具体如下。

① 上料 按下启动按钮，上料机械手前进，将加工零件送到夹具上，到位后，夹具夹紧零件，同时进料装置进料，之后上料机械手退回原位，放料装置退回原位。

② 加工 四个工作滑台前进，其中工位 Ⅰ、Ⅲ 动力头先加工，Ⅱ、Ⅳ 延时一点时间再加工，包括铣端面，打中心孔等。加工完成后，各工作滑台均退回原位。

③ 下料 下料机械手向前抓住零件，夹具松开，下料机械手退回原位并取走加工完的零件。

①～③完成了一个工作循环。若在自动状态下，则机床自动开始下一个循环，实现全自动工作方式。若在预停状态，即在半自动状态下，则机床循环完成后，机床自动停在原位。组合机床的自动工作过程如图 12-3 所示。

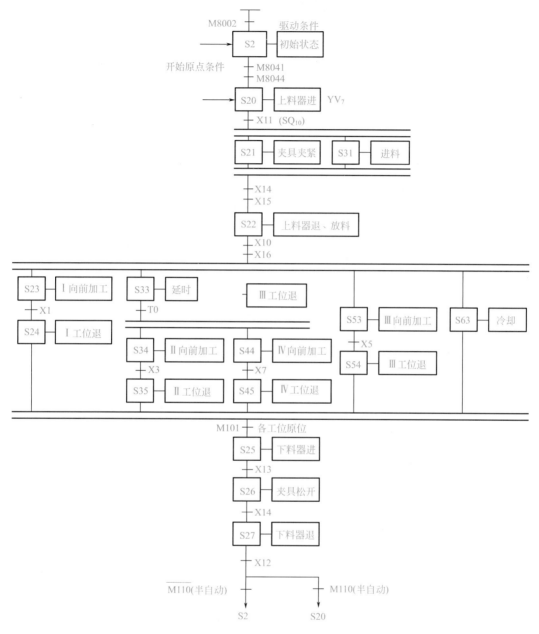

图 12-3 组合机床自动工作状态流程图

（2）I/O 地址表及程序

四个工位组合机床的输入信号共有 42 个，输出有 27 个，均为开关量，其输入/输出地址表如表 12-1 所示。

根据 I/O 地址编排表知，PLC 外部输入有 24 个按钮开关（$SB_1 \sim SB_{24}$），1 个选择开关（SA），3 个检测开关（$YJ_1 \sim YJ_3$）；PLC 外部输出有 16 个电磁阀，5 个接触器。由此，可以画出其电路原理图。

但在实际制作时，往往还需要考虑 PLC 接口的带负载能力、各个元件的安装尺寸和安装位置等要素。图 12-4 所示为四工位组合机床的控制 FX SFC 程序。

表 12-1 I/O 地址编排表

输　入						输　出		
器件号	地址号	功能说明	器件号	地址号	功能说明	器件号	地址号	功能说明
SQ$_1$	X0	滑台Ⅰ原位	SB$_7$	X30	主轴Ⅰ点动	YV$_1$	Y0	夹紧
SQ$_2$	X1	滑台Ⅰ终点	SB$_8$	X31	滑台Ⅱ进	YV$_2$	Y1	松开
SQ$_3$	X2	滑台Ⅱ原位	SB$_9$	X32	滑台Ⅱ退	YV$_3$	Y2	滑台Ⅰ进
SQ$_4$	X3	滑台Ⅱ终点	SB$_{10}$	X33	主轴Ⅱ点动	YV$_4$	Y3	滑台Ⅰ退
SQ$_5$	X4	滑台Ⅲ原位	SB$_{11}$	X34	滑台Ⅲ进	YV$_5$	Y4	滑台Ⅲ进
SQ$_6$	X5	滑台Ⅲ终点	SB$_{12}$	X35	滑台Ⅲ退	YV$_6$	Y5	滑台Ⅲ退
SQ$_7$	X6	滑台Ⅳ原位	SB$_{13}$	X36	主轴Ⅲ点动	YV$_7$	Y6	上料进
SQ$_8$	X7	滑台Ⅳ终点	SB$_{14}$	X37	滑台Ⅳ进	YV$_8$	Y7	上料退
SQ$_9$	X10	上料器原位	SB$_{15}$	X40	滑台Ⅳ退	YV$_9$	Y10	下料进
SQ$_{10}$	X11	上料器终点	SB$_{16}$	X41	主轴Ⅳ点动	YV$_{10}$	Y12	下料退
SQ$_{11}$	X12	下料器原位	SB$_{17}$	X42	夹紧	YV$_{11}$	Y13	滑台Ⅱ进
SQ$_{12}$	X13	下料器终点	SB$_{18}$	X43	松开	YV$_{12}$	Y14	滑台Ⅱ退
YJ$_1$	X14	夹紧压力传感器	SB$_{19}$	X44	上料器进	YV$_{13}$	Y15	滑台Ⅳ进
YJ$_2$	X15	进料压力传感器	SB$_{20}$	X45	上料器退	YV$_{14}$	Y16	滑台Ⅳ退
YJ$_3$	X16	放料压力传感器	SB$_{21}$	X46	进料	YV$_{15}$	Y17	放料
SB$_1$	X21	总停	SB$_{22}$	X47	放料	YV$_{16}$	Y20	进料
SB$_2$	X22	启动	SB$_{23}$	X50	冷却开	KM$_1$	Y21	Ⅰ主轴
SB$_3$	X23	预停	SB$_{24}$	X51	冷却停	KM$_2$	Y22	Ⅱ主轴
SA	X25	选择开关				KM$_3$	Y23	Ⅲ主轴
SB$_5$	X26	滑台Ⅰ进				KM$_4$	Y24	Ⅳ主轴
SB$_6$	X27	滑台Ⅰ退				KM$_5$	Y25	冷却电机

12.2.2　可编程控制器在化工过程控制中的应用

（1）工艺过程及要求

某化学反应过程由四个容器组成，如图 12-5 所示。容器之间用泵连接，每个容器都装有检测容器空和满的传感器。♯1、♯2 容器分别用泵 P1、P2 将碱和聚合物灌满，灌满后传感器发出信号，P1、P2 泵关闭。♯2 容器开始加热，当温度升到 60℃时，温度传感器发出信号，关断加热器。然后，泵 P3、P4 分别将♯1、♯2 容器中的溶液输送到♯3 反应池中，同时搅拌器启动，搅拌 60s。一旦♯3 反应池满或♯1、♯2 容器空，则泵 P3、P4 停，处于等待状态。当搅拌时间到，泵 P5 将混合液抽入♯4 产品池，直到♯4 产品池满或♯3 反应池空。产品用泵 P6 抽走，直到♯4 产品池空。完成一次循环，等待新的循环开始。若化学反应过程中停电后恢复供电，应能在原来的步骤继续自动进行化学反应。

（2）控制流程

根据生产流程及工艺要求，可绘出状态流程图如图 12-6 所示。控制系统采用半自动工作方式，即系统每完成一次循环，自动停止在初始状态，等待再次启动信号，才开始下一次循环。图中 L 为激活脉冲，用于初始阶段的激活。为了保证化学反应过程中停电后恢复供电，能在原来的步骤继续自动进行化学反应，应选用 M500 起始的停电保持型辅助继电器。

（3）机型选择

从图 12-6 所示控制系统状态流程图可知，输入信号有 10 个，均为开关量信号，其中启动按钮 1 个，检测元件 9 个。输出信号有 8 个，也都为开关量，其中 7 个用于电机控制，1 个用于电加热控制。因此，控制系统选用 FX$_{2N}$-32MR 可编程控制器即可满足控制要求。

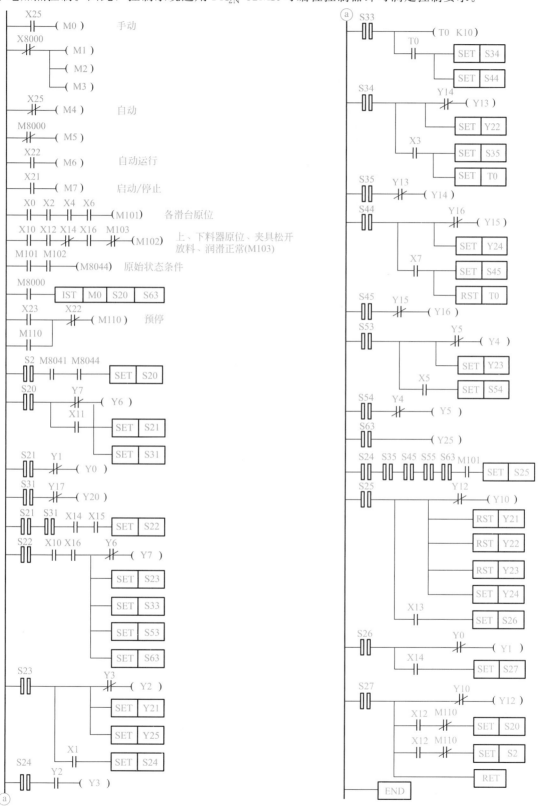

图 12-4　四工位组合机床 PLC 控制 FX SFC 程序

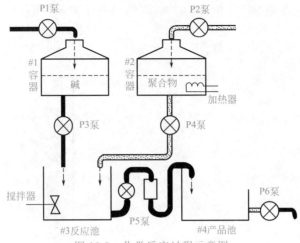

图 12-5 化学反应过程示意图

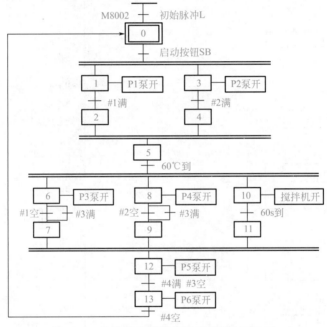

图 12-6 化学反应过程控制系统 FX SFC 图

（4）I/O 地址编号

将输入、输出信号按各自的功能类型分好，并将状态流程图中的 14 个步序用辅助继电器一一对应，编排好地址。列出外部 I/O 信号与 PLC 的 I/O 口地址编号对照表，如表 12-2 所示。

（5）PLC 梯形图程序设计

该化学反应过程控制程序可以通过状态转移图进行编写，也可以通过逻辑法来编写。图 12-6 所示为 FX SFC 编程；图 12-7 所示为逻辑法进行梯形图设计的程序。

逻辑法进行梯形图设计程序的主要步骤如下：

① 列写逻辑方程；

② 用布尔代数进行逻辑化简；

③ 用经过化简的逻辑方程编程。

表 12-2　I/O 地址编码表

输入信号			输出信号			辅助继电器			
名称	功能	编号	名称	功能	编号	名称	编号	名称	编号
SB	启动按钮	X0	KM_1	P1 泵接触器	Y0	L	M8002	10 步	M609
SQ_1	♯1 容器满	X1	KM_2	P2 泵接触器	Y1	1 步	M600	11 步	M610
SQ_2	♯1 容器空	X2	KM_3	P3 泵接触器	Y2	2 步	M601	12 步	M611
SQ_3	♯2 容器满	X3	KM_4	P4 泵接触器	Y3	3 步	M602	13 步	M612
SQ_4	♯2 容器空	X4	KM_5	P5 泵接触器	Y4	4 步	M603	14 步	M613
SQ_5	♯3 容器满	X5	KM_6	P6 泵接触器	Y5	5 步	M604		
SQ_6	♯3 容器空	X6	KM_7	加热器接触器	Y6	6 步	M605		
SQ_7	♯4 容器满	X7	KM_8	搅拌机接触器	Y7	7 步	M606		
SQ_8	♯4 容器空	X10				8 步	M607		
SQ_9	温度传感器	X11				9 步	M608		

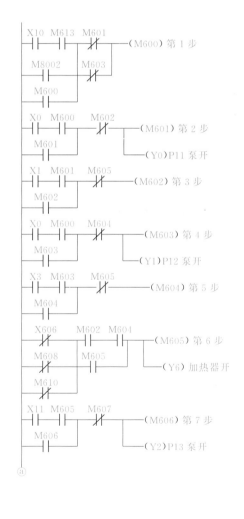
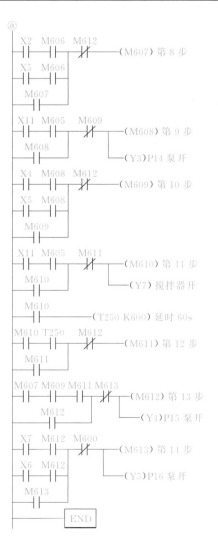

图 12-7　化学反应过程控制系统 FX 梯形图

12. 2. 3　PLC 在全自动洗衣机控制系统中的应用

全自动洗衣机的洗衣桶（外桶）和脱水桶（内桶）是以同一中心安放的。外桶固定，作盛水用。内桶可以旋转，作脱水（甩干）用。内桶的周围有很多小孔，使内桶和外桶的水流相通，洗衣机的进水和排水分别通过进水电磁阀和排水电磁阀来控制。

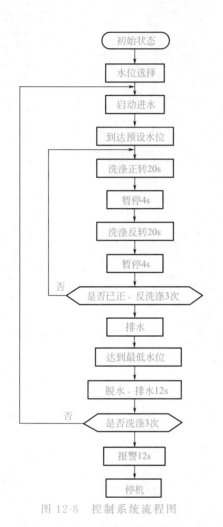

图 12-8　控制系统流程图

进水时，通过控制系统打进水电磁阀，水经水管注入外筒。排水时，将排水电磁阀打开，水由外桶排出机外。

洗涤正、反转由洗涤电动机驱动波盘正反转来实现，此时脱水桶不旋转。脱水时，控制系统将离合器合上，由洗涤电动机带动内桶正转来甩干。高、低水位控制开关分别用来检测高、低水位。启动按钮用来启动洗衣机工作，停止按钮用来实现手动停止。

（1）全自动洗衣机控制系统的控制要求

全自动洗衣机的控制流程图如图 12-8 所示。系统在初始状态时，准备好启动。选择水位，按启动按钮打开进水阀，自来水经进水管进入到外桶。到达预定水位时，停止进水，并开始洗涤正转。洗涤正转 20s 后，洗涤电动机暂停，暂停 4s 后开始洗涤反转，洗涤反转 20s 后暂停 4s（为一小循环）。若小循环未满 3 次，则返回洗涤正转开始下一个小循环。若小循环满 3 次，则结束小循环开始排水。水位降到最低水位时，启动洗涤电动机带动内桶正转进行脱水并继续排水。脱水 12s 就完成了从进水到脱水的大循环。然后再启动进水电动机进行洗涤，如此进行 3 次大循环，如果完成了 3 次大循环，则进行洗涤结束报警。报警 12s 后结束全过程，自动停机。

此外，还要求任何工作情况下按停止按钮必须停机。

（2）全自动洗衣机控制系统的功能分析

打开电源后，进行水位选择，可以通过信号灯来指示。在按下启动按钮后，洗衣机开始注水洗涤衣物。PLC 控制的输入信号主要有电源按钮、停机按钮、水位选择按钮（高、中、低水位选择按钮）、水位开关（高、中、低、最低水位开关）、启动按钮等。输出信号主要包括电源指示灯、水位选择按钮信号灯（高、中、低水位选择信号灯）、进水电磁阀、洗涤电动机正转接触器、洗涤电动机反转接触器、排水电磁阀、脱水电磁离合器、报警蜂鸣器等。

① 全自动洗衣机控制系统的硬件配置。根据控制要求和功能分析，已经明确了系统的输入/输出信号，对系统的硬件配置可以通过 I/O 地址分配表来表示，如表 12-3 所示。

表 12-3　I/O 地址分配表

输入			输出		
元件	元件名称	PLC 地址	元件	元件名称	PLC 地址
SB1	电源按钮	X0	HL1	电源指示灯	Y0
SB2	启动按钮	X1	HL2	高水位指示灯	Y1
SB3	停止按钮	X2	HL3	中水位指示灯	Y2
SB4	高水位选择按钮	X3	HL4	低水位指示灯	Y3
SB5	中水位选择按钮	X4	HA	报警蜂鸣器	Y4
SB6	低水位选择按钮	X5	YV1	进水电磁阀	Y5
SQ1	高水位开关	X6	YV2	排水电磁阀	Y6
SQ2	中水位开关	X7	YC	脱水电磁离合器	Y7
SQ3	低水位开关	X10	KM1	洗涤电动机正转接触器	Y10
SQ4	最低水位开关	X11	KM2	洗涤电动机反转接触器	Y11

② 全自动洗衣机控制系统的 I/O 接线图。根据 I/O 地址分配表，可完成图 12-9 所示全自动洗衣机控制系统的 I/O 接线图。

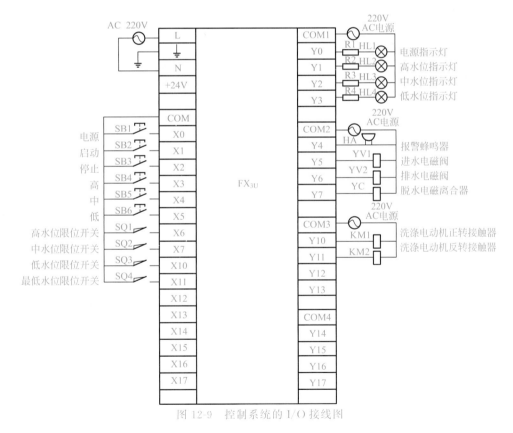

图 12-9　控制系统的 I/O 接线图

③ 全自动洗衣机控制系统的软件设计。全自动洗衣机控制系统的软件用 FX SFC 图编程如图 12-10 所示。

在硬件接口电路中增加手动洗涤按钮和手动排水按钮，洗衣机的功能就非常完善了，当然，对应的软件就要复杂一些，具体的编程方法就留给读者去分析和编程了。

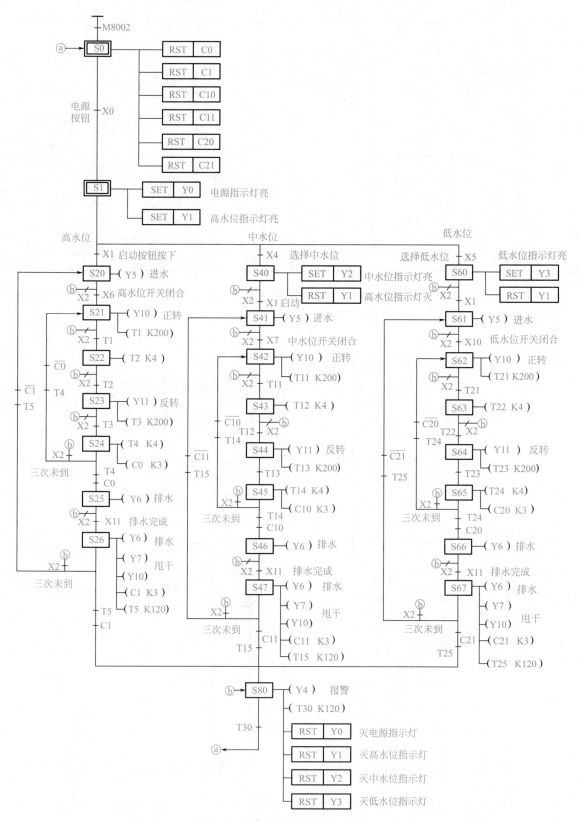

图 12-10　控制系统的 FX SFC 图程序

习题及思考题

12-1　PLC 控制系统设计的基本原则是什么？

12-2　PLC 控制系统的基本内容包括哪几点？

12-3　PLC 控制系统设计的一般步骤包括哪几点？

12-4　选用 FX PLC 设计控制 3 台电机 M_1、M_2、M_3 的顺序启动和停止的程序。控制要求是：

① 按下启动按钮 1s 后 M_1 启动，M_1 运行 5s 后 M_2 启动，M_2 运行 3s 后 M_3 启动；

② 停车时，按下停车按钮 1s 后，M_3 停止，M_3 停止 3s 后，M_2 停止，M_2 停止 5s 后，M_1 停止；

③ 电机 M_1、M_2、M_3 分别由接触器 KM_1、KM_2 和 KM_3 控制，对 PLC 进行地址分配，画出 PLC 的端子图。

12-5　某液压动力滑台在初始状态时停在最左边，行程开关 X0 接通时，按下启动按钮 X5，动力滑台的进给运动流程如图 12-11 所示。工作一个循环后，返回初始位置。控制各电磁阀的 Y1～Y4 在各工步的动作状态如表 12-4 所示。画出 FX 状态转移图，并用基本指令、移位指令、步进指令写出 FX 步进梯形图。

表 12-4　各工步动作状态表

	Y1	Y2	Y3	Y4
快进		+	+	
工进 1	+	+		
工进 2		+		
快退			+	+

注：+表示动作，否则不动作。

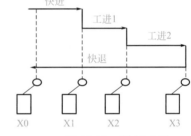

图 12-11　题 12-5 图

12-6　设计一个八路抢答器，要求：

① 有一位数码管显示位号，二位数码管显示定时时间；

② 画出 FX PLC 控制的电气线路图；

③ 用 FX 应用指令编程。

13 西门子 S7-1200 系列 PLC 基础

S7-1200 系列 PLC 是西门子公司近年推出的一款模块化的可编程逻辑控制器。在西门子 PLC 系列产品中，不同于中高档的 S7-300 和 S7-400 系列 PLC，S7-1200 系列 PLC 的定位是经济型离散自动化系统和独立自动化系统中使用的小型控制器模块。

西门子 S7-1200 系列 PLC 设计紧凑、可扩展性强、灵活度高、具有强大的指令集，主要面向简单而高精度的自动化任务，可用于自动化应用中的简单逻辑控制、高级逻辑控制、计算与测量、闭环回路控制、运动控制、人机接口（Human Machine Interface，HMI）和网络通信等。西门子 S7-1200 系统 PLC 有五种不同的 CPU 模块，每一种 CPU 模块都可以增加扩展模块，以进一步扩展数字量或模拟量 I/O 容量。CPU 模块集成的 PROFINET 通信接口可用于编程、与 HMI 或 PLC-to-PLC 的通信。总之，西门子 S7-1200 系列 PLC 因其可靠性、灵活性、扩展性以及与其他工业设备的兼容性而备受欢迎。在使用时，用户可根据具体项目需求选择合适的 CPU 模块和扩展模块，并利用其强大的功能进行自动化控制。

本章将从 PLC 硬件、西门子博途（TIA）软件、编程元件、基本指令、简单应用五个方面介绍西门子 S7-1200 系列 PLC 的基础知识。

13.1 S7-1200 系列 PLC 硬件

13.1.1 硬件结构及 CPU 模块

西门子 S7-1200 系列 PLC 的硬件结构与大部分的 PLC 产品一致，采用典型的计算机结构（参见本书图 6-6）。S7-1200 系列 PLC 采用模块化设计，其 PLC 硬件包含 CPU 模块、可扩展的信号模块、信号板、通信板、通信模块等，如图 13-1 所示。

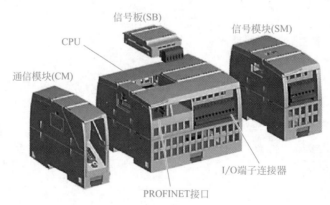

图 13-1　西门子 S7-1200 系列 PLC 硬件

S7-1200 系列 PLC 的 CPU 本体模块高度集成化，对于小型自动化应用无需扩展额外的硬件，减少了 PLC 安装空间和成本。S7-1200 系列 PLC 的 CPU 模块如图 13-2 所示。

西门子 S7-1200 系列 PLC 有 CPU 1211C、CPU 1212C、CPU 1214C、CPU 1215C 和 CPU 1217C 五种不同型号。CPU 模块均集成了 AC85～264V 或 DC24V 的电源、DC24V 或继电器型的数字量输出端子、DC24V 数字量输入端子、模拟量 0～10V 输入端子（输入电阻 100kΩ，10 位分辨率）、PROFINET 通信接口、2 点频率最高 100kHz 脉冲的脉冲序列输

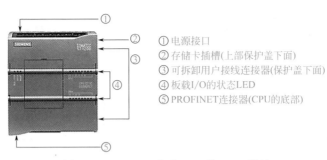

① 电源接口
② 存储卡插槽(上部保护盖下面)
③ 可拆卸用户接线连接器(保护盖下面)
④ 板载I/O的状态LED
⑤ PROFINET连接器(CPU的底部)

图 13-2　S7-1200 系列 PLC 的 CPU 模块

出（PTO）或脉宽调制（PWM）输出、频率高达 100kHz 的集成高速计数器（HSC）、PLC open 运动控制、16 个带参数自整定的 PID 控制器、实时时钟、密码保护、时间中断、硬件中断、库功能、在线/离线诊断等。其性能特点见表 13-1。

表 13-1　CPU 型号特点的比较

特征		CPU 1211C	CPU 1212C	CPU 1214C	CPU 1215C	CPU 1217C
物理尺寸/mm		90×100×75		110×100×75	130×100×75	150×100×75
用户存储器	工作	50kB	75kB	100kB	125kB	150kB
	负载	1MB	2MB	4MB		
	保持性	10kB				
本地板载 I/O	数字量	6 个输入/4 个输出	8 个输入/6 个输出	14 个输入/10 个输出		
	模拟量	2 路输入		2 点输入/2 点输出		
过程映像大小	输入(I)	1024 个字节				
	输出(Q)	1024 个字节				
位存储器(M)		4096 个字节		8192 个字节		
信号模块(SM)扩展		无	2	8		
信号板(SB)、电池板(BB)或通信板(CB)		1				
通信模块(CM)(左侧扩展)		3				
高速计数器	总计	最多可组态 6 个使用任意内置或 SB 输入的高速计数器				
	1MHz	—				Ib.2 到 Ib.5
	100/180kHz	Ia.0 到 Ia.5				
	30/120kHz	—	Ia.6 到 Ia.7	Ia.6 到 Ia.5		Ia.6 到 Ib.1
	200kHz					
脉冲输出	总计	最多可组态 4 个使用任意内置或 SB 输出的脉冲输出				
	1MHz	—				Qa.0 到 Qa.3
	100kHz	Qa.0 到 Qa.3				Qa.4 到 Qb.1
	20kHz	—	Qa.4 到 Qa.5	Qa.4 到 Qb.1		—
存储卡		SIMATIC 存储卡(选件)				
数据日志	数量	每次最多打开 8 个				
	大小	每个数据日志为 500MB 或受最大可用装载存储器容量限制				

续表

特征	CPU 1211C	CPU 1212C	CPU 1214C	CPU 1215C	CPU 1217C
实时时钟保持时间	通常为 20 天,40℃时最少为 12 天(免维护超级电容)				
PROFINET 以太网通信端口	1				2
实数数学运算执行速度	$2.3\mu s$/指令				
布尔运算执行速度	$0.08\mu s$/指令				

每一种 CPU 有 DC/DC/DC 版本(电源电压、输入电压、输出电压均为 DC24V)、DC/DC/Relay 版本(电源电压、输入电压均为 DC24V,输出为继电器输出型)、AC/DC/Relay 版本(电源电压为 AC85~264V、输入电压为 DC24V,输出为继电器输出型)三种版本可选购。

在具体应用中,应针对不同的自动化控制需求,选择合适的 CPU 模块。CPU 模块需与现场的传感器、开关、负载等进行连接。图 13-3 给出了 CPU 1214C DC/DC/DC 的接线示意图,CPU 模块需要外接 24V 直流电源(L+接电源正端,M 接电源负端),14 个输入 DI 端子可外接开关,10 个输出 DQ 端子可外接负载(如中间继电器线圈),2 个模拟量输入 AI 端子可外接提供 0~10V 模拟电压信号的检测传感器。

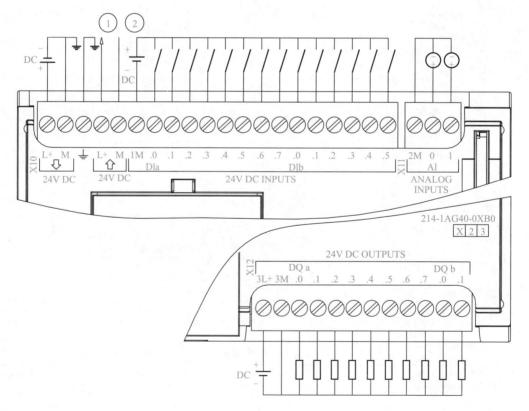

图 13-3　CPU 1214C DC/DC/DC 的接线示意图

图 13-3 中①连接 DC24V 传感器电源;②对于漏型输入时将负载连接到"－"端,而对于源型输入时将负载连接到"＋"端。

13.1.2 扩展硬件

西门子 S7-1200 系列 PLC 的 CPU 模块均可通过扩展硬件实现自动化系统硬件的可裁剪。除 CPU 1211C 外，其余每种类型的 CPU 模块均可扩展三块通信模块和一块信号板，最大可扩展八块信号模块。图 13-4 为 S7-1200 系列 PLC 利用扩展模块扩展输入输出点数和通信接口的示例。

图 13-4　西门子 S7-1200 系列 PLC 硬件扩展

（1）信号板 SB（Signal Board）、通信板 CB（Communication Board）与电池板 BB（Buttery Board）

CPU 模块支持一个插入式扩展板。

其中信号板（SB）可为 CPU 提供附加 I/O，SB 连接在 CPU 的前端。信号板型号有 SB1221 DI 4×24V DC，SB1222 DQ 4×24V DC，SB1223 DI 2×24V DC 和 DQ 4×24V DC，SB1232 1x 模拟量输出。

通信板（CB1241 RS-485）可以为 CPU 增加 RS-485 通信端口。

电池板（BB1297）可提供长期的实时时钟备份。

（2）信号模块 SM（Signal Module）

信号模块 SM 可以为 CPU 增加其它功能，SM 连接在 CPU 右侧。

信号模块 SM 分为数字量输入模块 SM1221、数字量输出模块 SM1222、数字量输入输出模块 SM1223、模拟量输入模块（包含 RTD 和热电偶模块）SM1231、模拟量输出模块 SM1232、模拟量输入输出模块 SM1234、SM1278 IO-Link 主站模块、SM1238 电能表模块等。

（3）通信模块 CM（Communication Module）和通信处理器 CP（Communication Processer）

CPU 最多支持三个 CM 或 CP。各 CM 或 CP 连接在 CPU 的左侧，或连接到另一 CM 或 CP 的左侧。

通信模块 CM 和通信处理器 CP 将增加 CPU 的通信选项。

通信模块 CM 中，模块 CM1242 和 CM1243 用于 Profibus 通信，模块 CM1241 用于点对点（PtP）、Modbus、USS 或 AS-i 主站通信。

通信处理器 CP 模块（CP1243/CP1242）可以提供其它通信类型的功能，例如通过 GPRS、LTE、IEC、DNP3 或 WDC 网络连接到 CPU。

13.2　西门子 PLC 梯形图编程元件

与三菱 PLC 类似，在西门子 S7-1200 系列 PLC 的梯形图中，可以将其触点和线圈等称为程序中的编程元件。编程元件也称为软元件，是指在 PLC 编程时使用的输入/输出端子所对应的存储区以及内部的存储单元、寄存器等。

根据编程元件的功能，西门子 PLC 梯形图中的常用的编程元件主要有输入继电器（I）、输出继电器（Q）、位存储器（M）、定时器（T）、计数器（C）等较常见的编程元件，主要功能与三菱 PLC 一致。

13.2.1　输入继电器

西门子 PLC 输入继电器的代表符号是"I"。S7-1200 系列的 PLC 中根据 CPU 模块型号的不同，在不加扩展单元的情况下，其输入接点数也不同。表 13-2 列出了其不同型号的输入继电器接点的配置。

表 13-2　S7-1200 系列 PLC 常用型号输入继电器接点配置

型号	CPU 1211C	CPU 1212C	CPU 1214C	CPU 1215C	CPU 1217C
输入继电器	I0.0～I0.5 IW64、IW66	I0.0～I0.7 IW64～IW67	I0.0～I0.7；I1.0～I1.5 IW64、IW66		

西门子 S7-1200 系列的 PLC 的输入继电器地址可以进行手动设置，表 13-2 中给出了常见的一种设置方式。这一点与三菱 FX2 系列 PLC 的输入继电器设置方式不同。

例如三菱 FX2 系列 PLC 的输入继电器序号为 X0～X7，X10～X12 表示了 11 个输入继电器，输入继电器的序号用户无法改变。而西门子 S7-1200 系列的 PLC 的输入继电器序号可以用 I0.0～I0.7，I1.0～I1.2 表示，也可以用 I2.0～I2.7，I3.0～I3.2 表示。

以上区别是由于西门子 S7-1200 系列的 PLC 给不同型号的 CPU 模块均分配了 1024 个字节的输入和输出过程映像存储区，这些存储区的每个存储单元都有一个唯一的地址。用户程序可以通过设置输入/输出继电器的地址，对应不同的存储区，并利用这些地址访问输入输出继电器。

西门子 PLC 的存储区绝对地址由以下元素组成：存储区标识符（如 I、Q 或 M）；要访问的数据的大小（"B"表示 Byte、"W"表示 Word、"D"表示 Double Word，一个双字由 2 个字组成，1 个字由 2 个字节组成，1 个字节由 8 位组成）；数据的起始地址（如字节 3 或字 3）。如图 13-5 中，M3.4 表示了存储区和字节地址（M 代表位存储区对应辅助继电器，3 代表 Byte3）通过后面的句点（"."）与位地址（位 4）分隔。

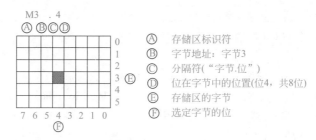

图 13-5　存储区示例

因此，表 13-2 中的 I0.0～I0.7 表示了输入映像存储区 0 字节的 8 位，每一位对应一个输入继电器；而 IW64 表示一个 16 位的输入映像存储区，IW64 对应模拟通道 0 的采集数据，IW66 对应模拟通道 1 的采集数据。

13.2.2　输出继电器

输出继电器的代表符号是"Q"。与输入继电器类似，输出存储区的一位对应一个输出继电器。不同于输入继电器只能读取继电器状态，输出继电器状态可读可写。输出继电器的初始状态为断开状态。表 13-3 给出了西门子 S7-1200 系列不同 CPU 型号的输出继电器接点的常见配置。

表 13-3　S7-1200 系列 PLC 常用型号输出继电器接点配置

型号	CPU 1211C	CPU 1212C	CPU 1214C	CPU 1215C	CPU 1217C
输出继电器	Q0.0～Q0.3	Q0.0～I0.5	Q0.0～I0.7；Q1.0～I1.2	Q0.0～I0.7；Q1.0～I1.2 QW64，QW66	

输出继电器也可以按位、字节、字或双字访问输出过程映像存储区。表中 Q0.0 表示输出过程映像存储区 0 字节 0 位，对应于输出继电器通道 0，QW64 表示输出过程映像存储区 64 字的 16 位，即存储模拟量输出通道 0 的 16 位数值。

13.2.3　位存储器

位存储器类似三菱 PLC 的辅助继电器（M）的概念。在西门子 PLC 梯形图中，位存储器分为两种类型，一种为位存储器，一种为特殊功能寄存器。

（1）位存储器

西门子 PLC 的通用位存储器的代表符号也是"M"。位存储器有常开和常闭两种触头，可以无限次引用，可读可写，但既不能直接接受外部输入信号，也不能驱动外部负载。它只是作为程序处理的中间环节，起到桥梁作用。

如表 13-4 所示，西门子 S7-1200 系列 CPU 1211C 型 PLC 分配了 4096 个字节的位存储器，通用位存储器的地址格式可以为位地址格式（例如 M0.0）和字节（例如 MB10）、字（例如 MW10）、双字格式（例如 MD1000）。

表 13-4　S7-1200 系列 PLC 常用型号 CPU 的位存储器配置

型号	CPU 1211C	CPU 1212C	CPU 1214C	CPU 1215C	CPU 1217C
位存储器	4096 个字节		8192 个字节		

表 13-4 中，CPU 型号为 1214C 及以上的 PLC，位存储器（M）大小是 8192 字节，也就是 8KB（1KB＝1024 个字节）。因此如果以字节来定义位存储器，则地址范围为 MB0～MB8191，如果超出此范围，软件会提示报错"输入地址不在有效地址范围内"。

但是当位存储器采用按字（MW）和双字（MD）进行寻址或者定义变量的时候，由于 1 个字的存储空间由 2 个字节构成，1 个双字的存储空间则由 4 个字节构成。因此在定义"字"变量的时候，地址范围为 MW0～MW8190。而对于采用按双字定义的变量，由于要占用 4 个字节的存储空间，其地址范围为 MD0～MD8188。例如使用变量 MD8189 时会报错，因为 MD8189＝MB8189＋MB8190＋MB8191＋MB8192，而 MB8192 超出了位存储器的地址范围 MB0～MB8191。

（2）特殊功能寄存器

西门子 S7-1200 系列 PLC 的特殊功能寄存器，并没有单独设置符号，仍然采用 M 区地址。使用时，在 CPU 中设定"系统和时钟存储器"，系统字节的值可以在 0～8191 之间修改，如图 13-6 所示的 CPU 型号为 1214C 的 PLC，勾选"启用系统存储器字节""启用时钟存储器字节"选项，即默认 M1.0～M1.3，M0.0～M0.7 被系统占用作为特殊功能寄存器，程序中不能再使用这几个位存储器地址。例如 M0.3 特殊功能寄存器可以产生 2Hz 的时钟脉冲信号。

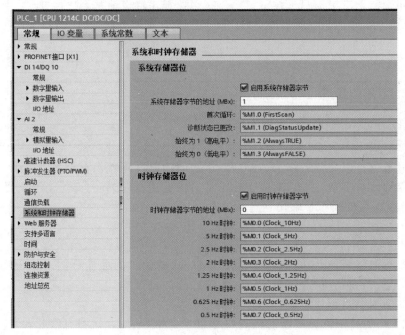

图 13-6　特殊功能寄存器设置界面

13.2.4　定时器

通常使用定时器指令实现编程的时间延时。S7-1200 系列 PLC 有 4 种定时器：脉冲定时器 TP、接通延时定时器 TON、关断延时定时器 TOF、时间累加器 TONR。每个定时器都使用一个数据块来保存定时器的数据。

（1）脉冲定时器 TP

TP 定时器可生成具有预设宽度时间的脉冲。

TP 定时器符号与时序波形图如图 13-7 所示。如图所示，当 TP 定时器 IN 端为高电平时，Q 端即开始输出高电平，其持续时间为 PT 存储的定时时间。

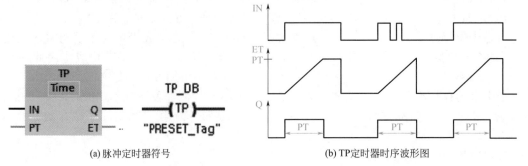

(a)脉冲定时器符号　　　　　　　　(b)TP定时器时序波形图

图 13-7　脉冲定时器 TP 的符号与时序波形图

定时器复位线圈通电，定时器被复位。如果此时正在定时，且 IN 输入信号为 1 状态，将使当前时间值 ET 清零，Q 输出也变为 0 状态。如果此时正在定时，且 IN 输入信号为 1 状态，将使当前时间清零，但是 Q 输出保持为 1 状态。复位信号变为 0 状态时，如果 IN 输入信号为 1 状态，将重新开始定时。只是在需要时才对定时器使用 RT 指令。

（2）接通延时定时器 TON

TON 定时器在预设的延时过后将输出 Q 设置为 1。TON 定时器符号与时序波形图如图 13-8 所示。

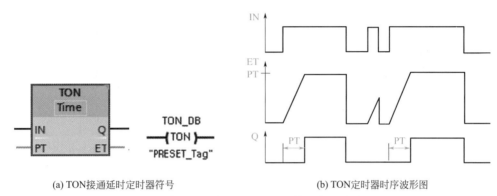

(a) TON接通延时定时器符号　　　　　　(b) TON定时器时序波形图

图 13-8　接通延时定时器 TON 的符号与时序波形图

当 TON 定时器输入信号接通时，定时器开始计时，若计时时间未到达设定时间，则不输出信号；当计时时间到达设定时间时，定时器会输出一个信号，并保持输出信号直到输入信号被关闭为止。接通延时定时器 PT 端设置定时时间。当输入信号接通时，定时器开始计时，经过设定的时间值后，输出信号并保持输出，直到输入信号被关闭。

（3）关断延时定时器 TOF

关断延时定时器的工作原理与接通延时定时器相反。当输入信号关闭时，定时器开始计时，并且在设定的时间值内保持输出信号；当计时时间超过设定时间后，定时器停止输出信号。TOF 定时器符号与时序波形图如图 13-9 所示。

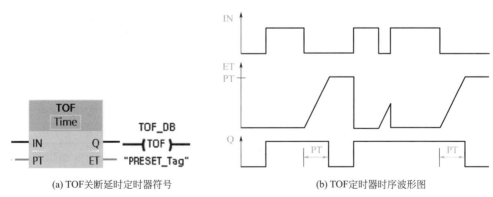

(a) TOF关断延时定时器符号　　　　　　(b) TOF定时器时序波形图

图 13-9　关断延时定时器 TOF 的符号与时序波形图

关断延时定时器 PT 端设置定时时间。当输入信号被关闭时，定时器开始计时，并输出一个信号，持续时间为设定的时间值，然后停止输出信号。

（4）时间累加器 TONR

TONR 定时器在预设的延时结束后将输出 Q 置 1。与前面的定时器不同，TONR 定时器在未使用 R 端复位之前，如果输入端电平由高变低，该定时器停止定时，当输入端电平由低变高时，定时器会在上次定时时间上累加，直到定时时间到达为止。复位输入 R 为 1 状态时，TONR 被复位，它的当前时间值变为 0，同时输出 Q 变为 0。TONR 定时器符号与时序波形图如图 13-10 所示。

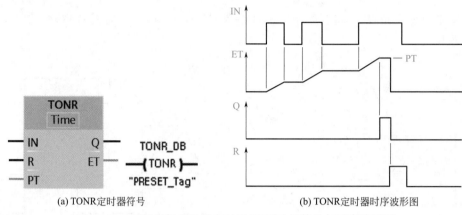

(a) TONR定时器符号 (b) TONR定时器时序波形图

图 13-10　时间累加器延时定时器 TONR 的符号与时序波形图

13.2.5　计数器

计数器能够对内部程序事件和外部过程事件进行计数。每个计数器都使用一个数据块来保存计数器数据。用户在编辑器中放置计数器指令时分配相应的数据块。CTU 是加计数器、CTD 是减计数器、CTUD 是加减计数器。

计数值的数值范围取决于所选的数据类型。如果计数值是无符号整型数，则可以减计数到零或加计数到范围限值。如果计数值是有符号整数，则可以减计数到负整数限值或加计数到正整数限值。用户程序中允许的计数器数受 CPU 存储器容量限制。

（1）计数器的数据类型

表 13-5 给出了计数器的数据类型，其中 CU 和 CD 分别是加计数输入和减计数输入，在 CU 或 CD 由 0 状态变为 1 状态时，当前计数器值 CV 被加 1 或减 1。PV 为预设计数值，Q 为布尔输出。R 为复位输入，CU、CD、R 和 Q 均为 Bool 变量。

表 13-5　计数器的数据类型

参数	数据类型	描述
CU，CD	Bool	加一或减一计数
R(CTU，CTUD)	Bool	将计数值重置为零
LD(CTU，CTUD)	Bool	预设值的装载控制
PV	SInt，Int，DInt，USInt，UInt，UDInt	预设计数值
Q，QU	Bool	CV≥PV 时为真
QD	Bool	CV≤0 时为真
CV	SInt，Int，DInt，USInt，UInt，UDInt	当前计数值

（2）加计数器

当参数 CU 的值从 0 变为 1 时，CTU 计数器会使计数值加 1。加计数器 CTU 符号与时序波形图如图 13-11 所示。

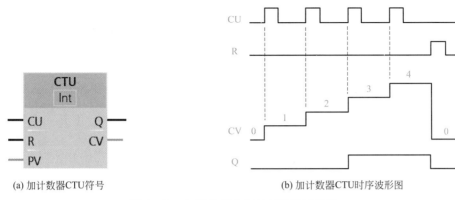

(a) 加计数器CTU符号　　　　　　　　(b) 加计数器CTU时序波形图

图 13-11　加计数器的符号与时序波形图

　　加计数器 CTU 时序图显示了计数值为无符号整数时的运行（在图 13-11 中，PV＝3）。如果参数 CV（当前计数值）的值大于或等于参数 PV（预设计数值）的值，则计数器输出参数 Q＝1。如果复位参数 R 的值从 0 变为 1，则当前计数值重置为 0。

　　（3）减计数器

　　当参数 CD 的值从 0 变为 1 时，CTD 计数器会使计数值减 1。减计数器 CTD 符号与时序波形图如图 13-12 所示。

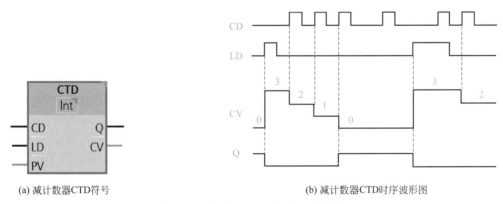

(a) 减计数器CTD符号　　　　　　　　(b) 减计数器CTD时序波形图

图 13-12　减计数器的符号与时序波形图

　　CTD 时序图显示了计数值为无符号整数时的运行（在图 13-12 中，PV＝3）。如果参数 CV（当前计数值）的值等于或小于 0，则计数器输出参数 Q＝1。如果参数 LD 的值从 0 变为 1，则参数 PV（预设值）的值将作为新的 CV（当前计数值）装载到计数器。

　　（4）加减计数器

　　当加计数（CU）输入或减计数（CD）输入从 0 状态转换为 1 状态时，加减计数器 CTUD 符号与时序波形图如图 13-13 所示。

　　CTUD 计数器实现加 1 或减 1 计数。CTUD 时序图 13-13 显示了计数值为无符号整数时的运行（图中 PV＝4）。如果参数 CV 的值大于等于参数 PV 的值，则计数器输出参数 QU＝1。如果参数 CV 的值小于或等于零，则计数器输出参数 QD＝1。如果参数 LD 的值从 0 变为 1，则参数 PV 的值将作为新的 CV 装载到计数器。如果复位参数 R 的值从 0 变为 1，则当前计数值重置为 0。

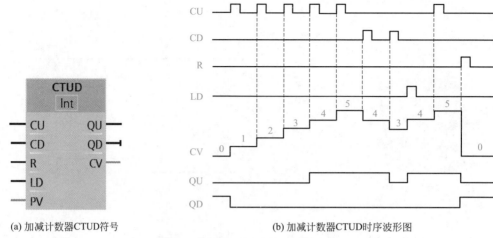

(a) 加减计数器CTUD符号　　　　　　(b) 加减计数器CTUD时序波形图

图 13-13　加减计数器的符号与时序波形图

13.3　西门子 PLC 梯形图基本指令

13.3.1　位逻辑运算指令

位逻辑运算指令是实现逻辑控制的基本指令，西门子 S7-1200 系列 PLC 的位逻辑运算指令主要包括触点和线圈指令、位操作指令及位检测指令。位逻辑运算指令汇总见表 13-6。

表 13-6　位逻辑运算指令

指令	描述	指令	描述
—| |—	常开触点	RS	复位/置位触发器
—|/|—	常闭触点	SR	置位/复位触发器
—|NOT|—	取反 RLO	—|P|—	扫描操作数的信号上升沿
—( )—	线圈	—|N|—	扫描操作数的信号下降沿
—(/)—	取反线圈	—(P)—	在信号上升沿置位操作数
—(S)—	置位输出	—(N)—	在信号下降沿置位操作数
—(R)—	复位输出	P_TRIG	扫描 RLO 的信号上升沿
—(SET_BF)—	置位位域	N_TRIG	扫描 RLO 的信号下降沿
—(RESET_BF)—	复位位域	R_TRIG	检测信号上升沿
		F_TRIG	检测信号下降沿

（1）梯形图触点

常开触点和常闭触点是作为逻辑元件使用的电气符号，用于描述输入和输出信号的逻辑状态。触点串联为 AND 逻辑；触点并联为 OR 逻辑。

常开触点（NO，NORMAL OPEN），表示一个接点或输入元件在正常状态下处于断开状态，不导通电流。当与该常开触点连接的输入信号为高电平或激活时，触点会闭合，表示逻辑上的真值，电流可以通过这个接点或输入元件流动。

常闭触点（NC，NORMAL CLOSE），表示一个接点或输入元件在正常状态下处于闭合状态，导通电流。当与该常闭触点连接的输入信号为低电平或激活时，触点会打开，表示逻辑上的假值，电流无法通过这个接点或输入元件流动。

（2）取反触点 NOT

取反触点 NOT 是一种逻辑元件，用于对输入信号进行取反操作。RLO（Result of Logic Operation）状态字的第一位为逻辑运算结果，该位用来存储执行位逻辑指令或比较指令的结果。

（3）线圈

线圈是用于控制外部设备的输出元件。它们可以将电路打开或关闭，以实现对外部设备的控制。在 S7-1200 PLC 中，每个线圈都有一个地址，可以使用该地址来控制特定的输出线圈。当 PLC 程序中的一个输出指令激活时，相应的输出线圈会被选通，继电器的触点闭合，从而使电流流经线圈。这导致输出线圈所连接的外部设备得到电源供电，实现控制目的。

例如，图 13-14 中展示了西门子梯形图中的常开触点 I0.5 与常闭触点 I0.6 串联即 AND 运算，运算结果取反后，如果结果为 1 状态，则线圈 Q0.5 输出 1 状态。

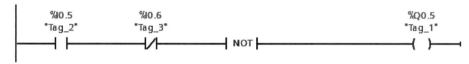

图 13-14　触点与线圈示例

取反输出线圈（/）用于对输出信号进行取反操作。如果线圈的状态是通电（1 状态），则取反输出线圈会将其状态反转为断电（0 状态）；如果线圈的状态是断电（0 状态），则取反输出线圈会将其状态反转为通电（1 状态）。这种线圈常用于对输出信号进行取反控制。

图 13-15 中常开触点 I0.5 与常闭触点 I0.6 串联即 AND 运算，如果结果为 1 状态，则线圈 M0.5 输出 0 状态，否则输出为 1 状态。

图 13-15　触点与取反线圈示例

（4）置位、复位输出指令

置位（SET）输出指令：将线圈置为通电状态（为 1 状态且保持），从而打开与该线圈相连的输出设备。在 S7-1200 PLC 编程中，常用的置位输出指令是 SET 指令。当置位输出指令激活时，相应的线圈通电，外部设备得到电源供电，实现控制目的。

复位（RESET）输出指令：将线圈置为断电状态（为 0 状态且保持），从而关闭与该线圈相连的输出设备。在 S7-1200 PLC 编程中，常用的复位输出指令是"RESET"。当复位输出指令激活时，相应的线圈断电，外部设备停止工作。

置位输出指令与复位输出指令最主要的特点是有记忆和保持功能，如果同一操作数的 SET 线圈和 RESET 线圈同时断电（线圈输入端的 RLO 为 0 状态），则指定操作数的信号状态保持不变。

置位、复位输出指令示例如图 13-16 所示。

图 13-16 中输入触点 I0.4 由 0 变为 1 时，输出线圈 Q0.6 由 0 状态置位为 1 状态，输入触点 I0.5 由 0 状态变为 1 状态时，触发输出线圈 Q0.6 由 1 状态复位为 0 状态。

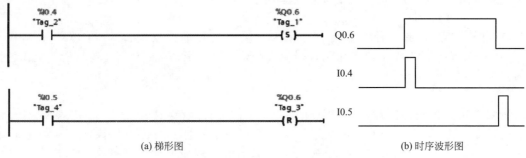

(a) 梯形图   (b) 时序波形图

图 13-16　置位、复位指令示例

（5）置位位域指令与复位位域指令

置位位域指令 SET_BF：SET_BF 激活时，为从寻址变量 OUT 处开始的"n"位均分配数据值 1。SET_BF 未激活时，OUT 不变。例如图 13-17 中 I0.5 的上升沿（从 0 状态变为 1 状态），从 M4.0 开始的 3 个连续的位被置位为 1 状态并保持该状态不变。

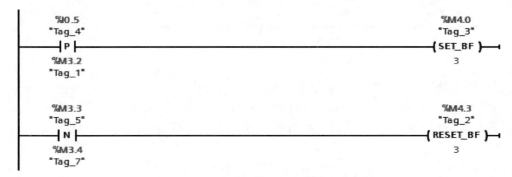

图 13-17　置位位域指令与复位位域指令示例

复位位域指令 RESET_BF：RESET_BF 激活时，为从寻址变量 OUT 处开始的"n"位写入数据值 0。RESET_BF 未激活时，OUT 不变。例如图 13-17 中的 M3.3 的下降沿（从 1 状态变为 0 状态），从 M4.3 开始的 3 个连续的位被复位为 0 状态并保持该状态不变。

（6）置位优先和复位优先触发器

复位/置位触发器：RS 是置位优先锁存，其中置位优先。如果置位（S1）和复位（R）信号都为真，则地址 INOUT 的值将为 1。置位/复位触发器：SR 是复位优先锁存，其中复位优先。如果置位（S）和复位（R1）信号都为真，则地址 INOUT 的值将为 0。其输入/输出关系见表 13-7，两种触发器的区别仅体现在表的最下面一行不同。

表 13-7　RS 与 SR 触发器的区别

指令	S1	R	"INOUT"位	指令	S	R1	"INOUT"位
RS	0	0	先前状态	SR	0	0	先前状态
	0	1	0		0	1	0
	1	0	1		1	0	1
	1	1	1		1	0	0

图 13-18 所示的梯形图中，在复位（R1）和置位（S）信号同时为 1 时，SR 指令上的输出位 M6.6 被复位为 0。

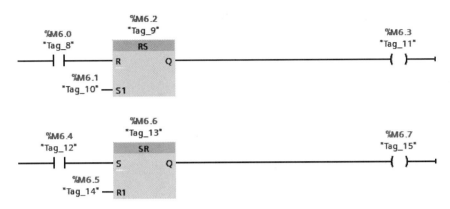

图 13-18　RS 与 SR 触发器示例

13.3.2　字逻辑运算指令

字逻辑运算指令是指对无符号数进行的逻辑处理，主要包括逻辑与、逻辑或、逻辑异或和取反等指令。如表 13-8 所示。

表 13-8　字逻辑运算指令

指令符号	指令名称	说明
AND Byte EN　ENO IN1　OUT IN2	逻辑与指令 AND	使能输入 EN 有效时，将 IN1 和 IN2 的逻辑数求逻辑与运算，得到输出结果 OUT，所选数据类型将 IN1、IN2 和 OUT 设置为相同的数据类型。指令支持的数据类型为：Byte、Word、DWord
OR Word EN　ENO IN1　OUT IN2	逻辑或指令 OR	使能输入 EN 有效时，将 IN1 和 IN2 逻辑数按位求或，得到输出结果 OUT。指令支持的数据类型与逻辑与一致
XOR Byte EN　ENO IN1　OUT IN2	逻辑异或指令 XOR	使能输入 EN 有效时，将 IN1 和 IN2 逻辑数按位求异或，得到输出结果 OUT。指令支持的数据类型与逻辑与和逻辑或一致
INV Int EN　ENO IN　OUT	取反指令 INVERT	使能输入 EN 有效时，计算参数 IN 的二进制反码。通过对参数 IN 各位的值取反来计算反码，得到输出结果 OUT。所选数据类型将 IN 和 OUT 设置为相同的数据类型。指令支持的数据类型为：SInt、Int、DInt、USInt、UInt、UDInt、Byte、Word、DWord

13.3.3　数学运算指令

数学运算指令主要包括加、减、乘、除、平方、平方根、自然对数、指数、三角函数及取幂等运算类指令，以及返回余数，返回小数求二进制补码、递增、递减、计算绝对值、获取最值及设置限值等其他数学函数指令。图 13-19 列出了数学运算指令。

名称	描述	版本
▼ ⊞ 数学函数		V1.0
▣ CALCULATE	计算	
▣ ADD	加	
▣ SUB	减	
▣ MUL	乘	
▣ DIV	除法	
▣ MOD	返回除法的余数	
▣ NEG	求二进制补码	
▣ INC	递增	
▣ DEC	递减	
▣ ABS	计算绝对值	
▣ MIN	获取最小值	V1.0
▣ MAX	获取最大值	V1.0
▣ LIMIT	设置限值	V1.0
▣ SQR	计算平方	
▣ SQRT	计算平方根	
▣ LN	计算自然对数	
▣ EXP	计算指数值	
▣ SIN	计算正弦值	
▣ COS	计算余弦值	
▣ TAN	计算正切值	
▣ ASIN	计算反正弦值	
▣ ACOS	计算反余弦值	
▣ ATAN	计算反正切值	
▣ FRAC	返回小数	
▣ EXPT	取幂	

图 13-19　数学运算指令

13.3.4　数据比较指令

数据比较指令包括比较值指令、IN_Range 和 OUT_Range 功能框指令、OK 和 NOT_OK 指令。比较指令如表 13-9 所示，使用比较指令时可通过单击指令从下拉菜单中选择比较的类型和数据类型，比较指令只能是两个相同数据类型的操作数进行比较。

表 13-9　比较指令

指令	关系	满足以下条件结果为真	支持的数据类型
┤ == / Int ├	等于	IN1＝IN2	SInt、Int、DInt、USInt、UInt、UDInt、Real、LReal、String、Char、Time、DTL、Constant
┤ <> / Int ├	不等于	IN1≠IN2	
┤ >= / DInt ├	大于等于	IN1≥IN2	
┤ <= / Int ├	小于等于	IN1≤IN2	
┤ > / Int ├	大于	IN1＞IN2	
┤ < / Int ├	小于	IN1＜IN2	

指令	关系	满足以下条件结果为真	支持的数据类型
IN_RANGE Int MIN VAL MAX	值在范围内	MIN≤VAL≤MAX	SInt、Int、DInt、USInt、UInt、UDInt、Real、Constant
OUT_RANGE Int MIN VAL MAX	值在范围外	VAL<MIN 或 VAL>MAX	
—| OK |—	检查有效性	输入值为有效 REAL 数	Real、LReal
—| NOT_OK |—	检查无效性	输入值不是有效 REAL 数	

13.3.5 移动操作指令

使用移动操作指令将数据元素复制到新的存储器地址，并从一种数据类型转换为另一种数据类型。移动过程不会更改源数据。

移动操作指令包括 MOVE、MOVE_BLK、UMOVE_BLK、FILL_BLK、UFILL_BLK、SWAP 等指令，指令的具体描述如表 13-10 所示。

表 13-10 移动操作指令

指令	指令名称	功能描述
MOVE EN ENO IN ⚡ OUT1	MOVE(移动值)指令	将存储在 IN 指定的源地址的单个数据元素复制到 OUT 指定的单个或多个目标地址,可通过指令框添加多个目标地址,IN 和 OUT 的数据类型一致
MOVE_BLK EN ENO IN OUT COUNT	MOVE_BLK(可中断移动块)指令	MOVE_BLK 指令将数据块或临时存储区中一个存储区的数据移动到另一个存储区中,要求源范围和目标范围的数据类型相同。IN 指定源地址,OUT 指定目标起始地址,COUNT 用于指定将移动到目标范围中的元素个数。通过 IN 中元素的宽度来定义元素待移动的宽度
UMOVE_BLK EN ENO IN OUT COUNT	UMOVE_BLK(不可中断移动块)指令	MOVE_BLK(可中断移动块)指令在执行过程中可排队并响应中断,UMOVE_BLK 指令在执行过程中可排队但不响应中断
FILL_BLK EN ENO IN OUT COUNT	FILL_BLK(可中断填充)指令	使能输入 EN 为 1 时执行填充操作,输入 IN 的数据会从输出 OUT 指定的目标起始地址开始填充目标存储区域。输入 COUNT 指定填充范围

指令	指令名称	功能描述
UFILL_BLK EN　ENO IN　OUT COUNT	UFILL_BLK(不可中断填充)指令	使能输入 EN 为 1 时执行填充操作,输入 IN 的数据会从输出 OUT 指定的目标起始地址开始填充目标存储区域。输入 COUNT 指定填充范围
SWAP Word EN　ENO IN　OUT	SWAP(交换)指令	支持 Word 和 DWord 数据类型,用于调换二字节和四字节数据元素的字节顺序,但不改变每个字节中的为顺序

13.3.6　转换操作指令

转换操作指令包括转换指令、取整和截尾取整指令、向上取整和向下取整指令以及缩放和标准化指令,如表 13-11 所示。

表 13-11　转换操作指令

指令	指令名称	功能描述
CONV Int to Real EN　ENO IN　OUT	转换指令	转换指令将数据从一种数据类型转换为另一种数据类型。使用时单击指令,可以从下拉列表中选择输入数据类型和输出数据类型
ROUND Real to UInt EN　ENO IN　OUT	取整指令	取整指令用于将实数转换为整数。实数的小数部分舍入为最接近的整数值,当实数为两个连续整数的一半时,舍入为偶数,如 ROUND(10.5)=10,ROUND(11.5)=12
TRUNC Real to Int EN　ENO IN　OUT	截尾取整指令	截尾取整指令将实数转换为整数,实数的小数部分被截成零。取整指令在 EN 使时,将 IN 输入的值截取整数部分发送到输出 OUT 中,不带小数位
CEIL Real to Int EN　ENO IN　OUT	向上取整指令	向上取整指令将输入 IN 的值解释为浮点数,并将其转换为相邻的较大整数。指令结果被发送到输出 OUT,可供查询。输出值可以大于或等于输入值
FLOOR Real to Int EN　ENO IN　OUT	向下取整指令	向下取整指令将输入 IN 的值解释为浮点数,并将其向下转换为相邻的较小整数。指令结果被发送到输出 OUT,可供查询。输出值可以小于或等于输入值
NORM_X Int to Real EN　ENO MIN　OUT VALUE MAX	缩放指令	缩放指令按参数 MIN 和 MAX 所指定的数据类型和值范围,对参数 VALUE 进行处理,OUT = VALUE * (MAX−MIN) + MIN,其中 $0.0 \leqslant \text{VALUE} \leqslant 1.0$。参数 MIN、MAX 和 OUT 的数据类型必须相同

指令	指令名称	功能描述
SCALE_X Real to Int — EN ENO — — MIN OUT — — VALUE — MAX	标准化指令	标准化指令按参数 MIN 和 MAX 所指定的数据类型和值范围，对参数 VALUE 进行处理，OUT = (VALUE − MIN)/(MAX − MIN)。其中，$0.0 \leqslant OUT \leqslant 1.0$。参数 MIN、MAX 和 VALUE 的数据类型必须相同

除上述介绍的基本指令外，西门子 S7-1200 系列 PLC 还提供了扩展指令和工艺指令等，关于这些指令的具体介绍可以查阅相关说明书和使用手册。

13.4 S7-1200 系列 PLC 的简单应用

13.4.1 工作滑台控制系统

(1) 功能要求

图 13-20 是利用行程开关实现导轨上工作滑台往返循环的控制线路图。要求利用西门子 S7-1214C DC/DC/DC 型 PLC 实现工作滑台的往返控制。为了实现工作需求，需要让工作滑台在两点间自动往返运动。SQ1、SQ2 是往返触发开关，SQ3、SQ4 为工作滑台急停保护触发开关。SB2 为前进控制启动按钮、SB3 为后退启动按钮，SB1 为停止按钮。

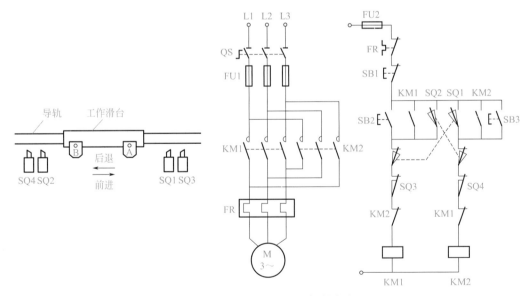

图 13-20 自动往返行程控制线路

(2) 地址分配

对 PLC 的 I/O 地址进行分配，如表 13-12 所示。

表 13-12 工作滑台控制系统 I/O 地址表

输入地址	说明	输出地址	说明
I0.0	SB1	Q0.0	前进

续表

输入地址	说明	输出地址	说明
I0.1	SB2	Q0.1	后退
I0.2	SB3		
I0.3	SQ1		
I0.4	SQ2		
I0.5	SQ3		
I0.6	SQ4		

（3） PLC 电气原理图

系统选用 CPU 1215C DC/DC/DC 型号的 PLC，其电气原理如图 13-21 所示。

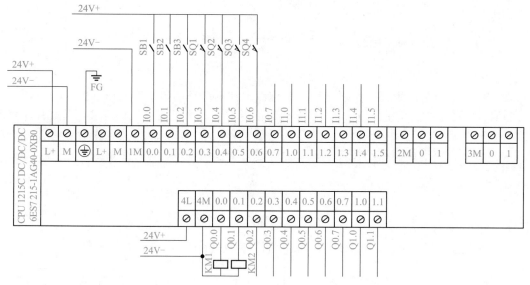

图 13-21　自动往返行程工作滑台控制系统 PLC 电气控制原理图

（4） PLC 梯形图程序

TIA Portal 梯形图编程，根据功能要求，设计控制程序，如图 13-22 所示。

图 13-22 中，按下 SB2 后，Q0.0 闭合，KM1 线圈通电，工作滑台前进运行。在到达指定位置时，SQ1 动作，Q0.0 断开，KM1 线圈断开，Q0.1 闭合，KM2 线圈通电，工作滑台后退运行。在到达另一指定位置时，SQ2 动作，Q0.1 断开，KM2 线圈断开，Q0.0 闭合，KM1 线圈通电，工作滑台前进运行。如此循环。按下 SB1，工作滑台紧急停止。按下 SB3，工作滑台按前述原理先后退运行，再前进运行。SQ3 和 SQ4 为强制限位保护开关。

13.4.2　运输带控制系统

（1） 功能要求

如图 13-23，两条运输带顺序相连。按下启动按钮 I0.3，1 号运输带开始运行，8s 后 2 号运输带自动启动。停机的顺序与启动的顺序刚好相反，即按下停止按钮 I0.2 后，2 号运输带先停止，8s 后 1 号运输带停止。PLC 通过 Q1.1 和 Q0.6 控制两台电动机 M1 和 M2。

（2） 地址分配

对 PLC 的 I/O 地址进行分配，如表 13-13 所示。

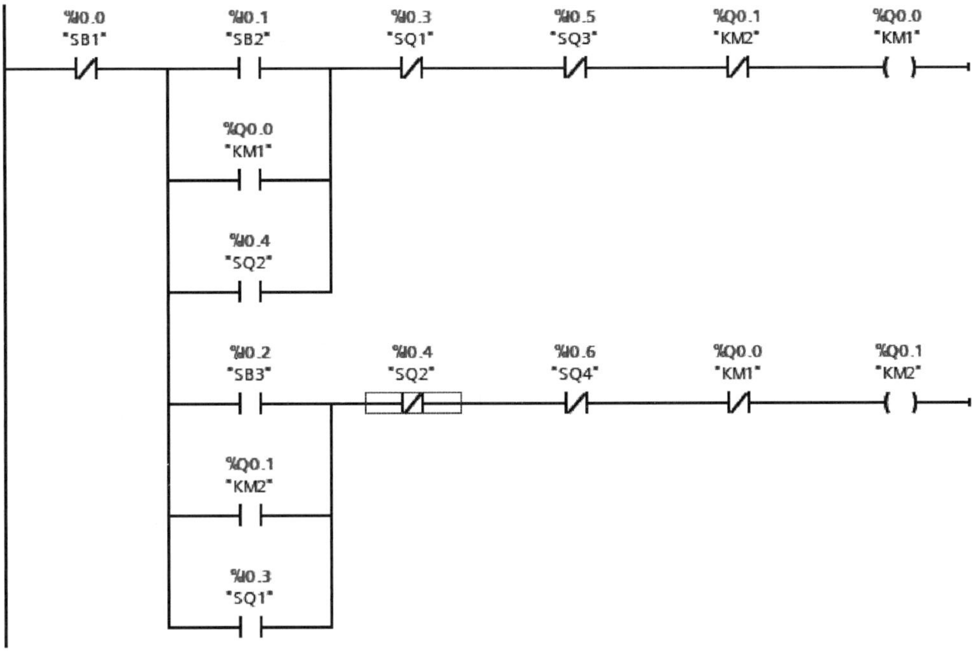

图 13-22 自动往返行程控制 PLC 梯形图程序

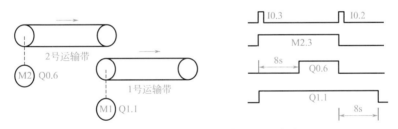

图 13-23 运输带工作示意图与系统时序波形图

表 13-13 运输带控制系统 I/O 地址表

输入地址	说明	输出地址	说明
I0.3	启动	Q1.1	M1
I0.2	停止	Q0.6	M2

（3）PLC 电气原理图

系统选用 CPU 1215C DC/DC/DC 型号的 PLC，其电气原理图如图 13-24 所示。

（4）PLC 梯形图程序

梯形图程序如图 13-25 所示。程序中设置了一个用启动按钮和停止按钮控制的辅助元件 M2.3，用它来控制接通延时定时器（TON）和断开延时定时器（TOF）的 IN 输入端。TON 的 Q 输出端控制的 Q0.6 在 I0.3 的上升沿之后 8s 变为 1 状态，在 M2.3 的线圈断电（M2.3 的下降沿）时变为 0 状态。综上所述，可以用 TON 的 Q 输出端直接控制 2 号运输带 Q0.6。断开延时定时器（TOF）的输出 Q 在它的输入电路接通时变为 1 状态，在它结束 9s 延时变为 0 状态，因此可以用 TOF 的 Q 输出端直接控制 1 号运输带 Q1.1。

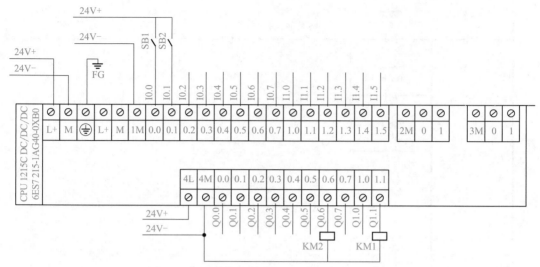

图 13-24　运输带控制系统 PLC 电气控制原理图

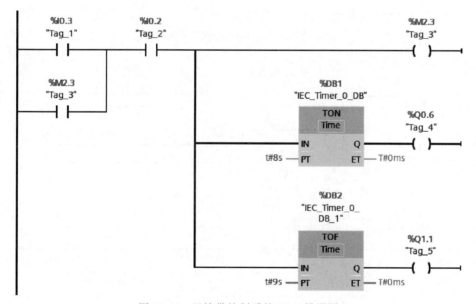

图 13-25　运输带控制系统 PLC 梯形图

13.4.3　散热控制系统

（1）控制需求

某工厂需要对设备进行散热。采用变频器调速控制电机，需要有手动、自动模式切换。手动模式可以控制电机的正反转、停止等。自动模式可以根据设备（外部传感器）的温度值控制变频器的频率（当传感器测量温度值小于 30℃时，变频器 20Hz 运行；30～40℃时 30Hz 运行；大于 40℃时 50Hz 运行），从而控制电机工作。

（2）地址分配

对 PLC 的 I/O 地址进行分配，如表 13-14 所示。

表 13-14 I/O 分配表

输入地址	说明	输出地址	说明	位存储器地址	说明
IW64	频率反馈	Q0.0	正转	M0.0	手动
IW66	温度	Q0.1	反转	M0.1	自动
I0.0	SB1/启动	Q0.2	启动/停止	M0.2	正转/反转
I0.1	SB2/停止	QW64	频率控制	MW1	模式状态
位存储器地址	说明	位存储器地址	说明	位存储器地址	说明
MD30	频率反馈暂存	MD38	温度暂存	MD44	频率
MD34	频率控制暂存	MW42	频率输出	MD48	温度实际值

（3）PLC 电气原理图

选用 CPU 1215C DC/DC/DC 型号的 PLC，两个模拟量输入通道分别接变频器频率反馈信号（IW64）和温度信号（IW66）；一个模拟量输出通道接频率控制信号（QW64）。输出 Q0.0 与 Q0.1 分别接两个接触器线圈，用于控制电机的正转和反转；Q0.3 用于控制电机的启动/停止。SB1 与 SB2 为启动和停止按钮。系统 PLC 电气原理图如图 13-26 所示。

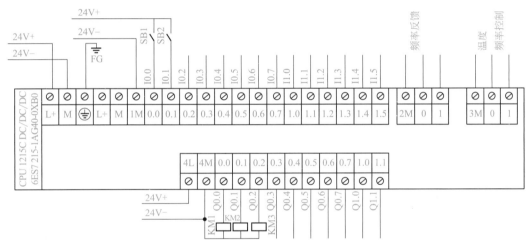

图 13-26 散热控制系统 PLC 电气控制原理图

（4）PLC 梯形图程序

本例使用 PLC 模拟量控制变频器，控制变频器分为手动和自动模式。在手动模式下可以直接设置给定频率，在自动模式下可以根据温度控制频率。使用一个寄存器 MW1 存储当前设定的模式，当寄存器的值为 0 时为自动模式，当寄存器的值为 1 时为手动模式，如图 13-27 所示。

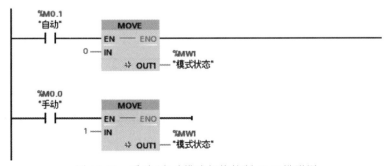

图 13-27 手动/自动模式切换控制 PLC 梯形图

图 13-28 所示程序将给定频率 MW42（0～50Hz）转换成标定值存储在 MD34 中，然后将 MD34 中的标定值转换成模拟量数值（0～27648）输出到 QW64 中，从而控制变频器的频率。

图 13-28　模拟量（频率）输出控制 PLC 梯形图

图 13-29 所示程序完成温度传感器模拟量信号（IW66）和变频器频率反馈信号（IW64）的采集和转换。最终转换后的温度信号存储在 MD46 中（范围为 -50～200℃），频率反馈信号存储在 MD44 中（范围为 0～50Hz）。

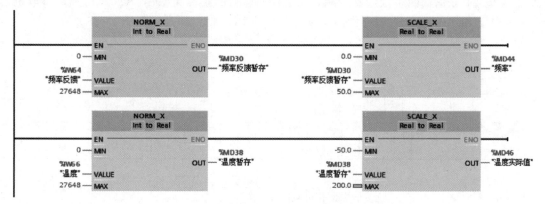

图 13-29　温度与频率模拟量采集和转换控制 PLC 梯形图

图 13-30 所示程序完成散热控制系统的手动控制逻辑。当手动模式（MW＝0）时，通过按钮 SB1、SB2 控制启动或停止，通过 M0.2（可接远程 HMI）控制电机正反转运行。

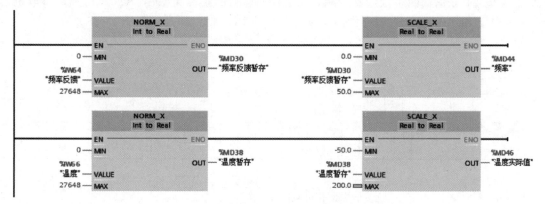

图 13-30　散热控制系统的手动控制 PLC 梯形图

图 13-31 所示程序完成散热控制系统的自动控制逻辑。

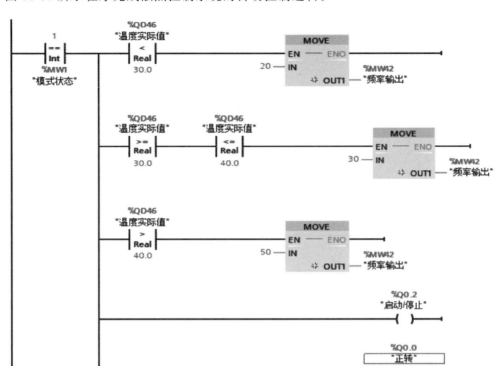

图 13-31 散热控制系统的自动控制 PLC 梯形图

自动模式（MW＝1）下，电机启动，开启正转模式，自动根据设备（外部传感器）的温度值控制变频器的频率。当传感器测量温度值 QD 小于 30℃时，输出频率 20Hz 到 MW42中。当传感器测量温度值 QD 在 30～40℃时，输出频率 30Hz 到 MW42 中。当传感器测量温度值 QD 大于 40℃时，输出频率 50Hz 到 MW42 中。MW42 中的值将通过图 13-28 所示的模拟量输出程序将频率输出给变频器，从而控制电机运行。

习题及思考题

13-1 西门子 S7-1200 系列 PLC 的硬件主要由哪些部件组成？

13-2 西门子 S7-1200 系列 PLC 的 CPU 型号有几种？各有什么特点？

13-3 西门子 CPU 1214C 型 PLC 通信接口是什么？如果该 PLC 需要采集 485 通信接口的仪表信号，该如何实现？有几种方式？

13-4 西门子 S7-1200 系列 PLC 的 CPU 模块均可通过扩展硬件实现自动化系统硬件的可裁剪，CPU 1214C 模块最多可以扩展通信模块、信号模块的数量分别是多少？

13-5 西门子 S7-1200 系列 PLC 提供标准编程语言有哪几种？每种编程语言的主要特点是什么？

13-6 简述西门子 S7-1200 系列 PLC 用户程序中的块一般包括哪些块？其中 FC 块和 FB 块的区别是什么？

13-7 西门子 PLC 的存储区绝对地址由哪些元素组成？举例说明。

13-8 简述 PLC 有哪几种定时器？

13-9 编写程序，利用一个接通延时定时器 TON 实现灯点亮 10s 后熄灭。

13-10 编写程序，在 I0.3 的下降沿将 MW20～MW38 清零。

13-11 编写程序，在 I0.4 的上升沿，用"或"运算指令将 Q3.2～Q3.4 变为 1，QB 其余各位保持不变。

13-12 说明图 13-32 所示的梯形图实现的功能。

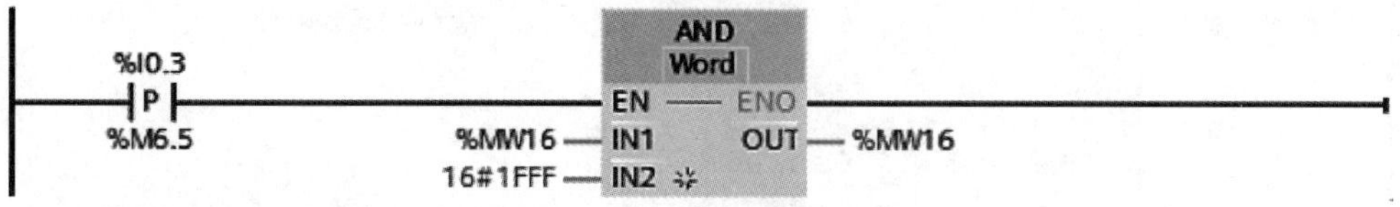

图 13-32 题 13-12 图

13-13 说明图 13-33 所示的梯形图实现的功能。

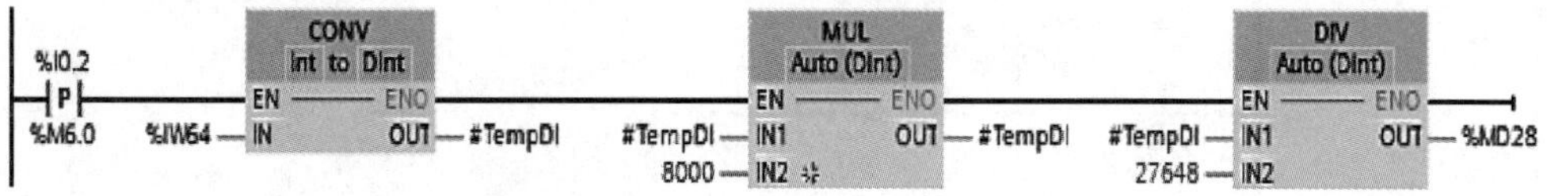

图 13-33 题 13-13 图

13-14 说明图 13-34 所示的梯形图实现的功能。

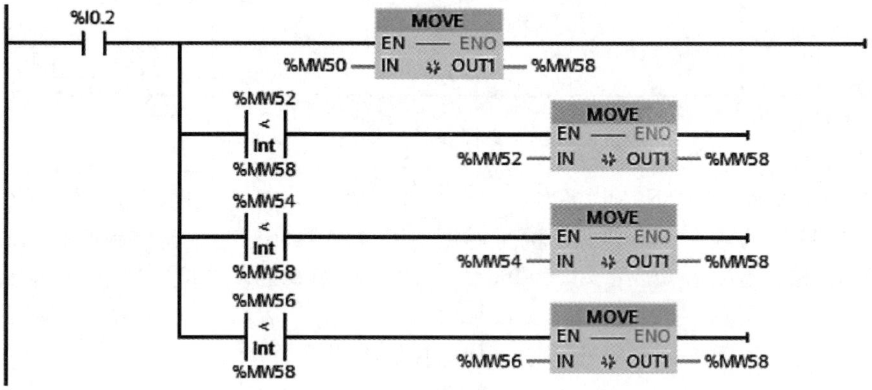

图 13-34 题 13-14 图

13-15 把图 2-13 所示星形-三角形降压启动控制线路改由西门子 S7-1200 PLC 控制（CPU 型号任选）。写出 I/O 地址编码，画出应用 PLC 的电气原理图和梯形图。

13-16 把图 2-18 所示的时间原则绕线式异步电动机转子串电阻启动控制线路改由西门子 S7-1200 PLC 控制（CPU 型号任选）。写出 I/O 地址编码，画出应用 PLC 的电气原理图和梯形图。

13-17 把图 4-1 所示的分级振动筛电气控制线路改由西门子 S7-1200 PLC 控制（CPU 型号任选）。写出 I/O 地址编码，画出应用 PLC 的电气原理图和梯形图。

13-18 某油气装备公司的产品库可存放产品 600 个，因为不断有产品进库、出库，需要对产品数量进行统计。当库存低于 50 个时，指示灯 HL1 亮。当库存大于 550 个时，指示灯 HL2 亮。当库存达到 600 时，报警器 HA 响，进料传送带 Q 停止工作。

针对以上功能需求，选择西门子 S7-1200 PLC 完成以下内容：

① 统计系统 I/O 变量，完成 I/O 地址分配表；

② 选择合适的西门子硬件（CPU 型号根据需求选择），绘制 PLC 电气原理图；

③ 根据功能要求，设计并画出梯形图。

14 和利时 LK220 系列 PLC 基础及应用

和利时 LK220 系列 PLC 充分融合了分布式控制系统（DCS）和传统 PLC 的优点，采用了高性能的模拟量处理技术、小型化的结构设计、开放的工业标准以及通用的系统平台，使其不仅具备强大的功能和卓越的性能，还具有更高的可靠性、开放性和易用性。在硬件设计上，LK220 系列 PLC 采用自主可控技术，系统硬件、编程组态软件和在线控制软件都严格满足国产化要求。LK220 系列 PLC 可以提供采用国产多核 CPU 和关键芯片的主控模块和 I/O 模块，拥有完整的组态编程软件和在线控制软件知识产权，支持国产操作系统。同时，LK220 系列 PLC 具备物理信号 I/O、物联网设备互联、工业现场总线和网络接口、逻辑控制、时序控制、模拟控制、运动控制等功能，可以满足大规模、高可靠性自动化控制和安全保护应用的要求。本章将从硬件系统、典型应用两个方面介绍和利时 LK220 系列 PLC 的基础知识和应用方案。

14.1 LK220 系列 PLC 硬件系统

和利时 LK220 系列 PLC 硬件系统总体分为主控单元和输入输出单元。主控单元是控制系统运算和控制的核心，主要包括主控背板、电源模块、控制器模块、通信模块以及同步模块。输入输出单元负责现场数据采集、I/O 链路扩展等功能，主要包括扩展背板、通信接口模块以及 I/O 模块。LK220 系列 PLC 硬件系统组成如图 14-1 所示，主控单元与输入输出单

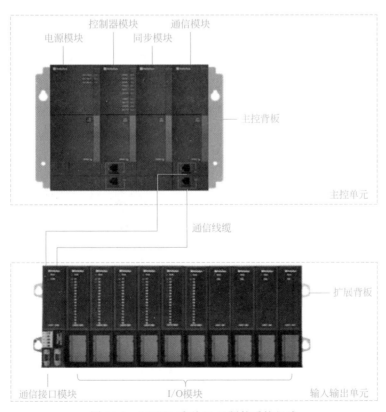

图 14-1　LK220 系列 PLC 硬件系统组成

元通过通信线缆实现连接。

14.2 LK220 系列主控单元

根据所选控制器是否有冗余功能进行分类，LK220 系列 PLC 主控单元可以分为 LK220 系列单机主控单元、LK220 系列冗余主控单元。两种主控单元示意图分别如图 14-2、图 14-3 所示。本节重点介绍单机主控单元结构及基本功能。

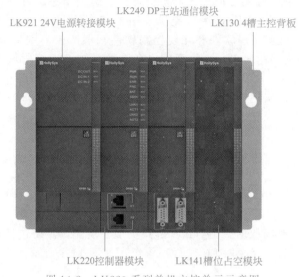

图 14-2　LK220 系列单机主控单元示意图

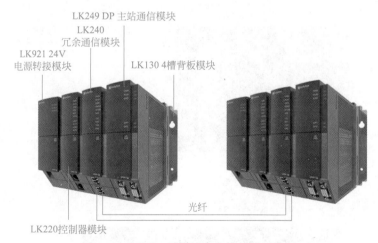

图 14-3　LK220 系列冗余主控单元示意图

14.2.1　主控单元基础模块

（1）主控背板

主控背板用于安装主控单元模块，各模块通过背板总线进行数据交互。主控背板上的接线端子或连接器用于连接系统电源、通信模块和 I/O 线缆。根据电源槽和通信模块槽的数量，LK220 系列主控单元的背板包括 LK130、LK132、LK133 三种型号，使用过程可根据是否配置冗余电源，或是否采用多种通信方式的需求选择背板。对于背板上未使用到的通信模块槽，通常会配置槽位占空模块。LK132（6 槽）主控背板槽位分布如图 14-4 所示，从左至右依次为：1 个电源槽、1 个控制器槽、4 个通信模块槽。

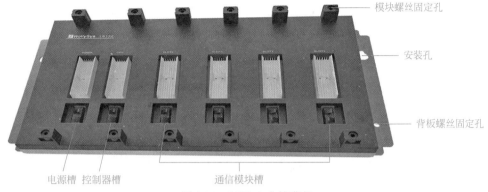

图 14-4   LK132 主控背板

（2）电源模块

LK220 系列 PLC 的电源模块安装在主控背板的电源槽位，为主控背板提供 24VDC 工作电源。用户可以根据使用的主控背板对应选择 LK921 或者 LK922 两种电源模块，其中 LK921 为直流电源适配模块，支持单电源配置；而 LK922 为冗余直流电源模块，既支持单电源配置，也支持双电源冗余配置。LK921 直流电源适配模块如图 14-5 所示。电源输入端子用于连接 24VDC 电源信号。

图 14-5   LK921 直流电源适配模块

（3）控制器模块

控制器模块安装在控制器插槽，用于系统运算、控制和数据存储，支持单机和冗余配置。通过配置不同的通信模块，可以分别实现 Profibus-DP 总线网络、POWERLINK 工业以太网、HolliTCP 网络以及 Modbus TCP 以太网等多种通信方式。LK220 系列控制器分为 LK220、LK222、LK224 三种型号，不同型号的控制器对应的运算速度、存储器容量、所带从站数量等有所不同，主要技术指标见表 14-1 所示。

表 14-1   LK220 系列 PLC 控制器主要技术指标

主要技术指标		LK220	LK222	LK224
运算速度	控制器主频	双核, 600MHz	双核, 667MHz	双核, 766MHz

续表

主要技术指标		LK220	LK222	LK224
存储器	系统内存	512MB		
	集成存储区（程序＋数据）	24MB	32MB	64MB
供电电源	输入电压	19.2～30VDC		
	模块功耗（max）	300mA@24VDC		
后备电池		采用电池或电容供电		
工作环境温度		—40～70℃		
集成以太网	以太网接口	2路以太网接口，10/100M，双网口冗余		
通信连接资源	Modbus TCP	最大主、从同时连接数各16个	最大主、从同时连接数各32个	最大主、从同时连接数各64个
	POWERLINK	最大可配置1个POWERLINK主站通信模块（LK241）	最大可配置2个POWERLINK主站通信模块（LK241）	
		每个POWERLINK主站协议最大可配置128个（LK235）		
		每个LK235最多可添加10个I/O从站模块（最多1280个I/O从站）	每个LK235最多可添加10个I/O从站模块（2560个I/O从站）	
	Profibus-DP	最大可连接124个I/O从站模块		
	HolliTCP	通过配置以太网接口扩展模块（LK234），最大可连接640个I/O从站		
	以太网通信处理器模块	最大可配置2个	最大可配置2个	最大可配置4个

　　LK220系列控制器配备了高性能处理器，具备纳秒级的处理速度，支持Flash和SD卡存储，并且支持热插拔和掉电保持功能。此外，LK220系列控制器还具备校时功能和故障自诊断功能，确保系统的稳定运行和高效维护。LK220控制器模块如图14-6所示，其中钥匙开关用于切换控制器工作模式，电池/电容作为后备电池，为实时时钟数据提供掉电保持功能，而SD卡则用于控制器升级和存储用户文件。

　　控制器有三种工作模式——RUN模式、PRG模式和REM模式，可通过钥匙开关设置当前的工作模式，默认位于"REM模式"。三种模式的工作方式具体如下。

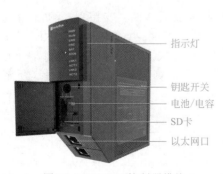

图14-6　LK220控制器模块

指示灯
钥匙开关
电池/电容
SD卡
以太网口

　　① RUN模式（Run）：运行模式。不能通过编程软件停止用户程序，也不允许修改用户程序。不能强制、复位和清除。

　　② PRG模式（Program）：编程模式。用户程序停止运行，不能通过编程软件使之运行，可修改用户程序，进行强制、写入、复位、下装等操作。

　　③ REM模式（Remote）：远程控制模式。可以通过编程软件控制用户程序的运行和停止。该模式下，可以下装用户程序，包括完全下装和增量下装。

14.2.2   主控单元通信模块

LK220 系列主控单元的通信模块安装在通信模块槽中，用于系统功能扩展或与第三方设备通信，主要包括 LK240、LK241、LK241M、LK246 和 LK249 模块。LK240 为冗余同步模块，专用于 LK220 系列双机架冗余主控单元，LK241 模块用于 POWERLINK 工业以太网，LK241M 和 LK246 模块用于 Modbus TCP 网络通信，LK249 模块用于 Profibus-DP 网络通信。

(1) LK240 冗余同步模块

LK240 冗余同步模块是专为 PLC 冗余系统设计的，实现主机架与从机架之间的数据同步交互。该模块以光纤作为通信介质，并配备了两组标准 LC 光纤接口，如图 14-7 所示。每组接口均包括 TX（发送）和 RX（接收）各一路，用于与另一机架的冗余同步模块进行交叉连接，实现主从机架间数据的双向、高速和稳定通信。拨码开关用于设置当前控制器模块的 A/B 系工作方式，即主/从机设置。

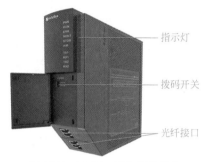

图 14-7   LK240 冗余同步模块

(2) LK241 POWERLINK 主站通信模块

LK241 为 POWERLINK 主站通信模块，通过高速背板总线与控制器进行数据交互。该模块作为 POWERLINK 主站与 LK235 接口模块通信，用于扩展 I/O 子站。POWERLINK 主站周期性轮询 POWERLINK 从站，读取从站输入数据，并写入控制器下发的数据。LK241 POWERLINK 主站通信模块如图 14-8 所示。

(3) LK241M 和 LK246 以太网通信处理器模块

LK220 系列 PLC 以太网通信处理器模块有 LK241M 和 LK246 两种类型。该类型模块能够向上连接 Autothink 编程软件、人机界面（HMI）和第三方上位软件。

LK241M 提供两路冗余 100Mbps 以太网口，支持 HolliTCP 主站协议。两路 HolliTCP_Master 以太网接口可以同时用于连接 HolliTCP_Master 从站或交换机。LK246 模块是一款高性能的以太网通信处理器模块，配备了双路 10/100/1000Mbps 以太网口，支持冗余功能，可单独作为 Modbus TCP 主站或从站使用。

(4) LK249 Profibus-DP 主站通信模块

LK249 模块为 LK220 系列 PLC 的 Profibus-DP 主站通信模块，通过背板连接器与主控背板相连，提供两个互为冗余的 DB9 通信接口，用于连接 I/O 设备与冗余机架中的 DP 主站通信模块。LK249 Profibus-DP 主站通信模块如图 14-9 所示。

图 14-8   LK241 POWERLINK 主站通信模块

图 14-9   LK249 Profibus-DP 主站通信模块

14.3　LK220 系列输入输出单元

LK220 系列 PLC 输入输出单元主要用于扩展各种网络结构中的 I/O 链路，以及采集现场实时数据，主要包括扩展背板、通信接口模块以及 I/O 模块。

14.3.1　输入输出单元扩展背板

扩展背板用于安装通信接口模块和 I/O 模块，主要由一个通信接口模块插槽和若干个 I/O 模块插槽组成，有 LK117 和 LK118 两种型号，分别对应 11 槽和 5 槽。背板上每个端子座对应一个 I/O 模块，通过 I/O 电缆直接连接现场信号。

以 LK118 扩展背板为例，该背板由 1 个通信接口插槽、4 个 I/O 模块插槽、外部接口以及接线端子组成，如图 14-10 所示。外部接口和接线端子用于连接系统电源线缆，以及主控背板的 Profibus-DP 通信线缆和 I/O 线缆。

扩展背板上的外部接口由电源接口和通信接口两部分组成，如图 14-11 所示。其中电源接口是 24VDC 输入，支持冗余供电。通信接口是 Profibus-DP 总线接口，支持冗余通信，提供 DP 总线输入和输出接口，允许多个背板级联。多个背板相互可进行远程分布，通过 Profibus-DP 总线接口与本地背板上的控制器模块进行通信和数据交换。背板上还有一个拨码开关用于设置 DP 从站通信地址。扩展背板的电源和通信接口如图 14-11 所示。

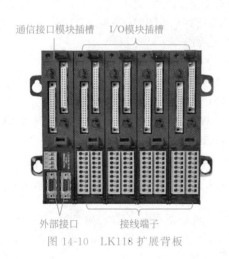

图 14-10　LK118 扩展背板

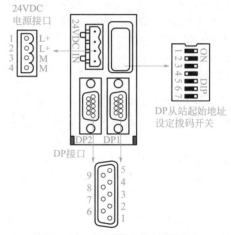

图 14-11　扩展背板的外部接口

14.3.2　输入输出单元通信接口模块

通信接口模块安装在扩展背板的第一个槽位，用于实现总线信号的接收放大，或者将总线分为多个网段，以提升系统总线信号质量和扩大系统规模。LK 系统不同的网络拓扑结构，对应不同型号的通信接口模块。

（1）LK232 Profibus-DP 总线重复器模块

LK232 是 Profibus-DP 总线重复器模块，又称为 Profibus-DP 接口模块，可搭配 LKA104（Profibus-DP 总线连接器模块）一起使用，用于在 Profibus-DP 网络结构中实现 DP 总线扩展功能。

（2）LK235M 以太网接口扩展模块

LK235M 是以太网接口扩展模块，又称为 HolliTCP 转 DP 通信模块，用于和 LK220 系列控制器以及 I/O 模块进行通信。该模块通过两路冗余的 HolliTCP 通信接口与控制器进行数据通信，通过两路冗余的 Profibus-DP 与 DP 从站进行数据通信。模块在 HolliTCP 协议侧作为从站，在 Profibus-DP 协议侧作为主站。LK235M 以太网接口扩展模块如图 14-12 所示，图 14-12（a）为 LK235M 模块正面图，其中 IP 拨码开关用于设置模块第四字段 IP 地址，由 1 个个位拨码开关、1 个十位拨码开关和 1 个百位拨码开关组成。第四字段 IP 地址＝100×百位拨码开关设置值＋10×十位拨码开关设置值＋1×个位拨码开关设置值。可设置范围 1～239。图 14-12（b）为 LK235M 模块侧面图。

(a) LK235M正面图　　　　　　(b) LK235M侧面图

图 14-12　LK235M 以太网接口扩展模块

（3）LK235 POWERLINK 接口模块

LK235 为 POWERLINK 接口模块，用于 POWERLINK 主站与 I/O 从站之间数据转发和通信转换。模块也支持 POWERLINK 从站协议，通过 POWERLINK 以太网实现控制器与 I/O 模块之间的数据交互。LK235 POWERLINK 模块如图 14-13 所示。其中上下各一个卡销，用于模块安装到槽位后，与扩展背板卡扣自动锁死，拆卸时需要同时按住上下端卡销将模块拔出。防混销码是为防止模块插错损坏而设置的唯一编码，出厂时固定，不可更改。槽位上防混销码需与模块防混销码一致。

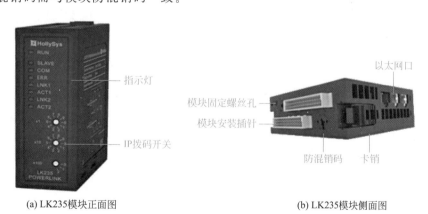

(a) LK235模块正面图　　　　　　(b) LK235模块侧面图

图 14-13　LK235 POWERLINK 模块

14.3.3　LK220 系列 I/O 模块

I/O 模块是输入输出单元的重要组成部分。输入模块用于采集现场的数据并进行转换和处理，然后上传给控制器；输出模块用于将控制器下发的数据输出至现场，以驱动执行器动作。其中，模拟量输入信号根据信号类型又可分为电流信号、热电阻信号和热电偶信号，不同的信号类型需选择对应型号的 I/O 模块。

（1）LK411 八通道电流型模拟量输入模块

LK411 主要用于对现场电流信号进行检测。该模块可测电流范围为 0～20.58mA。该模块的输入通道不对外供电，如接两线制变送器，需要单独外接 24VDC 现场电源给变送器供电，为了现场与系统隔离，不能和背板供电电源共用。LK411 背板端子接线如图 14-14 所示。其中奇数端子序号为电流输入正端，偶数端子序号为电流输入负端，17、18 端子不用，禁止接线，具体接线方法如图 14-14 所示。

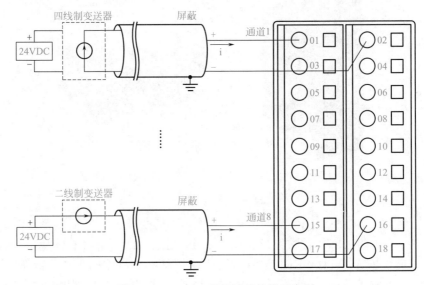

图 14-14　LK411 背板端子接线示意图

（2）LK430 六通道热电阻型模拟量输入模块

LK430 主要用于接收热电阻信号。模块支持两线制、三线制、四线制接法，可接收的电阻测量范围为 1～4020Ω。根据实际接入热电阻元件的具体情况，两线制、三线制和四线制接线方法有所不同。按照接线端子上、下位置分布，每三个端子对应一个信号，具体接线方法如图 14-15 所示。

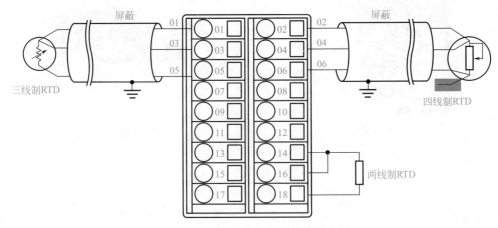

图 14-15　LK430 背板端子接线示意图

（3）LK511 四通道电流型模拟量输出模块

LK511 主要用于输出电流型模拟量，输出电流信号的范围为 4～20mA/0～21mA，输出通道之间电气隔离。24VDC 电源经隔离转换后单独供给每个通道，同时，各通道接口电路与其余电路部分采用光耦隔离连接，实现现场侧和系统侧的隔离。

LK511 模块安装在扩展背板上，每相邻四个端子对应一个通道，每路信号分别用两根导线连接到现场设备。其中端子 1、5、9、13 对应电流输出正端，端子 2、6、10、14 对应电流输入负端，LK511 背板端子接线如图 14-16 所示。

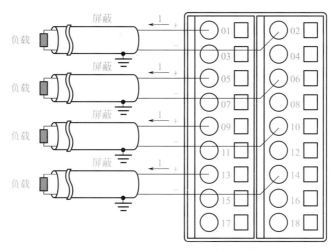

图 14-16　LK511 背板端子接线图

（4）LK441 八通道热电偶型模拟量输入模块

LK441 主要用于接收热电偶信号或毫伏量级信号，可接收毫伏量级信号的范围为 $-12～32mV/-12～78mV$。模块支持 B、E、J、K、R、S、T、N、C 分度的热电偶元件，可对热电偶冷端温度进行补偿。LK441 模块安装在扩展背板上，在背板接线端子侧，从左至右每两个端子对应一个信号，分别接入热电偶/毫伏量级信号输入正端和负端，奇数端子序号为正，偶数端子序号为负。如设定冷端温度补偿，则 17、18 端子不接线。LK441 背板端子接线如图 14-17 所示。

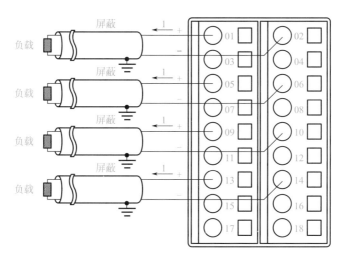

图 14-17　LK441 背板端子接线图

（5）LK610 十六通道漏型数字量输入模块

LK610 主要用于接收现场开关量信号。模块支持的现场电源电压范围为 $10\sim31.2\text{VDC}$，具备现场电源掉电检测和现场电源反向保护功能，具备热插拔功能，支持 Profibus-DP 从站协议，现场各通道与系统之间相互隔离。LK610 模块背板端子接线如图 14-18 所示。

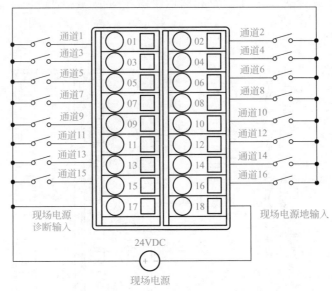

图 14-18　LK610 模块背板端子接线图

（6）LK710 十六通道数字量输出模块

LK710 主要用于输出控制器下发的数字量指令。模块输出电压范围为 $10\sim31.2\text{VDC}$，支持现场电源掉电检测，具备热插拔功能，具有过流保护及输出回读诊断功能。LK710 输出触点类型为干接点，需要连接 24VDC 现场电源才能驱动电子开关的输出。模块 16 个通道共用一个现场电源，该电源与系统电源隔离，须单独配置。LK710 模块背板端子接线如图 14-19 所示。

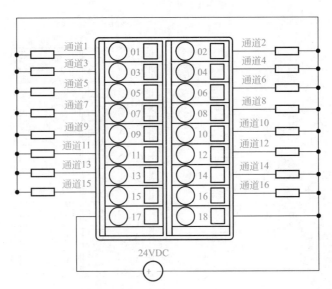

图 14-19　LK710 模块背板端子接线图

14.4 LK220 系列硬件选型配置方法

14.4.1 LK220 系列选型步骤

为了更有效地组建与现场需求相匹配的 LK220 系列 PLC 硬件系统，LK 系列硬件选型须根据现场信号类型的需求和系统点位，不同网络拓扑结构选择对应型号和数量的模块。具体选型步骤如下。

① 选择 CPU 模块：根据 I/O 容量、控制工艺的复杂程度（内存需求）以及系统安全性（是否需冗余配置）选择相应 CPU 模块。

② 选择通信模块：根据网络要求及通信类型选择相应的通信模块，LK 系列支持的通信协议有 Modbus TCP、Profibus-DP、Modbus RTU、自由口等协议。

③ 选择 I/O 模块：根据现场信号类型要求，选择相应的 I/O 模块类型；按系统点数及余量要求配置 I/O 模块的数量。

④ 选择背板：根据 I/O 模块的数量选择相应槽数的背板，背板包括本地背板和扩展背板。

⑤ 选择电源：根据模块的背板电流损耗之和不超过所选电源功率的 70% 的原则，确定电源模块型号及数量。

⑥ 生成配置表：生成 LK220 系列硬件配置表。

14.4.2 LK220 系列单机 PLC 典型硬件配置方案

LK220 系列 PLC 选择不同型号的通信模块，则对应不同的通信方式和不同的网络拓扑结构，LK220 系列单机 PLC 可配置的网络结构有 Profibus-DP 总线网络、HolliTCP 网络和 POWERLINK 工业以太网。如 LK220 系列单机 PLC 典型的 Profibus-DP 通信方式配置，须选择 Profibus-DP 主站通信模块（LK249）及对应的 DP 接口模块实现网络拓扑，详细配置如表 14-2 所示。

表 14-2 LK220 系列单机 Profibus-DP 方式配置表

序号	型号	规格参数	数量
1	LK130	4 槽背板模块	1
2	LK921	双路 24V 电源转接模块,输入电压 20.4~28.8VDC,输入端子可独立插拔	1
3	LK220	600MHz,程序 32MB,512KB 掉电保持区,支持冗余	1
4	LK249	DP 主站通信模块,2 路 DP 通信接口	1
5	LK141	槽位占空模块	1
6	LKA102	电容供电盒模块(内置在 LK220 控制器模块)	1
7	LKA104	Profibus-DP 总线连接器(冗余 DP 网络)	$(n+1) \times 2$
8	LK118	I/O 扩展背板,5 槽,DB9 接口	n
9	LK232	Profibus-DP 接口模块	n
10	LK910	电源模块,输出 24VDC@5A	m
11	LKXX	I/O 模块	按需

注：n 为 LK118 数量，LK232 和 LKA104 可根据 LK118 数量确定；

m 为 LK910 数量，原则上 3 个背板需配置 1 个 LK910，如 PLC 柜内背板数≤3，则 1 个柜子配置 1 个 LK910。

LK220 系列单机 Profibus-DP 通信方式配置及连接如图 14-20 所示。

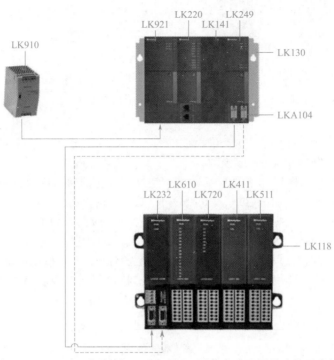

图 14-20　LK220 系列单机 Profibus-DP 通信方式配置及连接示意图

14.5　和利时 LK220 系列 PLC 控制系统应用案例

14.5.1　甲醇灌装系统 PLC 控制应用案例

甲醇灌装系统主要由存储罐、电磁阀、灌装泵、变频器等组成。其中存储罐存储待灌装的甲醇液体，电磁阀用于控制管道内介质的通断，变频器用于配合灌装泵调节管道出口压力。图 14-21 所示为甲醇灌装系统工艺流程示意图。

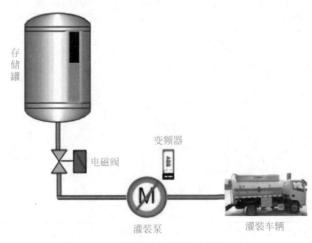

图 14-21　甲醇灌装系统工艺流程图

（1）控制要求说明

① 甲醇灌装电磁阀为单电控电磁阀，得电打开，失电关闭。当电磁阀手动开按钮按下或者灌装变频器启动命令下发时，该电磁阀得电打开；当接收到电磁阀手动开按钮复位，灌装变频器运行信号消失，手动停止灌装变频器这三个信号中任何一个信号时，该电磁阀失电关闭。

② 当甲醇灌装电磁阀处于操作人员在上位机或者触摸屏进行远程操作的远控状态，并且启停指令和反馈状态不一致时，延时 5s，发故障信号。当故障复位按钮按下时，故障恢复。

③ 甲醇灌装变频器为双电控方式控制，当变频器启动按钮按下时，按照设定的脉冲时间启动变频器；当变频器停止按钮按下，或者当甲醇灌装泵出口压力大于最大压力值并延时一定时间后（该时间可在线调节），停止灌装变频器。

（2）技术要点

根据控制要求，可选择 LK220 系列单机 PLC 实现甲醇灌装控制，通信方式可选择 Profibus-DP 进行配置。测点统计后，该系统包括：模拟量输入信号 1 个（甲醇灌装泵出口压力），开关量输入信号共 5 个（甲醇灌装电磁阀远控状态、甲醇灌装电磁阀已开状态、甲醇灌装变频器远控状态、甲醇灌装变频器运行状态、甲醇灌装变频器停止状态），开关量输出信号共 3 个（甲醇灌装电磁阀开指令、甲醇灌装变频器启动指令、甲醇灌装变频器停止指令）。因此可以得出甲醇灌装 PLC 控制系统的硬件配置表，如表 14-3 所示。

表 14-3　甲醇灌装 PLC 控制系统的硬件配置表

序号	型号	规格参数	数量
1	LK130	4 槽背板模块	1
2	LK921	双路 24V 电源转接模块，输入电压 20.4～28.8VDC，输入端子可独立插拔	1
3	LK220	600MHz，程序 32MB，512KB 掉电保持区，支持冗余	1
4	LK249	DP 主站通信模块，2 路 DP 通信接口	1
5	LK141	槽位占空模块	1
6	LKA102	电容供电盒模块	1
7	LKA104	Profibus-DP 总线连接器（冗余 DP 网络）	2
8	LK118	I/O 扩展背板，5 槽，DB9 接口	1
9	LK232	Profibus-DP 接口模块	1
10	LK910	电源模块，输出 24VDC@5A	1
11	LK411	八通道电流型模拟量输入模块	1
12	LK610	六通道漏型数字量输入模块	1
13	LK710	六通道数字量输出模块	1

（3）I/O 编址

程序设计前，需要给每个信号分配 I/O 地址，并为该信号指定一个变量地址，然后将变量连接到确定的内存储器地址，即实现对输入区（I）、输出区（Q）和中间区（M）地址的映射。变量访问的输入格式符含义如表 14-4 所示。

表 14-4　变量访问输入格式符含义表

含义		标识
地址标识符		％
存储区位置		输入区-I、输出区-Q、中间区-M
寻址方式		位寻址-X(1bit)
		字节寻址-B(1Byte)
		字寻址-W(2Bytes)
		双字寻址-D(4Bytes)
首地址	字号	存储区的字号
	位号	存储区的位号。根据数据寻址方式的不同,位号可省略,如果有位号时,位号前必须加分隔符".",位号 0～7

　　如本例中甲醇灌装电磁阀远控状态信号,设置为"DI01_01"位号,含义为:在输入区(I)定义的数值变量 DI01_01,变量地址设置为:％IX20.0。甲醇灌装系统 I/O 地址分配如表 14-5 所示。

表 14-5　甲醇灌装系统 I/O 地址分配表

位号	位号说明	数据类型	位号类型	变量地址
AI01_01	甲醇灌装泵出口压力	REAL	AI	％IW0
DI01_01	甲醇灌装电磁阀远控状态	BOOL	DI	％IX20.0
DI01_02	甲醇灌装电磁阀已开状态	BOOL	DI	％IX20.1
DI01_03	甲醇灌装变频器远控状态	BOOL	DI	％IX20.2
DI01_04	甲醇灌装变频器运行状态	BOOL	DI	％IX20.3
DI01_05	甲醇灌装变频器停止状态	BOOL	DI	％IX20.4
DO01_01	甲醇灌装电磁阀开指令	BOOL	DO	％QX8.0
DO01_02	甲醇灌装变频器启动指令	BOOL	DO	％QX8.1
DO01_03	甲醇灌装变频器停止指令	BOOL	DO	％QX8.2

(4) 控制程序设计

　　设计控制程序,并在线调试运行。根据控制要求,甲醇灌装电磁阀为单电控方式控制,得电打开,失电关闭。图 14-22 所示为甲醇灌装电磁阀控制梯形图,该梯形图程序中用到了以下类型指令:沿触发器指令、定时器指令、双稳态指令以及逻辑运算指令。其中,沿触发器指令包括上升沿检测触发器 R_TRIG 和下降沿检测触发器 F_TRIG,分别用于检测信号上升沿和下降沿。该指令配合定时器指令进行定时输出。本程序中"F_TRIG01"触发器配合"TP_01"定时器工作,用于检测当电磁阀手动开按钮复位或者灌装变频器运行信号消失时,发 3s 脉冲关闭电磁阀。定时器包括普通定时器 TP、通电延时定时器 TON、断电延时定时器 TOF 和保持型通电延时定时器 TONR。普通定时器 TP 也称脉冲定时器,IN 端为定时器计时触发信号,Q 为定时器输出,PT 为定时时间,ET 为当前时间值。本程序中用到的定时器都是用于给信号设定脉冲宽度。TP 定时器的时序图如图 14-23 所示。通电延时定时器 TON 的功能是通电后,定时器开始工作。当 IN 从 FALSE 变成 TRUE 时,ET 开始以毫秒计时,直到 ET 等于 PT 后 ET 保持常数,Q 变为 TRUE。ET 开始计时后,若 IN 变为 FALSE,则定时器停止计时,ET 变为 0,该案例中,通电延时定时器"TON1"用于当甲醇灌装电磁阀处于远控状态，并且启停指令和反馈不一致时，延时 5s 发出故障信号。TON 定时器的时序图如图 14-24 所示。双稳态指令包括复位优先双稳态器 RS 和置位优先双稳态器 SR，复位优先双稳态触发器实现复位优先的 RS 触发器功能，输入端 SET、RESET 和输出端 Q 均为 BOOL 型变量，其中 SET 为置位信号，RESET 为复位信号。RS 触发器的真值表如表 14-6 所示。逻辑运算指令中的异或指令 XOR 用于对两个变量或常量对应二进制位进行"逻辑异或"运算。

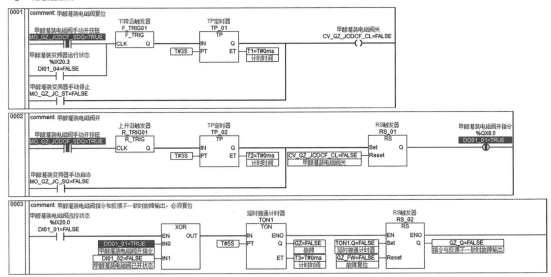

图 14-22　甲醇灌装电磁阀控制梯形图

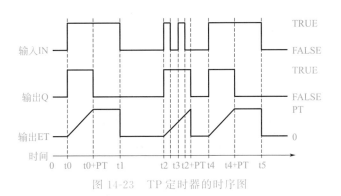

图 14-23　TP 定时器的时序图

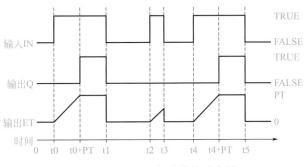

图 14-24　TON 定时器的时序图

表 14-6　RS 触发器的真值表

指令	SET	RESET	Q
RS	0	0	保持原状态
	1	0	1
	0	1	0
	1	1	0

甲醇灌装变频器为双电控方式控制，可手动启停，也可通过灌装泵出口压力信号联锁停止，图 14-25 所示为甲醇灌装变频器控制梯形图。

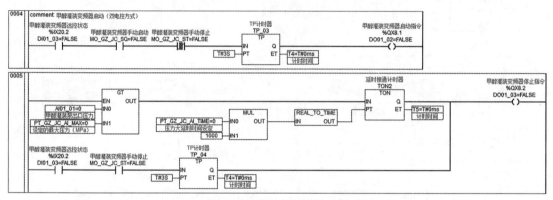

图 14-25　甲醇灌装变频器控制梯形图

14.5.2　供水系统粗格栅 PLC 自动控制应用案例

格栅处理是城市水处理流程中的第一个预处理系统，分为粗格栅处理和细格栅处理，二者的控制原理相同。该设备的具体作用是截留水中大块物质，保护水泵和设备。图 14-26 所示为粗格栅与提升泵房结构及工艺流程示意图。

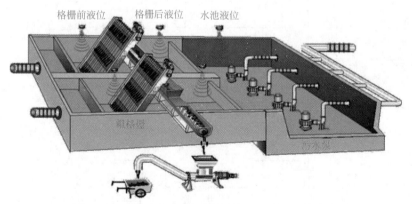

图 14-26　粗格栅与提升泵房结构及工艺流程示意图

(1) 控制要求说明

粗格栅控制分为时序控制和液位差控制。可根据工艺需要选择对应控制方式。控制逻辑框图如图 14-27 所示。

① 时序控制。格栅机的操作根据时间间隔及持续时间的定时法来控制，时间间隔及持续时间由 PLC 设定，操作人员可调整。处于该控制方式下，当格栅机停运时间达到设定的

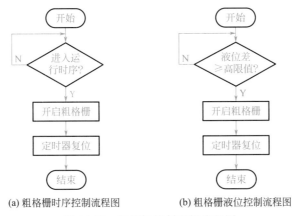

(a) 粗格栅时序控制流程图　　　(b) 粗格栅液位控制流程图

图 14-27　粗格栅控制逻辑流程图

间隔时间后，发 3s 脉冲信号启动格栅机，开始清污。当格栅机运行时间达到设定的持续时间后，再发 3s 脉冲信号停止格栅机。以此类推，循环运行。其中，空闲时间和运行时间均可以进行显示。

② 液位差控制。格栅前、后设超声波液位计，根据设定的液位差判断格栅是否堵塞。若堵塞，液位差 ΔH 增加，则格栅机开始连续工作，直至液位差 ΔH 减小到满足要求后，恢复正常的操作。

（2）技术要点

根据控制要求，可选择 LK220 系列单机 PLC 实现供水系统粗格栅的自动控制，通信方式可选择 HolliTCP 网络。该网络通过主控器模块自带的以太网口进行通信，因此只需添加对应的通信协议。如需组建 HolliTCP 环网，须选择对应型号且支持环网协议的交换机。测点统计后该系统包括：开关量输入信号 1 个（粗格栅运行状态反馈），模拟量输入信号 2 个（粗格栅前液位输入、粗格栅后液位输入），开关量输出信号 2 个（粗格栅启动指令、粗格栅停止指令）。因此可以得出供水系统粗格栅自动控制系统硬件配置如表 14-7 所示。

表 14-7　供水系统粗格栅自动控制系统硬件配置表

序号	型号	规格参数	数量
1	LK130	4 槽背板模块	1
2	LK921	双路 24V 电源转接模块,输入电压 20.4～28.8VDC,输入端子可独立插拔	1
3	LK220	600MHz,程序 32MB,512KB 掉电保持区,支持冗余	1
4	LK141	槽位占空模块	2
5	LKA102	电容供电盒模块	1
6	LK117	I/O 扩展背板,11 槽,DB9 接口	1
7	LK234	HolliTCP 接口模块	1
8	HPW2405G	电源模块,输出 24VDC@5A	1
9	GM010-ISW-8L-A-A01	2 光 6 电交换机,多模	1
10	LK610	六通道漏型数字量输入模块	1
11	LK710	六通道数字量输出模块	1
12	LK411	八通道电流型模拟量输入模块	1

(3) I/O 编址

粗格栅自动控制系统 I/O 地址分配如表 14-8 所示。

表 14-8　粗格栅自动控制系统 I/O 地址分配表

位号	位号说明	数据类型	位号类型	变量地址
DI_0	粗格栅运行状态反馈	BOOL	DI	%IX20.0
AI_1	粗格栅前液位输入	WORD	AI	%IW4
AI_2	粗格栅后液位输入	WORD	AI	%IW6
Q0_0	粗格栅启动指令	BOOL	DO	%QX0.0
Q0_1	粗格栅停止指令	BOOL	DO	%QX0.1

(4) 控制程序设计

设计控制程序，并在线调试运行。根据控制要求，粗格栅为双电控方式控制，可按时序控制，也可根据液位差自动控制，根据模式选择开关 "Time_Level_Select" 进行选择。如图 14-28 所示为粗格栅时序控制方式梯形图，其中间隔时间、工作时间均可进行设定和显示。该程序中用到了以下类型指令：数学运算指令、数据类型指令以及定制器指令。其中数学运

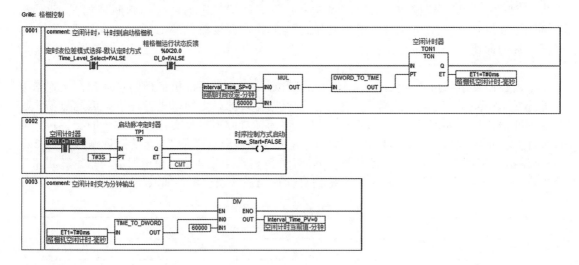

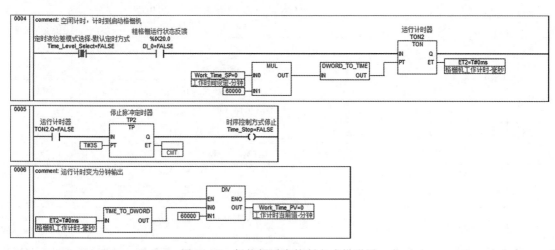

图 14-28　粗格栅时序控制方式梯形图

算指令主要指通用的算术指令，包括加 ADD、减 SUB、乘 MUL、除 DIV 等基本运算指令。乘法指令 MUL 用于两个（或者多个）变量或常量相乘后将结果输出，除法指令 DIV 用于变量或常量相除后将计算结果输出，数据类型转换指令用于转换不同的数据类型。因不同指令的输入、输出引脚对应的数据类型有所不同，因此本程序中需要把数据类型为 DWORD 的变量"Interval_Time_SP"，转换为 TON 指令中 PT 引脚可接收的 TIME 类型的变量，故引用了 DWORD_TO_TIME 指令。而 DWORD_TO_TIME 指令的输入以毫秒值进行转换，所以又需要将以分钟为单位的变量"Interval_Time_SP"，换算为毫秒值进行运算（1min＝60000ms），引用乘法功能块 MUL 实现变量单位统一。

图 14-29 所示为粗格栅液位差控制方式梯形图。在该控制方式下，当粗格栅前、后液位差值大于等于设定上限时格栅机自动启动；当粗格栅前、后液位差值小于设定下限时自动停止，其中液位差上限和下限可手动调整。该程序中用到了以下类型指令：模拟量处理指令、数学运算指令以及比较运算指令。其中，模拟量处理指令可以分为十六进制数转换为工程量数据 HEX_ENGIN、整型限速 RAMP_INT、实型限速 RAMP_REAL 等指令。HEX_ENGIN

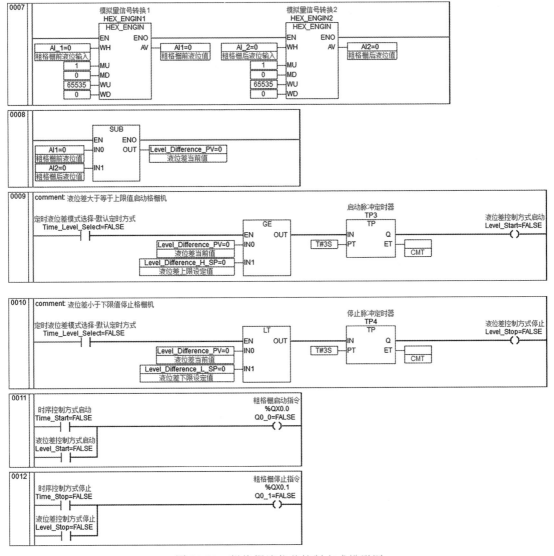

图 14-29 粗格栅液位差控制方式梯形图

指令的作用是将普通 AI 模块测量的 16 位二进制数对应的现场信号，转化为可供系统计算的工程量，该指令一般用于对模拟量输入数据处理。减法 SUB 指令的作用是将两个变量或常量相减后的结果输出，本程序中用于计算粗格栅前液位和粗格栅后液位的差值。比较运算是对输入的两个操作数比大小，所有的比较指令在执行时均可以带有变量。本程序中使用的大于等于 GE、小于 LT 指令，用于比较液位差当前值和液位差上限限定值的大小。

习题及思考题

14-1　和利时 LK220 系列 PLC 硬件系统主要由哪些部件组成？

14-2　和利时 LK220 系列 PLC 主控单元有几种分类，分别是什么？

14-3　简要说明和利时 LK220 系列 PLC 主控背板的作用，并说明有哪几种型号。

14-4　简要说明和利时 LK220 系列 PLC 控制器模块的作用。控制器模块有哪些型号，可以实现哪些通信方式？

14-5　和利时 LK220 系列 PLC 控制器模块的功能特点有哪些？控制器有几种工作模式，每种工作模式特点是什么？如何切换工作模式？

14-6　和利时 LK220 系列主控单元通信模块的作用是什么？有哪几种通信模块，分别有什么特点？

14-7　简述和利时 LK118 扩展背板的组成和各个接口的作用。

14-8　简述和利时 LK220 系列 I/O 模块的特点，以及有哪些常用的 I/O 模块。

14-9　某设备自控系统以和利时 LK220 系列 PLC 作为核心控制器，该设备具体信号传输方式如表 14-9 所示。其中主控单元采用单机主控结构，并且采用 POWERLINK 通信连接方式来扩展 I/O 从站模块。请根据上述信息，确定该设备所需的大致硬件设备型号和数量，填入到表 14-10 当中。

表 14-9　设备信号传输方式

序号	现场信号	类型	数量	备注
1	两线制 4～20mA 输入信号	AI	2	
2	四线制 4～20mA 输入信号	AI	3	
3	热电阻模拟量输入信号	RTD	2	
4	4～20mA 模拟量输出信号	AO	3	
5	开关量输入信号	DI	21	干接点
6	开关量输出信号	DO	34	

表 14-10　硬件配置

序号	型号	规格参数	数量

附录1　FX系列可编程控制器应用指令总表

 附录2　FX可编程控制器的部分特殊元件编号及名称检索

参 考 文 献

［1］ 张培志．电气控制与可编程序控制器．3 版．北京：化学工业出版社，2024.

［2］ 常晓玲．电气控制系统与可编程序控制器．3 版．北京：机械工业出版社，2021.

［3］ 傅磊．PLC 结构化文本编程．北京：清华大学出版社，2021.

［4］ 陈伯时．电力拖动自动控制系统．5 版．北京：机械工业出版社，2021.

［5］ 廖常初．FX 系列 PLC 编程及应用．3 版．北京：机械工业出版社，2020.

［6］ 郁汉琪．电气控制与可编程序控制器应用技术．3 版．南京：东南大学出版社，2019.

［7］ 史国生等．电气控制与可编程序控制器技术．4 版．北京：化学工业出版社，2019.

［8］ 吴耀春等．电气控制与 PLC 应用．西安：西北工业大学出版社，2018.

［9］ 廖常初．PLC 编程及应用．4 版．北京：机械工业出版社，2013.

［10］ 薛士龙．电气控制与可编程序控制器．北京：电子工业出版社，2011.

［11］ 龚仲华．三菱 FX 系列 PLC 应用技术．北京：人民邮电出版社，2010.

［12］ 方垒．和利时 LK 系列 PLC 原理及工程应用．天津：天津大学出版社，2023.